U0263869

新编柑橘病虫害
诊断与防治图鉴

XINBIAN GANJUBINGCHONGHAI

ZHENDUAN YU FANGZHI TUJIAN

蔡明段　彭成绩　编著

SPM 南方出版传媒

广东科技出版社｜全国优秀出版社

·广　州·

图书在版编目（CIP）数据

新编柑橘病虫害诊断与防治图鉴 / 蔡明段，彭成绩编著．—广州：广东科技出版社，2020.1（2021.8 重印）

ISBN 978-7-5359-7259-0

Ⅰ．新… Ⅱ．①蔡… ②彭… Ⅲ．柑橘类—病虫害防治—图集 Ⅳ．S436.66-64

中国版本图书馆 CIP 数据核字（2019）第 201848 号

新编柑橘病虫害诊断与防治图鉴

Xinbian Ganjubingchonghai Zhenduan yu Fangzhi Tujian

出 版 人：朱文清
策　　划：罗孝政
责任编辑：区燕宜　于　焦
装帧设计：柳国雄
责任校对：杨崚松　陈　静
责任印制：彭海波
出版发行：广东科技出版社
（广州市环市东路水荫路 11 号　邮政编码：510075）
销售热线：020-37592148 / 37607413
http：//www.gdstp.com.cn
E-mail：gdkjzbb@gdstp.com.cn
经　　销：广东新华发行集团股份有限公司
印　　刷：广州市彩源印刷有限公司
（广州市黄埔区百合 3 路 8 号　邮政编码：510700）
规　　格：889mm×1 194mm　1/16　印张 23.25　字数 600 千
版　　次：2020 年 1 月第 1 版
2021 年 8 月第 2 次印刷
定　　价：398.00 元

Preface

序

我国是柑橘的主要原产国之一，也是世界上栽培柑橘最早的国家，有文字记载的栽培历史达 4 000 余年。据资料显示，自 2012 年开始我国柑橘种植面积和年产量均跃居世界第一，全国 2018 年种植面积高达 260 多万公顷，总产量为 3 900 多万吨，以广西、重庆、四川、云南等西部产区增长较快，湖南、湖北等中部地区保持平稳。

为了更好地提高我国柑橘在国内外市场的竞争力，除了种植优良品种、科学施肥和加强树体管理外，做好安全、无公害的植物保护工作也是非常重要的。本书作者长期从事柑橘的病虫害发生规律与防治研究工作，对柑橘病虫害的特征、发生规律和各种害虫的不同形态、生活习性进行了细致观察，总结出一套行之有效又能达到无公害的防治方法，图片多为自己在实践中拍摄，编著成《新编柑橘病虫害诊断与防治图鉴》。本书内容全面，图文并茂，既有科学性，又有实用性。因此，它的出版将会对柑橘病虫的科研、教学、生产、学术交流、科学普及等起到很大作用。

中国工程院院士 邓秀新

2019 年 6 月

Foreword

前　言

近10多年来，柑橘生产发展迅速，面积不断扩大，而气候环境也在变化，柑橘生产中原来一些次要的病害和虫害，则上升为重要的病害和虫害，而且还出现了一些新的病害和虫害。《新编柑橘病虫害诊断与防治图鉴》是作者在2007年编写，2008年由广东科技出版社出版的《柑橘病虫害原色图谱》的基础上，根据出版社的意见并共同商讨，结合生产发展的需要，并将新发生、发现的病害、虫害尽量收集补充，重新编写的。由于是在2008年版的基础上重编，就仍采用邓秀新院士原来的序言。

在这本书中，我们收集了包括生理病害和自然伤害等共63种病害，其中细菌病害、病毒和类病毒病害、真菌病害及线虫病共32种；虫害共171种；天敌63种。新增的病害4种，虫害11种。病害介绍的内容有中文名称、拉丁学名、症状识别、病原与发生条件、防治要点；虫害则按照普通高等教育重点规划教材《普通昆虫学》（科学出版社，2009）进行分类，将原同翅目的木虱、粉虱、介壳虫、蚜虫、蝉、沫蝉、叶蝉、角蝉及蜡蝉类昆虫与蝽类昆虫一起作为半翅目的成员，介绍的内容有中文名称、拉丁学名、为害特点、形态特征、生活习性、防治要点。作者经过对柑橘病虫害的多年观察，拍摄病虫害照片，从中挑选具有代表性的，以及柑橘界的同行、老师等支持的清晰照片共1 500多幅，以图为主、图文并茂的形式，编撰成此书，希望方便生产者查阅。由于科学技术的进步，新的农药品种甚多，尤其是混配制剂大量出现，给柑橘病虫害防治带来新的变化。但是，我们仍然提倡尽量有针对性地使用药剂防治，以减少对环境的污染、延长病虫对农药的抗性、减少对天敌的杀害、避免对柑橘树体和果实的伤害。希望本书能为我国柑橘产业的持续、健康发展做出一些贡献。

本书可供从事柑橘种植农户查阅对照及教学、科研、科普、技术推广工作者参考。

本书在编撰过程中，中国农业科学院柑橘研究所周彦、王雪峰、李中安等老师对柑橘黄脉病的鉴定及文献资料收集给予了支持，华南农业大学岑伊静、王吉峰及云南瑞丽地区柠檬研究所郭俊等对柑橘柚喀木虱的编写提供了支持和帮助，浙江大学李红叶老师为柑橘褐斑病的编写提供了文献资料，广西柑橘行业协会卢文彝老师提供了沙糖橘黄脉病照片，郑朝武对寄生性藻斑病的资料翻译给予了帮助并提供了许多天敌昆虫照片，在柑橘栽培技术方面有丰富经验的朱伟泉同行在农药使用方面给予了指点，在此一并表示诚挚的感谢。同时，借本书出版的机会，向一直帮助和指导我们的柑橘界知名老师赵学源致以崇高的敬意。

由于编者的水平有限，缺点和错误仍在所难免，敬请读者指正。

编著者

2019年5月31日

Contents

目　　录

柑橘病害

细菌病害

柑橘黄龙病……002
柑橘溃疡病……008

病毒、类病毒病害

柑橘黄脉病（黄化脉明病）……011
柑橘衰退病……015
柑橘碎叶病……017
柑橘裂皮病……019
温州蜜柑萎缩病……021

真菌病害

柑橘疮痂病……023
柑橘褐斑病……026
柑橘炭疽病……030
柑橘树脂病……034
柑橘脚腐病……038
柑橘流胶病……040
柑橘灰霉病……042
柑橘白粉病……044
柑橘煤烟病……045
柑橘黑星病……047
柑橘疫菌褐腐病……049
柑橘膏药病……051
柑橘脂点黄斑病……052
柑橘拟脂点黄斑病……054
柑橘赤衣病……055
柑橘芽枝霉斑病……057
柑橘棒孢霉褐斑病……059
柑橘苗期立枯病……060
柑橘苗疫病……062
柑橘根结线虫病……064
柑橘绿霉病、青霉病……066
柑橘黑色蒂腐病……068
柑橘褐色蒂腐病……070
柑橘黑腐病……071
柑橘酸腐病……073

寄生性植物和藻类

菟丝子……074
桑寄生……076
附生绿球藻……078
柑橘藻斑病……080
地衣、苔藓……081

缺素症

缺氮……084
缺磷……085
缺钾……086
缺钙……087
缺镁……088
缺锌……089
缺硼……090
缺锰……092
缺铁……093
缺铜……094
缺钼……096

自然伤害

柑橘冻害……097
柑橘风害……100
柑橘果实日灼病……102
柑橘旱害……104
柑橘水害……106
柑橘光害……108
柑橘雾害……109
柑橘大气污染……110
柑橘裂果病……111
柑橘水纹病……113
柑橘油斑病……114
柑橘果实枯水……115

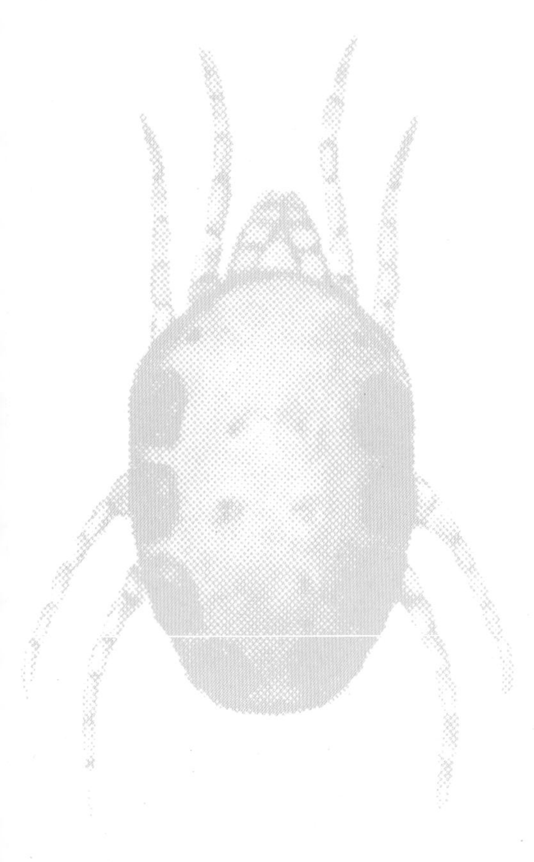

柑橘果实水肿……116

肥害药害

柑橘肥害……117
柑橘药害……119

柑橘虫害

蜱螨目

叶螨科

柑橘红蜘蛛……126
柑橘黄蜘蛛……129
柑橘裂爪螨……131

跗线螨科

侧多食跗线螨……133

瘿螨科

柑橘锈壁虱……135
柑橘瘤壁虱……137

半翅目

木虱科

柑橘木虱……138

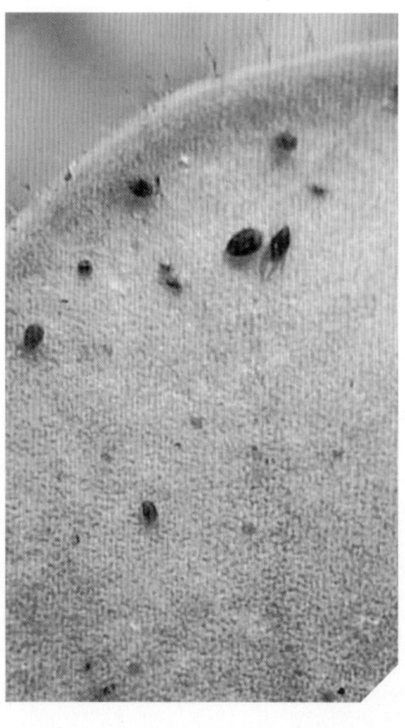

柚喀木虱……143

盾蚧科

矢尖蚧……145
糠片蚧……147
褐圆蚧……149
红圆蚧……151
黄圆蚧……153
黑点蚧……155
白轮盾蚧……157
长牡蛎蚧……158
紫牡蛎蚧……159
长白盾蚧……160

粉蚧科

堆蜡粉蚧……161
柑橘粉蚧……163
橘小粉蚧……164

蜡蚧科

绿绵蜡蚧……166
红蜡蚧……168
龟蜡蚧……169
角蜡蚧……170
褐软蚧……171

硕蚧科

吹绵蚧……172
银毛吹绵蚧……174
草履蚧……175

粉虱科

柑橘粉虱……176
黑刺粉虱……178
双姬刺粉虱……180
马氏粉虱……181
双钩巢粉虱……182

蚜科

橘蚜……183
绣线菊蚜……185
棉蚜……187

橘二叉蚜……188
蝉科
黑蚱蝉……189
蟪蛄……191
蛾蜡蝉科
白蛾蜡蝉……192
青蛾蜡蝉……194
碧蛾蜡蝉……195
广翅蜡蝉科
八点广翅蝉……196
眼斑广翅蜡蝉……198
叶蝉科
尖凹大叶蝉……199
沫蝉科
白带尖胸沫蝉……200
蝽科
长吻蝽……201
稻绿蝽……203
麻皮蝽……205
茶翅蝽……207
橘蝽……209
岱蝽……210
绿岱蝽……211
珀蝽……212
硕蝽……213
缘蝽科
曲胫侎缘蝽……214
兜蝽科
九香蝽……217
鳞翅目
潜叶蛾科
柑橘潜叶蛾……218
卷叶蛾科
褐带长卷叶蛾……221
拟小黄卷叶蛾……224
拟后黄卷叶蛾……226

小黄卷叶蛾……228
木蛾科
白落叶蛾……229
凤蝶科
柑橘凤蝶……230
玉带凤蝶……232
达摩凤蝶……234
蓝凤蝶……236
美凤蝶……238
巴黎绿凤蝶……239
尺蛾科
油桐尺蠖……240
大造桥虫……242
大钩翅尺蛾……243
毛胫埃尺蛾……244
外斑埃尺蛾……246
蝙蝠蛾科
一点蝙蛾……247
蓑蛾科
大蓑蛾……249
茶蓑蛾……251
蜡彩蓑蛾……253
白囊蓑蛾……254
螟蛾科
桃蛀螟……255
亚洲玉米螟……256

豹蠹蛾科

咖啡豹蠹蛾……258

枯叶蛾科

柑橘枯叶蛾……260

毒蛾科

双线盗毒蛾……261

夜蛾科

鸟嘴壶夜蛾……263

嘴壶夜蛾……265

枯叶夜蛾……267

落叶夜蛾……268

壶夜蛾……269

艳叶夜蛾……270

超桥夜蛾……271

棉实夜蛾……272

烟实夜蛾……273

斜纹夜蛾……275

柚巾夜蛾……277

掌夜蛾……278

银纹夜蛾……279

其他夜蛾……280

刺蛾科

扁刺蛾……285

白痣姹刺蛾……287

其他刺蛾……288

鞘翅目

天牛科

星天牛……290

光盾绿天牛……293

褐天牛……295

灰安天牛……297

叶甲科

柑橘潜叶跳甲……298

恶性橘啮跳甲……300

双带方额叶甲……302

巴氏龟甲……303

象虫科

灰象虫……304

大绿象虫……306

小绿象虫……308

丽金龟科

红脚丽金龟……309

铜绿金龟子……310

斑喙丽金龟……311

花金龟科

花潜金龟子……312

白星花金龟……313

小青花金龟……314

鳃金龟科

中华齿爪金龟……315

犀金龟科

独角犀……316

吉丁虫科

爆皮虫……317

溜皮虫……319

六星吉丁虫……320

双翅目

瘿蚊科

柑橘芽瘿蚊……321

柑橘花蕾蛆……323

雷瘿蚊科

橘实雷瘿蚊……325

实蝇科

柑橘小实蝇……327

柑橘大实蝇……329

缨翅目

蓟马科

柑橘蓟马……331

茶黄蓟马……333

等翅目

白蚁科

黑翅土白蚁……335

直翅目

斑腿蝗科

大青蝗……337

短角外斑腿蝗……338

蟋蟀科

大蟋蟀……339

螽斯科

螽斯……340

有肺目

巴蜗牛科

同型巴蜗牛……342

蛞蝓科

野蛞蝓……344

其他动物伤害

鸟害……346

鼠害……347

蝙蝠为害……347

天敌

瓢虫……349

食蚜蝇……352

草蛉……353

食螨隐翅虫……354

捕食螨、蜘蛛……354

日本方头甲……354

寄生蜂……355

塔六点蓟马……357

海南蝽（厉蝽）……357

猎蝽……358

寄生菌……358

红霉菌……359

螳螂……359

蛙……360

马鬃蛇……360

参考文献……361

柑橘病害

细菌病害

柑橘黄龙病

●**病原：**韧皮部杆菌属的表皮细菌

●**传播方式：**远距离传播为带病接穗、苗木，近距离传播为田间病源和柑橘木虱

●**症状表现：**叶片、枝梢和果实

▲蕉柑黄龙病株"插金花"现象

▲椪柑幼年树黄龙病叶片均匀黄化

黄龙病又称黄梢病，是柑橘毁灭性的细菌病害，为重要的检疫性病害。"龙"是潮汕果农对柑橘枝梢的俗称。"龙"即是梢，是树冠顶部的新梢。春梢叫作"春龙"，夏梢、秋梢谓之"夏龙""秋龙"。这些梢的叶片黄化，则称"黄龙"。

黄龙病在我国主要分布在广东、广西、福建、台湾等省区。在江西赣南、湖南、云南、贵州、四川和浙江南部亦有发生，由于气候变化，此病有向北蔓延的趋势。台湾原称作立枯病。在美国、巴西，东南亚、南亚、非洲均有发生。印度的梢枯病（枯死病）、菲律宾的叶斑病、南非的青果病同属黄龙病。1995 年 11 月 16—23 日，国际柑橘病毒学家组织（IOCV）第十三届会议在我国福州召开，确认中国科学家在黄龙病研究中做出的先驱性贡献，根据法国 Bovc 教授的提议，统一改称为黄龙病（Huanglongbing，HLB）。

症状识别

发病初期，在绿色树冠中出现一条或几条叶片褪绿的小枝，或少数新梢叶片黄化，称作"插金花""鸡头黄"。随之，病梢下段枝条叶片和树冠其他部位的枝条叶片相继褪绿变黄或呈斑驳黄化。幼年树抽出的新梢多为均匀黄化。该病全年均可发生，春、夏、秋梢都可表现症状。春梢表现症状是在转绿后，病株枝梢叶片褪绿变黄，多呈均匀黄化。未结果的幼年树和初结

▲沙糖橘黄龙病叶片均匀黄化

果树表现甚多。均匀黄化的叶片亦能转为斑驳黄化。夏、秋梢发病时，抽生的新梢叶片在转绿期停止转绿，叶片暗淡、无光泽，随后逐渐变黄而成黄梢，叶片呈均匀黄化或斑驳黄化。

在田间，叶片黄化表现为三种类型：均匀黄化型、斑驳黄化型和缺素症黄化型。初期病树、幼年树和初结果树的新梢多表现为均匀黄化型症状。斑驳黄化型从叶脉附近，特别从主脉基部和侧脉顶端附近发生黄化，黄斑的形状和大小不一，逐步扩大形成黄绿相间的斑驳，主脉两侧斑驳不对称，这种症状在春、夏、秋梢的病枝上，以及初期、中期、晚期病树上都易见到。缺素型黄化型，又称“花叶”型，主脉、侧脉及其附近的叶肉保持绿色，脉间的叶肉呈黄色，与缺锌、缺锰症状相似，这种叶片在中期、后期的病树或原来的黄化枝条剪除后再抽出的新梢中常常出现。

▲贡柑夏梢黄龙病均匀黄化

▲年橘黄龙病均匀黄化

▲红江橙黄龙病均匀黄化

▲甜橙黄龙病梢落叶现象

斑驳型黄化型叶片在不同柑橘品种的各个梢期和早期、中期、晚期病树上均能见到，症状明显，是田间诊断黄龙病树的依据。

除叶片黄化症状外，病树落叶，早发芽，叶片小，叶质较厚硬；枯枝多，植株弱；花多畸形且早开，坐果率低；果实小或显畸形，不能正常着色，橙类品种成熟期果实暗绿色，无光泽，果肩稍淡黄（称“青果病”），椪柑、福橘、沙糖橘、温州蜜柑等品种果蒂至果肩橙红色，其余部位暗绿色（称“红鼻果”）。病树初期根系正常，中期、后期根系出现腐烂症状。

病原与发病条件

黄龙病有记载的历史已100多年。我国对黄龙病病原体研究在20世纪30年代就已进行。广东汕头陈其傑在1938—1941年曾对黄龙病病树进行高接枝条试验，证实用枝条接在病树上，

▲冰糖橙黄龙病斑驳叶

▲甜橙黄龙病斑驳叶

▲沙糖橘黄龙病斑驳叶

▲红江橙黄龙病斑驳叶

高接枝条会发病。后因抗日战争而停止了试验。这一时期，林孔湘教授在福建也做了关于黄龙病的调查，并在1947年开展研究，特别就黄龙病是水害，还是线虫为害或受镰刀菌侵染等，做了一系列试验，证实了嫁接可以传毒（当时认为它是一种病毒）。另外，福建高与柽等人也在福建龙溪地区进行试验，得到了相同的结论。20世纪60年代有人根据嫁接黄龙病病枝可使衰退病的指示植物表现衰退病症状的事实，认为黄龙病病原与衰退病有关，或可能就是衰退病病毒。但林孔湘教授认为，黄龙病从病症来说，与衰退病是不同的。1963年广西黄龙病研究小组成立，1964年做过蚜虫传毒试验，华南农学院及福建龙溪地区相关单位都做了蚜虫传毒试验。后经进一步试验及电子显微镜观察，明确衰退病病毒常与黄龙病病原同时侵染某些品种，并非单一的黄龙病病原。1973年，广西黄龙病研究小组采用四环素族抗生素浸泡接穗和注射树干，证明其对四环素族抗生素敏感，而认为可能是类菌原体。同时，开展柑橘木虱的传病研究。在同一时期，杨村柑橘场与华南热带作物学院合作，开展了这一课题研究。1979年，福建果树研究所及上海生物化学研究所在电镜观察病叶叶脉组织中看到了黄龙病病原，其大小为60~700纳米，具20纳米厚的界限膜。由于病原物的膜超过了类菌原体10纳米以下的常规厚度，因而认为黄龙病病原是类立克次氏体或是一种特别类型的类菌原体。杨村柑橘场与华南热带作物学院、上海生物化学研究所合作，于1978—1979年采取杨村柑橘场黄龙病树、传毒发病苗木和吸毒柑橘木虱唾液腺材料，在上海生物化学研究所进行电镜检查，发现有类原核生物体，形态多样，菌体大小为360~830微米，菌体双层膜厚20微米左右，且菌体内纤维状核酸样物质清晰可辨。同时，用盐酸四环素和青霉素灌注病树和处理接穗，发现能抑制症状表现，而对立克次氏体有特效的对氨基苯甲酸等药物则无反应。陈乃荣教授因此认为，黄龙病病原应列为类细菌。 2001年，研究发现因其外围膜中有一肽聚糖层，而认定是细菌，属革兰氏阴性细菌。国外根据16S核糖核蛋白体DNA和核糖核蛋白体蛋白质基因的序列分析，认为黄龙病病原细菌应为薄壁菌门（Cracilicutes）α-变型菌纲（Porteobacteria）韧皮杆菌属（*Candidatus Liberibacter*）的表皮细菌，是一种目前用人工合成的培养基难以培养的或尚无法培养的细菌“难培养菌”，有亚洲种（*Candidatus Liberibacter asiaticus*）、非洲种（*Candidatus Liberibacter africanus*）和美洲种（*Candidatus Liberibacter americanus*）三个种。

黄龙病有两个极易表现症状的温度范围值：一是22~24℃表现症状，称为“感温”型或“热敏感”型，为非洲种，其在30℃以上气温时，症状会减轻；二是27~32℃表现症状，称“耐热”型，属亚洲种或美洲种。但亚洲种和美洲种在

"感温"型的温度下也可表现症状。

黄龙病通过嫁接传播，但不通过汁液摩擦和土壤传染。

远距离传播为带病接穗和带病苗木的调运，近距离传播为田间病源和柑橘木虱并存。

柑橘木虱在病树新芽上吸取汁液后，转移到健康树上为害时，即行传病。病原体在柑橘木虱体内的循回期为20~30天，最短为2天。柑橘木虱3龄以上的若虫和成虫均传病。近年还发现云南的柚喀木虱亦可携带黄龙病病原亚洲种。

▲ 椪柑黄龙病株

▲ 脐橙黄龙病株

▲ 红江橙黄龙病果"青果"

▲ 甜橙黄龙病果"青果"

▲ 冰糖橙黄龙病果和病叶

▲ 沙糖橘黄龙病"红鼻果"

▲ 椪柑黄龙病"红鼻果"

▲ 年橘黄龙病果和病叶

▲ 年橘黄龙病株，叶片已落完

▲ 贡柑黄龙病株

▲贡柑黄龙病叶片

▲尤力克柠檬黄龙病斑驳叶

▲蜜柚黄龙病斑驳叶

▲黄龙病绿岛型症状

▲甜橙斑黄龙病驳叶和均匀黄化叶（左上）

▲椪柑黄龙病缺素症状

▲冰糖橙黄龙病缺素症状

▲蕉柑黄龙病叶片

▲沙糖橘黄龙病株

▲蕉柑黄龙病老树

▲蜜柚黄龙病株

▲实生柚黄龙病枝叶

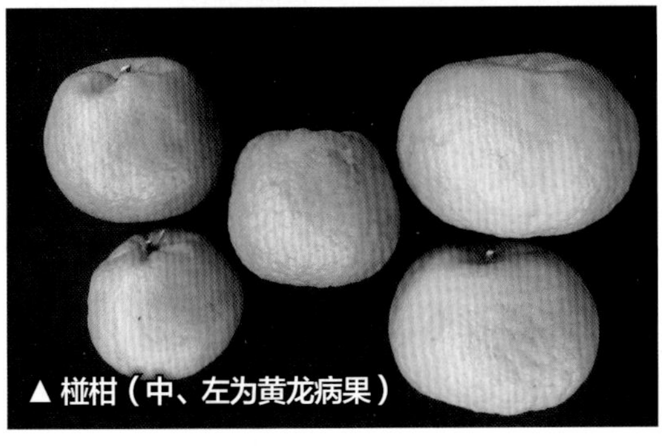
▲椪柑（中、左为黄龙病果）

● 防治要点

（1）严格执行检疫，严禁带病苗木、接穗调入无病区或新种植区，实行统一购买无病苗木。

（2）以产业化经营的方式发展柑橘产业。做到“八个统一”，即对黄龙病为害认识统一、发展规划统一、苗木繁育统一、园区品种统一、管理规程统一、生产措施统一、技术指导统一、木虱防治统一。在统一认识的基础上，认真落实栽培管理“五项措施”，即种植无病苗木、成片改造病区老果园或隔离种植、及时防治柑橘木虱、坚决挖除病树、加强栽培管理。

（3）按国家柑橘无病毒繁育体系规程操作和管理。育苗地必须选择在无病区或远离柑橘种植区，采用全封闭网棚育苗。严格建立无病毒良种库。建设无病毒一级、二级采穗圃，保证供应无病接穗。接穗剪取后应用盐酸四环素1 000倍液浸泡2~2.5小时，然后用清水冲洗干净，或采用湿热空气处理接穗。湿热空气处理方法：接穗用湿布包好，在44℃湿热空气中预热5分钟后，再经47℃湿热空气处理8~10分钟，隔24小时重复一次，共3次。

（4）挖除病树必须执行发现一株挖除一株，不能只锯病枝。一年中做到“三检查，四挖除”，即：春梢转绿后至早夏梢萌发前检查和挖除；夏梢期间认真检查和挖除，以减少秋梢期的发病率；秋梢期检查和挖除；春芽萌发前补挖遗漏病株。每次挖除应先喷药防治柑橘木虱。

（5）防治柑橘木虱坚持全年防治、统一防治。抓住全年几个关键时间：冬季清园期、春梢萌芽期、夏梢抽发期、秋梢抽发期和迟秋梢发生期，尤其是注意夏梢抽发不整齐的园区应该做到经常检查，随时结合喷药防治。

（6）加强栽培管理，以施用有机质肥料为主，结合施水肥和化肥的管理措施，促使每次新芽整齐，及时防治病虫害。结果树不超负荷挂果，保持树体健壮；不在病树园区附近建立新园，不在病园内补种幼树。

（7）柑橘园区内、外，以及附近不种植黄皮、九里香等芸香科植物。

柑橘溃疡病

●**病原：**细菌 *Xanthomonas campestris* pv. *citri*（Hasse）Dys

●**传播方式：**借风雨、昆虫、枝叶摩擦、人为接触等传播

●**症状表现：**叶片、枝梢和果实

症状识别

该病为害叶片、枝梢、果实，形成木栓化突起的病斑。受害叶片开始出现针头大、黄色、油渍状斑点，后扩大成近圆形的黄色或褐色病斑，穿透叶的两面，隆起，木栓化，表面粗糙，灰褐色，呈火山口状开裂。病斑边缘呈油渍状，周围有黄色晕环，这是与疮痂病的明显区别，严重时叶片早落。枝梢和果实上的病斑与叶上的相似，但病斑隆起更显著，火山口开裂更为明显，木栓化程度更坚实，一般无黄色晕环。严重受害的枝梢干枯，病果只限于果皮，不为害果肉，病果不变形，易裂果、受害严重的提早脱落。严重感病品种幼果果柄亦可感病。

病原与发病条件

病原为细菌 *Xanthomonas campestris* pv. *citri*（Hasse）Dys，属假单孢菌目，假单孢菌科，黄单孢杆菌属。

病菌生长温度为10~38℃，生长适宜温度为20~30℃，最适宜温度为25~34℃。致死温度为49~65℃。耐低温。适应的酸碱度为pH 6.1~8.8。根据报道，病害的地理位置分布和溃疡病菌对柑橘寄主植物的致病反应可划分为：A菌系（亚洲菌系）分布最广，毒力最强，几乎可侵染全部柑橘属品种和其他芸香科植物；B菌系对柠檬的致病性较强；C菌系仅侵害墨西哥来檬，

▲溃疡病初期病斑（叶背）

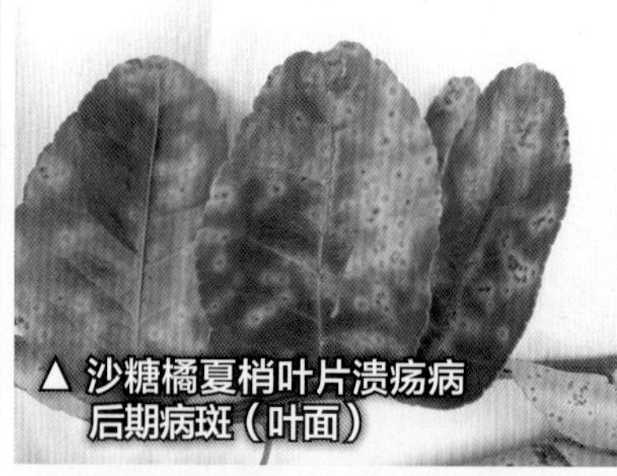
▲沙糖橘夏梢叶片溃疡病后期病斑（叶面）

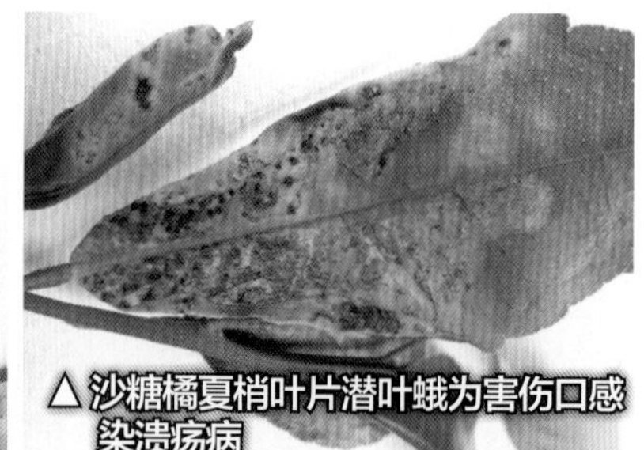
▲沙糖橘夏梢叶片潜叶蛾为害伤口感染溃疡病

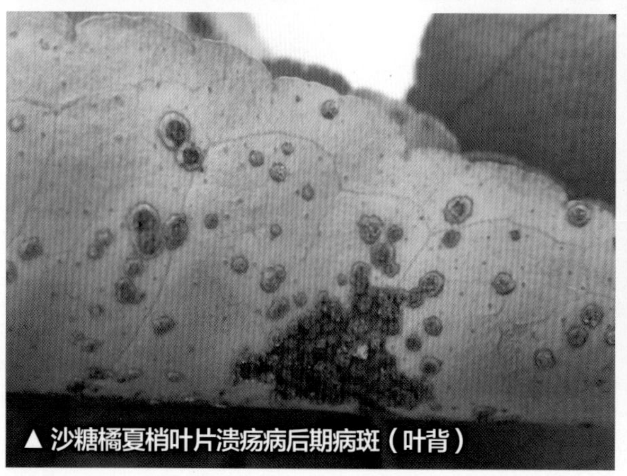
▲沙糖橘夏梢叶片溃疡病后期病斑（叶背）

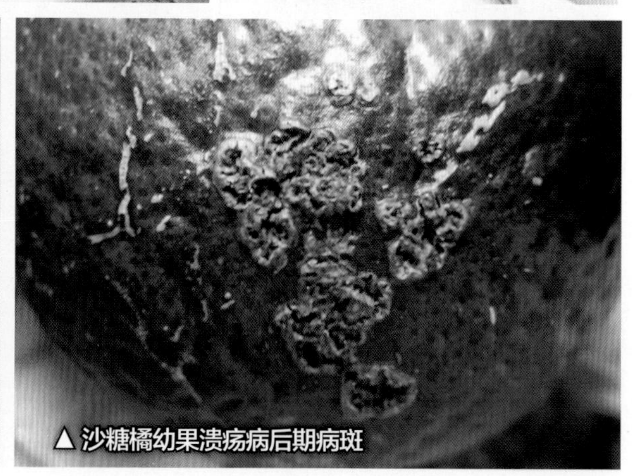
▲沙糖橘幼果溃疡病后期病斑

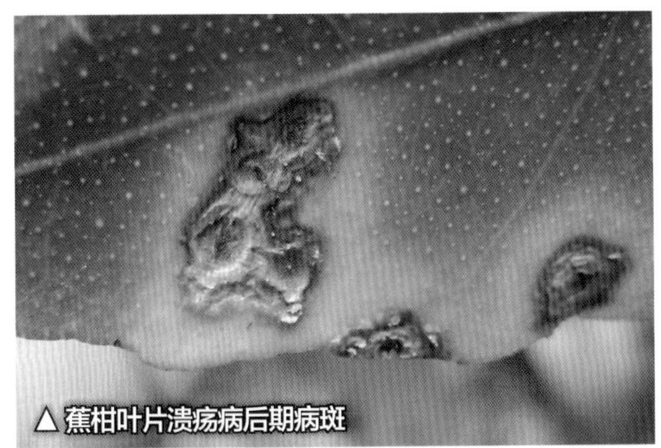
▲蕉柑叶片溃疡病后期病斑

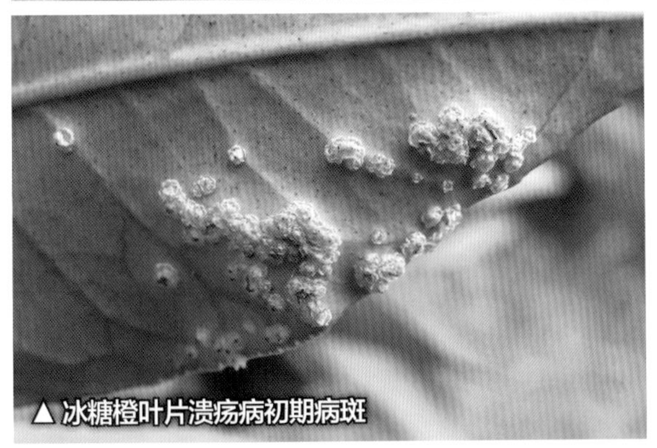
▲冰糖橙叶片溃疡病初期病斑

▲年橘枝叶溃疡病

▲冰糖橙幼果溃疡病

▲沙田柚果实溃疡病

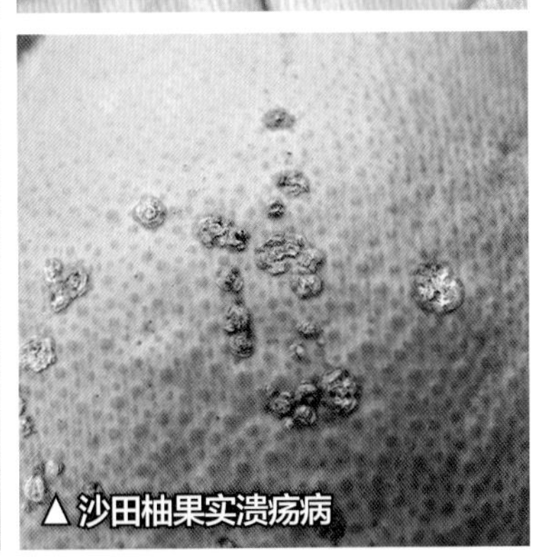
▲沙田柚果实溃疡病

▲冰糖橙秋梢枝条溃疡病后期病斑

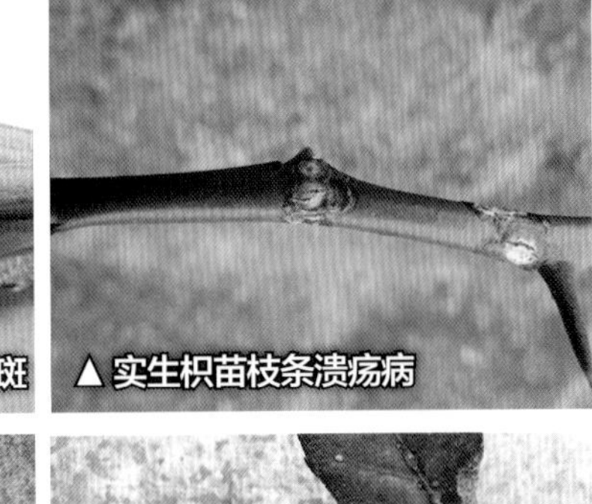
▲实生枳苗枝条溃疡病

▲实生枳苗枝条和刺的溃疡病斑

▲实生枳苗枝叶溃疡病

称墨西哥来檬专化型。

研究表明，柑橘溃疡病病菌在土壤中能存活200多天，在叶片上可存活6个月以上。病菌在叶片、枝梢及果实的病斑中越冬，翌年春季条件适宜时病菌从病部溢出。借风雨、昆虫、枝叶接触摩擦、人为接触等传播。病菌通过气孔、枝条皮孔和伤口侵入。柑橘潜叶蛾防治不好时，造成的伤口也给病菌侵入提供了条件。远距离传播主要是带病苗木、接穗、果实等。柑橘园内一旦发病，则难杜绝。高温多雨季节有利于病菌的繁殖和传播，每年5—9月为发病盛期。以夏梢发病最重，秋梢次之，春梢最轻，果实发病较重。每年台风和暴雨后，常有一个发病高峰期。发病程度与柑橘品种有关，橙类、杂交柑的一些品种最易感病，柑类次之，橘类中有一些品种易感病，四季橘、金柑抗病。柠檬亦是易感病品种。偏施氮肥是发病的诱因。幼苗和幼龄树易感病，树龄愈大发病愈轻。

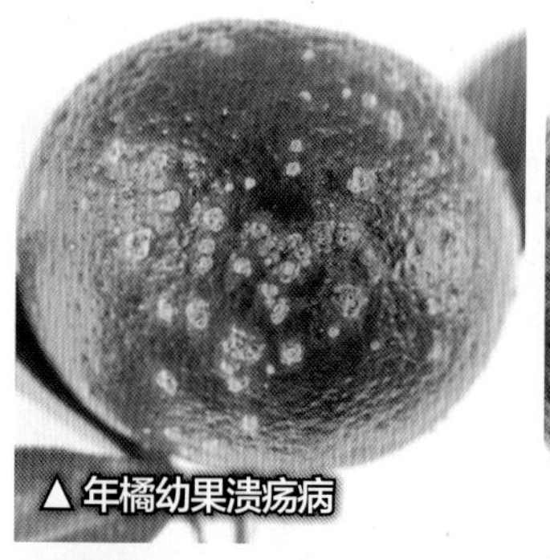

▲ 年橘幼果溃疡病

△ 沙糖橘幼果溃疡病后期病斑

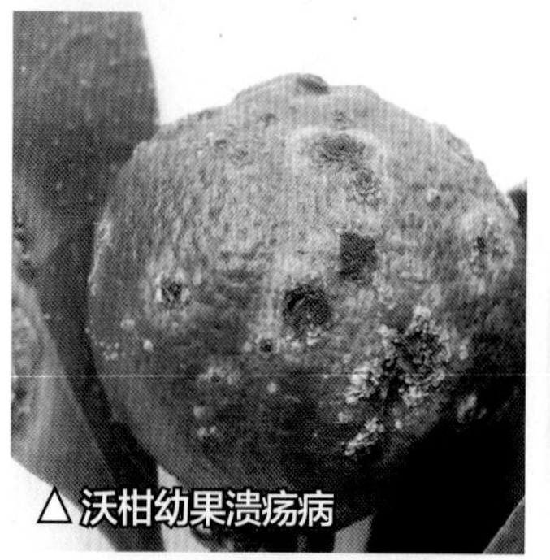

△ 沃柑幼果溃疡病

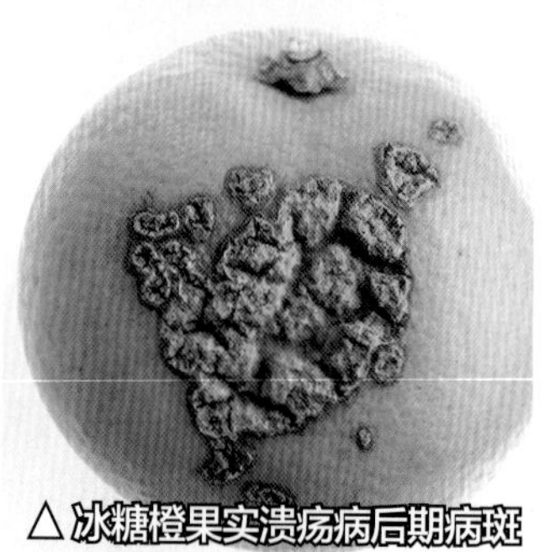

△ 冰糖橙果实溃疡病后期病斑

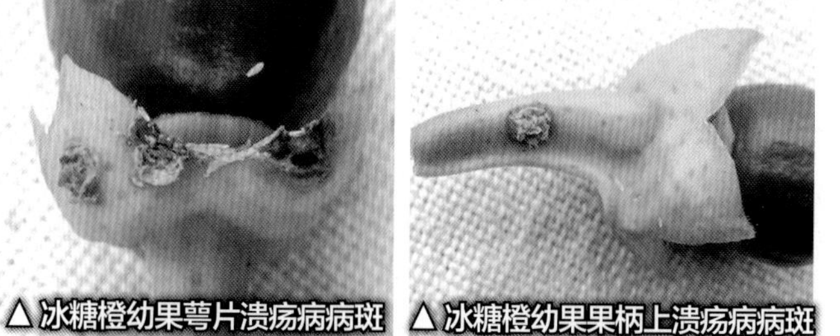

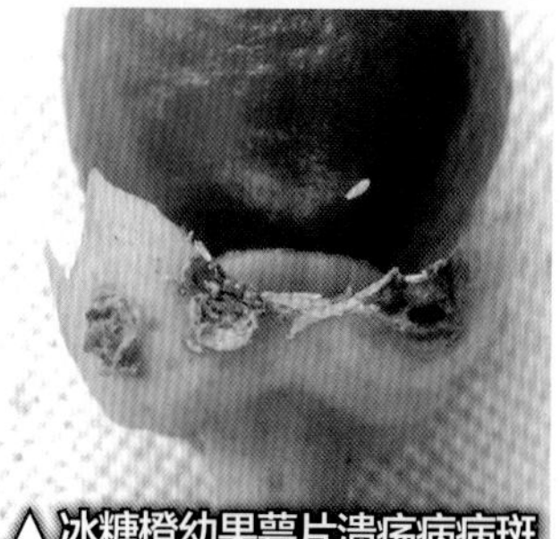

▲ 冰糖橙幼果萼片溃疡病病斑

▲ 冰糖橙幼果果柄上溃疡病病斑

▲ 上一年秋梢叶（老叶）溃疡病斑在次年5月水渍状向外渗透再感染症状（叶背）

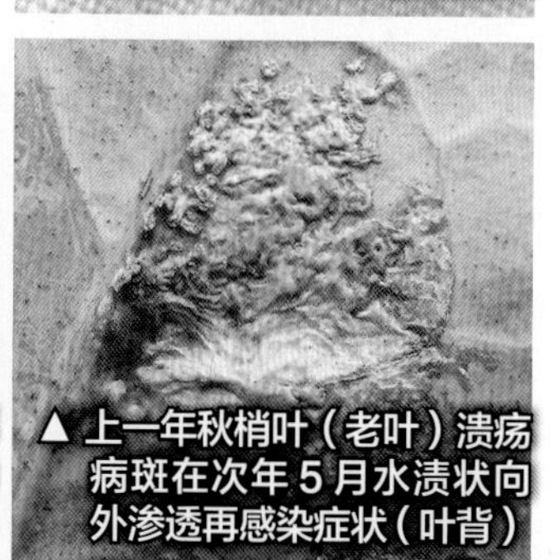

▲ 上一年秋梢叶（老叶）溃疡病斑在次年5月水渍状向外渗透再感染症状（叶背）

▲ 溃疡病病斑引起冰糖橙裂果

▲ 年橘幼果溃疡病裂果

● 防治要点

（1）严禁在溃疡病区调运苗木、接穗、种子和砧木，禁止从病区运入鲜果销售，防止病菌传播。在新区和无病区发展柑橘，应从无病苗圃购买苗木。同时，认真做好种植区内的发病调查，及时发现病株、病苗并进行彻底烧毁。

（2）台风、暴雨多的地区，柑橘园应规划和营造防风林及护园林，以减小风速，减少损伤，降低发病程度。

（3）防治好每次新梢的害虫，尤其是防治好潜叶蛾，可减少病害的发生。

（4）选择适宜当地发展的抗病品种。

（5）喷药保护嫩梢和幼果，认真掌握喷药时期，不可在发现病斑后才喷药防治。喷药应在春梢期开始。夏、秋梢在抽梢后7~10天喷第一次药，相隔10天复喷一次，新梢近自剪时再喷一次，一个梢期需喷3次药，台风前、后应补喷药。春梢喷药期应在谢花后10天开始，相隔15~20天需复喷。药剂可选用53.8%氢氧化铜（可杀得2000）干悬浮剂900~1 000倍液、46%氢氧化铜（可杀得3000）水分散粒剂1 200~1 500倍液、20%噻菌铜（龙克菌）悬浮剂500~600倍液、8096必备（波尔多液）可溶性粉剂400~600倍液、72%农用链霉素可湿性粉剂（1 000万单位）2 000~2 500倍液或20%松脂酸铜（天地铜）乳油800~1 000倍液，还可选择50%喹啉铜可湿性粉剂、波尔多液等药剂。常用的混配农药有：以矿物油增效助剂混用氢氧化铜，即53.8%氢氧化铜（可杀得2000）干悬浮剂1 000倍液+97%百农乐矿物油300~500倍液，或46%氢氧化铜（可杀得3000）水分散粒剂1 500倍液+99%绿颖矿物油500倍液。

(6)合理施肥，控制夏梢生长。冬季做好清园工作，剪除病虫枝叶，收集落叶、枯枝、落果，集中烧毁，减少病源，结合防治其他病虫害喷0.8波美度的石硫合剂。

(7)严重病园结合冬季清园，树冠、地面同时喷药。

病毒、类病毒病害

柑橘黄脉病（黄化脉明病）

●**病原：** Citrus yellow vein clearing virus，CYVCV
●**传播方式：** 通过嫁接，以及蚜虫、粉虱等昆虫传播
●**症状表现：** 叶片、枝梢

属世界性柑橘病害，分布于美国、土耳其、印度、巴基斯坦等国，我国广泛分布。

症状识别

感病的植株春梢、秋梢均可表现症状。广东尤力克柠檬5月抽发的夏梢也可表现症状。各梢期的叶片叶脉发黄、透明，呈鲜黄色或明黄色，黄色甚至由叶脉扩展至附近叶肉组织。

▲ 尤力克柠檬黄脉病春梢叶片叶脉黄化

▲ 尤力克柠檬黄脉病未老熟春梢叶片叶背症状

▲ 尤力克柠檬黄脉病未老熟春梢叶片症状

▲ 尤力克柠檬早夏梢叶片黄脉病症状

▲ 尤力克柠檬早夏梢叶片黄脉病症状

▲ 尤力克柠檬早夏梢叶片黄脉病症状

▲ 尤力克柠檬早夏梢叶片黄脉病症状

▲ 尤力克柠檬早夏梢叶片黄脉病症状

▲ 尤力克柠檬秋梢叶脉黄化

▲ 尤力克柠檬秋梢叶脉黄化

较嫩叶片叶脉似水渍状。叶片皱缩、反卷或畸形，常脱落。

病原与发病条件

病原为 Citrus yellow vein clearing virus（CYVCV）。根据国际病毒分类委员会第八次、第九次报告，属菁黄花叶病病毒目（Tymovirales），α-线性病毒科（Alphaflexivirdae），柑橘病毒属（*Mandarivirus*），柑橘黄脉病毒，为柑橘病毒属的新成员。病毒粒子呈弯曲纤维状，长 680 纳米，直径 13~14 纳米。

1957 年首次在来檬、金柑上发现，随后的调查表明，芸香科植物的一些种类、品种和杂种，包括来檬、克里曼丁橘、奥兰多橘柚、特洛亚枳橙、柠檬和金柑等都有发生。1972 年美国加利福尼亚大学编著的《柑橘病毒病和类病毒病害》已有表述。1973 年出版的《柑橘病害彩色图册》报道了美国加利福尼亚州 3 个县内的来檬、金柑和印第奥市的大翼橙类（*Citrus macrophylla*）实生苗上发生此病。1988 年有报道指出巴基斯坦的柠檬和酸橙发生黄脉病，土耳其、印度的柠檬、酸橙类发生较普遍。2015 年陈洪明、王雪峰等研究报道了我国云南瑞丽地区于 2009 年发现尤力克柠檬黄化脉明病。2015 年广东韶关用从四川安岳引种的尤力克柠檬转接的苗木种植，6 年生树发现黄脉病典型症状，经中国柑橘研究所李中安研究员鉴别，认定为黄脉病。2017 年周彦等在美国《植物病害》杂志上报道了 2014—2016 年在我国柑橘主要种植的 11 个省区调查研究结果，指出此病在我国分布广泛，其中广西、广东、湖南、江西、云南是高发区，受害种类有南丰蜜橘、蕉柑、红江橙、尤力克柠檬、沙糖橘、贡柑、冰糖橙、纽荷尔脐橙等。2018 年，广西沙糖橘春梢表现出黄脉病症状。

根据陈洪明等的研究，春梢发病严重，晚秋梢次之。夏季由于气温升高，夏梢症状减轻或不表现。该病是通过嫁接传播的一种病毒病害，还可通过蚜虫、粉虱等传播，豆蚜和绣线菊蚜可以将柠檬的病毒传播到大豆上。该病不能通过机械传播，汁液摩擦接种则不能在柑橘品种间进行传播。该病的发生与温度密切相关，症状表现温度为18~36℃，18~24℃为最适温，温度愈高，症状愈轻，超过36℃，新梢基本不表现症状。

▲ 沙糖橘春梢黄脉病叶脉透明，嫩叶卷曲（卢文彝　提供）

● 防治要点

目前尚无有效的药剂，但可以通过以下措施进行防控：

（1）热处理＋茎尖嫁接进行脱毒，种植无病苗木。

（2）春梢期常检查果园，发现病株及时挖除。

（3）加强病虫害防治，及时防治好蚜虫、粉虱等。

（4）避免在柠檬等易感病品种园内和附近种植辣椒或豇豆等作物，以减少病害传播途径。

▲ 尤力克柠檬春梢（下）和秋梢（上）叶片叶脉黄化

▲ 沙糖橘春梢叶片黄脉病症状（卢文彝　提供）

▲ 沙糖橘春梢叶片黄脉病症状（卢文彝　提供）

▲ 沙糖橘春梢黄脉病症状（卢文彝　提供）

▲ 沙糖橘春梢黄脉病症状（卢文彝　提供）

柑橘衰退病

● **病原**：一种线状病毒 Citrus tristeza virus，CTV

● **传播方式**：通过带毒苗木，芽、皮和叶碎片嫁接，蚜虫传播

● **症状表现**：全株

▲ 冰糖橙衰退病病株

▲ 香酸类柑橘衰退病病叶

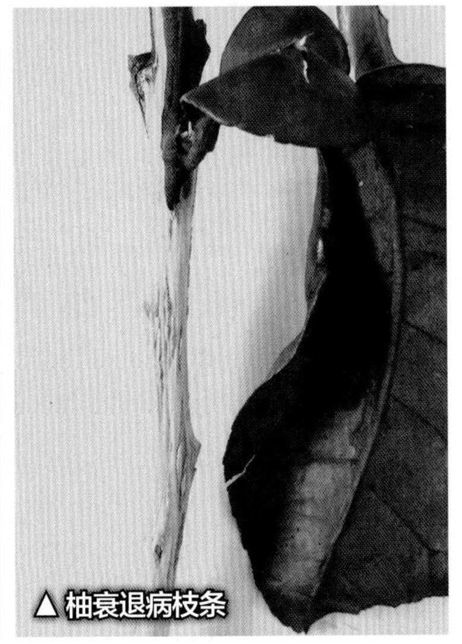

▲ 柚衰退病枝条

衰退病（Tristeza）原叫速衰病（Quick decline Disease），1956 年统一命名为 Tristeza，中国称衰退病。

衰退病是为害柑橘最主要的世界性病毒病害之一。此病与病毒菌株的可能变化、新砧木的使用，是柑橘业的一种潜在威胁。

症状识别

柑橘衰退病的症状，在田间因品种不同、砧穗组合不同、株系组成不同而有不同症状类型。一是速衰（Quick decline），以酸橙作砧木的甜橙对衰退病毒侵染高度敏感，感病植株叶片暗淡，新梢少，开花异常，果小而多，枝条枯死。叶片突然萎蔫，干挂于树上。嫁接口部下的韧皮部坏死，影响养分向下输送，导致根部枯死。二是苗黄，苗木在嫁接当年的夏季开始，上部新叶主脉附近绿色，脉间叶肉黄化，后至整片叶均匀黄化。三是茎陷沟（Stem pittimg），在树干或枝条木质部出现长条形陷沟或陷点，枝条易折断，叶片间距缩短，长势差，果小，易脱落。茎陷沟症状在许多柑橘品种上都能表现。

病原与发病条件

病原为柑橘衰退病毒 Citrus tristeza virus（CTV），约为 11 纳米 ×2 000 纳米的线状粒体，属长线形病毒属（*Ciosterovirus*）成员，存在于病株韧皮部筛管细胞中。根据寄主的症状表现，有致病力强、弱不同的株系，田间存在的常常是不同株系的复合物。一般认为苗黄型衰退病毒是一种强毒株，引起以酸橙作砧木的甜橙和宽皮橘等砧穗组合的韧皮部坏死型衰退，以及引起来檬、葡萄柚和某些甜橙出现茎木质部陷点和陷沟症状的，为普通株系。除柑橘类植物外，其他芸香科植物如黄皮、九里香等亦可被侵染。

衰退病的传播途径是通过带毒的苗木和带毒的芽、皮和叶碎片嫁接传染，在田间主要通过褐色橘蚜、棉蚜、橘二叉蚜、绣线菊蚜、桃蚜等蚜虫传播，其中褐色橘蚜的传病力最强。病毒侵入寄主后，一般先从顶部往下运行，破坏砧木的韧皮部，阻碍养分输送，先引起根部腐烂死亡，然后引起地上部发病。种子、汁液和土壤都不传病。

寄主对衰退病的感病性是病毒发生的重要条件。一般以酸橙（如兴山酸橙、代代等）作砧木的甜橙高度感病，以酸橙作砧木的宽皮柑橘也感病，而枳、酸橘、红橘、枳橙、粗柠檬、檬檬和甜橙作砧木的甜橙和宽皮柑橘都较耐病。衰退病可以通过墨西哥来檬做指示植物进行鉴定。目前，采用墨西哥来檬、酸橙、酸橙砧甜橙、葡萄柚和麦达姆·维纳斯甜橙5种指示植物同时鉴定，以期确定复合物的类型，或采用RT-PCR技术进行鉴定。

● 防治要点

（1）在病区选用枳、酸橘、红橘等耐病品种作砧木，可减轻病害的发生及为害程度。

（2）加强植物检疫，防止可引起甜橙茎陷点的强株系人为传入。

（3）在柑橘生长期要及时防治传播衰退病的各种蚜虫，具体用药方法见橘蚜防治部分。

（4）彻底铲除病株和已严重发病园内所有植株。

（5）用弱毒系交互保护，病区中苗木先接种弱病毒系，可免受强毒系感染。

▲香酸类柑橘衰退病病叶

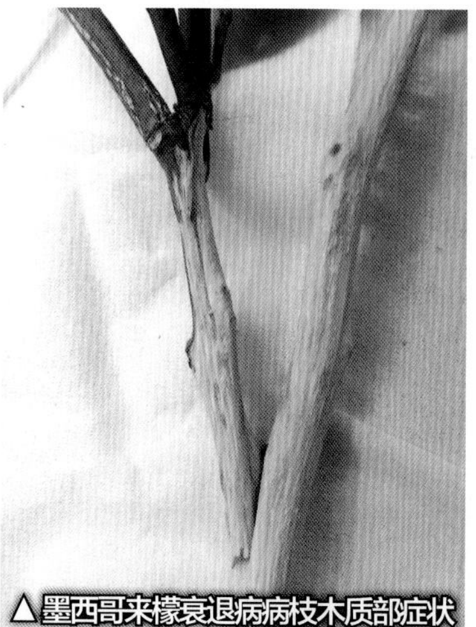

▲墨西哥来檬衰退病病枝木质部症状

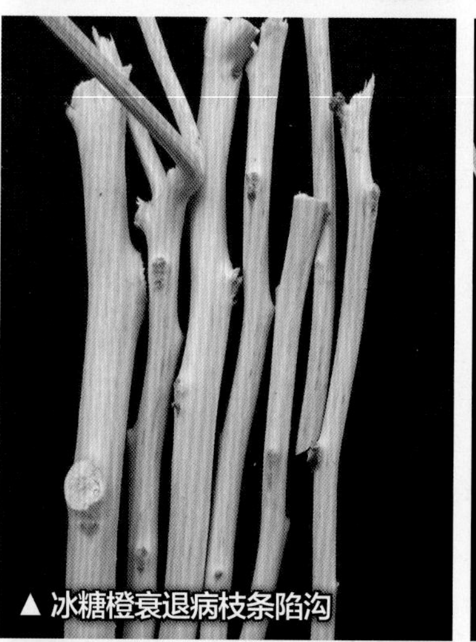

▲冰糖橙衰退病枝条陷沟

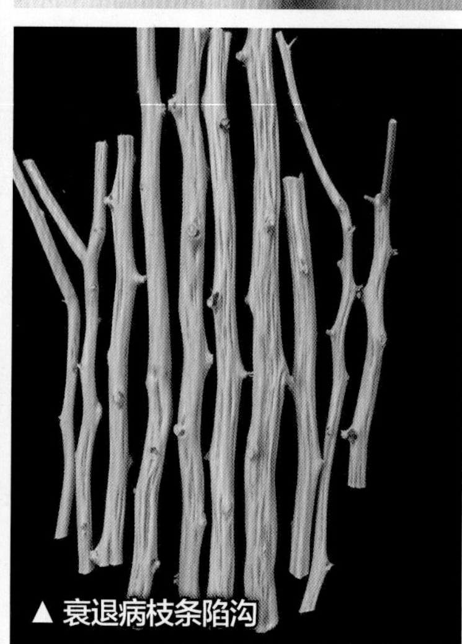

▲衰退病枝条陷沟

▲冰糖橙衰退病木质陷点症状

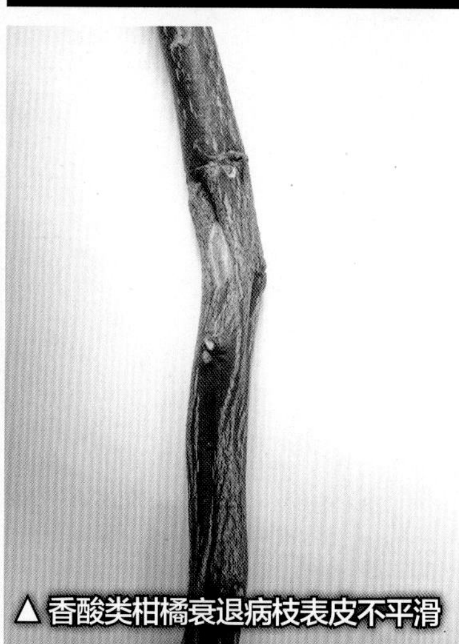

▲香酸类柑橘衰退病枝表皮不平滑

柑橘碎叶病

●**病原：** 碎叶病病毒 Citrus tatter leaf virus，CTLV

●**传播方式：** 通过苗木、接穗、受病原污染的工具等传播

●**症状表现：** 全株

我国浙江、广东、广西、福建、四川、重庆、湖北、湖南、台湾等省区均有发生。

症状识别

以枳和枳橙作砧木的柑橘树，可明显表现症状。病株的砧穗接合部环缢并呈黄环状，断面显黄褐色界层，嫁接口以上的接穗部肿大，叶脉黄化，似环状剥皮引起的症状。剥开嫁接口部位的皮层，在接穗与砧木的木质部间有一圈缢缩线。受强风等外力影响，砧穗接合处易

▲ 枳砧沙糖橘碎叶病嫁接口

▲ 枳砧冰糖橙碎叶病嫁接口（嫁接口以上为温州蜜柑中间砧）

▲ 枳砧沙田柚碎叶病病株

▲ 枳砧沙糖橘碎叶病嫁接口折断

▲ 枳砧沙田柚碎叶病嫁接口断裂状

断裂，裂面光滑。枳橙或厚皮来檬嫁接病穗发病后，新叶上呈现黄斑，叶缘缺损扭曲。

病原与发病条件

病原为碎叶病病毒 Citrus tatter leaf virus（CTLV）。病毒粒体弯曲杆状，大小为（450~920）纳米 ×19 纳米，在柑橘品种中广泛存在。碎叶病病毒通过嫁接和受污染的工具传播。有的品种比较敏感，如枳、枳橙、厚皮来檬等，症状明显，而甜橙、酸橙、柠檬和粗柠檬等品种较为耐病。此病表现症状与砧木品种有关，用枳、枳橙作砧木时较敏感，而以江西红橘和酸橘为砧木时不表现症状。

● 防治要点

（1）引入的柑橘良种应隔离种植，并逐一做指示植物鉴定，确认不带病毒后才能作为采穗材料。指示植物有特洛亚枳橙（Troyer）或鲁斯克枳橙（Rusk）。在田间选出的优良单株，也必须经过指示植物鉴定，或应用 RT-PCR 检测技术进行检测，确认没有带病毒后方可采穗繁殖苗木。

（2）修枝剪、嫁接刀等工具在使用前应坚持用漂白粉 10 倍液或 1% 次氯酸钠溶液消毒，每采穗 1 株需用上述液体消毒一次。

（3）脱毒处理：采用热处理—茎尖嫁接脱毒。可在专门制作的玻璃温室内，利用夏季太阳光的高温照射升温至白天 40~50℃，每天 8 小时，连续累积达 20 天以上（累积天数愈多愈好）。也可在人工气候箱中，白天温度 40℃，每天 16 小时，夜间温度 30℃，每晚 8 小时，黑暗处理带病苗木 3 个月以上。然后促苗木发芽，采取新芽进行茎尖嫁接，获得茎尖苗。茎尖苗再行指示植物鉴定，确认无病毒后保存在良种材料库中，并建立无病毒采穗圃采穗繁殖无病苗木。

（4）选择耐病砧木，以防止碎叶病的严重为害，一般可选酸橘类、红橘、枸头橙等。

▲ 沙糖橘碎叶病病株

▲ 枳砧冰糖橙碎叶病嫁接口处有一圈黄褐色缢缩线

▲ 春甜橘碎叶病（刘玉高 提供）

▲ 春甜橘碎叶病病株（刘玉高 提供）

柑橘裂皮病

●**病原：** 类病毒 Citrus exocortis viroid，CEVd

●**传播方式：** 通过苗木、接穗、受病原污染的工具、菟丝子等传播

●**症状表现：** 树干

20 世纪 40 年代末，澳大利亚和美国首先发现此病，分布于欧洲、非洲、大洋洲柑橘产区。我国四川、重庆、湖北、湖南、广东、广西、浙江、福建、江西、云南、贵州、台湾等省区均有发生。我国从摩洛哥、墨西哥、意大利等国引进的多数柑橘品种都带此病。

症状识别

砧木树皮纵向开裂，部分树皮剥落，树冠生长受抑制。有的只裂皮而树冠并无明显矮化，也有的树冠矮化而没有显著的裂皮症状。病重的植株树冠矮化，新梢少而弱，小枝枯死，枝叶稀疏，叶片比正常的小，有的叶片只有叶肉变黄而叶脉及叶脉附近绿色，类似缺锌症状。病树春季开花多，落花落果严重，产量、品质降低。带病苗木在苗期不表现症状，定植后 2~8 年开始发病。在试验条件下，苗木可表现症状。

病原与发病条件

病原为 Citrus exocortis viroid（CEVd），属马铃薯纺锤形块茎类病毒科，马铃薯纺锤形块茎类病毒属（*Pospiviroid*）成员。病原耐高温，不能用热处理方法脱除裂皮病病毒。

▲ 枳砧尤力克柠檬裂皮病

▲ 枳砧尤力克柠檬裂皮病

裂皮病主要发生在芸香科植物上，病原可能存在于许多耐病寄主中，但只有当这些带毒接穗嫁接在对裂皮病敏感的砧木品种上时，症状才可见。田间病株和隐症带毒的植株是该病的初次侵染源。病原的远距离传播主要通过苗木和接穗，近距离传播通过受病原污染的工具。沾有病树汁液的刀剪或手与健康树韧皮部组织接触可以传播。菟丝子也能传播。

柑橘裂皮病在以枳、枳橙、檬檬和普兰来檬作砧木的柑橘树上发病严重。甜来檬、甜柠檬等砧木品种也易感病。有些被认为较耐病的砧木，可以表现细微的症状，如：将感染该病的柠檬嫁接于甜橙、葡萄柚或酸橙砧木上，其树冠有矮化倾向；用带病的华盛顿脐橙嫁接在印度酸橘或甜橙砧木上，表现某种程度的矮化而不出现裂皮。以甜橙作砧木的植株，带病树结果少于正常树。用酸橘、江西红橘、红橘、枸头橙作砧木比较抗病。

▲红檬檬砧红江橙裂皮病病株

防治要点

（1）通过指示植物 Etrog 香橼 Arizona（亚利桑那）861-S-1 选系鉴定选种母树，证明没有此病的才能剪取接穗育苗；执行检疫制度，杜绝病苗和病穗传到无病区。

（2）通过茎尖嫁接脱毒培育无病毒母株，繁育无病苗木。

（3）嫁接刀或修剪等工具可用 10%~20% 漂白粉溶液或 1% 次氯酸钠溶液消毒，时间为 5~10 分钟，再用清水冲洗擦干。苗木除萌蘖或果园抹芽放梢，应以拉扯去芽的方法代替以手抹芽，避免因手接触有病原而传播。

（4）选择耐病的砧木品种。

▲红檬檬砧裂皮病症状

温州蜜柑萎缩病

●**病原：** 温州蜜柑萎缩病毒 Satsuma dwarf virus，SDV

●**传播方式：** 通过嫁接和汁液传播

●**症状表现：** 叶片、果实

▲温州蜜柑萎缩病

为温州蜜柑的重要病害，在我国温州蜜柑产区有一定范围发生。

症状识别

春梢新芽黄化，幼叶变小、皱缩，叶片两侧明显向叶背面反卷，呈船形或匙形。被害新梢生长停滞，全树矮化，节间缩短，叶片丛生，树势衰弱。发病初期，果实变小，严重时花多果少，果实畸形，果蒂皮部变厚突起，品质低劣。在同一枝上，船形叶或匙形叶一般单独出现，有时也同时混存，其症状出现与温度有关，匙形叶在昼夜温差大时出现。

病原与发病条件

病原为温州蜜柑萎缩病毒 Satsuma dwarf virus（SDV），病毒粒体球状，直径约 26 纳米，无胞膜，存在于寄主细胞质液泡内或分散存在

▲温州蜜柑萎缩病

▲温州蜜柑萎缩病

于胞间联丝的鞘内，呈“一”字形排列。致死温度为50~55℃。

病毒主要通过嫁接和汁液传播。有人怀疑病原可通过土壤传播，目前尚未发现通过昆虫传播。远距离传播主要是通过苗木和带病的接穗。

本病主要在春梢上表现症状，即使重病树，夏、秋梢亦不表现症状。适宜发病的温度为18~25℃，气温在30℃以上时一般不表现症状，高温对本病有抑制作用。此病在园中发生极为缓慢，一般从中心病株向外作轮纹状扩散。发病10年以上的植株明显矮化，产量锐减，或无收成。苗木发病1年即受到严重损害。在自然条件下除温州蜜柑外，近年也发现为害中晚熟柑类、脐橙等。本病寄主范围相当广泛，几乎所有柑橘属、枳属、西非枳属、印度枳属等近缘属植物都感病，但大多数寄主植物不表现明显症状，处于隐症带毒状态。船形叶或匙形叶并非本病所特有，准确的诊断应通过草本植物白芝麻、黑眼豇豆和美丽菜豆来鉴定判断。

● 防治要点

（1）通过指示植物鉴定，筛选出无病优良株系，进行苗木繁育。方法是将带毒母树置于白天40℃、夜间30℃（各12小时）的高温环境热处理42~49天后采穗嫁接，或用上述温度热处理7天后取其嫩芽进行茎尖嫁接，可脱除此病病毒。

（2）检查园区，发现病株应及时挖除，消灭发病中心。

▲温州蜜柑萎缩病

真菌病害

柑橘疮痂病

●**病原：**一种真菌，无性阶段为 *Sphaceloma fawcettii* Jenkins，有性阶段为 *Elsinoë fawcetti* Bitane. et Jenk.

●**传播方式：**借风雨和昆虫传播

●**症状表现：**嫩叶、嫩梢、花和果实

症状识别

受害叶片初现油渍状小点，随之逐渐扩大，呈蜡黄色至黄褐色，后变灰白色至灰褐色，形成向一面突起、直径 0.3~2 毫米的圆锥形木栓化病斑，似牛角或漏斗状，表面粗糙。叶片正反两面都可生成病斑，但大多数发生在叶片背面，不穿透两面，病斑散生或连片，为害严重时叶片畸形扭曲。

新梢受害症状与叶片相似，但突起不明显，病斑分散或连成一片，枝梢短小扭曲。花

△春甜橘疮痂病叶片症状

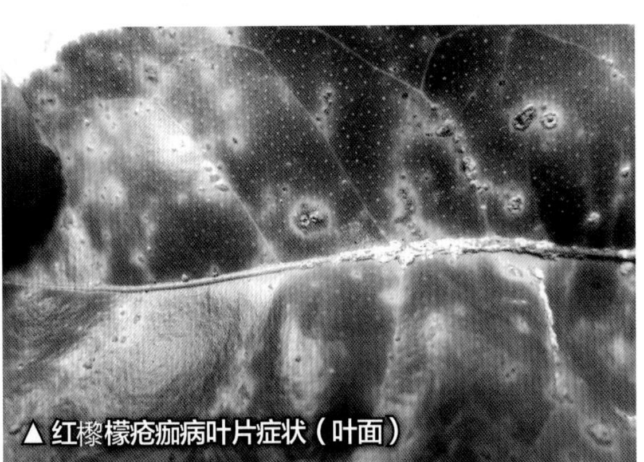
△红檬檬疮痂病叶片症状（叶面）

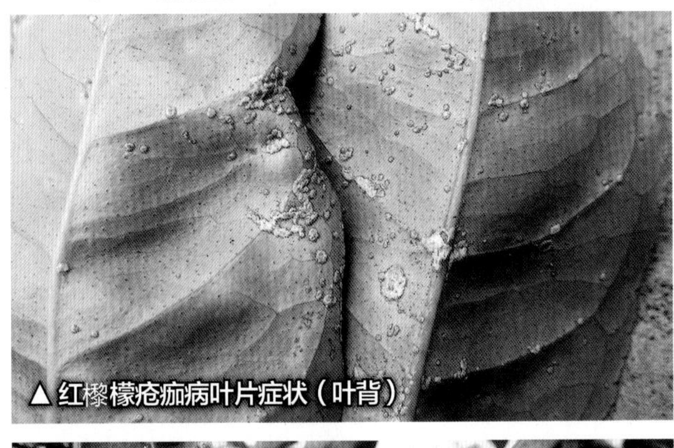
△红檬檬疮痂病叶片症状（叶背）

△红檬檬疮痂病后期症状

△温州蜜柑疮痂病叶片症状

△温州蜜柑疮痂病叶片症状（叶背）

瓣受害很快脱落。果实受害后，在果皮上常长出许多散生或群生的瘤状突起；幼果发病多呈茶褐色腐烂脱落；稍大的果实发病产生黄褐色木栓化的突起，畸形，易早落；果实中期发病，病斑往往变得不大显著，但皮厚汁少；果实后期发病，病部果皮组织一大块坏死，呈癣皮状剥落，下面的组织木栓化，皮层较薄，久晴骤雨易开裂。

▲ 温州蜜柑疮痂病斑后期症状

病原与发病条件

病原为一种真菌。无性阶段为 *Sphaceloma fawcettii* Jenkins，称柑橘痂圆孢菌，属半知菌门腔孢纲黑盘孢目黑盘孢科痂圆孢属。有性阶段为柑橘痂囊腔菌 *Elsinoë fawcettii* Bitane. et Jenk.，属子囊菌门腔菌纲多腔菌目多腔菌科痂囊腔菌属，在我国尚未发现。但是，在阿根廷、美国已发现另一种疮痂病菌和新的生物型，可使甜橙类品种严重发病。

▲ 温州蜜柑幼果严重疮痂病

分生孢子盘初散生或聚生于寄主表皮层中，近圆形，后突破表皮外露。分生孢子梗短，密集排列，大小为（3~4）微米 ×（12~22）微米。分生孢子生于孢梗顶端，单生，无色，单胞，长椭圆形或卵形，大小为（6~8）微米 ×（2.5~3.5）微米。两端各具油球。有性阶段子座状菌丝组织内散生 1~20 个圆形至椭圆形子囊腔，子囊球形或卵形。柑橘疮痂病只侵染柑橘类植物。

病菌以菌丝体在病枝、叶上越冬，翌年春季阴雨多湿，当气温达 15℃以上时，老病斑上的菌丝体开始活动，产生分生孢子，借风雨和昆虫传播，萌发芽管侵入春梢嫩叶、花和幼果。病菌可继续产生分生孢子，进行再侵染。远距离传播则通过带病的苗木、接穗和鲜果。

▲ 温州蜜柑疮痂病中期症状

柑橘不同种类和品种间的抗病性差异很大。一般橘类最易感病，酸橙、柠檬、枳、柑类、柚类等次之，甜橙类抗病力强，而部分甜橙品种和金柑可以免疫。柑橘组织的老嫩程度亦与抗病性有关，通常在新梢幼叶展开前最易感病，叶宽达 1.6 厘米以上即具抗病力，落花后不久的幼果也最易感病。温湿度对本病的发生和流行有决定性的影响，菌丝生长最适温度为 20~21℃，发病的温度为 15~24℃，当温度达 28℃以上时，病害很少发生。

▲ 温州蜜柑疮痂病中期症状

▲ 温州蜜柑疮痂病中期症状

▲ 温州蜜柑疮痂病后期症状

▲ 椪柑疮痂病后期症状

▲ 尤力克柠檬疮痂病症状

▲ 南丰蜜橘疮痂病果实成熟期症状

从柑橘产区而言，在北亚热带区，3月上旬至12月均可发生，但以春梢和幼果发病最为严重，夏、秋梢发病较少。中亚热带和南亚热带区，只在早春和晚秋时有所发生。

在适温范围内，连绵阴雨或清晨露重雾大，有利于本病病菌萌发侵入，可导致该病大发生。

● 防治要点

（1）新建果园选用无病苗木，病区接穗可用50%苯菌灵可湿性粉剂800倍液浸泡30分钟，有良好的杀菌效果。

（2）做好冬季清园、喷药及修剪工作，剪除带病枝叶和树冠过于郁闭的枝条，减少侵染源。

（3）抓好春季防治适期，认真喷布药剂预防。当春芽露出2~3毫米长时即喷第一次药剂，在谢花2/3时继续喷布药剂，连续2~3次，以保护春梢和幼果。药剂可选用53.8%氢氧化铜（可杀得2000）干悬浮剂900~1 000倍液、46%氢氧化铜（可杀得3000）水分散粒剂1200~1500倍液、20%噻菌铜（龙克菌）悬浮剂500倍液、80%代森锰锌（大生M—45）可湿性粉剂800倍液、70%丙森锌可湿性粉剂600倍液、25%嘧菌酯（阿米西达）悬浮剂1 000~1 500倍液、30%吡唑醚菌酯可湿性粉剂2 000~2 500倍液、30%醚菊酯悬浮剂2 000~2 500倍液或25%咪鲜胺乳油1 500倍液等。

（4）加强栽培管理，注意氮、磷、钾肥配比施用，使树体整齐抽发新梢。

柑橘褐斑病

●**病原：**交链格孢真菌 *Alternaria alternate*（Fr.）Keissler

●**传播方式：**随气流传播

●**症状表现：**叶片、枝梢、花和果实

本病属世界性病害。我国广东、广西、四川、重庆、浙江、湖南、云南等省区均有一些品种发生。

症状识别

未展开的幼叶受害出现针头状斑点，随后病斑扩大，初为黄褐色，渐至深褐色，致使幼叶枯死脱落。成长中的叶片感病，病斑大小和形状不一，微凹陷，中央色较淡，边缘不规则，褐色至深褐色，外围常呈黄色晕圈，病斑可沿叶片主脉、侧脉及支脉扩展，呈散射状或“拖

▲ 贡柑幼果果柄和花瓣花柱感染褐斑病

▲ 贡柑春梢褐斑病

▲ 贡柑秋梢嫩梢褐斑病

▲ 贡柑春梢枝和叶片褐斑病病斑

尾”状。嫩枝受害，病斑大小不一，数量不等，病斑凹陷，褐色至深褐色，沿枝条上下扩大，当病斑环绕枝条超过半圈后，上部枝叶枯死。花蕾和花瓣感病，赤黄色，呈斑块状，随后脱落或干枯。幼果在谢花时即感病，初感病表面呈木栓化龟裂，疤斑状，稍凸，或黑色凹陷；有的在果实成熟时呈黑色斑，果实易腐烂。

病原与发病条件

病原为 *Alternaria alternate* (Fr.) Keissler，属

▲ 贡柑春梢褐斑病

▲ 贡柑春梢感染褐斑病后叶片脱落、花蕾枯死

▲ 八月橘迟春梢褐斑病

▲ 八月橘春梢褐斑病

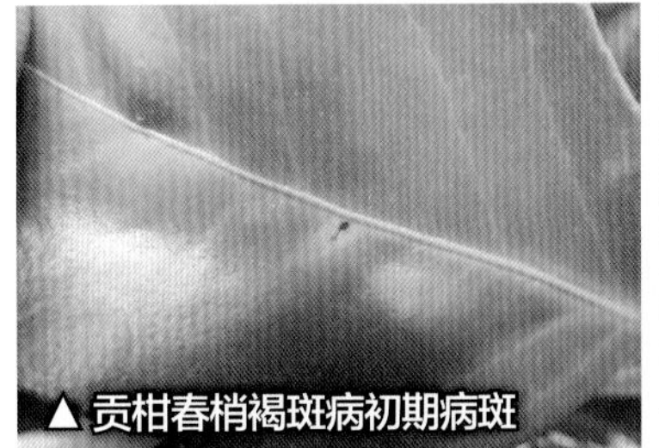
▲ 贡柑春梢褐斑病初期病斑

▲ 贡柑春梢嫩芽褐斑病

▲ 贡柑春梢褐斑病，病菌沿主脉侧脉扩散

▲ 贡柑春梢褐斑病叶片和花蕾症状

半知菌类，交链格孢属真菌。

病菌在带病的老叶上越冬，翌年春季在环境适宜时产生分生孢子，随气流传播。病菌生长适宜温度为20~29℃，最适温度为20~24℃，相对湿度大于80%时，病菌产生毒素，使寄主细胞死亡，并继续产生毒素，沿叶片主脉、侧脉扩散，病斑扩大，导致叶落、枝秃、落花、落果。当相对湿度大于85%时，产孢量大。降雨或相对湿度急剧变化时，将加速孢子释放，甚至6小时即可完成侵染，使一些感病品种在短期内形成爆发性灾害。病害发生严重与否，与当时降雨有关。露水也足以引起病害的发生和发展。

4—10月，春梢、夏梢、秋梢均是被害对象。气候适宜时，冬梢亦能感病。以春梢最为严重，常造成灾难性后果，其次为秋梢。此病具专化性，对一些橘类、杂交柑类、橘柚杂种和橘橙杂种，以及葡萄柚造成为害。20世纪90年代，俞立达、崔伯法对此病曾有报道，近年王雪峰、陈昌胜、李红叶等详细报道了对柑橘褐斑病的研究。已知感病品种有贡柑、八月橘、红橘、瓯柑、塘房橘及云南和湖南的椪柑，广东的马水橘（春甜橘）也可轻感病。

▲贡柑幼果感染褐斑病

▲贡柑春梢褐斑病叶片脱落

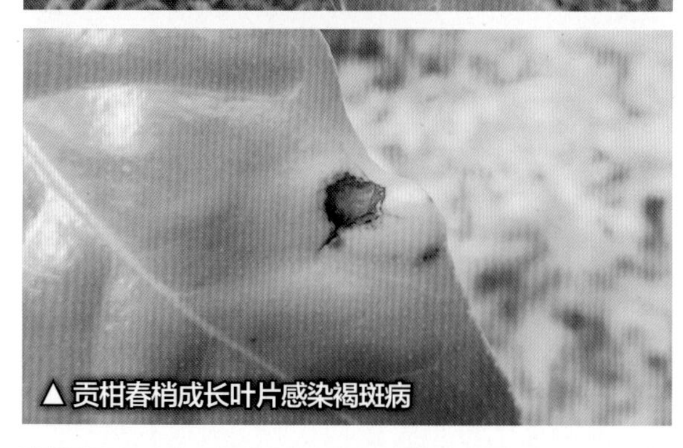
▲贡柑春梢成长叶片感染褐斑病

● 防治要点

（1）及时喷布药剂，感病品种当春芽显露0.5~1厘米长时喷第一次药剂，相隔7~10天喷第二次，下雨前后应及时补喷药剂。

（2）选准有效药剂。

（3）轮换使用药剂和混合使用药剂。药剂可选用：45%咪鲜胺微乳剂1 000~1 200倍液、10%苯醚甲环唑水分散粒剂2 000~3 000倍液、80%代森锰锌（大生M—45）可湿性粉剂500~600倍液、25%戊唑醇水乳剂1 000~1 500倍液、25%戊唑醇（富力库）可湿性粉剂2 000~3 000倍液+70%丙森锌可湿性粉剂600~800倍液、32.5%苯甲·嘧菌酯（阿米妙收）悬浮剂1 000~1 500倍液或25%吡唑醚菌酯悬浮剂1 000~1 500倍液，亦可用铜剂、异菌脲及其他有效的复配药剂等，但应轮换使用。

（4）加强栽培管理。做好冬季清园，认真清除越冬病源，包括地面的枯枝、病叶；增施有机质肥料，减少化学肥料，实行氮、磷、钾、钙和微肥配合使用，培养健壮根系，增强树体；建立和疏通排灌系统，防止园区积水；做好修剪，使果园通透良好；发病季节常巡果园，随时剪除病枝、病叶和病果，集中烧毁。

（5）重病果园可高接换种或改种抗病品种。

▲ 八月橘褐斑病后期病斑

▲ 贡柑春梢枝上褐斑病后期病斑，并感染炭疽病

▲ 贡柑褐斑病花蕾病斑

▲ 贡柑幼果感染褐斑病

▲ 贡柑幼果褐斑病后期病斑

▲ 贡柑夏梢感染褐斑病

▲ 贡柑谢花后幼果感病症状

▲ 贡柑褐斑病叶片和幼果

△ 八月橘幼果褐斑病后期病斑

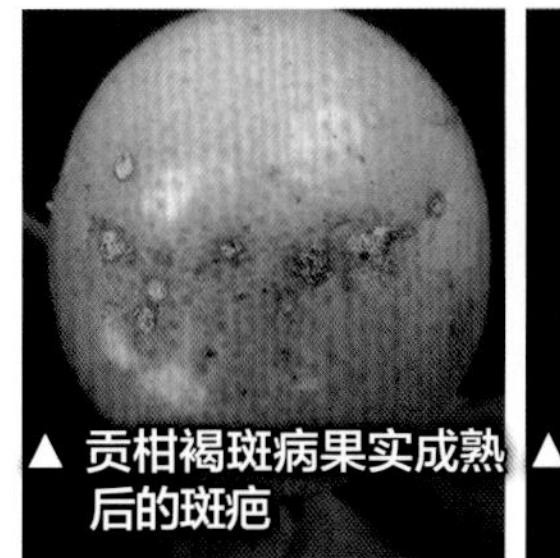

▲ 贡柑褐斑病果实成熟后的斑疤

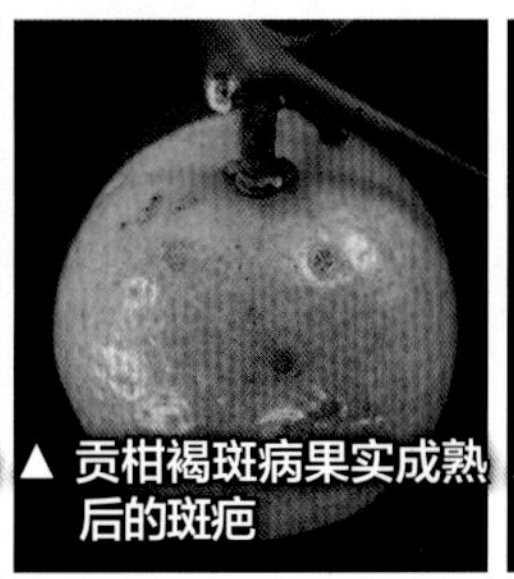

▲ 贡柑褐斑病果实成熟后的斑疤

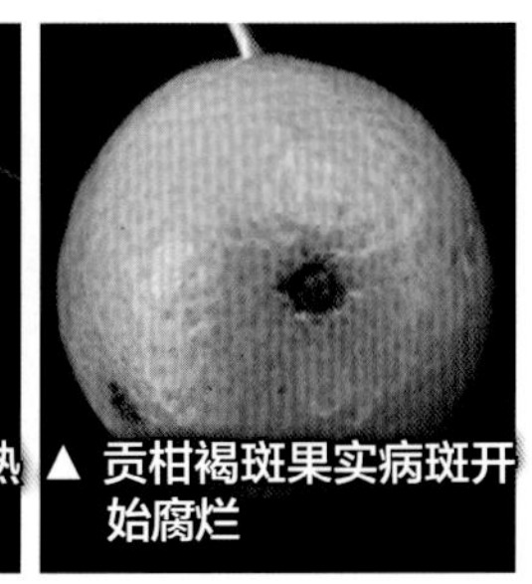

▲ 贡柑褐斑果实病斑开始腐烂

柑橘炭疽病

●**病原：**盘长孢状刺盘孢菌 *Colletotrchum gloeosporioides* Penz.

●**传播方式：**借风雨和昆虫传播，从伤口、气孔或直接穿透表皮入侵

●**症状表现：**叶片、枝梢、花、果实及苗木

▲春甜橘炭疽病病叶

▲冻害后枝条感染炭疽病

症状识别

该病主要为害叶片、枝梢、花，以及果梗、果实，也为害苗木、大枝、主干。

叶片症状 发病一般分慢性型（叶斑型）和急性型（叶枯型或叶腐型）两种。慢性型多发生于老熟叶片和潜叶蛾等造成的伤口处，干旱季节发生较多，病叶脱落较慢。病斑多在边缘或叶尖，近圆形或不规则形，浅灰褐色，边缘褐色，与健部界限十分明显。后期或天气干燥时，病斑中部干枯，褪为灰白色，表面密生稍突起、排成同心轮纹状的小黑粒点（分生孢子盘）。急性型常在叶片停止生长而老熟前发生，多从叶缘和叶尖或沿主脉产生淡青色或暗褐色似沸水烫伤的小斑，后迅速扩展成水渍状波纹大斑块。病斑边缘不清晰，呈近圆形或不规则形，甚至达大半片叶片，自内向外颜色逐渐加深，外围

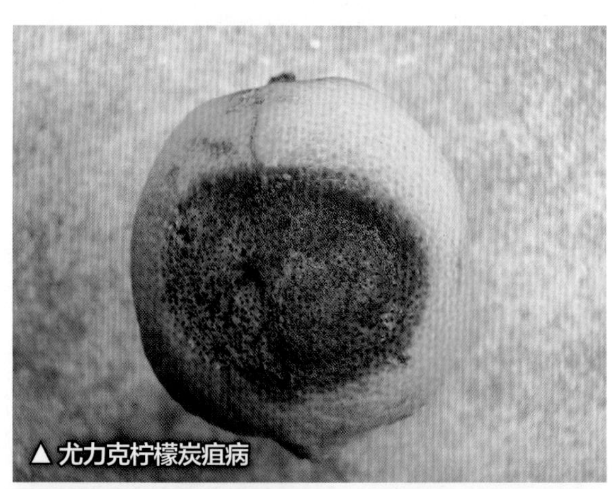
▲尤力克柠檬炭疽病

▲冻害叶片感染炭疽病

▲ 尤力加柠檬炭疽病病叶

▲ 炭疽病后期果实

▲ 炭疽病病枝

▲ 果柄炭疽病

常有黄色晕圈，有的有 0.5~1 毫米宽的暗褐色细边，与健部区别明显。湿度大时，在病斑上产生朱红色带黏性的小液点，有时呈轮纹状排列。急性型叶片炭疽病在春季常因柑橘树大量开花导致树势衰弱突然发生，常造成全株严重落叶。

枝梢症状 也可分为急性型和慢性型两种。急性型症状常发生在连续阴雨的天气，在刚抽生的嫩梢顶端 3~10 厘米处突然发病，如开水烫伤，3~5 天后嫩梢嫩叶凋萎，发病处生出朱红色小液点。慢性型症状多在 1 年生以上枝梢叶柄基部腋芽处发生，病斑初为淡褐色，椭圆形，后渐扩大成长梭形，稍凹陷，当病部扩大绕枝梢一圈时，病梢从上而下枯死，呈灰白色，其上散生小黑粒点状分生孢子盘。2 年生以上枝梢，因树皮色较深，病部不易觉察，须将皮削开方可见到枯死和病部扩展范围。病枝上的叶片往往卷缩干枯，经久不落。病斑较小或树势较壮时，则可随枝条的生长，在其周围产生愈伤组织，病皮干枯脱落后，形成大小不一的梭形或长条形斑疤。

枝干症状 大枝主干发病后，初期病斑不明显，当受害方位的叶片青枯而不带叶柄大量脱落时，病树树皮呈褐色腐烂，并有浓的酒糟味。病斑多为梭形、长椭圆形、条状或其他形状。主干受害，上至树冠、下至根部树皮均可腐烂发臭，病斑边缘较整齐，大枝和主干遭冻害后，在受冻部位长满炭疽病菌子实体，由于病部周围产生愈伤组织，病皮干枯爆裂脱落，俗称“爆皮病”。

花朵症状 花朵发病，雌蕊柱头受害常出现褐色腐烂，引起落花。

△春甜橘急性炭疽病

△春甜橘急性炭疽病病叶和幼果

果梗症状 果梗被侵染，初期褪绿成淡黄色，后成褐色干枯，流出胶质或无流胶，呈枯蒂状，俗称“梢枯病”，果实随之脱落，造成采前大量落果。

果实症状 幼果发病初为暗绿色油渍状的不规则病斑，后扩大至全果，病斑凹陷，变为黑色，成僵果挂于树上；大果受害，其症状则有干疤型、泪痕斑型和腐烂型3种症状。干疤型多于果腰发生，病斑圆形或近圆形，黄褐色或褐色，革质状，微下陷，发病组织不深入果皮下；泪痕斑型则在果面有若干条如眼泪痕的长斑，上有许多红褐色小突点；腐烂型在贮藏期发生，贮藏至中后期的果多见。一般从果蒂部位开始，初期淡褐色，后来颜色变深而腐烂。有的是从干疤型发展至腐烂型。

苗木症状 苗木在5—6月和9—10月多雨季节，离地面6~10厘米处或嫁接口附近开始发病，病斑深褐色，不规则，腐烂，有酒糟味，流出黄豆大小的胶粒，严重时顶部叶片似开水烫伤，最后不带叶柄脱落，直至枯死。连作育苗地更严重。

病原与发病条件

病原为盘长孢状刺盘孢菌 *Colletotrchum gloeosporioides* Penz.，属半知菌亚门，黑盘孢子目，刺盘孢属。有性世代为围小丛壳菌 *Glomerella cingulata*（Stonem.）Spauld. et Schrenk，属子囊菌亚门，球壳目，小丛壳属。病菌以菌丝体和分生孢子在被害的病枝、病叶和病果组织中越冬，其中病枝叶是病菌初侵染的主要来源。生长最适温度为21~28℃，分生孢子萌发适温为22~27℃。在翌年春季，当温度、湿度适宜时，越冬的菌丝产生分生孢子，借风雨和昆虫传播，从伤口、气孔或直接穿透表皮入侵寄主组织，引致发病。在芸香科柑橘亚科包括柑、橘、橙、柚、柠檬、香橼、佛手、金柑等所有的种和品种都可被侵染发病。炭疽病菌是一种弱寄生菌，健康组织一般不会发病。但当冻害严重或早春低温潮湿，夏秋季高温多雨，或受干旱等不利气候条件影响时为害严重。由于耕作、移栽、园区长期积水、施肥过多造成根系损伤，或土壤瘠薄、施

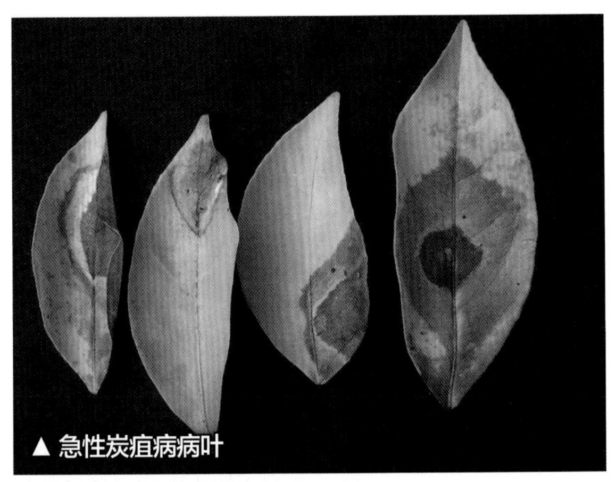
▲急性炭疽病病叶

▲急性炭疽病

▲苗圃实生苗急性炭疽病

肥不够、虫害严重，以及农药伤害、空气污染等造成树体衰弱，或偏施氮肥致生长过度，均可助长病害的发生。品种间则以甜橙、椪柑、温州蜜柑和柠檬发病较重。

● 防治要点

（1）增施有机质肥料，改良土壤，实行氮磷钾及微肥的配方施肥。根据不同土壤适当增加钾肥，促进根系强健、树体强壮。

（2）果园种植绿肥或有益杂草，提倡果园生草的栽培管理，改善园区环境，以培养强大的根群，提高树体抗病能力。

（3）适时排灌。秋冬季和春季干旱时应及时淋水或灌水，保持土壤湿度，保证叶色青绿；雨季则要及时排水，特别要防止水位高的园区地下积水，避免根系腐烂而使树势衰弱。

（4）有冻害发生的地区，应在每年冻害来临之前进行防冻，减少因冻害造成的伤口。

（5）结合清园和全年的管理进行修剪，剪除病虫害枝条，清理枯枝落叶，集中烧毁，并及时喷布有效农药，减少越冬菌源。夏季根据柑橘树生长势进行短截修剪，使果园通风透光良好，促发健壮秋梢。同时，做好防治其他病虫害，减少和避免伤口。

（6）药剂保护。一般在春季花期、幼果期、每次新梢抽出期和冬季根据树势壮弱和原来炭疽病的发生情况，在每个时期及时喷药保护1~2次。有效药剂：70%甲基托布津可湿性粉剂800~1 000倍液、10%苯醚甲环唑可湿性粉剂800~1 000倍液、40%多硫悬浮剂500倍液、80%代森锰锌（大生M—45）可湿性粉剂600倍液、25%咪鲜胺乳油1 500~2 000倍液、60%吡唑醚菌酯（5%吡唑醚菌酯+55%代森联）水分散粒剂1 000~2 000倍液、25%嘧菌酯悬浮剂1 000~1 500倍液、500克/升氟啶胺悬浮剂2 000~2 500倍液、45%晶体石硫合剂200~250倍液或0.3~1波美度石硫合剂（依季节、气温变化确定不同的使用浓度）。亦可选用铜剂类或其他一些杀菌剂。

柑橘树脂病

●**病原：** *Diaporthe medusaea* Nitschke［*Diaporthe citri*（Fawcett）Wolf］

●**传播方式：** 借风雨和昆虫等传播

●**症状表现：** 叶片、枝干和果实

▲ 树脂病树干症状

症状识别

树脂病常随为害部位和环境条件不同而有症状差异。因症状、受害部位和时期的不同，该病又有蒂腐病、褐色带腐病、沙皮病、黑点病、烂脚病等名。

流胶和干枯 枝干受害后，引起皮层坏死，初期呈现暗褐色油渍状病斑，皮层组织松软并有小裂纹，流出淡褐色至褐色胶液，并有酒糟气味。也有病部流胶现象不明显的干枯型，在高温干燥情况下，病部逐渐干枯下陷，病部周围产生愈伤组织，已死亡的皮层剥落，露出木质部，周围呈突起疤痕。干枯病部的木质部均变为浅灰褐色，并在病健交界处有一条黄褐色或黑褐色的痕带。在病部上可见到许多小黑点。

沙皮和黑点 新叶、嫩枝和未成熟果受害后，病部表面呈现许多散生或密集成片的黄褐色或黑褐色硬质小粒点，隆起，表面粗糙，有

▲ 树脂病病树

砂纸之感，称之“沙皮”。

蒂腐 果实在贮藏条件下发生蒂腐，主要特征为环绕蒂部出现水渍状褐色病斑。病斑革质，有韧性，用手指轻压不易破裂，边缘呈波纹状。病果内部腐烂比果皮快，当外部果皮1/3~2/3腐烂时，果心已全部烂掉，称之“穿心烂”。

枝枯 枝条顶部呈现明显的褐色病斑，病健部交界处常有少量胶液流出，严重时整枝枯死，表面散生无数小黑粒点。

产生上述症状的病菌均能透过皮层侵害木质部。受害木质部变成淡灰褐色，病健部交界处有一条黄褐色或黑褐色带痕，这是该病的特有症状。病部皮层上和外露的木质部上，可见到许多小黑点，为病原菌的分生孢子器。

病原与发病条件

病原为 *Diaporthe medusaea* Nitschke［*Diaporthe citri*（Fawcett）Wolf］，属子囊亚门球壳

▲ 树脂病症状

▲ 冰糖橙树脂病枝条
▲ 春甜橘树脂病
▲ 冰糖橙树脂病皮层坏死，枝条变黑色
▲ 冰糖橙树脂病导致枝叶干枯

菌目真菌。有性阶段少见，通常所见为无性阶段。无性阶段为 *Phomopsis ctyosporella* Penzig et Saccarardo（*Phomopsis citri* Fawcett），属半知菌亚门球壳孢目。分生孢子器在寄主表皮，具瘤状孔口，黑色。分生孢子卵圆形或纺锤形，有透明油球，无色，单胞。本病病原菌属弱寄生菌。

病原主要以菌丝、分生孢子器和分生孢子在病组织内越冬。次年环境适宜时，潜伏的菌丝恢复生长发育，形成分生孢子器。溢出的分生孢子借风、雨、昆虫等媒介传播，萌发芽管从伤口侵入，引起发病，并再产生分生孢子器和分生孢子进行重复侵染。本病菌丝生长最适温度为20℃左右，卵形分生孢子发芽适温为15~25℃。分生孢子终年可产生，以多雨潮湿期更甚。

冻伤、机械伤、虫伤和药伤等造成大量伤口都有利于发病。

由于新生组织活力较强，当分生孢子遇到幼嫩组织时，可

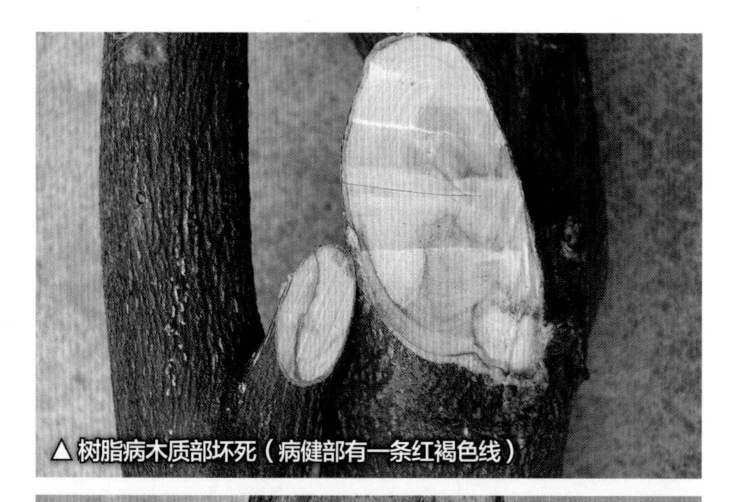
▲ 树脂病木质部坏死（病健部有一条红褐色线）

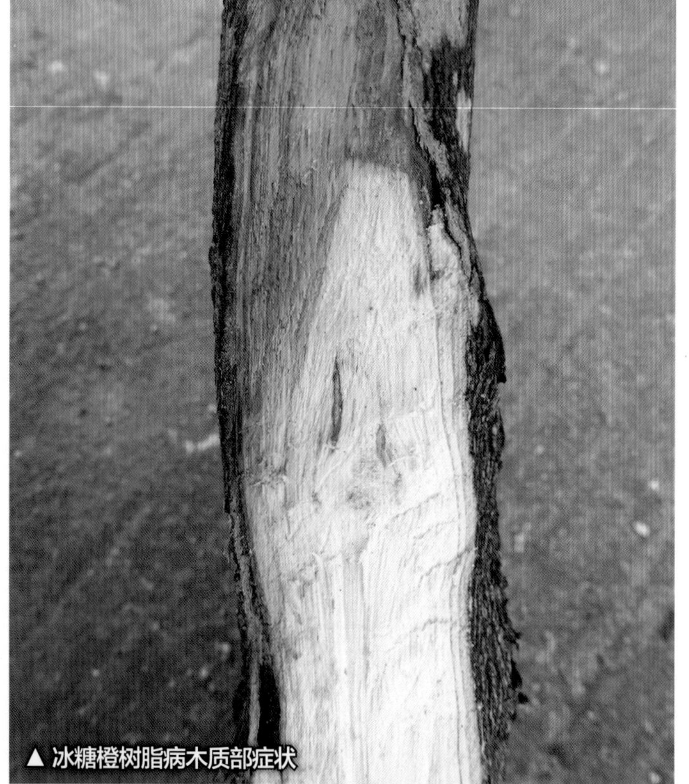
▲ 冰糖橙树脂病木质部症状

阻止侵染病菌蔓延，因而病部常形成许多胶质状的小黑点。

寄主产生愈伤组织的能力与该病的发生和流行有密切关系。因此，栽培管理差、树势衰弱、易受冻害的地区和滥用药剂的果园发病重。

● 防治要点

（1）加强栽培管理，增强树体抗病力。果园增施有机肥，改良土壤，防旱防涝；营造防风林，改善环境和生态条件；防寒防冻，及时防治害虫，避免造成伤口；合理修剪，保护枝干，主干涂白防冻防晒等；做好冬季清园工作，减少果园病菌源。

（2）药剂防治。在春梢萌发期、花落2/3及幼果期各喷药1次防治叶和幼果上的病害，可选用0.5%~0.8%石灰等量式波尔多液、50%退菌特可湿性粉剂500~600倍液、70%甲基托布津可湿性粉剂800~1 000倍液。对已发病的枝干，采用纵刻病部涂药治疗，涂药时期为4—5月和8—9月，每周1次，共涂3~4次。亦可用80%乙蒜素乳油100倍液或41%乙蒜素乳油50倍液涂抹病部，一个月后再涂抹1次。还可用8%~10%冰醋酸或树脂净原液、80%代森锌可湿性粉剂20倍液、1 ∶ 4的食用碱水或50%苯菌灵可湿性粉剂200倍液涂抹。

▲ 金柑果实沙皮病

▲ 蕉柑果实沙皮病

▲ 冰糖橙树脂病（泥块状）

▲ 冰糖橙树脂病（泥块状）

▲ 冰糖橙树脂病（沙皮状）

▲ 温州蜜柑树脂病（沙皮状）

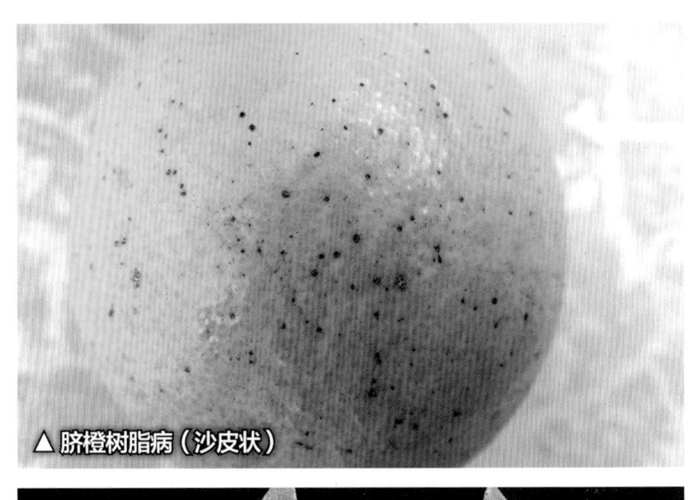
▲ 脐橙树脂病（沙皮状）

▲ 金柑树脂病（沙皮状）

▲ 树脂病导致枝枯，果蒂腐烂

柑橘脚腐病

●**病原：**多种真菌，主要为镰孢霉和疫霉

●**传播方式：**通过雨水传播，再由伤口侵染新的植株

●**症状表现：**叶片、枝干和果实

▲ 脚腐病症状

症状识别

柑橘脚腐病又称裙腐病，主要发生在柑橘主干基部。栽植过深的幼树多从嫁接口开始发病，引起皮层腐烂、须根死亡，病部可达木质部。病斑大多数发生在根颈部，病部皮层不定型，水渍状，腐烂，有酒糟味，常流出褐色胶液。在高温多雨季节，病斑迅速向纵横扩展，向上蔓延至主干离地面30厘米左右，向下蔓延至根群，引起主根、侧根、须根大量腐烂。横向扩展可使根颈树皮全部腐烂，造成“环剥”现象，致使植株死亡。天气干燥时，病部干枯开裂，与健部界限明显。发病时，与发病部位相应方位的树冠叶片失去光泽，叶片中脉及侧脉变黄，易落叶，随病情加重，引起整株树冠叶片病变，枝枯，树势衰弱。受害植株常花多果少，果大、皮厚而粗糙，或果小，提早着色，风味极差。

▲ 环割导致脚腐病

▲脚腐病症状

▲脚腐病致全株枯死

▲积水造成幼树脚腐病

病原与发病条件

柑橘脚腐病由多种真菌引起，有时是单一病原菌，有时是2种或2种以上的病原菌。国内报道已知有12种，主要由镰孢霉和疫霉引起，如金黄尖镰孢霉 *Fusarium oxysporum* Schlect. var. *aurantiacum*（L K.）Wollenw.、柑橘褐腐疫霉 *Phytophthra citrophthora*（R. et E. Smith）Leon.、棕榈疫霉 *Phytophthora palmivora* Butler 和寄生疫霉 *Phytophythora parasitica* var. *micotranae* Tucker. 等。据报道，四川主要是寄生疫霉，湖南主要为柑橘褐腐疫霉。

病菌以菌丝体或厚垣孢子在病树和土壤中的病残体上越冬，并成为初侵染来源。生长发育温度为10~35℃，最适温为25~28℃。当次年气温升高、雨量增多时，在病斑中的菌丝除继续扩展为害健康组织外，疫霉产生孢子囊并释放游动孢子。镰孢霉产生的分生孢子，通过雨水传播，再由伤口侵染新的植株。高温多雨有利于本病大量发生与流行。一般土壤黏重板结、排水不良、种植过密的柑橘园发病重。虫害造成主干基部伤口或农事操作导致树干基部皮层损伤均有利于本病的发生。

● 防治要点

（1）利用抗病砧木。抗病砧木有枳、红橘、酸橙、柚等，但抗病砧木的利用应考虑最佳砧穗组合和其他病害的干扰及土壤条件等因素，如：甜橙嫁接在柚砧上，表现不亲和；枳对碎叶病敏感，也不耐碱性和碳酸钙含量高的土壤；酸橙对衰退病敏感。同时，用抗病砧木嫁接时，还需适当提高嫁接口位置。

（2）更换砧木。已感病砧木的植株基部，在不同方位靠接2~3株抗病砧木，结合修剪、挖除烂根和进行根外施肥等措施促进病树恢复健康。

（3）药剂治疗。发病季节要普查田间发病情况，发现病树要把根颈部土扒开，刮除腐烂部分，纵刻病部达木质部，刻道间隔1厘米，然后涂25%甲霜灵（雷多米尔、瑞毒霉、甲霜安）可湿性粉剂100~200倍液或90%三乙膦酸铝（疫霉灵、疫霜灵、乙磷铝）可湿性粉剂200倍液。也可用石硫合剂渣加新鲜牛粪及少量理发店的碎发或1%硫酸铜溶液洗净病部，再用1∶1∶10的波尔多液浆敷病部。部分地区果农的经验是：刮除病树后，挖除树干基部带菌泥土，填上河沙新土，4~6个月就会痊愈并长出新根。用药还可参考树脂病防治。

（4）加强果园管理。搞好排灌系统，防止果园积水；覆盖防晒，改善土壤结构；及时防治天牛、吉丁虫、独角犀等为害基部皮层的害虫；农事操作应避免损伤基部树皮。合理密植，及时间伐，让果园通风通光，降低空气湿度。

（5）种植新植株时，嫁接口不可埋入土壤。

柑橘流胶病

●**病原：**病原菌有 5 种，以疫菌 *Phytophthora* sp. 感染和病斑扩散最快

●**传播方式：**借风雨和昆虫等传播

●**症状表现：**主干、主枝

症状识别

发病初期皮层出现红褐色小点，疏松变软，中央裂开，流出露珠状胶液，以后病斑（不规则形）扩大，流胶增多。发病后期有的病树树干病部皮层褐色且湿润，有酒糟味，病斑沿皮层向纵横扩展。病部皮层下产生白色层，病皮干枯卷翘、脱落或下陷，剥去外皮层可见白色菌丝层中有许多黑褐色、钉头状突起小点。在潮湿条件下，小黑点顶部涌出淡黄色、卷曲状的分生孢子角。流胶造成主干输导组织坏死，叶片主、侧脉呈深黄色，叶肉淡黄色，失去光泽，导致叶片提早脱落，枝条枯死，树势衰弱，产量低，果质劣。苗木多在嫁接口、根颈部发病，病斑周围流胶，流胶多在根颈部以上，使树皮和木质部容易腐烂，最终导致全株枯死。本病与柑橘树脂病引起的流胶型症状主要区别是：柑橘流胶病不深入树干木质部。

▲柚枝干流胶病（冻伤或曝晒所致）

▲沙田柚流胶病

▲ 葡萄柚主干流胶病

▲ 大枝条流胶病

▲ 枝条流胶病

病原与发病条件

据报道，引起柑橘流胶病的病原菌有 5 种，以疫菌 *Phytophthora* sp. 感染和病斑扩散最快。四川金堂报道，柑橘流胶病病原为 *Cytospora* sp.，系壳囊孢属病菌。分生孢子器散生于子座中，扁球形。分生孢子腊肠形，稍弯曲，两端圆，无色，单胞，萌发温度为 15~25℃，最适温为 20℃。

▲ 沙田柚流胶病导致树体黄化

也有人认为，本病为多种病原表现的同型现象，如树脂病、脚腐病、炭疽病、黑色蒂腐病、菌核病等。此外，日灼、虫伤等均可导致流胶病的发生。

本病在田间全年均有发生。在病组织中越冬的病菌是翌年侵染的来源。在有伤口和病原菌存在的情况下，老树、弱树发病重，长期积水、土壤黏重、树冠郁闭的柑橘园发病重。

● 防治要点

（1）加强栽培管理，注意园地排水，尤其在多雨季节，应及时排除园内积水；加强肥水管理，增施有机质肥料，改良土壤，促使根群生长旺盛，实行配方施肥，增强树体抗病力，并及时防治其他病虫为害。

（2）结合冬季清园，修剪病虫害枝条和枯枝，创造通透性良好的园区环境，清洁园地落叶残枝，减少越冬病源。

（3）病树治疗。在发病季节经常检查柑橘树，发现病株应立即用药治疗。在病部采用“浅刮深刻”的方法。先用利刀把病皮刮除干净，再纵切深达木质部的裂口数条，然后用 70% 甲基托布津可湿性粉剂 100 倍液、50% 多菌灵可湿性粉剂 100 倍液、80% 乙磷铝可湿性粉剂 100~200 倍液、80% 代森锰锌（大生 M—45）可湿性粉剂 50~100 倍液或 75% 百菌清可湿性粉剂 100~150 倍液涂敷伤口。敷药后应常检查，每隔一定时间进行补敷。也可用 80% 乙蒜素乳油 1 000~1 200 倍液喷枝干或用其 100 倍液涂抹。

（4）树干涂白，防晒防冻，处理枝干害虫造成的伤口。

柑橘灰霉病

●**病原：** 灰霉菌 *Botrytis cineria* Pers.

●**传播方式：** 借风雨传播

●**症状表现：** 嫩叶、嫩梢、花和幼果

症状识别

开花期间如遇阴雨天气，受感染的花瓣先出现水渍状小圆点，随后迅速扩大为黄褐色病斑，引起花瓣腐烂，并长出灰黄色霉层。如遇干燥天气，花瓣则呈淡褐色干枯状。当嫩叶、幼果或有伤口的小枝与发病的花瓣接触时，则可发病。嫩叶上的病斑在潮湿天气时，呈水渍

▲ 长期阴雨导致冰糖橙发生灰霉病

▲ 灰霉病为害冰糖橙花和幼果

▲ 冰糖橙花和幼果灰霉病

▲ 冰糖橙灰霉病，花瓣腐烂，粘在子房上

▲ 冰糖橙幼果灰霉病

▲ 冰糖橙幼果灰霉病

状软腐，干燥时病斑呈淡黄褐色，半透明。果上病斑常木栓化或稍隆起，形状不规则，幼果易脱落。充分成熟的果实受侵染，病部变褐色，软化，生长鼠灰色霉层，失水后干枯变硬。小枝受害后常枯萎。

病原与发病条件

病原为灰葡萄孢霉真菌 *Botrytis cinerea* Pers.，属半知菌亚门，丝孢纲。有性阶段为富氏葡萄孢盘菌 *Botryotinia fuckeliana*（de Bary）Whetael。病菌以菌核及分生孢子在病部和土壤中越冬，翌年春气温回升并遇多雨或湿度大时，即可萌动产生新的分生孢子，随气流传播到花上。影响发病的关键因素是天气，花期天气干燥时，发病轻或不发病，阴雨连绵则常严重发病。

▲ 尤力克柠檬灰霉病

▲ 枸橼幼果灰霉病

● 防治要点

（1）冬季或早春结合修剪，剪除病枝病叶烧毁。花期发病时，及时摘除病花，剪除枯枝，集中烧毁。

（2）摇花，花量大的果园盛花期下午轻摇枝条，把花瓣摇落至地上，尤其雨天，更应及时摇花，避免花瓣紧粘幼果。

（3）药剂防治。花前喷药防治 1~2 次，可选用 70% 甲基托布津可湿性粉剂 800~1 000 倍液、50% 嘧菌环胺水分散粒剂 600~800 倍液、50% 啶酰菌水分散粒剂 1 200~1 500 倍液、20% 噻菌铜（龙克菌）可湿性粉剂 500 倍液、80% 代森锰锌（大生 M—45）可湿性粉剂 800 倍液或 35% 腐霉利悬浮剂 1 000~1 200 倍液等。

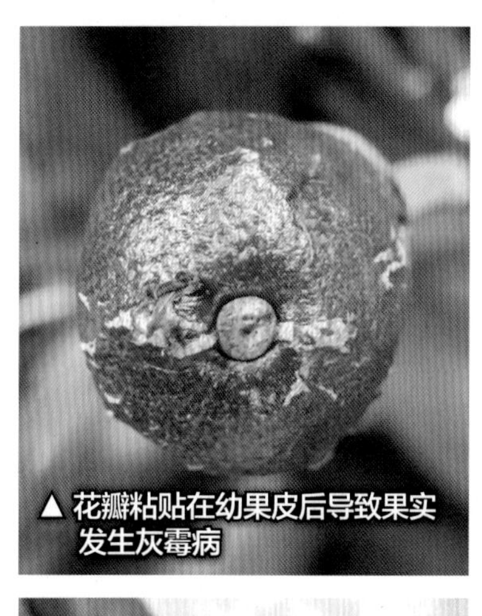

▲ 花瓣粘贴在幼果皮后导致果实发生灰霉病

▲ 四季橘夏季幼果灰霉病

▲ 四季橘夏花幼果灰霉病后期症状

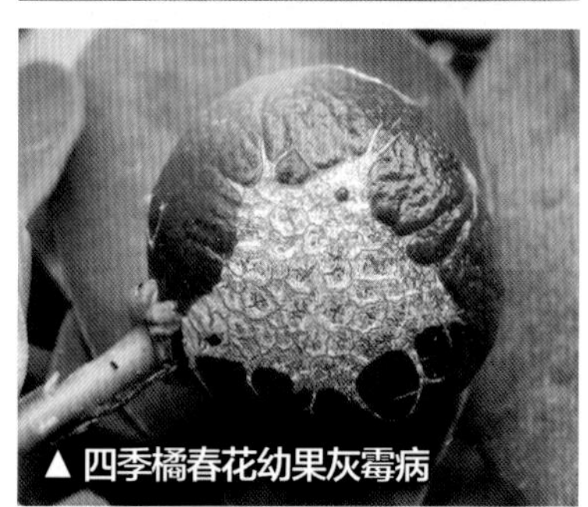

▲ 四季橘春花幼果灰霉病

柑橘白粉病

●**病原：**一种顶孢菌真菌，有性阶段为 *Acrosporum tingitaninum* Carter, 无性阶段为 *Oidium tingitanium* Carter

●**传播方式：**借风雨传播

●**症状表现：**嫩叶、嫩梢和幼果

▲柑橘白粉病（徐长宝　提供）

症状识别

成年树的嫩叶、新梢和幼果受害较重。在嫩叶正、反两面呈现白色霉斑，大多近圆形，外观疏松，霉斑由中心向外扩展。霉层下面叶片组织最初呈水渍状，逐渐失绿，形成黄斑。严重时，病斑布满全叶，使较嫩的叶片枯萎，较老的叶片扭曲畸形。叶片老化后，病部白色霉层转为浅灰褐色。初期嫩枝和幼果病斑与叶片上的相似，但寄主组织无明显黄斑；后期病斑连片，白色菌丝扩及整个嫩枝和幼果，受害果果小味酸，失去食用价值，严重时脱落。

病原与发病条件

病原为真菌，为一种顶孢菌，有性阶段为 *Acrosporum tingitaninum* Carter，属半知菌亚门，丝孢科，顶孢属。菌丝直径 4.5~6.7 微米。附着孢圆形，分生孢子 4~8 个，串生，圆筒形，两端略圆，有微细颗粒，无色。无性阶段为 *Oidium tingitanium* Carter。

病菌以菌丝体在病组织中越冬，翌年 4—5 月春梢生长期产生分生孢子，由风雨传播，在雨滴中萌发侵染，继而重复侵染，以为害春梢为主。各柑橘产区气候不同，发病期亦有不同。温暖潮湿有利于该病发生。发病的适宜温度为 18~23℃，雨后常引起该病大量流行。树冠郁蔽、果园阴湿发病重，下部及内部枝梢易感病。

柑橘各品种中金柑未见发病，温州蜜柑发病较轻，而椪柑、红橘、四季橘、甜橙、酸橙、葡萄柚受害明显。

● 防治要点

（1）加强栽培管理，增施有机肥和钾肥，增强树势，提高抗病力。结合修剪，剪除病枝和过密枝条，集中烧毁，做到果园通风透光，完善排灌设施，降低果园湿度，减少病源。

（2）药剂防治。冬季清园期喷布 0.8~1 波美度石硫合剂或 45% 晶体石硫合剂 150~200 倍液一次。在春梢抽出期喷 45% 晶体石硫合剂 200~300 倍液，每 10 天一次，连续 3 次。还可选用 30% 醚菌酯悬浮剂 2 000~2 500 倍液或 15% 粉锈宁可湿性粉剂 500~800 倍液等。

柑橘煤烟病

●**病原：**病原菌达 30 多种

●**传播方式：**借风雨传播，由某些害虫分泌物诱发

●**症状表现：**叶片、枝梢和果实

▲柑橘粉虱诱发的煤烟病

▲柑橘粉虱诱发的煤烟病

▲柑橘粉虱诱发的煤烟病

症状识别

在叶片、枝条或果实表面最初出现灰黑色的小煤斑，后逐渐扩大形成黑色或暗褐色霉斑，不侵入寄主。不同病原种类有不同症状。刺盾炱属的霉层似黑灰，多在叶面发生，较厚，绒状，手擦可成片脱落。煤炱属的煤层为黑色薄纸状，在干燥气候条件下能自然脱落。小煤炱属的霉层呈放射状小煤斑，散生于叶片两面和果实表面，常有数十个至上百个不等的小斑，其菌丝产生吸胞，牢牢附在寄主表面，不易剥落；果皮上的小煤炱斑最后煤烟大部分呈龟裂状或消失，留下木栓化疤斑，微塌陷，癣斑色。有的煤烟龟裂后与木栓化表皮紧贴，不能擦除。斑疤只伤及果实表皮，不损伤中果皮和内果皮，无伤及果肉。

煤烟病严重发生时，全株大部分枝叶变成黑色，影响光合作用，使树势下降，开花少，果品质量差。

▲白蛾蜡蝉诱发的煤烟病

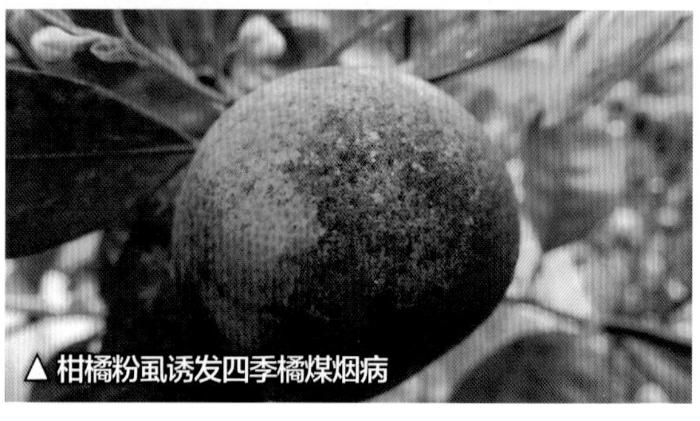

▲柑橘粉虱诱发四季橘煤烟病

病原与发病条件

病原菌达30多种，形态各异，菌丝体均为暗褐色，形成子囊孢子和分生孢子。子囊孢子形状因种类而异，无色或暗褐色，有一至数个分隔，具横膈膜或具纵横膈膜。除小煤炱属产生吸胞为纯寄生外，其他各属均为表面附生菌。常见的有柑橘煤炱 *Capnodium citri* Berk. et Desm., 巴特勒小煤炱 *Meliola butleri* Syd., 刺盾炱 *Chaetothyrium spinigerum*（Höbn）Yam.。

以菌丝体及子囊壳或分生孢子器在病部越冬，次年春季由霉层孢子飞散，借风雨传播。病菌大部分种类以粉虱类、蚧类、蚜虫类害虫的分泌物为营养，并随这些害虫的活动消长、传播与流行，而小煤炱菌与害虫的关系不密切。栽培管理不良，尤其是郁蔽、潮湿条件与该病害发生有一定关系。煤烟病以5—6月和9—10月发病严重，这与春夏梢和秋梢柑橘粉虱、黑刺粉虱及蚜虫类的发生与防治关系密切。

▲堆蜡粉蚧为害诱发的煤烟病

▲四季橘煤烟病后期病斑——果皮损伤

▲年橘叶片小煤炱煤烟病（叶背）
▲年橘果实小煤炱煤烟病
▲阳山橘小煤炱煤烟病后期症状（表皮损伤）
▲年橘小煤炱煤烟病
▲年橘小煤炱煤烟病
▲阳山橘小煤炱煤烟病后期症状（果皮损伤）

● 防治要点

（1）适时对粉虱、蚜虫、蚧类进行防治，尤其应及时防治柑橘粉虱、黑刺粉虱类等极易诱发严重煤烟病的害虫。清除煤污可在晴天喷10~12倍面粉液或米汤液。面粉液用面粉1千克加水3~4千克搅匀后放入锅中煮沸即成，使用时按比例加水即可。冬季清园喷布矿物油200~250倍液。春雨后对叶面撒布石灰粉，可使霉层脱落。

（2）小煤炱属引起的煤烟病应在6月中下旬至7月上旬开始预防，在发病初期喷0.5%石灰倍量式波尔多液或铜制剂类农药，抑制蔓延，也可喷70%甲基托布津可湿性粉剂600~800倍液或其他的有效杀菌剂。

（3）加强栽培管理，合理修剪，改善果园通风透光条件，有助于减轻该病发生。

柑橘黑星病

●**病原：** 一种真菌，无性世代为 *Phoma citricarpa* McAlpine.，有性世代为 *Guignardia citricarpa*（McAlpine）Kiehly

●**传播方式：** 借风雨和昆虫传播

●**症状表现：** 叶片、枝梢和果实

△ 年橘果实黑星病（黑星型）

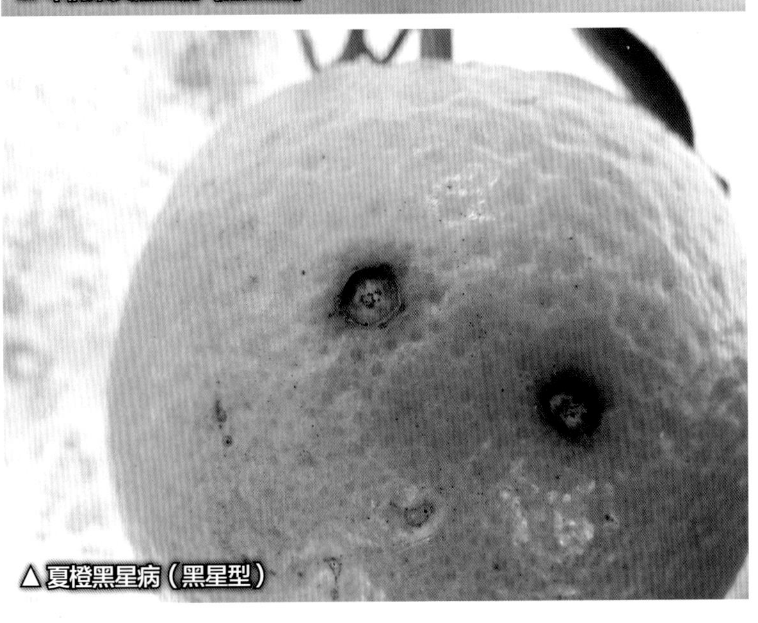

△ 夏橙黑星病（黑星型）

症状识别

又称黑斑病。主要为害近成熟的果实，也能为害叶片。病斑圆形，直径 1~5 毫米，多数为 2~3 毫米。在年橘果实上有 3 种病斑：一是初时出现红褐色的小斑点，扩大后圆形，边缘暗红色至黑褐色，中部凹陷，灰色或灰褐色，散生少量黑色小粒点，几个小病斑可相连成大的病斑，病部不深入果肉。二是病斑小，直径约 1 毫米，圆形，边缘红褐色，稍隆起，中部淡褐色，微凹，无黑色小粒点，果面病斑多，可占据果面的 1/3~1/2，可不断扩大相连。三是病斑深陷，黑褐色或黑色，边缘无隆起，中间有或无黑色小粒点。本病严重发生时可导致果实脱落，贮运期间可继续发病，引起果实腐烂。叶片发病较轻，症状与果实相似。另有黑斑型症状。发病初期，果面病斑为淡黄色，油胞间皮部稍凹入，后扩大成圆形或不规则形的黑色大病斑，直径达 1~3 厘米，散生许多黑色小粒点，严重时病斑可多个相连成大斑，中部会裂开。柚果在病斑处会出现流胶，且柚果常表现黑斑型症状。

病原与发病条件

病原为一种真菌，具无性阶段和有性阶段：无性阶段为 *Phoma citricarpa* McAlpine，半知菌亚门，茎点霉菌属真菌；有性阶段为 *Guignardia citricarpa* (McAlpine) Kiehly，属子囊菌亚门，柑果球座真菌。病斑上的小黑点是病原菌无性世代的分生孢子器。分生孢子器产生两种类型分生孢子：一种长椭圆形或椭圆形，单胞，无色；另一种圆形，短杆状，两端略大，单胞，无色。这两种分生孢子不产生在同一个分生孢子器里。病菌发育适温为 15~38℃，最适温度为 25℃左右。

病果和病枝叶中越冬的假囊壳和分生孢子

器是初侵染的菌源，而在地面病落叶中的假囊壳和分生孢子器为初侵染的主要菌源。当次年4—5月环境条件适宜时，假囊壳和分生孢子器各自释放出子囊孢子和分生孢子，借风雨和昆虫传播，散落在嫩叶、幼果上，在潮湿条件下萌发为芽管侵入为害。病菌侵入后，潜育期长达3~12个月，至果实和叶片将近成熟期呈现症状。病斑上又产生分生孢子进行再侵染。广东、福建和四川，病菌在谢花期至谢花后一个半月内侵入幼果，7月底至8月初开始出现症状，8月下旬至10月上旬（四川至9月中旬）为果实发病高峰期，11月病害基本停止发展。高温多湿的气候，发病严重。闷热不通风的果园发病严重。一般春梢发病较少，夏秋梢发生较多，4~5年生幼树果实发病少，7年生以上的大树发病多，而老树发病最重。

▲沙田柚黑星病（黑星型）

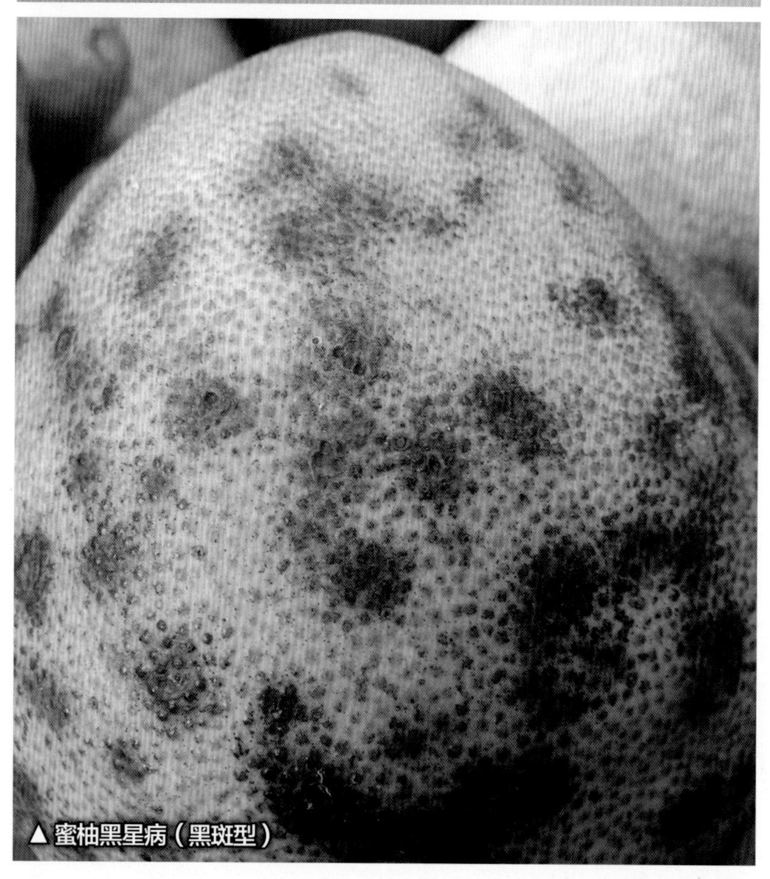
▲蜜柚黑星病（黑斑型）

● 防治要点

（1）增施有机肥，加强水肥管理，适量增施磷钾肥，增强树势，提高抗病能力。

（2）结合冬季清园，剪除病枝叶，清除园区落叶、落果并集中烧毁，然后喷0.8~1波美度石硫合剂或1：1：100波尔多液，也可喷布其他铜制剂类。

（3）喷药保果。首先要掌握在谢花后半个月内喷药，相隔15天进行复喷，连续2~3次；其次应在7月和10月喷药防治。药剂选择：谢花后喷布70%甲基托布津可湿性粉剂800~1 000倍液、10%苯醚甲环唑水分散粒剂1 000~1 200倍液、10%苯醚甲环唑微乳剂1 000~1 200倍液、80%戊唑醇可湿性粉剂2 000~2 500倍液、40%腈菌唑水分散粒剂3 500~4 000倍液或80%波尔多（必备）可湿性粉剂400~600倍液。7月以后可喷布80%代森锰锌（大生M—45）可湿性粉剂600倍液等多种杀菌剂。

柑橘疫菌褐腐病

●**病原：** 多种疫霉

●**传播方式：** 通过风雨传播

●**症状表现：** 主干、果实

▲ 春甜橘疫菌褐腐病

▲ 来檬疫菌褐腐病后期症状

症状识别

又称柑橘疫腐病。病菌从伤口侵入，有时也可从蒂部侵入。病斑淡褐色，圆形，蔓延迅速，很快扩展至全果。果实受害呈水渍状软腐，有腐臭味，很快脱落。高温、高湿时，病部表面散生出稀疏的白色菌丝，即病原菌的子实体。在果园中，为害柑橘树主干基部致使树皮腐烂，又称为脚腐病。广东椪柑、蕉柑、甜橙、红江橙、茶枝柑（大红柑）、年橘等的果实均可受害。

病原与发病条件

病原为多种疫霉，引起果实褐腐病的主要是柑橘疫霉 *Phytophthora citriphthora*（Sm. & Sm.）Lenonian，其他还有 *Phytophthora citricola*、*Phytophthora cactorum*、*Phytophthora capsici* 等。引起脚腐病的烟草疫霉寄生变种也可造成烂果。柑橘疫霉的孢囊梗与菌丝无区别。孢子囊乳突明显；游动孢子囊形成游动孢子数十个，游动孢子肾形或椭圆形，变成静孢子后呈近圆形，厚壁孢子球形，淡褐色，未发现有性孢子。发生最适温 25~28℃，最高温约 32℃。

病菌以菌丝体和厚垣孢子在病组织和土壤中越冬。翌年气温升高，雨量增多时开始活动，孢子囊释放的游动孢子随雨水飞溅到近地面的果实上侵入为害，导致果实发病。水源较多的果园，灌溉水常起传播孢子的作用。病果一旦混入箩筐，运输期间继续接触传病。气温高、闷热、暴雨或连续 2~3 天下雨即可发生此病。排水不良、低湿荫蔽、通透性不好或特别丰产、果实下垂堆叠的植株和果园极易发生。此外，偏施氮肥的果园发病重，地窖贮藏库发病重。果园每年 9 月中旬至 10 月，是此病的高发期。

● 防治要点

（1）清洁果园。病害发生较多的果园，冬季采果后结合修剪，疏除荫蔽枝条，清洁地面的枯枝落叶，集中烧毁，随后地面喷布杀菌剂，以减少病源。

（2）保持园内无积水，园区通透性良好。同时，加强施肥管理，避免偏施氮肥。

（3）丰产果园及时撑果。把下垂近地面的果实在发病期前用竹竿或木棒支撑起1米以上，以免土壤中的病菌经雨水溅到枝叶和果实上。撑起的果实不可重叠成堆，应疏散通风。脚腐病园应及时、经常治疗和处理病株，减少菌源。

（4）每年9月上旬应预先喷布杀菌剂，在发病期前或高温闷热下雨之前喷药。选用药剂有：42%噻菌灵悬浮剂1 000~1 500倍液、40%噻菌灵可湿性粉剂1 000~1 500倍液、70%甲基硫菌灵可湿性粉剂800倍液、53.8%氢氧化铜（可杀得2000）干悬浮剂900倍液、57.6%冠菌铜干粒剂1 000倍液或20%噻菌铜（龙克菌）悬浮剂500倍液等杀菌剂。喷雾时应连同树冠下的地面一起喷布。

▲ 来檬疫菌褐腐病后期症状

▲ 春甜橘疫菌褐腐病造成大量果实落地

柑橘膏药病

●**病原：** 柑橘白隔担耳菌 *Septobasidium citricolum* Saw.，卷担菌属的一种真菌 *Helicobasidium* sp.

●**传播方式：** 借风雨和昆虫传播

●**症状表现：** 枝条、果实

▲白色膏药病

症状识别

膏药病主要为害小枝条和枝条，亦为害叶片和果实。受害枝条上长有圆形或不规则形的病菌子实体，并沿枝条横向和纵向扩展，如贴着膏药一样，故有“膏药病”之称。白色膏药病菌子实体比较平滑，呈乳白色或灰白色，扩展后仍为白色或灰白色，边缘一圈灰白色，色较浅，在条件适宜时，边缘常扩展新的菌膜，严重时菌膜包围枝条。褐色膏药病菌的子实体表面呈丝绒状，栗褐色，周缘有狭窄的灰白色带，略翘起，叶片受害，常从叶柄和叶基部开始生出白色菌毡，渐扩展到叶片大部，呈白色或灰白色。

▲白色膏药病为害果实的症状

▲白色膏药病（后期）

病原与发病条件

病原为隔担耳属的柑橘白隔担耳菌 *Septobasidium citricolum* Saw.，菌丝初无色，后变褐色，错综交织成膜状子实体。子实体乳白色，表面光滑，产生由无数担子和担孢子组成的子实层。褐色膏药病病菌为担子菌亚门卷担菌属的一种真菌 *Helicobasidium* sp.，其担子直接从菌丝长出，担子棒状或弯钩状。

病菌以菌丝体在病部越冬，次年春夏季，当湿度适宜时，菌丝继续生长形成子实层，产生担孢子。两种膏药病菌均以介壳虫类、蚜虫类分泌的蜜露为养料，通过气流和昆虫传播为害。因此，介壳虫、蚜虫发生严重的果园膏药病也有发生。荫蔽潮湿的果园和管理粗放的老柑橘树，该病发生严重。在华南地区以高温多雨的4—6月和9—10月发生较多。

● 防治要点

（1）喷药防病。在介壳虫孵化盛期和末期，蚜虫发生期，及时喷药进行防治。

（2）通过修剪，去除过密的荫蔽枝，让果园通风透光良好，清除病枝，减少菌源。

（3）用竹片或小刀刮去菌膜，刮除后病部涂1∶1∶10~15（硫酸铜∶石灰∶清水）的波尔多浆、45%晶体石硫合剂100倍液、1波美度石硫合液或1∶2（石灰∶清水）石灰乳。最好在4—5月和9—10月雨前或雨后涂刷1~2次。

柑橘脂点黄斑病

●**病原：**柑橘球腔菌 *Mycosphaerella citri* Whiteside

●**传播方式：**借风雨等传播

●**症状表现：**叶片、果实

▲椪柑脂点黄斑病

▲脂点黄斑病病叶

▲甜橙脂点黄斑病

▲脂点黄斑病病叶

▲甜橙脂点黄斑病

症状识别

又名脂斑病、腻斑病。基本上可分成 3 种类型，即脂点黄斑型、褐色小圆星型和混合型 3 种。

脂点黄斑型　发病初期在叶背上出现针头大小的褪绿点，半透明，其后扩展成大小不一的黄斑，并在叶背出现疱疹状淡黄色突起小点，几个或数十个群生在一起，以后随叶片老熟，病斑扩展老化，变为褐色至黑褐色的脂斑。每个病斑相对应的叶面可见到不规则黄斑，边缘不明显。该类型主要在春梢叶片上发生，常引起大量落叶。

褐色小圆星型　发病初期出现赤褐色、芝麻粒大小、近圆形斑点，以后稍扩大成圆形或椭圆形斑点，病斑边缘突起、色深，中间凹陷、色稍淡，以后变成灰白色，其上有小黑点分生孢子器。该类型主要发生在秋梢叶片上。

混合型　在同一片叶上有脂点黄斑型病斑，也有褐色小圆星型病斑。主要出现在夏梢叶片上。

上述 3 种症状产生原因是由感染时期、寄主组织发育阶段和寄主的生理状态差异所造成。

病斑常发生在向阳部位的果面，仅侵染外果皮。初期症状为疱疹状浅黄色小突粒或似油状斑，此后病斑不断扩展和老化，隆突和愈合程度加强，点粒颜色变深，从病部分泌的脂胶状透明物被氧化成污褐色，形成 1~2 厘米的病、

▲椪柑脂点黄斑病

健组织分界不明显的大块脂斑。

病原与发病条件

病原有性阶段为柑橘球腔菌 *Mycosphaerella citri* Whiteside，属子囊菌亚门，球腔菌属真菌。无性阶段有两种：一是 *Stenella citri-grisea* (Fisher) Sivanesan，属柑橘灰色疣丝孢菌，子囊菌亚门，疣丝孢属；二是叶点霉菌 *Phyllosticta* sp.，属半知菌亚门，叶点霉属真菌。假囊壳多在叶片两面的表皮下集生，近球形，黑褐色，有孔口，子囊倒棍棒状或长卵形，束状，着生在子囊壳内。子囊孢子在子囊内排成双行，长卵形，一端钝圆，一端略尖，双胞，无色。无性阶段分生孢子器球形，分生孢子梗垂直单生，圆柱形直或微弯，偶有微疣，初无色，后变淡黄褐色。分生孢子单生，少数 2~3 个连生，圆柱形，无色至淡黄色，表面密生微疣，基部或两端有脐。有关本病病原还有多种的研究报道。

病菌生长的温度为 10~35℃，适宜温度为 25~30℃。病菌以菌丝体在病叶和落叶内越冬，翌年春季气温回升至 20℃以上时，菌丝体形成的子囊壳吸水膨胀，释放出子囊孢子，借风雨传播。在春梢新叶上萌发后不立即侵入叶片，芽管附着在叶片表面，发育成表生菌丝，产生分生孢子后再从气孔侵入叶片，经 2~4 个月潜伏期后才表现症状。5—6 月温暖多雨时节最有利于子囊孢子释放和传播，在雨季初期，释放子囊孢子最多，春梢叶片被大量侵染，发病严重。如果春梢叶片备受螨类为害也会加重发病程度。夏秋季高温少雨，发病一般减轻。果园管理粗放，尤其螨类严重危害的果园，土壤有机质缺少而偏重氮素，清洁果园不力，荫蔽的果园会加重发病。红橘、早橘、年橘、椪柑和甜橙等发病重。同一品种中以老龄树发病较重。

▲ 沙田柚脂点黄斑病褐色小圆星型（叶背）

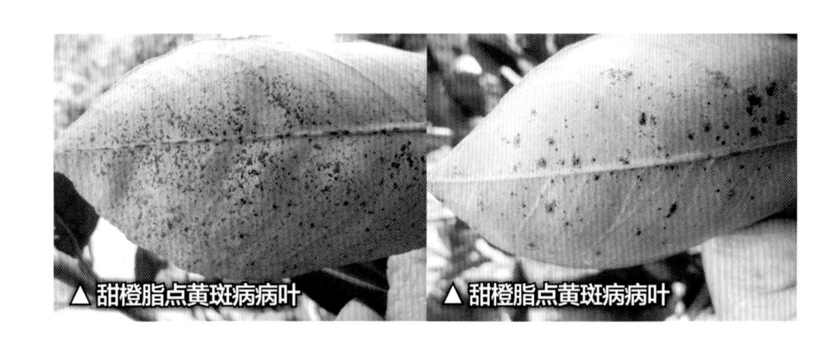

▲ 甜橙脂点黄斑病病叶　▲ 甜橙脂点黄斑病病叶

● **防治要点**

（1）搞好冬季清园，结合修剪剪除严重发病枝，疏通郁闭部位，使果园通透性良好；扫除地上落叶残枝，集中烧毁，以减少次侵染源。

（2）加强栽培管理，增施有机肥，增强树势，提高抗病力，同时加强对螨类防治。

（3）及时喷药防治，未结果树注意保护春梢叶片，春梢叶片展开初期、结果树谢花 2/3 开始喷第 1 次药剂，以后相隔 15~20 天再喷 1 次。曾严重发生该病的园区，在第 2 次喷药后隔 30 天，喷布第 3 次，可选用 70% 甲基硫菌灵可湿性粉剂 800~1 000 倍液或 75% 百菌清可湿性粉剂 500~700 倍液。也可以在梅雨前 2~3 天喷第一次药剂，并相隔 1 个月喷布多菌灵、百菌清混合剂（按 6 ：4 的比例混配）600~800 倍液、80% 代森锰锌（大生 M—45）可湿性粉剂 600~800 倍液、70% 丙森锌可湿性粉剂 800 倍液、53.8% 氢氧化铜（可杀得 2000）干悬浮剂 1 000 倍液、46% 氢氧化铜（可杀得 3000）水分散粒剂 1 500~2 000 倍液或其他有效的药剂。

柑橘拟脂点黄斑病

●**病原：** *Sporobomyces roseus* Kluyrer et van Nied 和 *Aureobasidium pallulans*（de Bary）Arnand

●**传播方式：** 与螨类严重为害有一定关系

●**症状表现：** 叶片

症状识别

一般在6—7月于叶背出现许多小点，其后周围变黄，病斑不断扩展老化，中间隆起，小点连成不规则的大小不一的病斑，黑褐色，微突，病斑相对应的叶片表面可出现黄斑或没有黄斑。受害叶片叶龄短，当年冬季大量落叶，削弱树势，降低坐果率。

病原与发病条件

病原为 *Sporobomyces roseus* Kluyrer et van Nied 和短梗霉属 *Aureobasidium pallulans*（de Bary）Arnand。

拟脂点黄斑病在田间的发生与螨类严重为害有一定关系。春梢叶片若红蜘蛛严重为害或新梢叶片被锈壁虱为害，油胞遭破坏造成许多伤口，极易发生此病。

● 防治要点

参考柑橘脂点黄斑病防治，并及时防治螨类，尤其是对锈蜘蛛的防治。

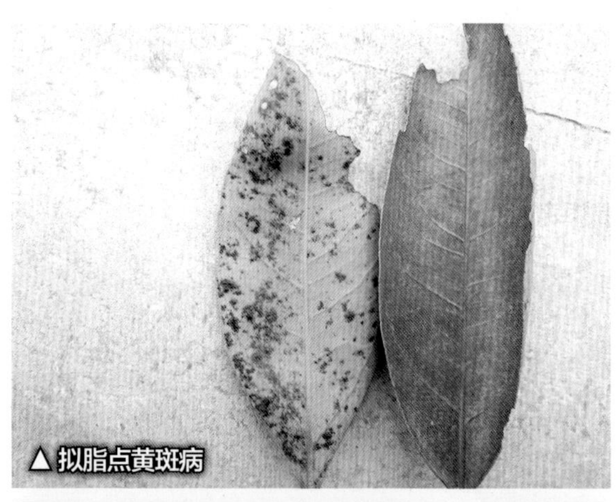
▲ 拟脂点黄斑病

▲ 拟脂点黄斑病

▲ 春甜橘拟脂点黄斑病

柑橘赤衣病

●**病原：**鲑色伏革菌 *Corticium salmonicolor* Berkeley et Broome

●**传播方式：**借风雨传播

●**症状表现：**叶片、枝条和果实

症状识别

赤衣病病部初期有少量树脂渗出，初生白色菌丝，后长成条形薄膜状菌丝体，紧粘在枝条或枝干的背阴面，外观光滑，无白粉状物，菌丝老熟后为赤褐色，用手可以撕脱。菌丝可以蔓延至叶柄、叶片，在叶背可占据一半或全部叶片，初为白色，后渐变赤褐色，并在叶柄

▲ 赤衣病为害沙糖橘枝条

▲ 赤衣病为害枝、叶和果实

与叶片基部处坏死，使叶片折断干枯，当菌丝蔓延至枝梢时，则加重了生理落果，严重发生时，叶片、幼果全部脱落，枝条干枯。第2次生理落果后感染赤衣病，其菌丝可将果实包裹，导致果实不能继续生长发育而成僵果。

▲赤衣病为害使沙糖橘叶片和幼果干枯

▲赤衣病为害枝叶

病原与发病条件

病原为鲑色伏革菌 *Corticium salmonicolor* Berkeley et Broome，属担子菌亚门真菌。担子棍棒形或圆筒形，顶生2~4个小梗，担孢子为单细胞，无色，卵形，顶端圆，基部有小突起。无性世代产生球形无性孢子，孢子集生，为橙红色。子实体系蔷薇色薄膜，生在树皮上。病菌以菌丝或白色菌丛在病部越冬，第2年随寄主萌动菌丝开始扩展，产生红色菌丝，孢子成熟后借风雨传播，经伤口侵入引起发病。4—11月均可发生。在荫蔽潮湿、管理不善、土质黏重、树龄大的山区柑橘园发病较烈。高温多雨季节此病发展快。广东第1次发病高峰期于5月中旬开始，延续至6月中旬。

● 防治要点

（1）在冬季清园时进行修剪，将病枝彻底剪除，并刮净主干及大枝上的菌衣集中烧毁，使园内通风透光良好。

（2）雨季到来之前进行清沟，以利于排除积水，降低地下水位。增施有机肥，改善土壤理化性状，增强树体的抗病力。

（3）在清园期喷布石硫合剂0.8~1波美度或45%晶体石硫合剂150~200倍液，春季在4月上旬前应连续多次喷布保护性杀菌剂。每次喷药都应注意喷布树冠中下部及内膛枝条，注意喷及枝条的背阳面。严重发病园应每隔半个月喷布1次。药剂有53.8%氢氧化铜（可杀得2000）干悬浮剂800~1 000倍液、46%氢氧化铜（可杀得3000）水分散粒剂1 000~1 500倍液、30%氧氯化铜悬浮剂400~500倍液等铜制剂、80%代森锰锌（大生M—45）可湿性粉剂600倍液或30%醚菌酯悬浮剂2 000~2 500倍液等。枝干涂白可用波尔多浆（硫酸铜：石灰粉：水=1 ： 1 ： 15配制）或8%石灰水加1%石硫合剂混合液。另外，喷矿物油防治柑橘害虫时，顾及枝干受药，有兼治作用。

柑橘芽枝霉斑病

●**病原：**一种真菌 *Cladosporium* sp.

●**传播方式：**借风雨传播

●**症状表现：**根

症状识别

发病初期叶面散生圆形褐色小点，周围有明显的黄色晕环，多见于叶背面。随病斑扩大，形成大小（2.5~3）毫米 ×（4~5.5）毫米的圆形或不正圆斑，少数亦可愈合为不规则大斑。病斑褐色，边缘深栗褐色至褐色且具釉光，微隆起；中部黄褐色至灰褐色，微下陷，并由褐色渐转为深褐色，后期长出污绿色霉状物，即病

▲ 芽枝霉斑病病斑

▲ 芽枝霉斑病

▲ 冰糖橙芽枝霉斑病

原的分生孢子梗及孢子；病部透穿叶两面可见，其外围无黄色晕圈，病、健组织分界明显，这是本病与柑橘溃疡病和棒孢霉斑病的区别。天气潮湿多雨时，病斑上密生黑褐色霉丛（病菌分生孢子梗及分生孢子），同时病叶变褐色霉烂。气候干燥时病叶多卷曲并大量焦枯脱落，严重时整枝枯死。病叶霉烂时还诱发炭疽病和其他腐生霉菌滋生，从而加速霉烂。在矢尖蚧雄虫蜕皮壳附近常易发生。

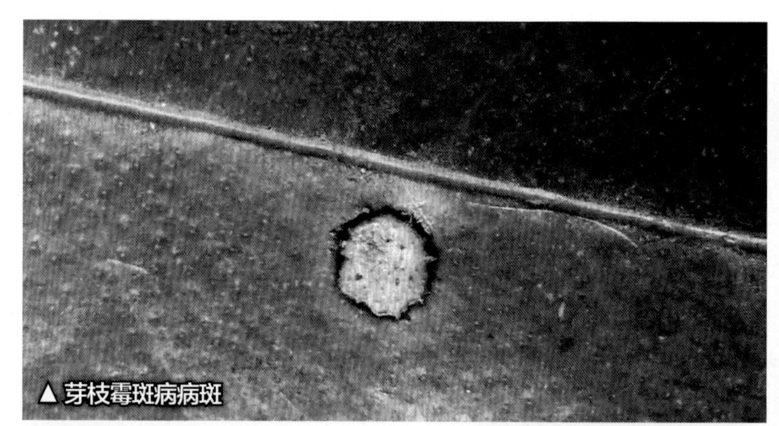
▲ 芽枝霉斑病病斑

▲ 冰糖橙芽枝霉斑病

▲ 芽枝霉斑病病果

病原与发病条件

病原为半知菌亚门芽枝霉属真菌 *Cladosporium* sp.，可为害温州蜜柑、甜橙、柚、佛手、红橘、柠檬等。

（1）病菌以分生孢子在病叶和落叶上越冬，翌年通过气流传播蔓延。本病在春末夏初发病最重，高温季节发病较轻。

（2）病害发生轻重与寄主生长阶段和树龄有关。一般柑橘春梢、成熟叶片受害较重，夏梢及嫩叶受害较轻。20 年生以上的大树或老树发病普遍，幼树、壮年树较少发病。

（3）栽培管理差，其他病虫为害重及地势低洼、积水，生长郁蔽、通风透光不良的果园发病均重。

● 防治要点

（1）冬季清除柑橘园地面落叶，并集中烧毁，发病初期喷 70% 甲基硫菌灵可湿性粉剂 1 000 倍液或 50% 多菌灵可湿性粉剂 1 000 倍液，连喷 2~3 次或喷锰锌类杀菌剂。

（2）及时防治各种病虫害，合理剪枝，及时间伐郁闭树冠，使树冠通风透光良好。同时注意排灌，夏秋季防日灼，冬季防冻，增强树势，均有助于对本病的防治。

（3）注意果园卫生，修剪掉的病枝病叶并要及时烧毁，以减少病源。

（4）发病初期可选用杀菌剂喷雾或铜制剂喷雾，连续 2~3 次，效果良好。

柑橘棒孢霉褐斑病

●**病原：**棒孢霉菌 *Corynespora citricola* M.B.Ellis
●**传播方式：**借风雨和昆虫传播
●**症状表现：**叶片、枝条和果实

症状识别

又名柑橘霉斑病、叶斑病、落叶枯枝病。因叶片病斑外围黄晕明显，在有溃疡病发生的地区极易混淆。主要发生于叶片，也可在春梢枝条和果实上发生。发病初期，叶片散生圆形小褐色点，后渐扩大，穿透叶片两面，病斑外围有明显的黄色晕环，边缘稍突起，深褐色，缘内侧黄褐色至灰褐色或褐色，或有霉点，微凹陷，无火山口。枝条上的病斑微凹陷，外围黄晕较浅或无黄晕，中央深褐色。果面的病斑因扩大可多个相连，褐色，外围淡褐色或少数显不连续的淡绿色纹，后期病斑表面稍带皱缩，凹陷，木栓化，无火山裂口。叶片上病斑 3~5 个，多时可达 10 余个。

病原与发病条件

病原为棒孢霉菌 *Corynespora citricola* M. B. Ellis，属半知菌亚门棒孢属真菌。菌丝埋生于基物内，外生菌丝分枝多，无色，光滑，有隔膜。群体生长时，菌落为灰白色，疏松，生长迅速。分生孢子梗棍棒状，直或弯曲，端部钝圆。孢子梗多丛生，2~24 根。

病菌在病组织中以菌丝体或分生孢子梗越冬，有的地区也可以分生孢子越冬。次年春季温、湿度适宜时产生子实体散发新一代分生孢子，从寄主叶片的气孔侵入繁殖，因地区环境不同，发病时期亦有不同，春末夏初和 8—9 月为发病期。此后，在病斑上产生分生孢子进行反复侵染。多雨或通风透光不良、低洼积水园发病较重，大树和老树发病普遍，管理差、树势弱、蚧类和螨类严重的园区发病多，橙类发病较重，橘类次之。

● 防治要点

参考柑橘芽枝霉斑病防治。

▲ 年橘棒孢霉褐斑病枝叶

▲ 年橘棒孢霉褐斑病果实

柑橘苗期立枯病

●**病原：**多种真菌，以立枯丝核菌 *Rhizoctonia solani* Kühn 为主

●**传播方式：**通过风雨及农事活动传播

●**症状表现：**幼苗

▲柑橘苗期立枯病

▲柑橘苗期立枯病

症状识别

病苗在地表或靠近土表基部出现水渍状斑，随后病斑扩大，缢缩，变褐色腐烂，叶片凋萎不落，形成青枯病株。

幼苗顶部叶片染病，产生圆形或不定形淡褐色病斑并迅速蔓延，叶片枯死，形成枯顶病株。

感染刚出土或尚未出土的幼芽，使病芽在土中变褐腐烂，形成芽腐。

病原与发病条件

病原为多种真菌，其中以立枯丝核菌 *Rhizoctonia solani* Kühn 为主。病菌不产生分生孢子，菌丝有横隔，多油点，呈锐角分枝，老菌丝常呈一连串的桶形细胞，桶形细胞的菌丝最后交织成菌核。菌核无定形，大小不一，且可相连成壳状。内外颜色一致，浅褐色至黑褐色，丝菌核喜含氮物质，最适宜在 pH 4.5~6.5 的环境中生长，温度范围 7~40℃，18~22℃时小苗的发病多，有时在 30℃时发病快而多。另外，还有茄腐皮镰孢霉 *Fusarium solani*（Mart.）App. et Woll.、瓜果腐霉 *Prthium aphanidermatum*（Eds.）Fitzp. 和交链孢霉 *Alternaria alternate* Keissl. 等病原真菌也是引起立枯病的真菌。

病菌主要以菌丝体及菌核在土壤中或病残体上越冬。病菌在土壤中营腐生生活，可存活 2~3 年，病原菌既可单独侵染苗木，也可同时侵害苗木。寄主有数百种。春季菌丝体生长蔓延侵染寄主幼苗，形成发病中心，并且通过水流、土杂肥或管理工具传播。高温、高湿为本病发生的基本条件。在广东，特别是 4—5 月，大雨或连绵阴雨后突然晴天，有利于病菌侵染，导致本病大发生。土质黏重、排水不良、播种过密、种子质量差，苗床连作或前作为蔬菜、豆类等都利于本病发生。播种圃施用未经充分腐熟的有机肥或播种后用原土、菜园地表土覆

盖，都会导致本病发生。一般苗木出土呈现1~2片真叶时开始发病，待苗龄达60天以上时不易感病。不同品种的柑橘幼苗抗病性亦有差异，橘类最不抗病，柚类次之，枳较抗病。

防治要点

（1）选择地势高、排灌方便的沙壤土或前作为水稻田做育苗圃；作底肥的有机肥应充分腐熟，采用网棚并结合苗槽育苗，混合基料应沤熟并消毒；旧基料必须提前清除，清除后苗槽喷布杀菌剂消毒。播种不宜过密，覆盖宜用洁净的河沙。育苗地应实行轮作，精细整地，专工管理。也可采用无菌营养袋育苗。

（2）改行秋播，避开发病高峰季节。

（3）播种前20天整地后用70%噁霉灵可湿性粉剂，每平方米苗床用1.5~2克处理土壤。发病期可选用70%丙森锌（安泰生）可湿性粉剂600倍液、80%代森锰锌（大生M—45）可湿性粉剂600~800倍液、53.8%氢氧化铜（可杀得2000）干悬浮剂900~1 000倍液、46%氢氧化铜（可杀得3000）水分散粒剂1 500~2 000倍液、30%氧氯化铜悬浮剂300~400倍液或其他杀菌剂等，每5天一次，连续3次。

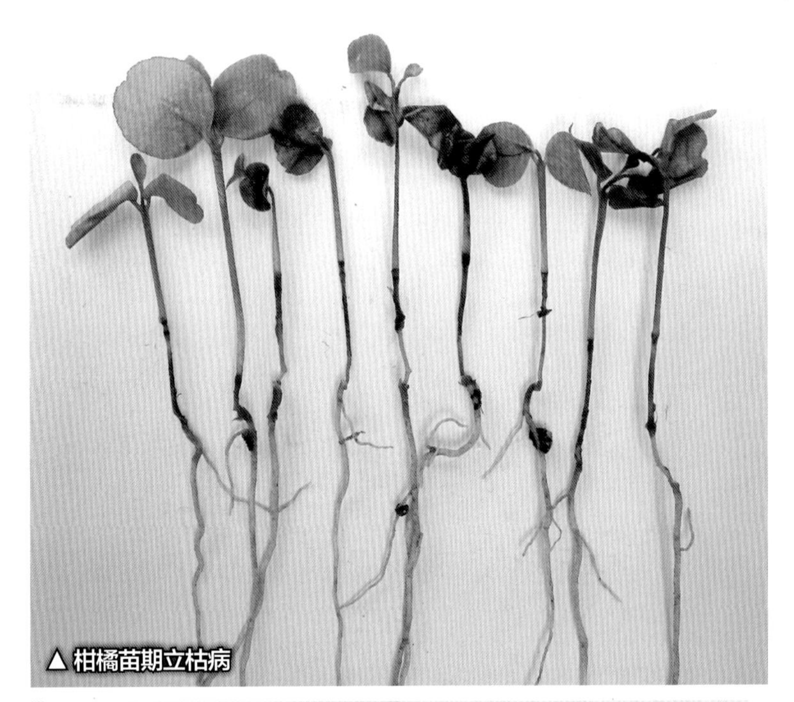
▲ 柑橘苗期立枯病

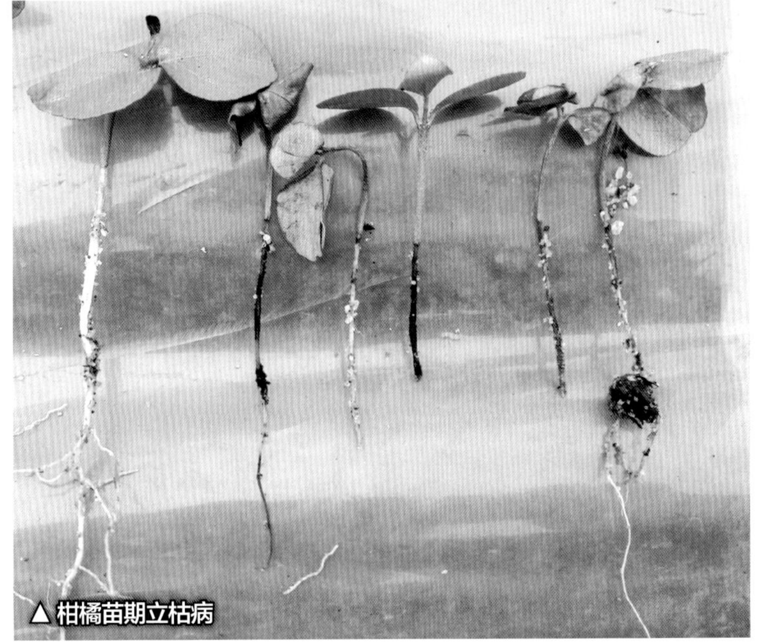
▲ 柑橘苗期立枯病

柑橘苗疫病

●**病原：**多种疫霉属真菌

●**传播方式：**借风雨传播

●**症状表现：**幼苗

症状识别

为害幼苗的嫩茎、嫩梢或嫩叶，病组织初呈水渍状，后转为浅褐色至深褐色病斑。若在嫩梢发生，可使整条新梢变为深褐色而枯死。病菌从幼茎基部侵入，可使茎基部腐烂，发生立枯状枯死。病菌侵染叶片，或沿枝梢及叶柄蔓延到叶片，初为暗绿色水渍状小斑，并迅速扩大形成灰绿色或黑褐色近圆形或不规则大斑。

▲苗疫病嫩梢症状

病原与发病条件

柑橘苗疫病是由疫霉菌引起，病原有两种：为烟草疫霉寄生变种 *Phytophthora nicotianae* Breda var. *parasitica*（Dast.）Waterh=*Phytophthora parasitica* Dastur，柑橘褐腐疫霉 *Phytophthora citrophthora*（R. et E. Smith）Leon.，还有一种为棕榈疫霉 *Phytophthora palmivora* Butler。属鞭毛菌亚门卵菌纲腐霉科疫霉属真菌。病菌以菌丝体在病组织内遗留于土壤中越冬，土壤中的卵孢子亦可越冬。次年环境适宜时形成孢子囊，借风雨传播并萌发引起发病，以后病部又形成大量孢子囊再侵染。在地势低、潮湿积水，排水不良，或幼苗栽植过密，平时管理差的苗圃，极易发生此病害。

▲苗疫病嫩梢症状

▲苗疫病症状

▲苗疫病症状

● 防治要点

（1）苗地选择。选择地势较高、土质疏松、排水良好、灌溉便利的水稻田作育苗地。同时，育苗地应实行轮换栽苗，苗圃整地要细致，基肥要充分腐熟。营养筒育苗制作基料配置应合理，原料要先行堆沤，充分腐熟。已经用过的旧料，尤其是曾经发生过苗疫病的旧基料一概不可再用，以免土壤带有病原菌。

（2）加强管理。苗木播种或移植不能过密，保持通风良好；播种圃的覆盖物采用洁净的河沙，不能用肥沃的菜园泥土；雨季及时排除积水，施肥以薄肥为宜，不可施用未腐熟的肥料；经常检查苗圃，发现病株及时消除，集中烧毁，并抓紧喷药防治。

（3）药剂防治。清除病株后，立即喷药1次，以后每隔10~12天喷1次药，共2~3次。可用58%瑞毒霉锰锌可湿性粉剂600~800倍液、90%三乙膦酸铝（乙磷铝）可溶性粉剂或80%三乙膦酸铝可溶性粉剂600~700倍液、40%丙环唑微乳剂1 500倍液、80%代森锰锌（大生M—45）可湿性粉剂600~800倍液、70%丙森锌（安泰生）可湿性粉剂或氢氧化铜类药剂。也可选用一些新型杀菌剂。

柑橘根结线虫病

●**病原：**柑橘根结线虫 *Meloidogyne citr* Zhang & Gao & Weng 等 5 种

●**传播方式：**通过带病的土壤、水流、肥料、病根、人畜及苗木传播

●**症状表现：**根

▲ 柑橘根结线虫病

△ 柑橘根结线虫为害症状

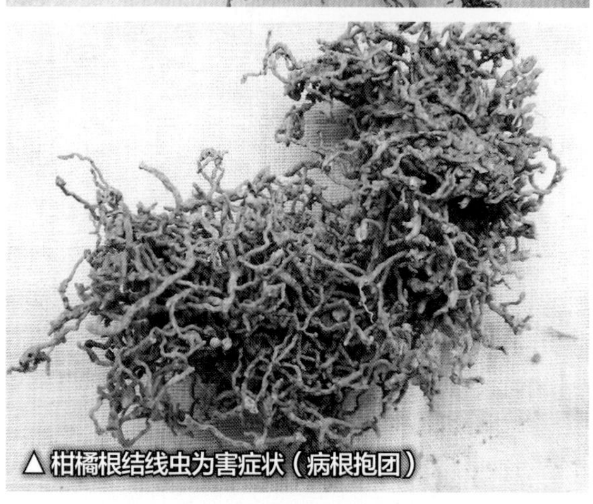

△ 柑橘根结线虫为害症状（病根抱团）

症状识别

主要为害柑橘须根，病原线虫在根皮与中柱之间寄生为害，刺激根组织细胞过度分裂，形成大小不一的根瘤。新生根瘤一般呈乳白色，以后逐渐转为黄褐色，最后变灰褐色。根瘤大多数发生在细根根尖上，感染严重时出现次生根瘤，并发生多条次生根，一些小根还因受害而肿大、扭曲、缩短，当萌生细根时，亦可被侵染形成根瘤。这些病根盘结成团，其后老根瘤腐烂，病根坏死。在一般情况下，病株的地上部无明显症状，受害严重时表现枝短梢弱，树势衰退、矮小，叶片可呈缺素状，开花少，坐果率低，易受旱卷叶、枝枯，甚至全株死亡。

病原与发病条件

柑橘根结线虫 *Meloidogyne citr* Zhang & Gao & Weng，垫刃目垫刃亚目根结科根结线虫属。为害柑橘的还有花生根结线虫 *M. arenaria* Chitwood，闽南根结线虫 *M. mingntmica* Zhang，苹果根结线虫 *M. ali* Itoh. Ohshima & Ichinohe，短小根结线虫 *M. exinua* Chitwood 和简阳根结线虫新种 *M. jianyangensis* Yang，Hu，Chen & Zhu。柑橘根结线虫、闽南根结线虫为福建省发现的新种，也是优势种。

简阳根结线虫与根结线虫属其他种的区别在于雌虫的会阴花纹纤细，常连贯，尾尖处向两侧有脊状放射形条纹，脊状条纹间的线纹有时不连贯，似有很多小刻点，阴肛区的背侧有半圈脊状条纹。成熟雌虫体近球形，乳白色至黄色，有一明显的颈部。除颈部外，体长通常大于体宽。雄虫线状，无色透明或乳白色，体表有环纹。卵椭圆形。

柑橘根结线虫会阴花纹近圆形或略呈方形。肛门上方有横纹或短纵纹，无阴门纹。会阴花纹内层同质膜加厚，隆起，有稀疏的粗纹，在

粗纹之间有由细纹交织而成的索状纹。腹面条纹平滑，连续。

闽南根结线虫会阴花纹内层呈“8”形，在肛门上方有 1~2 条横纹将会阴区和尾区分开。会阴区一侧或两侧形成角质膜脊。背弓中等，弓呈方形或半圆形。

病原线虫以卵及雌虫随病根在土壤中越冬。卵在卵囊内发育，孵化成 1 龄幼虫在卵壳内，蜕皮后，破卵壳而出成 2 龄侵染幼虫，活动于土中。当春季新根发生时，2 龄侵染幼虫侵入柑橘嫩根，在根皮和中柱之间为害，刺激根组织过度生长而肿大，形成许多大小不一的根瘤。幼虫在根瘤内生长发育，再经 3 次蜕皮，发育为成虫。雌、雄虫成熟后交尾产卵。卵聚集在雌虫后端的胶质卵囊中，卵囊一端露在根瘤之外，当幼虫孵出后向土壤转移。卵囊初呈无色透明，后转淡红色、红色或紫红色。病原线虫一年可发生多代，能进行多次再侵染。该病的主要侵染来源是带病的土壤、肥料和病根。在无病区的侵染来源是带病苗木及根部土壤，病苗是远近传播该病的主要途径，另外是水流及土地耕作。此外，带有病原线虫的肥料、农具及人畜也可以传播该病。根结线虫病在丘陵、山地、平原、滩涂等各类土壤均可发生。在通气良好的沙质土中较易发病，而在新质土中发生轻微。此外，柑橘砧木品种间的抗病性有一定差异。

▲柑橘根结线虫病

▲根结线虫病树（园中矮小植株）

● 防治要点

（1）实行检疫制度。对无病区及新区，要进行检疫，禁止带有线虫病的苗木传入。

（2）培育无病苗木。应选择在无病区育苗，苗圃地应选前作为禾本科或水稻田。播种前应用杀线虫剂进行土壤杀线虫。

（3）发现苗木带根结线虫时，采用 46~47℃恒温水浸根 10 分钟。注意浸根超过 10 分钟或水温 48℃以上时苗会死亡。浸根后再用 48% 克线磷乳剂 100 倍液蘸根。

（4）果园选择和处理。种植园地应严格检查。若不得不使用带有病原线虫的土壤时，应在种植前半个月用杀线虫剂进行土壤消毒，可选用利根沙（0.4% 阿维菌素 + 4.8% 高效氯氰菊酯）乳油或 10% 噻唑膦（多福）颗粒剂。

（5）药剂防治。药剂有：10% 硫线磷颗粒剂，每亩 4 千克，在树冠滴水线向内 50~60 厘米扒宽环形表土层，见到被害根系时将药均匀撒上并覆盖泥土，干旱天气随即淋水；0.5% 阿维菌素颗粒剂，每亩 3~5 千克，或用同样的量作植株淋根；1.8% 阿维菌素乳油 3 000 倍液，淋根；10% 噻唑膦（多福）颗粒剂、利根沙颗粒剂等杀线剂。广东杨村对有线虫的柑橘园，在新根发出前每年施药 2 次，分别是 2 月下旬至 3 月上旬、7 月中下旬，防治效果良好。

柑橘绿霉病、青霉病

●**病原：**绿霉病病原为指状青霉菌 *Penicillium digitatum* Saccardo，青霉病病原为意大利青霉菌 *Penicillium italicum* Wehmer

●**传播方式：**借气流传播、病果接触传播

●**症状表现：**果实

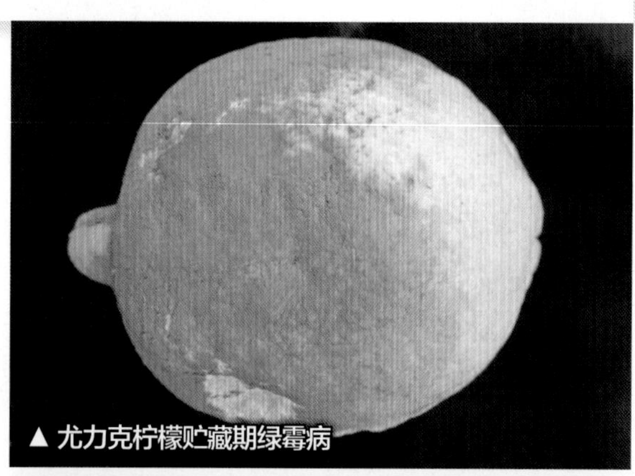

▲ 尤力克柠檬贮藏期绿霉病

▲ 冰糖橙树上果实绿霉病

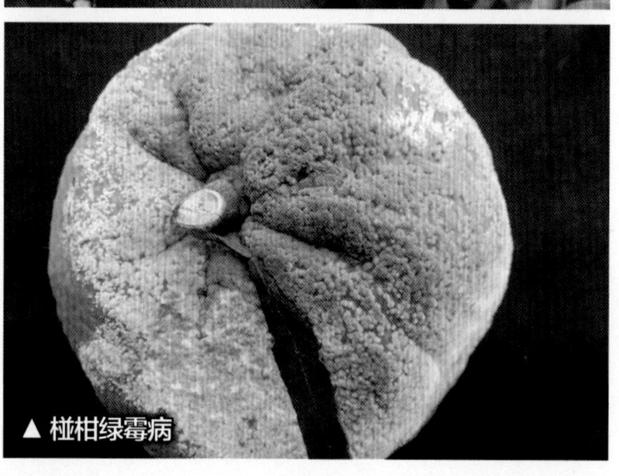

▲ 椪柑绿霉病

症状识别

柑橘绿霉病、青霉病的症状基本相同，只为害柑橘果实，引起果实腐烂。从果实的伤口或蒂部开始发生。初期为水渍状淡褐色小圆斑，随后果实变软腐烂并迅速扩大，2~3 天后病部中央长出许多气生菌丝，形成一层白色霉状物。绿霉病的霉状物不断增厚并向周围扩大蔓延，中间菌丝体逐渐变成灰绿色或暗灰色，白色霉状物带较宽，或达 8~15 毫米，微有皱纹，病部边缘水渍状不明显，不规则。病果与包装物或包装纸箱接触部位粘紧，果面菌丝体厚密、细腻，有芬芳气味。青霉病产生的白色粉状物斑点状松散，随后中间部位白色霉斑转变为灰蓝色或灰青色，并向周围蔓延加厚，外缘白色菌丝环狭窄且松散，宽 1~2 毫米，病部边延水渍状，规则而明显，菌丝体较粗糙，腐烂速度较慢，病果与包装物接触不粘合。

病原与发病条件

绿霉病病原为指状青霉菌 *Penicillium digitatum*（Saccardo），分生孢子梗无色，有隔膜，顶部呈扫帚状分枝，小梗顶部渐细，顶部平截，细长，纺锤形。小梗顶部 3~6 枝，多为近球形、卵形或圆柱形，单胞，无色。青霉病病原为意大利青霉菌 *Penicillium italicum*（Wehmer）分生孢子梗无色，有隔膜，顶端有 2~3 次

▲ 不知火杂柑果实冻害加采收伤害致绿霉病

分枝，呈扫帚状，小梗无色，单胞，尖端渐趋尖细，呈瓶状，分生孢子单胞，无色，扁球形、椭圆形或卵形，近球形者居多。

绿霉病菌和青霉病菌均可在各种有机物质上营腐生生长，并产生大量分生孢子扩散到空气中，靠气流传播，通过果皮上的伤口侵入为害，引起果实腐烂。在贮藏库中，绿霉病病原菌侵入果皮后，可分泌一种挥发性物质，与果皮有损伤的果实接触，引起接触传染。病菌生长的适宜温度为 25~27℃。在田间青霉菌果实发病一般在果蒂及其附近处，贮藏期发病的部位无一定的规律。湿度和温度是其发病的因素，菌丝发育最适温度为 27℃，分生孢子形成最适温度为 20℃，发病最适温度为 18~26℃，在相对湿度达 95% 以上时发病迅速。

▲青霉病　▲沙糖橘青霉病

▲青霉病　▲明柳甜橘青霉病

▲左绿霉病，右青霉病　▲左绿霉病，右青霉病

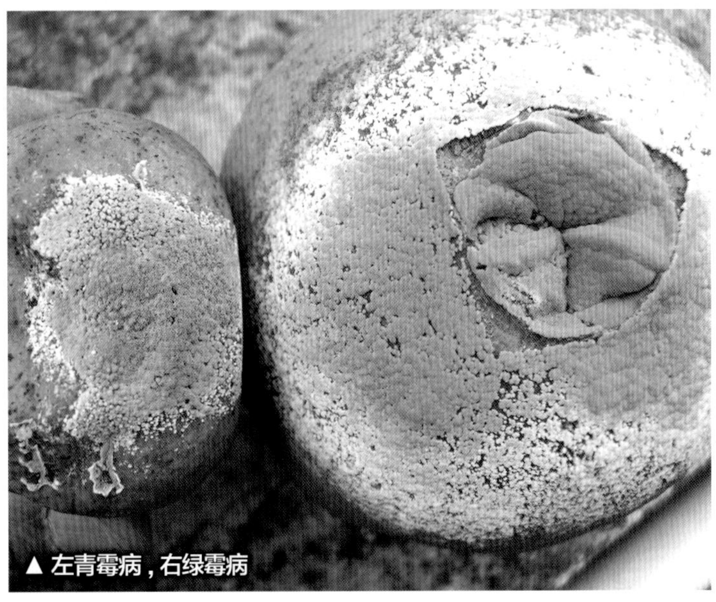
▲左青霉病，右绿霉病

● 防治要点

（1）防止果实受伤。在果实采收、装运及贮藏过程中要防止果实机械损伤。

（2）适时采果。适当提早采果能预防多种贮藏病害的发生。

（3）选用药剂浸果处理。用 25% 咪鲜胺乳油或 25% 可湿性粉剂 800~1 000 倍液，42% 噻菌灵（特克多）悬浮剂或 40% 噻菌灵可湿性粉剂 400~500 倍液浸果 1~2 分钟，捞出晾干后装箱。亦可在采果前 10~15 天喷布 42% 噻菌灵（特克多）悬浮剂 1 000~1 200 倍液、25% 咪鲜胺微乳剂 1 000~1 200 倍液或 50% 咪鲜胺锰盐（施保功）可湿性粉剂 1 500~2 000 倍液。

（4）改进包装方法，用塑料薄膜单果包装可减轻病菌的传播。

（5）清洁果园，对曾发生过该病的果园在采果前喷布 1 次药剂杀菌，以减少病源。

（6）贮藏库消毒。果实进库前，库房用硫黄粉 5~10 克 / 米 ^{3} 进行熏蒸或用 40% 福尔马林液 10~15 毫升 / 米 ^{3} 喷洒，密闭熏蒸 3~4 天，然后打开门窗 2~3 天待药气散后方可入库贮藏。

柑橘黑色蒂腐病

●**病原：**一种真菌 *Botryodiplodia theobromae* Pat.

●**传播方式：**借雨水传播，并由机械损伤、虫伤和自然伤口侵入

●**症状表现：**枝梢、果实

症状识别

又名柑橘蕉腐病、枝梢凋萎病、黏滑蒂腐病。主要为害果实，形成黑色蒂腐，为害枝梢，引起枝枯。果实发病是在果实成熟期和采收后贮藏期。最初在果蒂或蒂部周围伤口处，随后病部迅速扩展，数天内可达全果，病部水渍状，褐色，无光泽，边缘呈波纹状。后期呈暗紫色，油胞破裂处常溢出棕褐色黏液，腐烂果皮用手

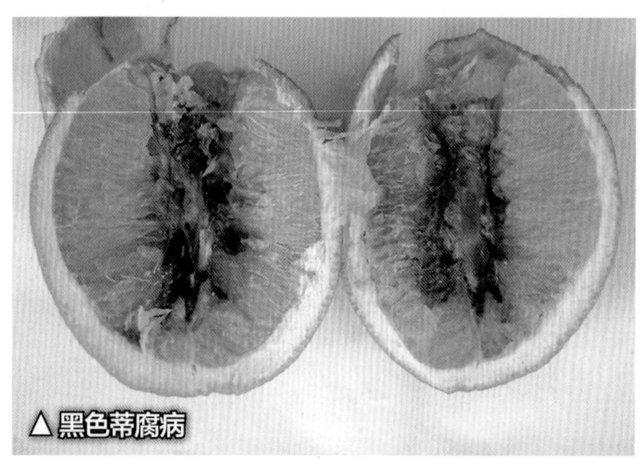

▲黑色蒂腐病

▲年橘黑色蒂腐病

▲黑色蒂腐病

▲十月橘黑色蒂腐病

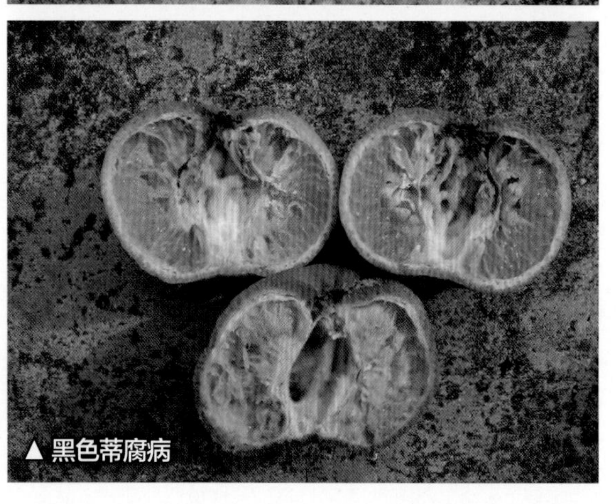

▲黑色蒂腐病

▲黑色蒂腐病

指易压破。在潮湿条件下，病部表面生出气生菌丝，初为灰污色，渐变为近黑色并长出黑色小点粒（分生孢子器）。在干燥条件下，则成黑色僵果。剖开病果，可见果心和果肉变成黑色，果肉与中心柱脱离。枝干发病，常在小枝顶端开始，迅速向下蔓延至枝干。被害枝条暗褐色，无明显病斑，树皮裂开，木质部变黑，发生流胶现象，最终枯死；其上亦密生黑色分生孢子器。

病原与发病条件

病原为 *Botryodiplodia theobromae* Pat.，异名 *Diplodia natalensis* Pole-Evans，属半知菌亚门腔孢纲真菌。寄主上的分生孢子器单生或聚生，洋梨形或扁圆形，黑色，光滑，革质，有孔口。分生孢子梗单生，圆柱形。未成熟的孢子为单胞，近卵形，无色，有时壁较厚。成熟的孢子椭圆形或近椭圆形，暗褐色，隔膜处稍缢缩，壁稍厚而平滑，有纵纹。有性世代为 *Physalospora rhodina* Berk. et Curt. apud Cke.，属子囊菌，Shoemaker 将其易名为 *Botryosphaeria rhodina*（Berk. et Curt.）Shoemaker，我国迄今未在柑橘上发现。

病菌以菌丝体和分生孢子器在枝干及其病残体组织上越冬，翌年环境条件适宜时，分生孢子通过雨水传播到附近健康的枝干或果实上潜伏，或在坏死组织上腐生，并能耐较长时间的干燥环境，在适宜条件下由伤口侵入，特别是由果蒂的剪口侵入。所以，机械损伤、虫伤和自然伤口均是发病的条件。本病发病的最适温度为 27~28℃，28~30℃时发病最快，5~8℃时不易腐烂。树势衰弱、挂果过多、冬季受冻害的树枝干易染病。果实过熟或晨露未干、雨后不久即行采收，采果和运输过程造成机械损伤，都有利于本病侵染。

△柠檬黑色蒂腐病

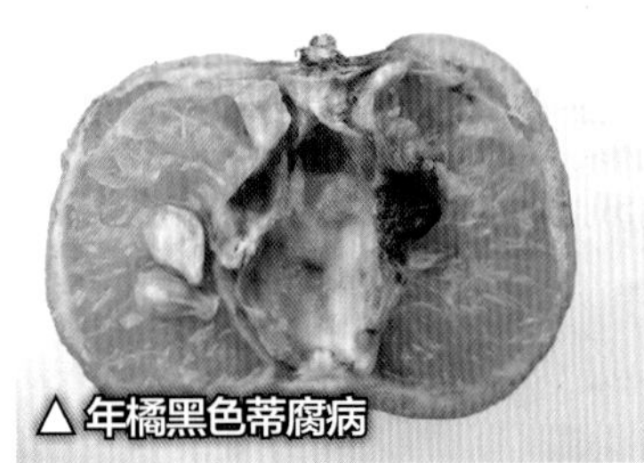
△年橘黑色蒂腐病

△黑色蒂腐病

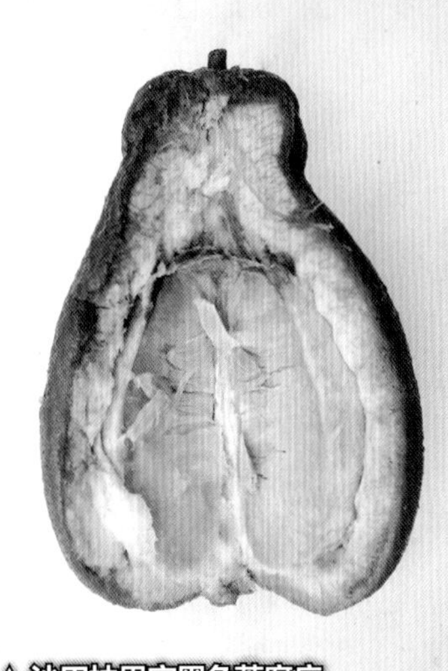
△沙田柚果实黑色蒂腐病

● 防治要点

（1）加强栽培管理。以有机质肥为主，配合氮磷钾及微肥施用，增强树势，提高植株抗病力；结合修剪将树上的病枝、枯枝剪除，以减少病害初侵染源。

（2）原来已有蒂腐病发生的园区采果前应喷药防护，采果前的防护可参考树脂病的防治。采果及贮运期的防治参考柑橘青、绿霉病的防治。

柑橘褐色蒂腐病

●**病原：** 一种真菌 *Diaporthe medusaea* Nitschke
●**传播方式：** 借风雨和昆虫等传播
●**症状表现：** 果实

▲年橘褐色蒂腐病　▲尤力克柠檬褐色蒂腐病

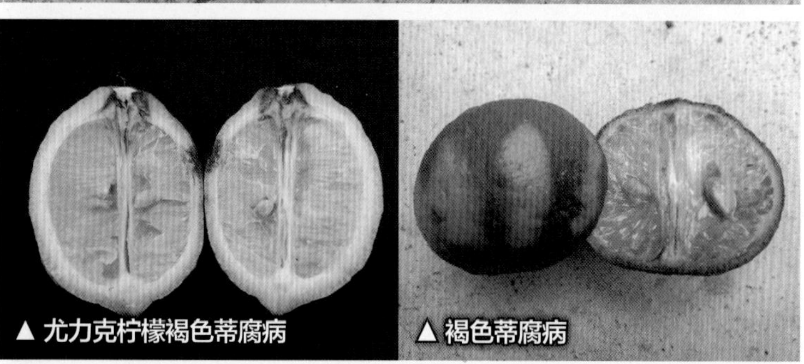
▲尤力克柠檬褐色蒂腐病　▲褐色蒂腐病

▲冰糖橙褐色蒂腐病　▲冰糖橙褐色蒂腐病

症状识别

褐色蒂腐病发病部位从果蒂部开始，逐渐向果肩、果腰扩展，初呈水渍状，为黄褐色的圆形病斑，与黑色蒂腐病很相似，后变为褐色至深褐色，故得名。褐色蒂腐病病部果皮革质，手指轻压不易破裂，通常没有黏液流出，病斑边缘呈波状纹，病菌在果实内部扩展比在果皮快，当果皮变色扩大至果面1/3~1/2时，果心已腐烂至脐部，故称"穿心烂"，最后全果腐烂，并长出白色霉状菌丝体及黑色分生孢子器。病果味酸苦。病菌可侵染种子，使之变为褐色。

病原与发病条件

病原为真菌，属子囊菌亚门核菌纲 *Diaporthe medusaea* Nitschke，异名 *D. citri*（Fawcett）Wolf。通常在果实上发现的为其无性世代 *Phomopsis cytosporella* Penz. et Sacc，异名 *Phomopsis citri* Fawcett。病原菌生长最适温度为20℃，产生分生孢子器的最适温度约为24℃。卵形分生孢子在含有柑橘叶片浸出液的水中可萌发。

病菌以菌丝体和分生孢子器在枯枝和死树皮上越冬，病部的分生孢子器为初侵染源。终年可产生分生孢子。分生孢子由风雨、昆虫等传播，暴风雨可使病害大大扩散。当果蒂形成离层时，病菌从蒂部中的维管束侵入或从果柄的剪口侵入。贮运期间的病果，是来自田间已被侵染的果实。在高温高湿条件下，发病快且严重，发病的最适温度为27~28℃。

● 防治要点

加强栽培管理，结合果园实际，增强树势，并做好防寒防晒等是预防本病的主要措施。其他参考树脂病防治和黑色蒂腐病防治。

柑橘黑腐病

● **病原：** 柑橘链格孢真菌 *Alternaria citri* Ellis et Pierce

● **传播方式：** 借风雨传播，并由脱落的果蒂部或伤口侵入

● **症状表现：** 果实

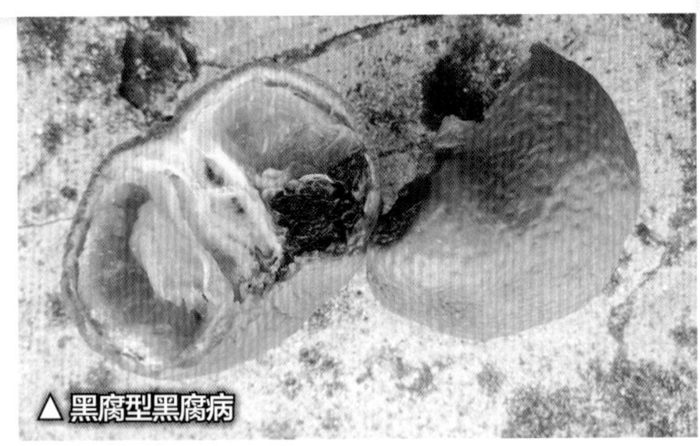

▲ 黑腐型黑腐病

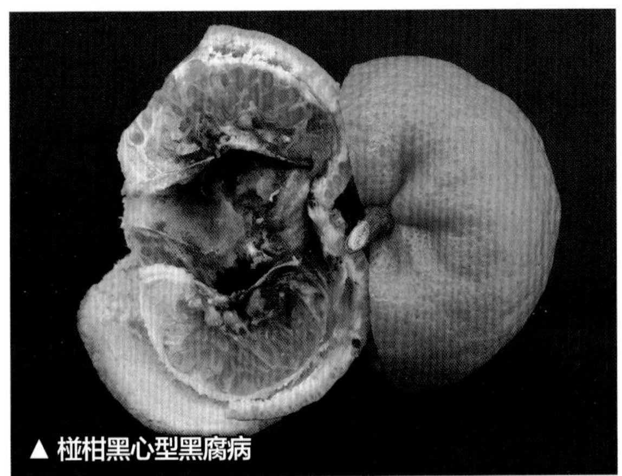

▲ 椪柑黑心型黑腐病

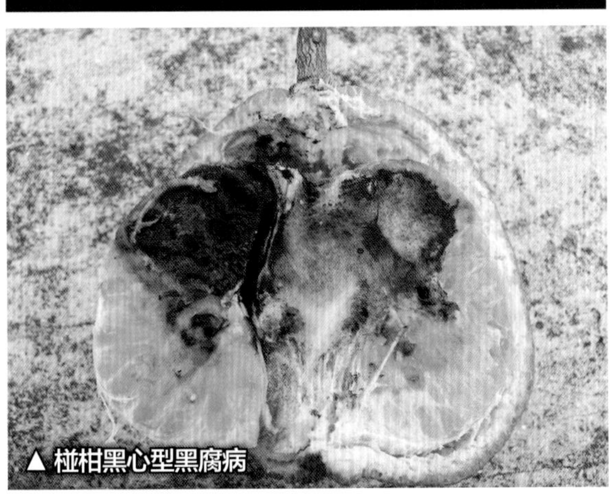

▲ 椪柑黑心型黑腐病

症状识别

田间幼果受害后常成为黑色僵果。成熟果受害症状变化较大，可分以下 4 种类型。

黑腐型 病菌自伤口或脐部侵入，初为黑褐色的圆形病斑，后渐扩大，稍凹陷，中部黑色，干燥时病部果皮柔韧。高温高湿时，病部长出灰白色菌丝，后果肉腐烂，病果表面和果心长出墨绿色绒毛状霉层。温州蜜柑和甜橙多为此种症状。

黑心型 病菌自蒂部伤口侵入果实中心柱，并沿中心柱蔓延，引起心腐。受害果肉呈墨绿色，在中心柱空隙处长出大量深墨绿色绒毛状霉。果实外观无明显症状。橘类和柠檬多为此类症状。

蒂腐型 病斑发生于果蒂部，呈圆形褐色软腐。病菌不断向中心柱蔓延，并长出灰白色至墨绿色霉层。甜橙类多有此种症状。枝叶受害，出现灰褐色至赤褐色病斑，并长出黑色霉层。种子带菌则会使刚出土的幼苗枯死。

▲ 葡萄柚黑腐型黑腐病，病菌从伤口侵染

干疤型 病斑圆形，发生在果皮包括蒂部，深褐色，直径约1.5厘米，病健部交界明显，革质，干腐状，手指压而不破，病斑上极少见绒毛状霉，易与炭疽病干疤症状混淆。多发生在失水较多的果实。主要发生在温州蜜柑。

▲椪柑蒂腐型黑腐病

病原与发病条件

病原为半知菌亚门链格孢真菌 *Alternaria citri* Ellis et Pierce。病菌主要以分生孢子随病果越冬，也可以菌丝体潜伏于病枝叶组织内越冬。当温湿度适宜时，产生分生孢子，借风雨传播。病菌可从花柱痕或果面上任何伤口侵入，菌丝体潜伏在组织内，到后期或贮藏期才破坏木栓层侵害果实，引起腐烂。高温多湿有利于此病的发生。排灌不良、栽培管理较差、树势衰弱的柑橘园，或遭受日灼、虫伤、机械损伤的果实，易受病菌侵染。

● 防治要点

柑橘果实黑腐病的防治应从采前和采后两方面考虑采取综合防治措施，具体应抓好下述5个环节。

（1）加强采前的田间管理及防治工作。除做好开花前、采收后增施肥料，雨季防涝、旱时供水等肥水管理外，还应结合防治其他病虫害做好喷药预防工作。在本病常发地区，至少于果实膨大期及采收前15天喷药。

（2）合理修剪，改善园区通透性。剪除枯枝、弱枝、病虫枝、过密枝，防止果实擦伤，对蛀果害虫尤应加强防治，以减少虫伤口。

（3）适时采果，精细采收，提高采果质量。根据贮运和销售实际，掌握合适成熟度，晴天采果，在采收、运输、贮藏过程中注意轻拿、轻放、轻运，减少各种机械损伤。

（4）果实处理。在剔除病伤果基础上，根据贮藏、销售需要，于当天或采后第2天做好防腐保鲜处理。保鲜药剂选用：25%咪鲜胺微乳剂800~1 000倍液、42%噻菌灵（特克多）悬浮剂500~800倍液或40%噻菌灵可湿性粉剂500~800倍液。

（5）创造良好的贮运条件。采果前除做好贮藏库室的消毒外，还要注意调节贮运期的温湿度。

柑橘酸腐病

●**病原：**无性阶段为白地霉 *Geotrichum candidum* Link

●**传播方式：**借风雨传播，并由伤口侵入

●**症状表现：**果实

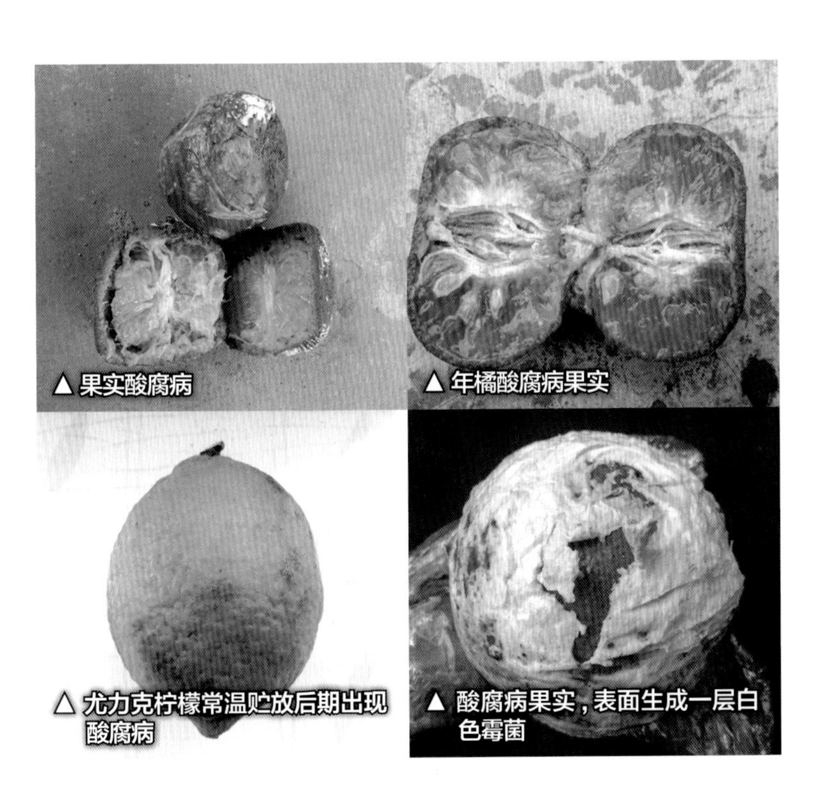

▲ 果实酸腐病

▲ 年橘酸腐病果实

▲ 尤力克柠檬常温贮放后期出现酸腐病

▲ 酸腐病果实，表面生成一层白色霉菌

症状识别

发生在成熟的果实，尤其是贮藏较久的果实。受害果实在果皮伤口处产生水渍状病斑，极软化，淡黄色至橘黄色，轻擦果皮时，外表皮极易脱离。病斑迅速扩大至全果腐烂，组织溃散并流出酸臭汁液，表面或长有致密的白色霉状菌丝膜，这是病菌的分生孢子。

病原与发病条件

病原属半知菌亚门地霉科丝孢属，其无性阶段为白地霉 *Geotrichum candidum* Link。分生孢子梗侧生于菌丝上，分枝少，无色。分生孢子长圆形至圆筒形，有时为球形，单孢，无色，含有油球和颗粒状物，10~20 个伴生在分生孢子梗上。老菌丝可分裂成无数的球形至圆筒形孢子或孢子状细胞。

病菌为腐生菌，果实贮藏期病菌从伤口侵入。在高温密闭条件下，腐烂的果实流出酸臭的汁液，并污染健果，使健果感染。病菌生长最快温度为 26.5℃，15℃以上才引起腐烂，在 24~30℃和较高湿度时病果 5 天即可全部腐烂。青果期较抗病，果实成熟度越高越容易感病。窖藏和薄膜袋贮藏时发生较多。贮藏时间越长，发病越多。采收时防腐保鲜的水质污染亦可导致贮藏果实严重发病。柠檬、甜橙和酸橙最感病，橘类次之。高温、高湿、缺氧及伤口都有利于本病发生。刺吸式口器昆虫为害越重，发病率越高。

● 防治要点

（1）适时采收能预防发病。

（2）采收、装运及贮藏过程中严防果实遭受机械损伤，并注意选择在晴天和早晨露水干后进行采收，贮藏前剔除受伤果实。用于贮藏保鲜配药的水应洁净，无污染。

（3）积极防治吸果夜蛾类、角肩蝽等刺吸式口器害虫的为害。

（4）采用 75% 抑霉唑可湿性粉剂 2 000 倍液或 45% 特克多乳剂 1 000 倍液浸果，对酸腐病的防治均有一定的效果。多菌灵、苯来特对酸腐病无效。

寄生性植物和藻类

菟丝子

●**病因：**南方菟丝子 *Cuscuta australis* R．Br.
中国菟丝子 *Cuscuta chinensis* Lam
日本菟丝子 *Cuscuta japonica* Choisy
●**传播方式：**通过鸟类、人为耕作等扩散
●**症状表现：**枝条

▲南方菟丝子攀缠柑橘枝条

▲南方菟丝子攀缠柑橘枝条

▲中国菟丝子

▲中国菟丝子

又名大菟丝子、金灯藤、飞来藤、黄鳝藤、金丝藤。分布广。

症状识别

寄生为害柑橘的菟丝子，常见有中国菟丝子、日本菟丝子和南方菟丝子三种。菟丝子以无叶细藤缠绕主干和枝条，被缠枝条产生缢痕，在缢痕处形成吸器吸取树体的营养物质；藤茎生长迅速，不断产生分枝缠绕枝条，覆盖树冠，影响光合作用，导致叶片黄化、脱落。幼树受害导致全株死亡；大树受害，树势削弱，花少，幼果脱落，产量锐减。

菟丝子为一种恶性杂草，能传播病毒病害，是检疫对象。

病因与发病条件

菟丝子为一年生寄生性双子叶草本植物，无根，有吸盘状吸器，叶片为鳞片状。

南方菟丝子 *Cuscuta australis* R. Br.，旋花科，菟丝子属。又称无头藤。分布广，主要分布在山区柑橘园。茎细，黄绿色，无叶。花小，白色，钟状或壶形，多数小花密集成团状，花萼杯状，4~5 裂，浅裂，侧生于茎的一边，有总柄。蒴果，扁圆形，子房 2 室。种子 24 粒，表面粗糙，淡褐色或暗褐色，无子叶和胚根，胚乳肉质。种胚一端形成丝状嫩芽，顶端锯齿状，易钩住其他植物；另一端针状，固住土壤。

刚出苗时黄绿色，能进行光合作用。整株无根无叶，茎淡黄色或略带紫色，直径 1~1.5 厘米。日本菟丝子 *Cuscuta japonica* Choisy，菟丝子科，菟丝子属。茎肉质，较粗壮，分枝多，形似细麻绳，直径 1~2 厘米，黄白色至枯黄色，上具有突起紫斑，无根无叶，花小而多，花序穗状，花萼碗形，5 裂，背面常有紫红色瘤状突，花冠钟形，绿白色至淡红色，顶端 5 裂，裂片稍立或微反折；雄蕊 5 枚，花丝极短，花

▲南方菟丝子攀缠柑橘小枝条

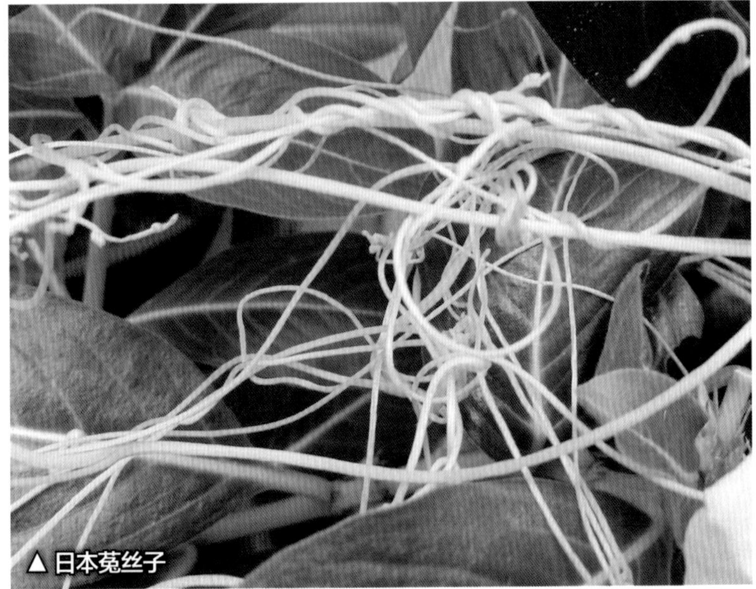
▲日本菟丝子

▲日本菟丝子

▲南方菟丝子攀缠柑橘小枝条

药长筒形，橘黄色。蒴果，卵圆形或椭圆形。种子1~2粒，略扁，有棱角，褐色。

菟丝子以成熟种子脱落在土壤中休眠越冬，在广西南宁也有以藤茎在寄主上越冬的现象。以藤茎越冬的，翌年春季温度、湿度适宜时即可继续生长为害。种子越冬的，于次年4—5月在土壤中萌发生长，藤茎上端部分向四周旋转伸出，当碰到杂草、灌木或果树植物时，便紧紧在上缠绕，并在与寄主接触处形成吸盘，伸入寄主皮层吸取营养，此时茎基部逐渐腐烂或干枯，上部与土壤脱离，完全靠吸盘从寄主体内获取养分、水分，不断生长分枝、繁殖蔓延、开花结果。

每年夏秋季，是菟丝子生长、开花期。种子成熟于9月以后，其传播是靠鸟类啄食种子或成熟种子落地，再经人为耕作进一步扩散，或人为扯断藤茎丢落在寄主植物上再寄生，还可因寄主植物树冠与菟丝子藤茎交叉而扩散。

● 防治要点

（1）结合栽培管理，掌握在菟丝子种子萌发期前进行中耕除草，将种子深埋在3厘米以下的土壤中，使其难以萌芽出土。

（2）春末夏初常检查果园，一旦发现菟丝子幼苗，应及时拔除烧毁。每年5—10月，常巡视果园，或结合修剪，剪除有菟丝子寄生的枝条，或将藤茎拔除干净。

（3）菟丝子发生较普遍的果园和高大的植株，一般于5—10月酌情喷药1~2次。有效药剂有：10%草甘膦乳油400~600倍液加0.2%~0.3%尿素溶液或40%地乐胺乳油1 000~1 500倍液。

注意事项：不能将菟丝子的藤茎抛撒到果树上。新梢嫩叶期、开花结果期不能喷药，以免产生药害。

桑寄生

●**病因**：*Loranthus parasiticus* (Linn.) Merr

●**传播方式**：经鸟类啄食种子和人为扩散

●**症状表现**：枝条

▲柑橘树上的桑寄生

▲椪柑树上的桑寄生

▲桑寄生的吸盘

症状识别

在山区柑橘园和水田柑橘老树园中，桑寄生为常见的一种寄生植物，以吸器盘在柑橘树的大枝条上固定，并吸取树体的养分、水分，导致枝条变得衰弱，严重时枝条枯死，植株衰退，甚至死亡。桑寄生为常绿寄生性小灌木，老枝无毛，有突起灰黄色皮孔，小枝有暗灰色短毛。叶互生或近对生，卵形，先端圆钝，长3~8厘米，宽2~5厘米，叶柄长1~1.5厘米，幼叶被毛，略带淡红色。聚散花序1~3个，聚生在叶腋，花梗、花萼和花冠均被红褐色星状短绒毛。花两性，花萼杯状，与子房合生，花冠狭筒状，紫红色，先端4裂，雄蕊4枚，子房下位，1室。浆果，橘红色，椭圆形，有瘤状突起，种子有黏性。花期8—9月，果期9—10月。次年2月有些植株上仍可见到果实。

病因与发病条件

通过鸟类取食桑寄生的果实，从鸟粪便中排出种子，粘附在枝干上，萌发形成新株。或果实脱落在原株枝丫上、枝条的凹陷处，萌发长出胚根和胚芽，胚根形成吸盘并长出吸根，吸根穿过寄主的皮层，侵入木质部，其导管与寄主的导管相连，吸收寄主的水分和营养物质，

▲桑寄生的种子

长成枝叶。根部还可长出许多不定枝而呈丛生状。茎的基部可长出匍匐根，产生新的吸盘再侵入寄主，长成新的枝叶，重复蔓生，延续不断为害。

● 防治要点

勤查果园，及时发现柑橘树上的桑寄生，并将被害的柑橘枝条连同寄生植株剪除。剪除时间应在桑寄生开花结果之前，这样才能彻底。

▲柚树树冠上的桑寄生

附生绿球藻

●**病因：** 绿球藻 *Chlorococcum* sp.
●**传播方式：** 湿度大，树冠郁闭枝叶交叉及空气
●**症状表现：** 叶片、枝条和树干

▲附生绿球藻老化后的症状

▲附生绿球藻老化后的症状

▲附生绿球藻（右为新生长，左为老化后）

症状识别

附生在植株树冠下部的叶片上，严重发生园区，主干、大枝上也被附着一层绿色粉状物，阻碍叶片光合作用，影响树势和树冠下部枝梢的开花结果，使产量减少，果品质量变差。

病因与发病条件

附生绿球藻为害又称绿斑病，据报道，附生绿球藻属绿藻门虚幻球藻属，由虚幻球藻 *Apatococcus lobatus* 引起。发病初期，叶片、枝、干或果实上出现黄色小点，后渐向四周扩展，形成不规则的斑块并相互连合，使一株柑树的中下部叶片正面、树干、枝条附着一层草绿色的粉状物。严重的果园，果面同样受害，使光合作用受阻，树势渐衰弱，严重影响产量和果实品质。果园管理粗放，偏施氮肥，长期地面撒施化肥，树体弱，滥用或经常喷布叶面肥，园区湿度大，通风透光条件差，是附生绿球藻的发生条件。

● 防治要点

（1）正常栽培管理，以有机质肥为基础，实行氯、磷、钾及微肥相配合的施肥措施，增强树势；正确排灌和进行修剪，降低园区湿度和加强园内通风透光。

（2）药剂防治可选用80%乙蒜素乳油1 000~1 200倍液、80%乙蒜素乳油1 500倍液+97%百农乐矿物油150倍液或97%希翠矿物油150~200倍液，也可用80%乙蒜素乳油1 500倍液+有机硅800倍液、99%绿颖矿物油1 000倍液或50%氯溴异氢尿酸500倍液，均匀喷布附生绿球藻的枝干和病叶片。喷杀时间：秋梢抽出前或冬季清园期，尤其是应抓好采果后的冬季

清园期。

（3）坚持综合性防治和持续防治的做法，可收到良好的效果。

▲ 附生绿球藻老化后的症状

▲ 附生绿球藻寄生在春甜橘的枝干

▲ 附生绿球藻

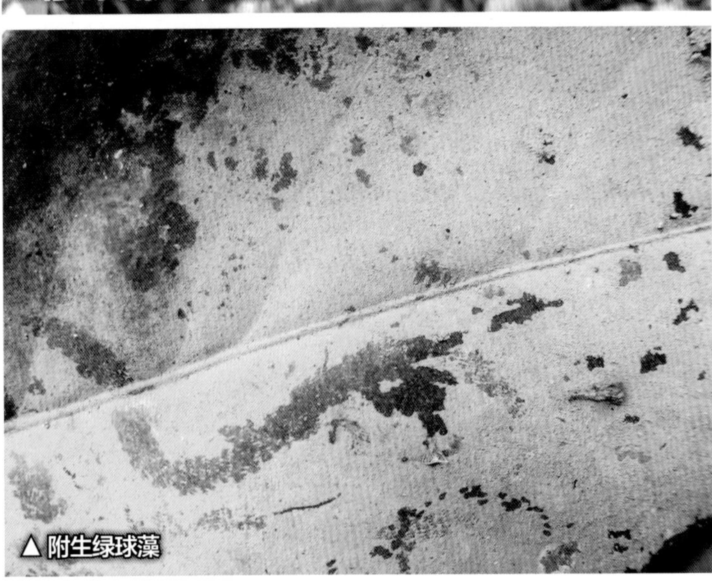
▲ 附生绿球藻

▲ 黑皮果被附生绿球藻寄生　▲ 黑皮果被附生绿球藻寄生

柑橘藻斑病

●**病因：**绿藻属藻类

●**传播方式：**湿度大、树冠交叉较为郁闭的园区及受冻害的果园易发生

●**症状表现：**叶片、枝条和果实

柑橘藻斑病病因为绿藻属藻类，附生，藻体红锈色，附生在柑橘的树干、枝条表皮，造成红锈色的斑圈、斑块，削弱树势。广东于2006年在紫金县春甜橘园发生普遍且严重。各地果园均有发生。

症状识别

附生在柑橘较粗的枝条和主枝干上，病斑圆圈状或为不规则斑块，大小不一，可相连，红锈色，短绒毛状。圈状斑的中央灰色，外围增厚变黑，继而裂成很多小块。严重时，枝条生长受到抑止，导致树体衰弱，甚至叶片脱落。国外报道，此藻还可附生在叶片上和成熟的果实表面，造成叶片脱落，树势衰退，果实受感染。病斑黑褐色，圆形，通过清洗擦拭可以消除，但果品质量受影响。

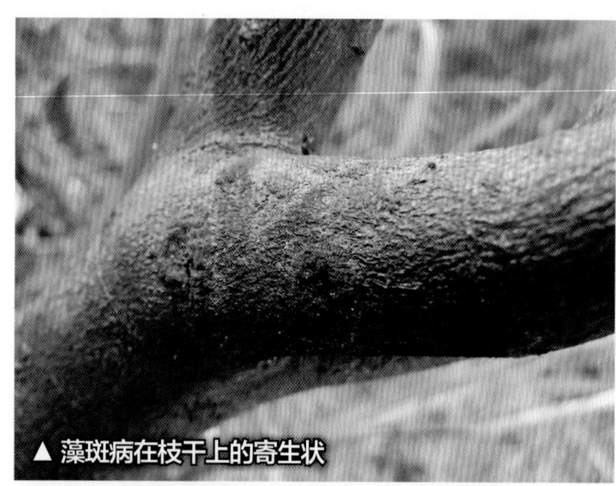
▲ 藻斑病在枝干上的寄生状

▲ 藻斑病在枝干上的寄生状

● 防治要点

（1）常规防治可结合防治脂点黄斑病、树脂病和溃疡病用药，以铜制剂为主，还可选择其他种类的杀菌剂，如80%乙蒜素乳油1 500倍液＋有机硅。

（2）加强栽培管理，防止果园湿度过大，使果园通风透光，增强树势。

（3）秋季树干和大枝涂白，防止冬季因低温冻伤。

（4）加强树冠管理，减少夏季烈日直接曝晒树干和枝条，避免造成皮部伤口。

地衣、苔藓

●**病因：**地衣是藻类和真菌共生的复合体，通过营养繁殖；苔藓为最低等的高等植物，以假根附于枝干上吸收寄主体内的水分和养分

●**症状表现：**全株

▲叶状地衣　▲叶状地衣前期生长状　▲叶状地衣和苔藓　▲叶状地衣

发生地衣、苔藓为害的柑橘植株，因地衣假根进入皮层吸取营养，导致树势逐渐衰弱，产量下降，严重时枝条枯死。

症状识别

地衣　地衣有500余属20 000多种，是由真菌、藻类长期紧密结合在一起的复合体，属半知菌亚门，盘菌纲和核菌纲。柑橘园较常见的有：①壳状地衣，其营养体形态不一，体扁平，灰绿色或灰白色，紧附在枝干上，难以分离，有的附生在叶片上，形成大小不一的斑点，有的其中间较突，似一介壳虫。②叶状地衣（*Sticta platyphylla* Ngl.），为薄片状的扁平体，形似叶片，边缘卷曲，灰白色或灰绿色，有深褐色的假根，常多个连结成不定形的薄片，附着在枝干的树皮上，易剥离。③枝状地衣（*Usnea doffracta* Vain.），其营养体为枝状，着生在树干、枝条上，淡绿色，有分枝，直立或下垂。

▲叶状地衣（中）和壳状地衣

▲温州蜜柑枝叶上的壳状地衣
▲壳状地衣
▲壳状地衣与苔藓
▲实生柚叶上的壳状地衣
▲枝状地衣
▲春甜橘枝状地衣（左）与叶状地衣（右）

▲柚树枝干上的壳状地衣

▲温州蜜柑叶片上的壳状地衣

▲温州蜜柑树干上的壳状地衣

▲枝状地衣

病因与发病条件

地衣通过营养繁殖，植物体受风力或其他力量影响，部分断片脱离母体，被带到适宜的基质上长成新个体。柑橘种植的环境条件和果园管理水平与地衣的发生程度有密切联系，栽培管理粗放、树龄大而通风透光不良、果园湿度大的发生严重。温度、湿度对其生长影响最大，当温度在10℃左右时开始发生，春末和初夏发生最盛，秋凉继续生长，高温炎热天气发展较慢，冬季则逐渐停止生长。在柑橘树上发生的地衣多为壳状地衣，其次是叶状地衣。

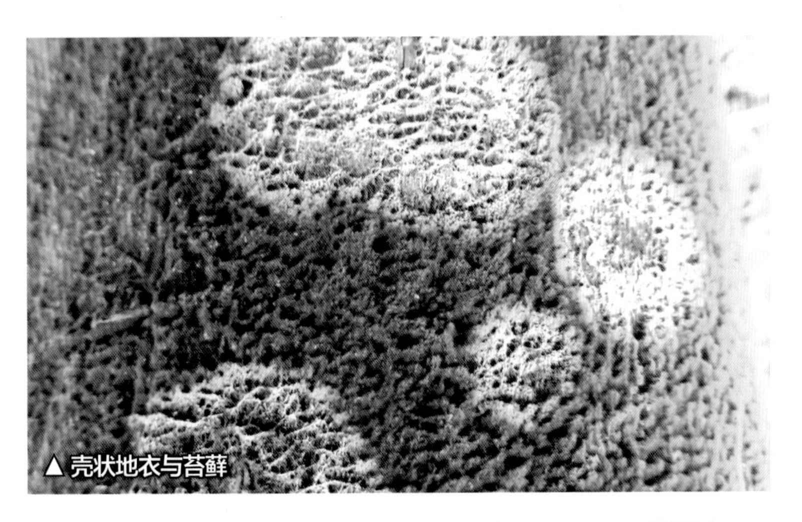
▲壳状地衣与苔藓

苔藓 苔藓植物缠绕生长在果树枝干上，受害果树如被束缚一样，影响树势，增加湿度，有利于其他病虫害滋生。苔的外形呈黄绿色青苔状，藓的外形为簇生的毛发状或丝状体，无真正的根、茎、叶，由单细胞或多细胞构成丝状体。绿色，可营光合作用。其配子体为叶茎状。有性繁殖时，茎状体顶端产生颈卵器及藏精器，雌雄受精后，发育成具有柄和蒴的配子囊。孢子生在蒴囊内，孢子成熟后，孢子散出，随风飞散传播。

▲苔藓

● 防治要点

（1）加强果园管理，包括中耕除草及修剪等，尤其是老年树果园，使果园通风透光，改善果园的立体环境，增强树势，以减轻或避免地衣、苔藓的为害。

（2）发生初期，及时用竹片或小刀刮除，并用45%晶体石硫合剂50~100倍液或1：1：100（硫酸铜：生石灰粉：清水）波尔多浆涂抹，连续2次。也可用10%~15%石灰乳涂抹，或用1%~1.5%硫酸亚铁溶液喷雾。

（3）可试用80%乙蒜素乳油1 500倍液+矿物油助剂500倍液，在刮除的病部喷雾。

▲柚树枝干上的苔藓

缺素症

缺氮

●**症状表现：**叶片、嫩梢和果实

●**诊断要领：**叶色浅绿，基部黄，长期缺氮导致叶早落；植株矮小，枝不长，果小、果少、果皮硬

▲ 尤力克柠檬缺氮嫩叶又被潜叶蛾为害　▲ 甜橙新梢缺氮

▲ 尤力克柠檬缺氮　▲ 尤力克柠檬缺氮

症状识别

植株新梢短弱，叶片小，细长而薄，淡绿色至黄白色。叶龄寿命短，易早落。开花少，且落花落果多。严重缺氮时，新梢叶片全叶均匀发黄，树体矮小，甚至枝梢枯死。当氮由正常转为缺乏时，树冠下部老叶先不同程度黄化，部分绿叶逐渐出现不规则黄绿交织的杂斑，最后全叶发黄脱落，也有的老叶主脉和侧脉黄化，症状与输导组织坏死十分相似，此类现象多发生在生长旺盛、需氮素营养更多的夏季或寒冷的冬季。缺氮树产量低，大小年结果明显，且果小、皮色黄，果汁中糖含量低而酸含量高。

发生原因

土壤缺乏氮素，且氮肥施用不足；夏季降水量大，轻沙土壤保肥力差，致使土壤氮素大量流失；在多雨季节，果园积水，土壤硝化作用不良，致使可给态氮减少，或根群受伤吸收能力降低；斜坡地的柑橘，根系分布受到限制；施钾素过量，或酸性土壤一次施用石灰过多，影响了氮素的吸收；施用大量未腐熟的有机肥，土壤微生物在其分解过程中，消耗了土壤中原有的氮素，造成柑橘吸收氮素量减少而表现出暂时性缺氮。同时，缺氮与一般性营养失调症可同时出现。

● 矫治要点

（1）已经发生缺氮的植株，除了土壤补施速效性氮肥外，还可进行根外追肥。应迅速喷施0.3%~0.5%尿素溶液，每隔5~7天一次，以及时满足柑橘对氮素的需要。也可喷其他含氮量高的叶面肥。

（2）根据树龄、树势、挂果量和土壤基础肥料情况，及时、合理施用氮肥。

（3）施用有机质肥料改良土壤，促进根系强大，提高吸收能力。施有机质肥料时，应避免加入氮素化肥，以防烂根。

（4）做好柑橘园排灌建设，避免雨天积水。

（5）多花的结果树，应增加有机质肥用量，同时土壤施肥与叶面喷施氮肥要相结合。谢花期除了喷施氮素外，也可与磷酸二氢钾和硼肥配合喷施。

（6）瘦瘠地开辟果园，应先施足有机质肥料改良土壤，并坚持年年深翻改土，以减少缺氮和缺其他元素病。

▲ 尤力克柠檬缺氮园区

缺磷

● **症状表现：** 老叶

● **诊断要领：** 叶片变小，颜色暗绿，缺乏光泽，叶缘皱；植株矮小，叶狭小，花少，果皮厚

▲ 温州蜜柑叶片缺磷，暗绿色，无光泽（引自俞立达等《柑橘病害原色图谱》）

症状识别

磷在柑橘植株的分生组织中含量最为丰富，较多聚集在花器、种子，以及新梢、新根生长点和细胞分裂活跃的部分。缺磷通常从花芽和幼果形成期开始发生。缺磷植株矮小，多成“小老树”，枝条细弱，叶片失去光泽，呈暗绿色，老叶上出现枯斑或褐斑。严重缺磷，树冠矮小，叶片密生，枝梢生长停止，下部老叶呈紫红色，果实皮粗而厚，松软，空心，多呈畸形，汁少味酸。

发生原因

土壤中总磷量低、石灰过量存在、过多施用氮肥、砧穗组合、镁的缺乏、气候因素、土壤干旱和长期连作等，都是缺磷的因素。土壤中含钙量高，或酸性强，可吸收磷被固定。磷在酸性土中变为磷酸铝或磷酸铁，在碱性土中成为磷酸钙，因而缺乏可给态磷而引起缺磷。

● 矫治要点

合理施用磷肥是解决磷缺乏的根本方法。一般可将过磷酸钙、钙镁磷肥作基肥，先与有机质肥料（厩肥、牛羊粪肥类）堆沤15~20天，然后开沟施入。每株施用量可按土壤缺磷状况、树龄、当年挂果量进行调整。同时，还可通过根外喷施磷酸二氢钾600~1 000倍液，喷布次数、时期可结合树龄、树势、挂果量而定。也可选质量优的过磷酸钙0.5%~1%浸出澄清液喷布。方法是：按数量先将过磷酸钙浸入一定量的清水中，并进行充分搅拌均匀，24小时后取出澄清液，加清水兑成一定的浓度喷布。果园冬种萝卜等绿肥并埋入果园，可以获取有效磷元素。

缺钾

●**症状表现**：叶片

●**诊断要领**：叶尖黄化，新梢短弱，果小而皮薄、光滑，植株抗逆性下降

▲新种幼年树缺钾

▲幼年树缺钾

▲尤力克柠檬缺钾

症状识别

柑橘缺钾症状变化较大，一般在老叶的叶尖及叶缘处先出现黄化，以后会因继续缺钾而使黄化区扩大，叶片卷缩、畸形，新梢纤细短弱。缺钾时，果实小而皮薄光滑，容易落果和裂果。甜橙的白皮层易发生裂纹，称作“水裂”。缺钾还导致抗旱、抗寒和抗病力降低，造成落叶落果和梢枯发生。

发生原因

沙质土、冲积土和红壤土都会缺钾。

果园排水不良或过于干旱，受土壤酸碱度高低的影响。

钾易随地表水流失，特别是有机质含量低的土壤或沙质土壤，其流失严重。

过量施用氮、钙或镁，造成元素拮抗，使钾的有效性降低。

结果树采摘果实，从果实中带走了钾。

● 矫治要点

（1）施用钾肥。每年土壤施用硫酸钾或草木灰，施用量依土壤缺钾情况、树龄和结果量而定，可有效地补充钾元素。施用期在谢花后至9月前，分次施入，每次分量宜薄不宜浓。

（2）施用有机肥。根据果园土壤状况，进行深翻压绿和施用饼肥、厩肥等多种有机肥，可减少缺钾。绿肥中的大叶丰花草（又称日本草、耳草）、金光菊含钾元素高，压绿后效果好。

（3）叶面喷布。可喷布磷酸二氢钾600~1000倍液，0.3%~0.4%的硝酸钾或硫酸钾溶液。若喷布氯化钾，不可在幼嫩枝梢期进行，以免伤害枝叶。

缺钙

●**症状表现：** 叶片

●**诊断要领：** 叶片先端黄化，叶尖干枯，黄叶早落，花多、果小、果少，根系弱，新根少

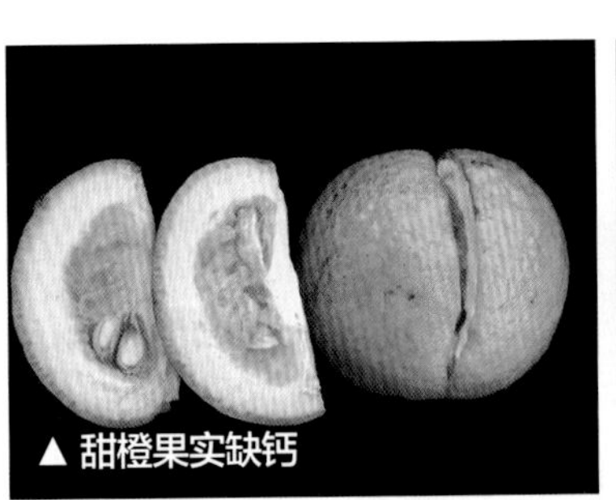

▲ 甜橙果实缺钙

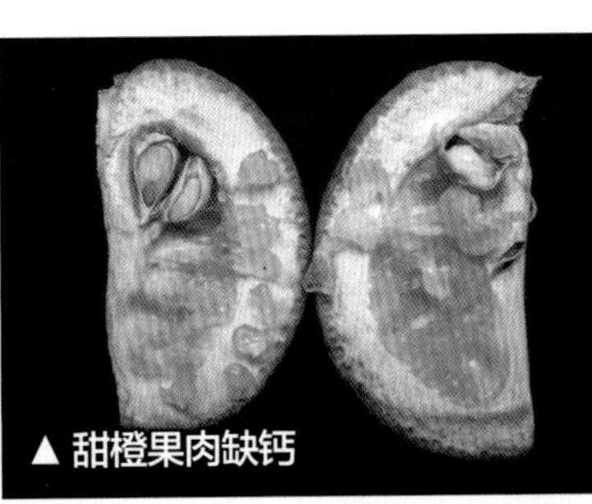

▲ 甜橙果肉缺钙

▲ 叶片缺钙

▲ 幼年树缺钙

症状识别

缺钙植株叶片稀疏、失绿、梢枯，花量大，幼果脱落严重；成熟果实常畸形，皮厚，汁胞缩短，味酸。低钾条件下缺钙，可能表现为主脉和侧脉黄化，果小或畸形等症状。当年春梢缺钙，叶片先端叶缘发黄，随后黄色区域沿叶缘向下扩大，主脉附近则保持绿色，病叶明显比正常叶窄，畸形，提前脱落，出现秃枝和枯梢。

发生原因

酸性土壤含钙量低，易发生缺钙。酸性土壤柑橘园中大量使用酸性化肥，在温暖多雨地区，由于淋溶作用，代换性盐基钙离子流失，常会发生缺钙。据愈立达对不同类型柑橘园土壤的调查分析，柑橘容易发生缺钙的土壤代换性钙的含量多低于50~70毫克/千克；生长正常的柑橘园土壤代换性钙含量，一般沙质土壤为1000~2000毫克/千克，黏质土壤为1 500~3 000毫克/千克。在少雨干旱的年份，因土壤水分不足，钙的吸收受阻，土壤中虽有一定量的钙，但也会发生暂时性缺钙。

● 矫治要点

（1）施石灰。普查土壤酸碱性，如果pH在4.5以下时，柑橘园易表现缺钙症状，应将pH调节至6~6.5。酸性土壤柑橘园应每年计划施石灰粉，施用量因树龄而定，每株500~1 000克。施法：于9月果园松土时进行全园撒施，施后松土，将杂草与石灰翻入土中；幼树则在树冠周围撒施并结合松土；也可与有机质肥料混合沟施。

（2）施用化肥时，每次不能过多，避免因土壤中盐分浓度过高而使钙的吸收差。根据园区实际，减少氮、钾的用量。

（3）增施有机质肥料，改善土壤理化性，增强土壤缓冲能力，提高土壤保水力。

（4）干旱期，应随时补给土壤水分。

（5）叶片诊断。当结果枝叶含钙量低于2%时，说明钙缺乏。土壤代换性钙含量为100毫克/100克干土以下时为钙缺乏，可以叶面喷布0.3%~0.5%硝酸钙溶液或0.3%磷酸二氢钙溶液。一般在新叶期喷布数次。

缺镁

●**症状表现：**老叶

●**诊断要领：**下部老叶斑纹状，叶片网状失绿；器官老化转幼叶，最后变褐色至坏死

▲沙糖橘叶片缺镁

▲贡柑叶片缺镁

▲沙田柚缺镁

▲八月橘老叶缺镁

▲蕉柑老叶缺镁

症状识别

缺镁时叶片沿中脉两侧发生不规则的黄色斑块，然后黄色斑块向两侧叶缘扩展，致使叶片大部分黄化，仅存中脉及其基部的叶组织保持呈三角形的绿色。缺镁严重时，叶片全部黄化，很容易脱落。落叶的枝条生长衰弱，常在翌年春天枯死。缺镁时，存在于较老器官组织里的镁往往转移到正在生长的幼嫩器官里，以致老器官缺镁症状更为突出。

发生原因

缺镁原因大致有三种：一是土壤中镁含量低；二是钾肥施用过多，因钾的拮抗作用影响了镁的吸收；三是品种的敏感性。此外，长期施用碱性肥料或酸性化肥，导致土壤镁的流失严重。山坡地柑橘园，土壤中的镁易受雨水和灌溉的影响而流失。

● 矫治要点

（1）土壤施镁。酸性土壤可选施钙镁肥（含镁石灰），每株 0.5~1 千克。在微酸性至碱性土壤地区，施用硫酸镁。镁肥可混合在有机肥中施用，在冬季施有机质肥料时，可根据树龄大小，每株混合硫酸镁 15~35 克。在酸性土壤还要适当施用石灰。

（2）叶面喷布。一般在 6—7 月喷布 1%~2% 硫酸镁溶液，每隔 10 天 1 次，连喷 2~3 次，可恢复树势。对于轻度缺镁，叶面喷布见效快。新梢喷布硫酸镁的浓度为 0.5%~1%。

（3）对发生钾聚积的土壤，矫正缺镁症可叶面喷布或根施硝酸镁，效果较好。因增加了硝酸盐，有助于抑制钾的吸收而促进镁的吸收。

缺锌

●**症状表现：**老叶

●**诊断要领：**失绿叶小、簇生，叶片正反有斑点；植株矮小，节间短，生育推迟，减产严重

▲幼年甜橙树缺锌 ▲年橘缺锌

症状识别

缺锌在柑橘产区常有发生。

新梢叶片叶肉呈黄色或黄绿色，仅主侧脉附近为绿色。有的叶片则在主侧脉间出现黄色或淡黄色斑点。缺锌时，叶片变小，直立，呈丛生状，叶色淡，严重时新梢纤细，节间缩短，冬季落叶严重，小枝枯死。甜橙缺锌后，果实小，汁少味淡。缺锌，秋季比春季更普遍且严重。

缺锌是柑橘产区常见的缺素症，严重时对树势、产量和质量影响较大，以甜橙发生最为普遍，且与黄龙病的花叶症状极为相似。

发生原因

引起柑橘缺锌的原因较多，在世界范围内多种土壤上种植柑橘，都有发生缺锌的可能，是世界性的营养失调问题。锌的含量低，土壤碱性（或石灰性），磷含量过高，土壤湿度高，钙、氮、钾、锰和铜过量，以及其他元素的不平衡等多种因素，都与缺锌有关。在碱性土壤中，因锌的溶解度低，也较普遍发生缺锌现象。山地石灰性紫色沙土和盐渍土种植的柑橘，普遍缺锌严重，花岗岩发育的土壤也容易缺锌。另外，每年柑橘果实采收亦可带走一定数量的锌。

● 矫治要点

在春梢生长前喷洒0.4%~0.5%硫酸锌溶液，或在春梢停止生长后喷洒0.1%~0.2%硫酸锌溶液2~3次（加等量石灰中和酸度），或将硫酸锌与石硫合剂混合使用，可以有效地矫治缺锌症。对于微酸性（pH 5.5~6）土壤，施入少量硫酸锌也可获得良好的效果，但对碱性土壤无效。若因缺镁、缺铜而致锌缺乏，单施锌盐效果不大，必须同时施用含镁、铜和锌的化合物才能获得良好效果。增施有机肥，提高土壤的缓冲性，能增加土壤可给态锌的含量。冬施有机质肥料时可加入硫酸锌，加入量因树龄大小而定，通常每株15~20克。

▲冰糖橙缺锌

缺硼

●**症状表现：**叶片、果实

●**诊断要领：**初期生长顶端慢，根不发达，叶色暗，叶小、肥厚且畸形

症状识别

缺硼在我国柑橘产区十分普遍，尤其是红壤柑橘园。初期表现为新梢叶片上出现水渍状黄色斑点，叶片畸形，发黄，反卷，叶脉增粗，破裂，木栓化；幼果果皮最初出现灰白色斑，或稍突起，后渐变黑褐色，脱落，果实白皮层和中心柱有褐色斑和胶状物；成熟果实果皮粗糙，畸形，肉干瘪、淡而无味；腋芽丛生。严重缺硼时，树顶端生长受抑制，呈现枯枝落叶，

▲ 脐橙缺硼症状

▲ 脐橙叶片缺硼

▲ 沙糖橘缺硼症状

▲ 冰糖橙幼果缺硼

▲ 严重缺硼幼年树（枝条皮破裂新芽抽不出）

▲ 沙糖橘缺硼症状

▲ 脐橙严重缺硼叶片，新芽点生长受抑制

▲ 贡柑叶片缺硼（惠东白盆珠）

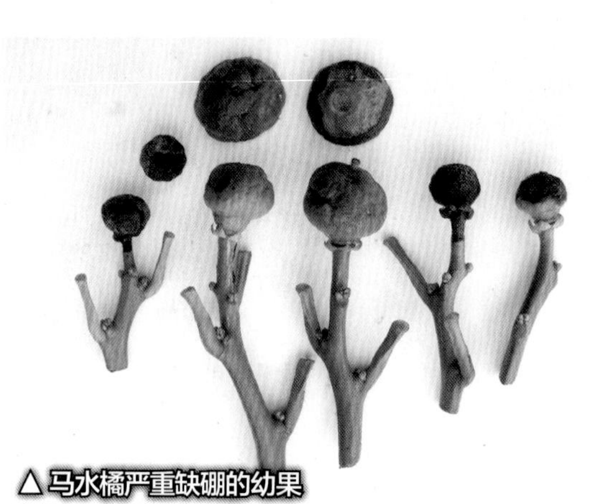

▲ 马水橘严重缺硼的幼果

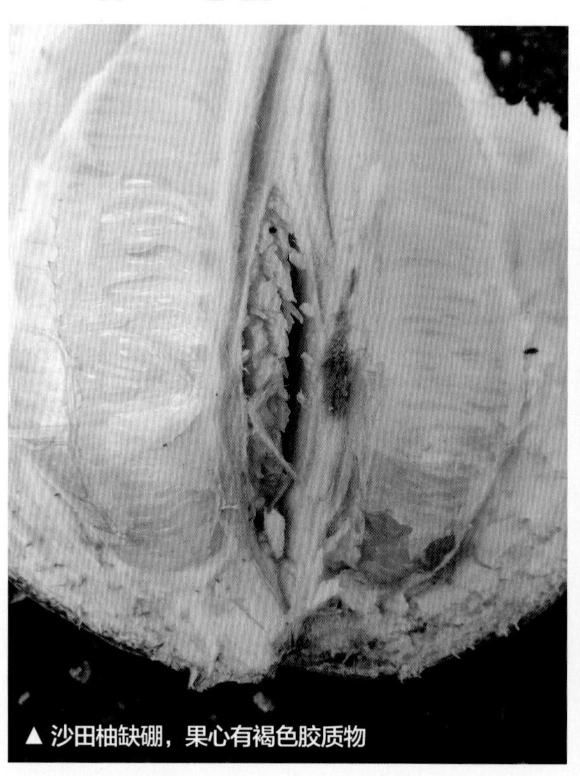

▲ 沙田柚缺硼，果心有褐色胶质物

秃顶。当缺硼伴随锰过剩时，叶柄断裂，叶片倒挂树上，最后叶枯脱落。

发生原因

缺硼主要原因是土壤水溶性硼含量低，或土壤沙性，硼被酸性淋溶；其次是受培肥和土壤管理影响，如单施化肥的柑橘园比施有机质肥料为主的易缺硼，或过湿的露地柑橘园比地面覆盖的易缺硼。大量施用磷肥的柑橘园，土壤中高浓度的磷酸盐使硼的吸收减少，会引起缺硼。高温干旱季节和降雨多的季节，均会降低根系对硼的吸收能力，特别是多雨季节过后接着干旱，常会突然引起缺硼。缺硼与柑橘品种间的需硼量有差异。在柑橘中，以甜橙类叶片最易表现缺硼症状，且与缺镁症同时发生，成为硼镁缺乏综合征。此外，砧木也会影响硼的吸收和利用，如以酸橙为砧木的柑橘及以红檬檬为砧木的橙类，缺硼症极为明显。

▲ 椪柑缺硼果实剖面

▲ 沙糖橘缺硼叶片和果实

▲ 蕉柑缺硼

▲ 甜柠檬缺硼果（白皮层显褐色斑，种子不充实）

▲ 蕉柑幼果缺硼

● 矫治要点

（1）施用硼肥。将硼肥混入人粪尿中，在树冠下挖沟施入，盖上部分有机肥再覆上土。或施用新型硼肥“持力硼”，可在冬施有机质肥时一起混合挖沟施入。

（2）叶面喷硼。一般在清园期和谢花期各喷用硼肥1次，可有效地防治缺硼，可选用速乐硼、至信高硼等新型硼肥1 200~2 000倍液。

（3）避免过多施用氮磷钙肥，特别是有机质含量低的土壤，更应注意不可过多施用氮磷钙肥，但是适当施用钙肥，降低土壤酸性对柑橘吸收硼有利。应多施用有机质肥料和含硼较高的农家肥及绿肥，且宜实行生草栽培法管理。

缺锰

●**症状表现：**叶片

●**诊断要领：**早期缺锰叶间出现死斑点；叶脉深绿色，肋骨状，失绿表现在新叶上

▲叶片缺锰症状

症状识别

叶片中脉和侧脉及其附近组织绿色，其余部分为黄绿色。幼叶和老叶均表现花叶症状，与缺锌症状相似，两者主要区别为：①缺锌的嫩叶小而狭窄，缺锰叶片的大小与形状基本正常。②缺锌叶片黄化部位颜色鲜黄，缺锰叶片黄化部位仍带绿色。③植株的老叶缺锌症状不甚明显，缺锰植株的老叶有明显症状，且严重缺锰时，植株老叶早期老化脱落，新梢生长受抑制，有的枯死。

发生原因

缺锰在酸性和碱性土壤的柑橘园中均有发生，尤其是沙质酸性土、石灰性紫色沙土或海滨盐渍土，常常是缺锰和缺锌等症同时发生。在下列情况通常会发生缺锰症：酸性土和沙性土壤易引起有效态锰的流失；石灰性紫色沙土和海滨盐渍土锰以不溶态存在，有效锰含量低；土壤干旱造成有效态锰缺乏；长期施用厩肥和石灰的黑色团粒土、缺磷土壤，或富含有机质的沙土，易出现缺锰，主要是因为土壤 pH 高（超过 6.5），使各种锰化合物极难溶解。

● 矫治要点

（1）酸性土壤柑橘缺锰，可采用根施锰和叶面喷洒硫酸锰予以矫治。施用硫酸锰时，可将硫酸锰混在肥料中施用，每亩用量为 3.3~4 千克。叶面喷洒用 0.2%~0.6% 硫酸锰加 1%~2% 生石灰混合液，也可用 0.6% 硫酸锰加 0.3 波美度石硫合剂喷洒。柠檬对硫酸锰较敏感，喷洒次数不可过多。

（2）石灰性土、碱性土或中性土柑橘缺锰以叶面喷洒 0.3% 硫酸锰溶液矫治效果较好。叶面喷洒硫酸锰须在每年春季进行数次。

（3）石灰性土壤缺锰，可增施有机质肥并掺入硫黄粉，以降低土壤 pH。

缺铁

●**症状表现：**叶片

●**诊断要领：**脉间失绿网纹状，幼叶明显呈淡黄色；叶色严重失绿呈白色，有的脱落，病树果少、皮色黄

▲枳砧冰糖橙秋梢叶片缺铁

▲石灰过量致枳砧冰糖橙缺铁

▲枳砧冰糖橙缺铁（左），红橘砧不缺铁（右）

▲尤力克柠檬缺铁

症状识别

一般嫩梢先表现症状，叶片变薄，叶肉淡绿色至黄白色，叶脉绿色，在黄化叶片上呈明显的绿色网状叶脉，小枝顶端的叶片更为明显。病株枝条纤弱，幼枝上叶片很易脱落，常仅存稀疏的叶片，小枝叶片脱落后，下部较大的枝上才长出正常的枝叶，但顶枝陆续死亡；结果少，皮色黄，汁少，味淡。发病严重时，全株叶片均变为橙黄色，在温州蜜柑和橙类上表现尤为明显。

发生原因

缺铁的原因较多。碱性或石灰性土壤 pH 高，铁的溶解度低；土壤中重碳酸盐影响铁的吸收和运转；石灰性土壤过湿和通气不良，易出现缺铁症状；磷、锰、铜、锌等的干扰会造成植株铁的亏缺。砧木品种的差异，如枳作砧木，又种植在盐碱性土壤、石灰性土壤，或施用石灰过量，容易出现严重的缺铁症状。

● 矫治要点

（1）改土施肥。防治缺铁症的根本方法是改良土壤和搞好排灌系统，对碱性土壤多施有机肥，特别注意多施绿肥、土杂肥及其他酸性肥料。

（2）由砧木引起的缺铁应以靠接换砧进行处理。早橘、椪柑、酸橘类均不易缺铁。

（3）叶面喷布或土壤施用螯合铁。将螯合剂均匀撒施在树冠下表土上，进行灌水使其渗入土中；或将有机质肥与硫黄混合翻入土壤中。土壤施用或叶面喷布都需在改土的基础上进行，否则，效果不明显。叶面喷布用 0.1%~0.2% 的硫酸亚铁溶液，并加入等量石灰，以防药害发生。

缺铜

●**症状表现：**嫩梢、嫩叶

●**诊断要领：**幼嫩枝梢叶失绿，叶尖卷曲呈捻状；叶片出现坏斑点，渐近枯萎则死亡

▲沙糖橘缺铜，植株叶片扭曲

▲冰糖橙缺铜枝条和叶片（叶柄扭曲），有锈斑

症状识别

铜缺乏时，在嫩枝的芽眼或靠近芽眼的地方，出现流胶或皮层因流胶组织压迫产生椭圆形疱状突起，叶柄附近的疱状突起为纵向开裂，春梢裂口后期黑褐色，夏梢裂口有胶质物出现；有的枝梢皮部表面出现不规则、大小不一的赤褐色污斑，严重的枝梢赤褐色、枯死。幼枝略呈三角形，长而柔软，上部扭曲下垂或呈“S”形。缺铜发生前，叶片呈暗绿色，叶片不正常变厚、变粗、拉长，新梢叶片不平或扭曲，中脉弯曲，叶片较小。严重时，病株抽出的新芽多、短、弱，形成丛枝或呈扫帚状，大枝上萌发柔软的嫩枝，嫩枝很快出现症状。缺铜树不结果或结果少，果小，畸形，果皮较为粗糙，淡黄色，幼果常纵裂或横裂。果皮有红褐色至黑色，且带光泽的不规则斑或突瘤，肉汁少、

▲沙糖橘缺铜，新梢徒长

▲蕉柑缺铜植株（刘朝吉　提供）

▲ 蕉柑缺铜枝条（刘朝吉 提供）

△ 蕉柑果实缺铜后期症状（刘朝吉 提供）

△ 蕉柑幼果缺铜症状（刘朝吉 提供）

▲ 沙糖橘缺铜典型症状（有疱状斑和纵裂的疱状斑）

味淡，种子周围可出现胶质物。缺铜严重树，根群大量死亡，有的出现流胶。

发生原因

酸性沙质土、石灰性沙质土、酸性腐泥土，以及花岗岩系统土壤，有效铜含量低，较易发生缺铜。施用大量的磷肥或氮素过量也可能导致缺铜。另外，土壤瘦瘠、表土层浅薄、底层硬和排水不畅也能引起铜缺乏。有机质丰富的土壤，铜与有机质结合成了难溶性化合物，不能被吸收利用。常喷铜剂的柑橘树未见缺铜症状。

● 矫治要点

严重缺铜的柑橘树，可在春芽萌动前喷布0.1%~0.2%硫酸铜溶液，或抽梢刚结束时喷布1：1：100的波尔多液，或结合防病喷布铜制剂，可迅速恢复树势，并可显著提高坐果率。在土壤中施用硫酸铜也可防治缺铜，但其作用较慢，效果没有喷布铜制剂快。施用硫酸铜应根据树龄大小而定，不能过量施入。瘦瘠土壤，则应着重施用有机质肥料，并结合深翻改良土壤。

缺钼

●**症状表现：**叶片

●**诊断要领：**新叶淡黄色，多纵卷，老叶中脉现黄斑；脉间出现圆形黄斑，果皮黄晕不规则

▲贡柑缺钼叶片

▲贡柑缺钼叶片

▲脐橙缺钼叶片（叶背现褐色斑）

▲春甜橘缺钼叶面和叶背症状

▲年橘老树缺钼

症状识别

柑橘缺钼叶片呈黄斑，新梢成熟叶片的叶面上、叶脉间出现圆形或椭圆形橙黄色斑，叶背面斑初为油绿褪色，后变为棕褐色；新叶淡黄色，向内纵卷成筒状，故又称“合抱”症。严重缺钼时，抽生新叶变薄，黄化脱落；黄斑背面流胶，并变成黑褐色；叶缘枯焦坏死；果皮上可能出现带黄晕圈的不规则褐色斑。

发生原因

果园土壤为强酸性时，土壤中钼会与铁、铝结合成钼酸铁和钼酸铝而被固定，不能被柑橘根系吸收，造成缺钼。如果土壤施硫酸盐肥过多，根系对钼的吸收因受抑制而出现缺钼症状。磷不足的土壤、酸性沙土容易缺钼。

● 矫治要点

（1）严重缺钼的柑橘树，可在新芽萌动前或新梢叶片自剪前后喷布0.01%~0.05%的钼酸铵或钼酸钠溶液矫治。

（2）冬季在果园土壤撒施石灰，降低土壤的酸性，可提高土壤中钼的有效性。施用量参考缺钙矫治方法。

▲新梢缺钼症状（潘文力　提供）

自然伤害

柑橘冻害

●**症状表现：**枝、叶片、花、果实，甚至全株

▲ 冻害（1999 年冬至平流降温和辐射降温共同引发的冻害）

▲ 沙糖橘迟秋梢冻害

▲ 冬梢受冰冻后枯死

症状识别

轻微冻害，一般发生在较迟抽出、未完全老熟，受螨类严重为害，土壤瘦瘠、根系浅浮、缺水干旱的秋梢上，其叶片局部出现形状大小不一的叶肉塌陷斑，初为灰青色，后转浅褐色至灰白色，严重者整片叶片凋萎、纵卷，赤褐色，多数脱落，枝梢变黄、枯死，部分叶痕处变褐发生流胶。低温冻害（广东称为“冰冻”）使全株叶片凋萎，如同开水烫过，呈暗灰白色，随后变成赤褐色，最后脱落，小枝干枯，严重时，枝条出现裂皮和枯死，甚至主干皮层腐烂，致地上部死亡，幼树则全株枯死。果实受害的部位为树冠上部及外围，受害果囊瓣收缩，与果皮脱离，汁胞干瘪，粒化，汁少渣多，味淡，严重时，囊瓣如同开水烫伤，汁胞汁液外渗，随后味变、腐烂。

▲ 冰糖橙春梢和花蕾冻害

▲ 冰糖橙叶片和花蕾冻害

发生原因

冻害是柑橘因为气候骤然变化，夜间温度短时间内降至该品种不能承受的低温以下时树体受到的伤害。不同品种对低温的耐受力不同。温州蜜柑、红橘在 -9℃以下受冻，椪柑在 -8℃以下受冻，甜橙在 -7℃以下受冻。

冻害的发生，除了由于冷空气南下（前期）或寒流的入侵外，还与柑橘树龄、树势、挂果量、病虫害防治、品种、砧木耐寒性、地形、坡向、水体大小和距离、土壤及植被等密切相关。海拔和经纬度也是冻害的因素。冻害的严重程度与冷空气强弱、气温下降幅度相关。柑橘类中的耐寒力依次为枳 > 枳橙 > 金柑 > 宽皮柑橘 > 酸橙 > 甜橙 > 柚类 > 柠檬、枸橼。

▲枸橼枝干受冻后皮层破裂

▲冻害枝条后期症状

● 预防方法

（1）适地种植柑橘。结合当地生态条件，发展适合品种，或在每年冻害到来之前采收已成熟果实，以避过冻害期。

▲冰糖橙在 -6℃下受冻症状

▲柚秋梢冻害

▲轻霜叶片冻伤

▲椪柑受冻雨伤害后果皮症状

（2）在山区，尤其是在山地深处冷空气易沉积而不易流动的低洼地建园，应安排避过冻害期的品种。种植之前可以先了解和查询当地气象资料作为依据。

（3）加强管理，植树造林，改善园区生态条件；立冬开始，保持园内土壤湿度相对稳定，不宜过度干旱；计划促放秋梢，确保在冻害之前枝梢已经老熟，不被螨类为害；深施有机肥，使根系向下伸展，以避免因表土温度变化幅度大而损伤根系，加重冻害。

（4）覆盖保温。覆盖分树冠盖草和地面盖草。树冠盖稻草，河源市春甜橘在冷空气突然到来之前，在树冠上覆盖稻草遮果，可明显减少果实遭受冻害。地面覆盖或喷布土壤增温剂，保护根系，以减轻树体受害。或在冻害来临前，搭建塑料薄膜大棚，似温室栽培法进行防冻，此法效果好，但成本高。

（5）冻害时树冠处理。及时淋水或灌水，叶片凋萎而枝梢不干枯的，可在气温稳定回升后的初春摘除干叶；枝梢或枝条干枯的，可待干枯不再下延时，进行剪除。冻死的大枝干，则应抓紧锯除，锯除后的伤口和枝干均应涂白保护。冻害树的枝条一般会提早萌发新芽，这时应加强管理，适当施肥和防治病虫害，尤其应注意防治流胶病、炭疽病。

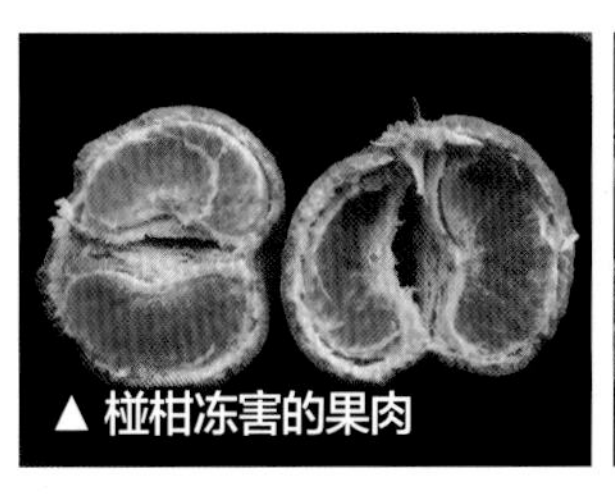
▲椪柑冻害的果肉

▲茶枝柑冻后枯水

柑橘风害

●症状表现：全株

症状识别

寒风会使营养不良和受病虫为害的柑橘树出现严重落叶、果实冻伤，导致春季新芽迟发，枝梢生长纤弱，花量减少，花质差，影响坐果率，树体长势下降。

干热风也可导致柑橘受伤害，一般出现在

▲寒露风引起叶片干枯

▲寒露风害

▲寒露风害

温州蜜柑花期和生理落果期，造成花器受害，着果差，幼果脱落。

台风不但会造成果皮伤害，新梢嫩叶破损，严重的还会折断枝干，叶果脱落，甚至吹倒树体，折断树干。台风伴随暴雨，造成果园积水或被水淹，导致黄叶、卷叶、焦叶、落叶，甚至植株死亡。

● 预防方法

（1）营造防护林，减缓风速，改善柑橘园小气候。

（2）深翻改土，增强植株生长势，提高抗逆能力。

（3）春季花期或生理落果期出现干热异常气候，应适当灌溉“跑马水”或淋水，保持土壤湿度，严重时早、晚对树冠喷水。

（4）寒风过后及时处理受伤树，防止病害侵染。在寒露风来临前，喷施芸苔素内酯＋腐殖酸叶面肥＋高磷高钾叶面肥，促进新梢尽快老熟，提高新梢抵抗力。受风害后，要尽快喷施保护杀菌剂（如苯醚甲环唑、甲基托布津或代森锰锌）＋营养类叶面肥。台风暴雨后，及早排除积水，扶正树体，清理落叶落果，喷布防病药剂。

（5）根据当地频发风害的种类，选择相适应的品种和砧穗组合。

▲寒露风害导致落叶

▲尤力加柠檬春嫩叶风害症状

▲受旱树寒露风害

▲烈日高温下的热风伤害

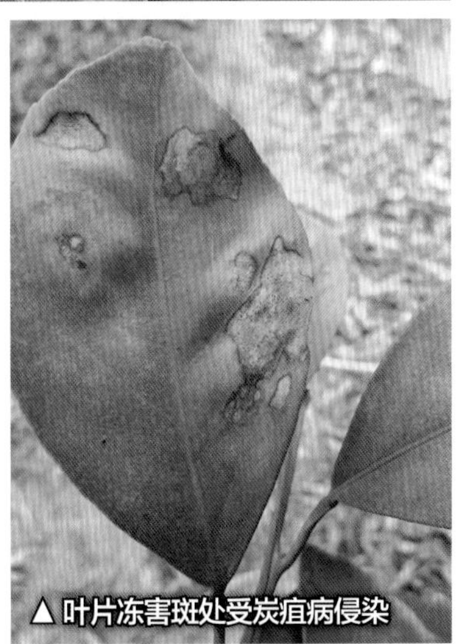
▲叶片冻害斑处受炭疽病侵染

柑橘果实日灼病

●**症状表现：**果实

症状识别

此病因受高温和强烈的阳光照射引致果皮组织灼伤。在果实尚未成熟时，果顶受害部分黄褐色或暗浅绿色，随后发育停滞。在果实成熟时，受害部位果皮出现暗褐色，果皮生长停滞，表面粗糙，干疤坚硬，果形不正。果实轻度受害，灼伤部位只限于果皮，受害重的，灼伤部位的中央木栓状，汁胞受伤，导致汁胞干缩、粒化，汁少而味淡，品质低劣。

▲椪柑日灼病

▲椪柑日灼病

▲椪柑日灼病

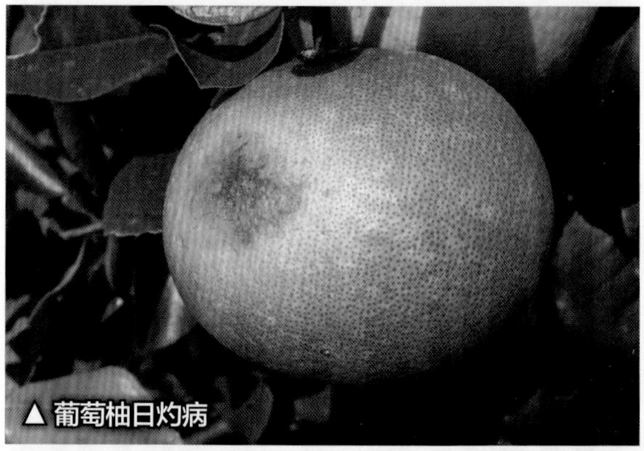

▲葡萄柚日灼病

▲葡萄柚日灼病

▲烈日高温下喷药，果实出现药害斑和日灼斑

发生原因

本病在高温季节，气候干燥、日照强烈时容易发生。一般于7月开始出现，8—9月发生最多，尤其是西南方向的果实和幼年结果树的顶生果实，因日照时间长，受害程度最重。西向的坡地果园或无防护林的暴露果园发生也较严重。

柑橘不同品种中，以宽皮柑橘发生较重，温州蜜柑早熟品系、椪柑、大红柑受害重，温州蜜柑中晚熟品系、蕉柑、福橘次之，甜橙、柚类受害最轻。在夏、秋季高温天气喷布石硫合剂、敌百虫，多种农药混合喷布，以及果园土壤水分不足，均会加重病害的发生。

● 预防方法

（1）在开园种植时，应在园的西南方向营造防护林以减少烈日照射。选用发生日灼病较少的品种。种植温州蜜柑早熟品系时，宜选用软枝型品系，并适当密植。

（2）幼龄结果树在生理落果结束时促放迟夏梢，以梢遮果，可减轻日灼程度。温州蜜柑抹春梢保果，应适当保留部分春梢营养枝。

（3）高温季节应避免使用石硫合剂、硫黄胶悬剂、机油乳剂和敌百虫。

（4）对易发生此病的果园，在高温季节喷洒石灰乳（生石灰0.5千克、水5升，过滤去渣），可减轻受害程度。

（5）在果园行间间种高秆绿肥，或提倡园内生草法管理，以调节果园小气候。在高温干旱期利用水源定期供水，保持土壤水分，提高相对湿度，降低酷热气温。

（6）在8—9月检查果园，发现受害果实，用白纸粘贴受害部位或涂石灰乳，可使轻度受害的果实恢复正常。

▲沙田柚7月受烈日灼伤

▲脐橙日灼加药害斑

▲蕉柑日灼病

▲烈日灼伤的叶片

柑橘旱害

●**症状表现：**全株

▲甜橙受旱状

▲春甜橘冬旱旱害

▲尤力克柠檬花期受旱状

▲10月干旱导致未老熟秋梢叶卷曲

症状识别

春旱发生在前期，使春芽不能依期萌发，或萌发的春梢短弱，叶片小，叶色淡，也会影响正常显蕾开花和花的质量。严重春旱甚至使春芽不能萌发，导致花蕾直接从叶腋里吐出，花蕾畸形，花瓣僵硬干缩，赤色，干枯脱落，坐果率低。夏旱和秋旱不但影响各个时期新梢的抽出，造成树势下降，而且会使果实发育和膨大严重受阻，高温的夏季会加剧生理落果和后期日灼病的发生。秋旱必然造成当年产量锐减，而且对秋梢正常生长、转绿充实十分不利。秋旱接连冬旱则会导致柑橘树整株严重卷叶，叶片变为淡绿色，甚至灰白色。在有冻害的产区，会使冻害加重，继而严重影响下一年的开花结果。

发生原因

造成旱害的原因有土壤干旱、大气干旱和生理干旱。土壤干旱是较长时间无降雨或没有水源灌溉；大气干旱是空气干燥加高温，有时还伴有一定的风力，引起植株水分失衡；生理干旱通常是土壤温度低，限制了根系对水分的吸收，或因水涝使根系大量死亡，植株的蒸腾耗水得不到满足而引起。

干旱在一年中的各个时期都可能发生，根

据季节可分为春旱、夏旱、秋旱、冬旱。开花期干旱，又称花期干旱。干旱影响柑橘的每个生长发育期。

● 预防方法

（1）种植柑橘时，园地选择和规划应将水源、引水路线和水利建设纳入规划内容。

（2）保护林地和营造林带，较高的丘陵山地的山顶部，应戴帽式种植水源林和营造防护林区，在低洼地建筑蓄水池（水库），以扩大水体面积，做到涵养水源，增加湿度，改善园间小气候。

（3）注意综合措施的应用。选择主根、侧根强大的、抗旱性强的砧木品种；山地园区结合实际，实施深翻改良土壤，为根系生长创造深、广、宽的良好环境，提高抗旱能力；在干旱到来之前，进行中耕、培土和覆盖，保持土壤水分和保护浅层根群；树干涂白，减轻辐射热，降低柑橘植株体温，减少水分蒸发，防止日灼；修建园区排灌系统，修挖园间蓄水、排水相结合的沟渠，低洼地果园降低地下水位，防止积水烂根，把表层根系适当引向深层，提高抗旱能力。有灌水条件的柑橘园遇旱要及时灌水。红壤土柑橘灌溉生理指标，应根据植株长势，叶、果长相和土壤绝对含水量来确定。杨村柑橘场的灌溉生理指标为土壤绝对含水量21%~22%。一般春季花期连续7天干旱，原来土壤较干旱的，应该淋水或适当灌水。此外，还可施用吸湿剂或抗蒸剂，以达到保水、保湿的目的。

△春旱致花瓣干枯

▲干旱导致红江橙裂果脱落

▲及时松土后的红江橙，裂果得到控制（与上图为同园对照）

柑橘水害

●症状表现：全株

症状识别

在排水不良的园区，长期积水引起植株根系变弱，停止生长。初时表现为根尖不能继续生长，随后细根根皮腐烂，再后大根腐烂，严重时木质部腐朽。地上部生势衰弱，叶片变黄，新梢短弱，叶片变小，后来叶片脱落，部分新梢枯死。在平时不积水的果园中，由于连续下雨而严重积水，导致幼年树叶片变黄，有的脱落，有的叶肉被太阳灼伤成灰白色斑疤干枯，

▲ 积水导致植株受害

▲ 积水导致嫩芽凋萎

▲ 积水致尤力加柠檬植株枯萎

▲ 树兜积水致主干皮层严重腐烂

严重时枝干皮部腐烂，发出酸臭气味，直至全株死亡；结果树则会出现幼果变黑和脱落现象。有的果园因地势低洼，一遇暴雨或台风雨，江河、沟渠水位上升，水漫入果园，导致柑橘树较长时间受淹，根系缺氧而窒息，造成根群腐烂，引起叶片凋萎，随后或脱落，甚至全株枯死。

● 预防方法

（1）不适宜开垦种植柑橘的土地不要勉强开作柑橘园。

（2）平地、水田或河涌坝地在开作柑橘园时，应按顺水流向开挖排水沟，同时筑起土墩种植。地下水位高的园区，应规划开深沟排水。

（3）已经种植的柑橘园，每年定期清理排水沟渠，防止淤塞和杂草堵水。

（4）雨季经常检查和及时排除积水，防止烂根。

（5）根据土质改良土壤，促进根系壮健生长，树势壮旺，提高抗逆力。

▲苗圃积水致苗木死亡

▲积水导致天草杂柑叶落枝枯

▲积水致根系窒息，幼果变黑

▲积水致根系窒息，幼果变黑

▲积水导致天草杂柑果实腐烂

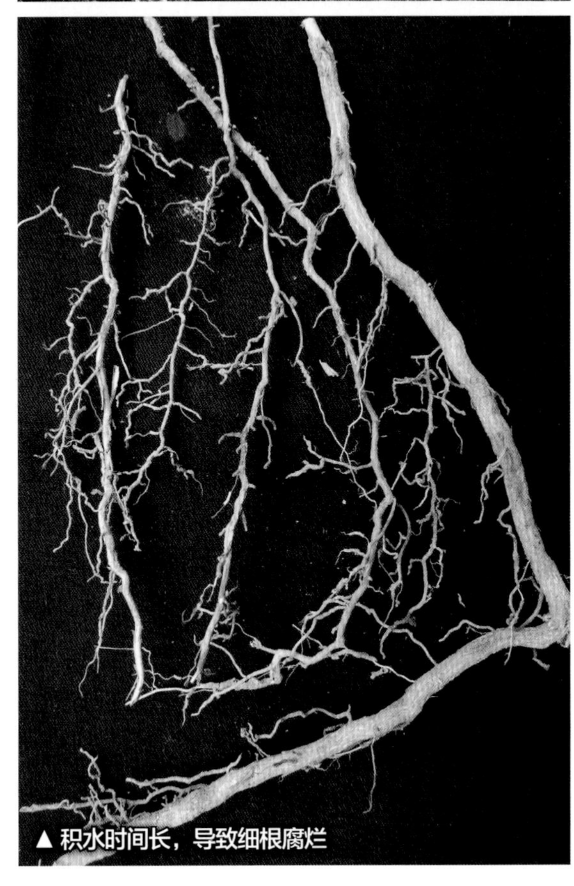
▲积水时间长，导致细根腐烂

柑橘光害

●**症状表现：**叶片、枝条

▲采果后叶片背面受光害

▲未老熟的枝叶在干旱时较易发生光害

▲光害叶片

▲冻伤枝条易发生光害

▲露水聚光造成光害（褐色斑）

症状识别

光害是强烈的太阳光直接照射在叶片背面或枝条上造成的伤害。叶片受害，叶背表皮出现褐色胶质物大斑，干硬，提早老化。枝条受害后，变褐，出现裂口，容易被病菌侵染，导致流胶，使树体衰弱。

发生原因

叶片发生光害有两种原因：一是丰产柑橘树负荷重，根系较弱，养分及水分不足，挂果枝下垂，叶背向阳受晒时间长，当采果后枝条无法恢复向上生长，叶背仍然对着太阳，这些叶片因失水多，一部分叶背出现光害症状。当有露水沾在叶背时，在太阳光较猛烈的情况下，会加重症状，甚至导致叶背叶肉被灼伤。二是初春种植的苗木，没有正常管理，在夏季高温烈日下，部分枝梢叶片卷缩或萎蔫下垂，导致叶背长时间曝晒而受伤。

● 预防方法

针对果园发生原因，采取相应措施。如增强树势，适度挂果，下垂的丰产枝梢及早撑起，减少阳光直接晒在叶背上；防治螨类对叶片为害，合理灌水，保持叶色青绿并具光泽；刚种植的幼苗及时覆盖，保持土壤湿润，适时施肥，促进新梢生长，使苗木生势迅速恢复，可减轻或避免发生光害。

柑橘雾害

●**症状表现：**果实

▲ 雾害致金柑出现裂果

▲ 9 月雾害致春甜橘果皮出现褐斑

症状识别

雾害表现：一是树冠上部果实果皮像受农药灼伤，油胞坏死，疤斑赤褐色或软化。这种现象多出现在宽皮柑橘，如椪柑。二是果皮斑疤状塌陷，变淡褐色，随后软化，透过果皮伤及果肉，再后果皮破裂，果肉腐烂，果实脱落。此种雾害裂果可达 80%~90%，几乎无收，主要出现在红江橙、脐橙等品种。

发生原因

雾害是 9 月“白露”节气之后，早晨柑橘园区笼罩着浓重的雾霭，雾霭中的水分与果实表面接触，使果皮变湿并在局部果皮上形成露珠。露水中携带了许多粉尘、酸、氨等杂质，尤其是附近建有以煤作燃料的工厂、电厂，其烟尘混杂在雾中一同下沉笼罩于果园，在果皮上结成带“酸”露珠，损伤果皮，使果皮细胞短时间内受伤坏死。

● 预防方法

雾害是以一种气象因子为诱因，使果实果皮坏死而裂果的生理病害。雾中所带污染杂质因区域不同而异，其对柑橘影响程度亦不同。但是，从生态环境来考虑，在选择土地开垦柑橘园区时，应该注意远离工厂污染地带；在园区周围种植防护林；选择适宜该地区的柑橘品种等。

▲ 9 月雾害使近成熟红江橙果实脱落

柑橘大气污染

●**症状表现：**叶片、枝梢

发生原因

工业的快速发展，产生大量有害物质飘逸到空气中，当其达到一定浓度并持续一定时间时，会对柑橘类果树产生不利的影响，引起柑橘叶片变色、脱落，严重影响柑橘的生长和产量。这些物质主要有二氧化硫、二氧化氮、臭氧和氟化物等。

▲ 砖厂排烟污染致年橘受害

▲ 砖厂排烟污染致蕉柑受害

▲ 空气污染导致枸橼果皮似受锈蜘蛛为害（上为套袋果）

柑橘裂果病

●**症状表现：** 果实

●**易感种类：** 早熟及果皮厚薄不均匀的品种

症状识别

果实首先在近顶部开裂，随后果皮纵裂开口，瓤瓣亦相应破裂，露出汁胞，有的横裂或不规则开裂，形似开裂的石榴，最后脱落。裂果的开裂状大致相同，但开裂的部位因品种不同而有差异。红江橙的开裂发生在果腰或近果腰处，有横裂和纵裂。脐橙则在脐部开裂且纵裂为多。甜橙久旱饱灌水后一般在果腰处横裂，裂口深达果肉。

▲ 冰糖橙裂果

▲ 冰糖橙裂果

▲ 雨后盆栽金柑裂果

▲ 春甜橘雨后裂果

发生原因

裂果主要是由于土壤水分缺少和水分供应不均衡，久旱骤雨引起的。干旱时果皮软而收缩，雨后树体大量吸收水分，果肉增长快，而果皮的生长尚未完全恢复，增长速度比果肉慢，致使果皮受果肉汁胞迅速增大的压力影响而裂开。

该病主要发生在壮果期久旱骤雨之后。一般出现在9—10月，11月时有发生。在白露节气之后，常有浓重的雾笼罩的果园也可引起裂果。早熟、薄皮品种易裂果，果顶部果皮较薄的品种裂果多，温州蜜柑的一些品种裂果常见，红江橙、脐橙一些品种和玉环柚的裂果也很严重。广东春甜橘、阳山橘也是易发生裂果的品种。裂果与树龄亦有一定的关系，幼年结果树裂果较老龄树重。

● 预防方法

（1）加强栽培管理。果园进行深耕改土，以施用有机肥为主，实行氮磷钾合理搭配的配方施肥，提高土壤肥力，促进根群生长密、广、深，增强树体抗逆能力，减少裂果发生。

（2）8月，树冠地面覆盖杂草绿肥，以减少土壤水分蒸发；提倡生草法栽培，改善和调节土壤含水量；壮果期均衡供应水分和养分，是防止裂果的重要措施。红江橙从9月起土壤含水量保持并稳定在20%~25%时，裂果少。

（3）结合当地气候条件，选择种植裂果少或不裂果的品种。

▲ 冰糖橙果实生长期雨水多而出现裂果

▲ 冰糖橙果实生长期雨水多而出现裂果

▲ 金柑采前遇雨出现裂果

柑橘水纹病

●症状表现： 果实

●易感种类： 晚熟品种或留树保鲜品种

▲ 红江橙水纹果

▲ 冰糖橙水纹果

▲ 沙糖橘延迟采收出现的水纹果

▲ 沙糖橘过度成熟，果肉枯水和白皮层疏松

症状识别

主要表现在果实内皮层不规则状龟裂，对应的外皮层凹陷，形状如水纹线。病果不耐贮藏，易腐烂。

发生原因

土壤贫瘠、水分供应不均衡、植物生长调节剂使用不规范、采收过迟都是水纹病的主要诱因。

● 预防方法

（1）增施钾肥和磷肥是减少水纹果的基础。平时多增施有机肥，同时在果实膨大期以高钾高磷、中微量元素及叶面肥为主，减少氮肥的施用。

（2）果园土壤以湿润为宜，多雨季节注意排涝，干旱时采取薄水勤浇，果实成熟期保持水分的均衡供应。

（3）适时叶面补钙，幼果膨大期到果实转色期，分别在6月、7月和9—10月，叶面及时喷施易吸收的水溶性钙肥，可降低水纹果现象。

（4）合理使用植物生长调节剂，使用浓度不能过大，次数不宜过多。

（5）适时采摘，晚熟品种做好留树保鲜工作。柑橘的采摘时间并不是越迟越好，成熟后适时采摘有利于保证果实品质，同时可减少水纹果的发生。

△ 春甜橘水纹果

▲ 不知火杂柑水纹果

柑橘油斑病

●**症状表现：**果实

●**易感种类：**沙糖橘、一些橙类品种、柠檬

▲沙糖橘油斑病　▲沙糖橘油斑病

▲沙糖橘油斑病　▲春甜橘油斑病

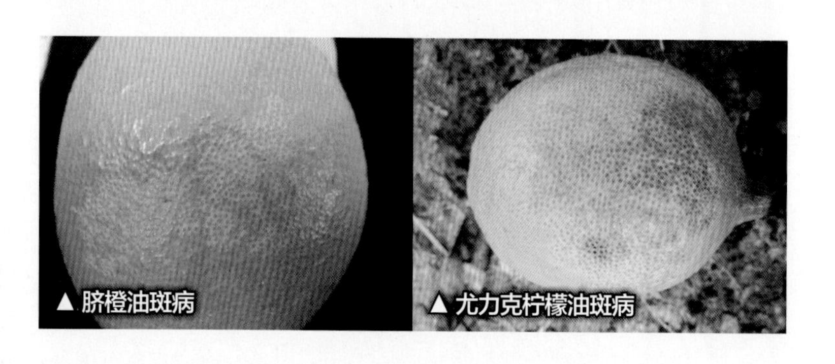

▲脐橙油斑病　▲尤力克柠檬油斑病

症状识别

又称虎斑病、熟印病、干疤病。

仅发生在成熟或近成熟的柑橘果实上。患病后的果实会产生不规则的淡黄白色病斑，大小不一，一般直径为2~3厘米，个别果实扩大到果面一半以上。明显症状是：病斑内的油胞显著突出，油胞间的组织向下凹陷，后期病斑油胞萎缩，斑块变为黄褐色。油胞本身不会引起果实腐烂，但病斑枯死后易受青霉菌、绿霉菌侵染而导致果实腐烂。

发生原因

（1）霜降后，遇昼夜温差大、雾水重、大风大雨天气。

（2）果实采收贮运中造成的机械伤，如刺伤。

（3）柑橘防腐保鲜时使用2,4—D浓度过高，或果实生长后期使用过松脂合剂、石硫合剂等农药的浓度不当。

（4）贮藏库中温湿度不适宜等。

（5）果皮结构细密脆嫩的品种。

● 预防方法

（1）果实成熟期间如发生红头叶蝉为害，可喷80%敌敌畏乳油2 000倍液防治。

（2）避免在雨天及露水未干时采果。

（3）采果时应用采果剪，并实行“一果两剪”采果法，剪平果柄。采摘时轻拿轻放，果篮内应垫海绵或布，果篓里面应光滑，最好垫上纸。

（4）采果后应预贮2~3天再进行包装，调运、装箱、运输过程中避免果皮受损，同时，保鲜的洗果液中不得加催熟剂。

柑橘果实枯水

●**症状表现：** 果实

●**易感种类：** 只发生在宽皮柑橘类品种

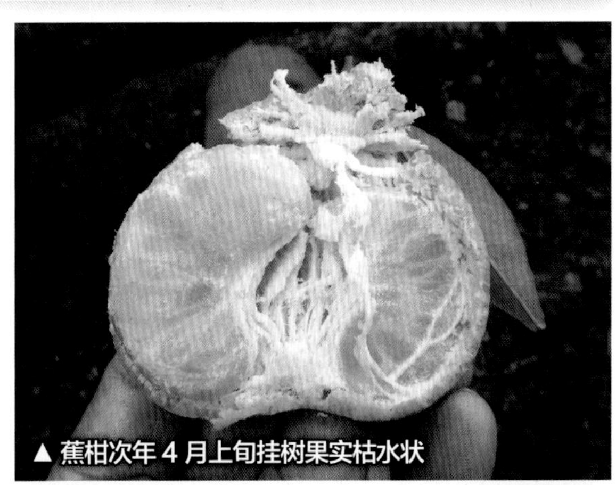
▲蕉柑次年4月上旬挂树果实枯水状

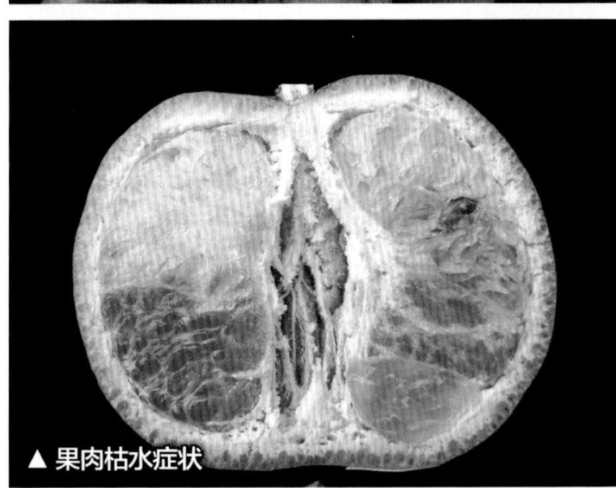
▲果肉枯水症状

△春甜橘次年6月挂树果实返青枯水

症状识别

又称浮皮病，病果汁胞干瘪少汁或无汁，囊瓣收缩，与果皮分离，食之汁少、味淡或完全失去食用价值。

发生原因

枯水的发生与柑橘品种品系、园区气候、贮藏时间及温度均有密切关系。发病条件如下：

（1）超过贮藏期。

（2）土壤过度干旱，果实已有旱象。

（3）同一品种因品系不同，发生枯水的程度不同，皮较紧实的宽皮柑橘品系比果皮疏松的品系较少出现枯水。幼年树果实较早出现枯水。

（4）同一品种不同砧木的果实在贮藏期枯水程度会不同。

（5）采收期迟早会影响果实贮藏期，适当提早采摘可延长贮藏期。延迟采摘的果实，果肩处的汁胞会先出现枯水，随后逐渐向下扩展，最后发生皮肉分离现象。

● 预防方法

（1）做好果园管理，施有机肥，改良土壤，增强树势，使果实发育平衡。

（2）秋季保持土壤水分稳定，适度灌溉。

（3）需作贮藏的，在果实着色八成时采摘；采摘后适当延长预贮时间。

（4）适期采果，分期采摘，分批贮藏，适时依次出仓，可减少枯水发生。

柑橘果实水肿

●症状表现：果实

●易感种类：椪柑、红橘、温州蜜柑、蕉柑，甜橙较少

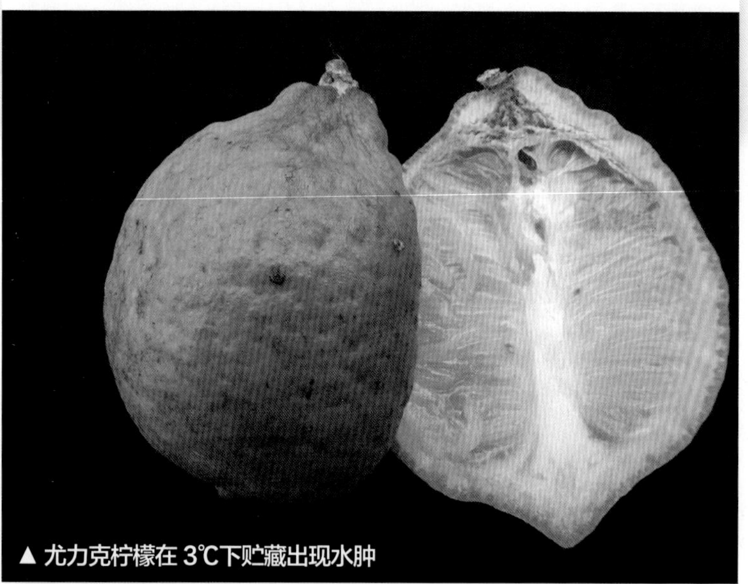

▲ 尤力克柠檬在 3℃下贮藏出现水肿

▲ 冰箱冷藏致果实出现水肿（温度 3℃）

症状识别

发病初期果实外表无明显症状，仅果皮失去原有光泽，颜色变淡，随即整个果皮组织呈浅褐色浮肿状，以手指触之有松软感；后期果实由浅褐色变为深褐色，果皮松散软绵，易剥离，果肉有浓厚的酒精味，但不表现软腐症状。

发生原因

水肿病是因贮藏条件不适宜，使果实中乙醇和乙醛积累过多产生毒害而引起的生理性病害。低温或二氧化碳浓度过高可诱发水肿病，但较两者同时存在时发病较迟、较轻。在冷库温度过低时，果实受到“冷害”而发生水肿。如椪柑在 3~5℃条件下，贮藏 90 天，便可发生水肿；在 7~9℃时，贮藏同样的时间则无水肿发生。贮藏库、窖在通风不良，二氧化碳浓度超过 5% 时，会因二氧化碳毒害而发生水肿。贮藏时间的延长也会增加一些品种的发病率。这是因为果实在低温条件下或在有毒害的气体影响下，其内部生理代谢发生变化，无氧呼吸增强，促使乙醇、乙醛的积累增加所致。

● 预防方法

（1）控制贮藏温度，避免在容易造成水肿的温度中贮藏。

（2）加强贮藏库、窖的通风换气，以保持贮藏环境中氧气的含量和降低二氧化碳浓度。在冷库贮藏，不可用大塑料袋装果或大塑料膜封罩果堆和筐堆。

（3）在贮藏期间，发现水肿病时应及时处理果实，不宜继续贮放。

肥害药害

柑橘肥害

●**症状表现：**枝叶、花、果实和根

▲每穴放复合肥 0.5 千克导致蕉柑出现肥害

症状识别

柑橘肥害症状出现在施肥后 10~60 天，首先从枝基老叶尖开始失水变白或黄化枯焦，随后即脱落，枝顶的新叶后脱落或枯焦在枝上不脱落。检查肥害严重的枯枝，可发现和施肥部位相对的地上部位的主枝、侧枝发生严重烂皮现象。刮皮观察，树皮失绿呈褐色，枝枯失水；挖根观察，施肥部位及附近表土层内的根全烂，细根和粗大横根的根皮腐烂脱皮，并向根颈、主干和主枝延伸。肥害程度较轻而幸存的植株，一般就近的新梢不能抽发，如肥害发生在花前，就不能现蕾开花。

▲施化肥过量导致烂根

▲杂柑一次施复合肥过多出现肥害

发生原因

一次放肥量过多，水肥浓度过浓或没有稀释到一定的倍数；肥料过于集中；施肥的位置不当或直接施在柑橘的根系处；土壤干旱，又没有采取相应的施肥措施；施有机质肥料时，肥料的基质差，或有机质肥未完全腐熟，没有与泥土充分混合；施肥时加入许多化学肥料并与根系直接接触，导致烂根；没有依据的滥施微量元素肥料。

● 预防方法

首先提倡科学施肥，柑橘肥料应以有机质肥为主，有机质肥既可提供植株多种营养，又可改良土壤结构，同时肥效较长。冬春季基肥宜施饼肥、栏肥、垃圾、河塘泥和人粪等。有机质肥经腐熟后施用，效果更好。如未经堆放腐熟，使用时应在树冠滴水线以外挖沟深施。应用化肥作追肥时，必须用水浇施，切忌土壤干燥时挖穴干施。肥料用量不能过多，特别是氮素化肥更应注意施用量。年株产50千克的植株，每次株施氮量不能超过250克。根外追肥，肥液浓度不能超过0.5%。

● 应急处理

施肥后见枝基部老叶枯焦脱落时，应迅速将施肥部位的土壤扒开，用清水浇洗施肥穴内土壤，以稀释土壤肥液，并切断已烂死的粗根，再覆新土。刮除根颈、主干部位烂皮，涂杀菌药剂，防止烂斑蔓延，并剪除枯枝。还可以在施肥沟的范围扒开表土，撒上一些石灰粉，然后浅松土。

▲明柳甜橘施氯化钾过量导致叶片硬且细长

▲施化肥过量导致烂根

柑橘药害

●**症状表现：**枝叶、花、果实和根

▲ 多种农药混合致发育中的幼果受伤害

▲ 嫩芽期多种农药和叶面肥混喷产生药害

症状识别

药害是防治病虫害时喷布药剂、保花保果时使用某种植物生长调节剂或果园中喷布除草剂等，由于使用浓度不当，或喷布了某些不纯正的药剂，使受药部位如枝叶、花、果实和地下部根系发生伤害，导致枝条扭曲、叶片皱缩畸形或出现斑点、花蕾露柱、果实出现疤斑或变形，或根群生长受影响，严重时，导致叶片黄化，果实脱落，产量减少，品质变劣，树势衰弱。

药害原因

主要是选择药剂种类和使用浓度不当，或多种药剂随意混合，药液总浓度太高，不可混合的药剂又作混合使用，或喷药时没有结合柑橘物候期、当日气温等因素造成。春梢未老熟时喷布克螨特乳油 1 000~1 200 倍液，会使叶片发生皱缩，这是选用药剂不当且浓度偏高的结果。在夏末至秋季喷克螨特乳油即使按 1 500 倍液的浓度，也经常发生果皮出现严重花斑现象。防治柑橘溃疡病时，在夏季雨后立即喷布波尔多液或氧氯化铜类铜剂农药，由于园内湿度大，树冠水分未干，叶片易发生斑点状药害，果实会出现铜斑药害。若在早晨露水沾湿植株和果实时，喷布波尔多液亦可能发生药害；在保花保果期，叶片还未老熟，喷布 2,4—D 会造成叶片卷曲；用同样浓度的 2,4—D，在气温 25℃以下时不会发生药害，在气温高达 30℃时喷布就会出现药害，使幼果发黄脱落。因此，高温天气应降低用药浓度。

● 预防方法

（1）喷药前应先看清用药说明，了解该种农药的性质和防治对象。目前市售的农药多为混合配剂，即有机磷类农药与拟除虫菊酯类农药混配，或与生物制剂类农药混配，或者杀虫杀螨剂与柴油（机油）混配，有的则是同一种农药品种因生产厂家不同而有不同的商品名称等。

（2）一种病害或虫害尽量使用一种农药防治，避免多种农药相混合。目前，市面上的农药，有很多属复配农药，若再行混配，可能其中有多种药剂。在有两种病虫害发生时，可选择有兼治作用的农药。因为在一定量的水中，加入农药种类越多，其浓度就会越高，且其中可能有同一药理成分的农药，因此，药害的可能性就越大。

（3）不要随意提高农药的使用浓度。

（4）避免在高温烈日的中午喷布农药。

（5）喷布含油类（柴油、机油）的农药，或碱性强的农药（波尔多液、石硫合剂、松脂合剂等），应注意气温、季节和植株的物候期。例如：谢花后第一次生理落果期应尽量不喷机油乳剂类农药，以免增加落果数量；阴雨天后，植株有水湿时不应立即喷布波尔多液。

（6）一些难溶于水的农药应先加入少量水配成母液，然后再稀释喷布。喷布植物生长调节剂时，一些品种还需先加酒精溶解。

▲干旱期喷机油乳剂 200 倍液产生的药害

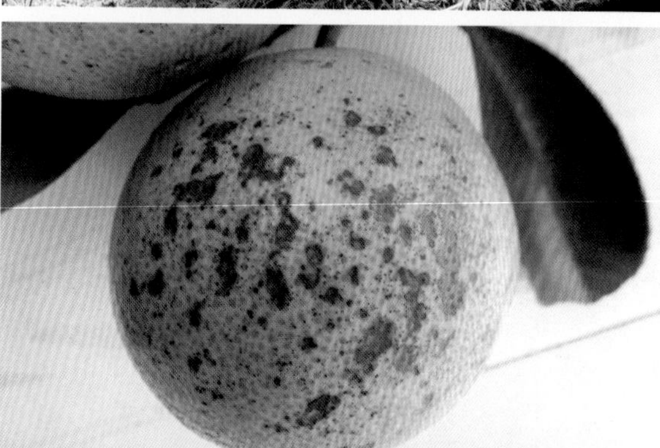
▲树冠湿时喷波尔多 · 代森锰锌出现的药害斑

▲树冠湿时喷波尔多 · 代森锰锌出现的药害斑

▲喷 2% 膏粘阿维菌素致春梢落叶干枯

▲树冠湿时喷含铜药剂产生的药害斑

▲夏秋季喷克螨特出现的药害斑

（7）要用清洁水作喷药用水，不能用污水或井水稀释农药。

（8）一些农药混合后，应及时喷完，不要留在第二天使用；不能相混合的农药不应强行相加。

（9）喷除草剂时应选择对植株根系无影响的品种，喷布时还应避免药雾飞溅到植株枝叶上。

（10）应按柑橘物候期有针对性地使用植物生长调节剂。

▲春甜橘 10 月喷克螨特产生药害

▲克螨特药害——皱叶（尤力克柠檬嫩叶）

▲喷克螨特 2 000 倍液致春甜橘春梢受害

▲喷 0.7% 硫酸亚铁溶液杀夏梢使沙糖橘枝条受害

▲ 喷杀梢剂 300 倍液致沙糖橘幼果出现药害

▲ 喷炔螨特加机油乳剂致春梢叶片受害

▲ 喷九二 O+ 细胞激动素药害（春梢 5~10 厘米长时喷）

▲ 喷杀梢剂 300 倍液致沙糖橘幼果出现药害

▲ 贡柑喷立克灵产生产生药害

▲ 啶虫脒药害（刘朝吉　提供）

▲ 九二 O+ 细胞激动素药害（春梢 5~10 厘米长时喷）

▲ 沙糖橘保果喷 2,4—D 致春梢叶片出现药害

▲ 春梢喷 2,4—D 6 毫克 / 千克出现药害

▲ 喷草甘膦致尤力克柠檬春梢叶片出现药害

▲ 喷草甘膦除草致春甜橘叶片受害

▲ 草甘膦药害斑

▲ 喷百草枯 + 二甲四氯除草致枸橼出现药害斑

▲ 喷百草枯除草致来檬幼树夏梢受害

▲ 杀梢剂药害

▲ 喷杀梢剂 1 000 倍液使尤力克柠檬幼果出现药害斑

▲ 杀梢剂伤害尤力克柠檬嫩枝

▲ 冰糖橙药害斑

▲ 尤力克柠檬药害斑

▲ 乙草胺药害植株症状

柑橘虫害

蜱螨目
叶螨科
柑橘红蜘蛛

●**学名：** *Panonychus citri* McGregor

●**又名：** 柑橘全爪螨、瘤皮红蜘蛛、红蜱、红蚊（潮汕地区）

●**寄主：** 柑橘、苹果、梨、葡萄、樱桃、核桃、枣、桑、月季、槐、大叶桉等植物

●**为害部位：** 叶片、枝条、花和果实

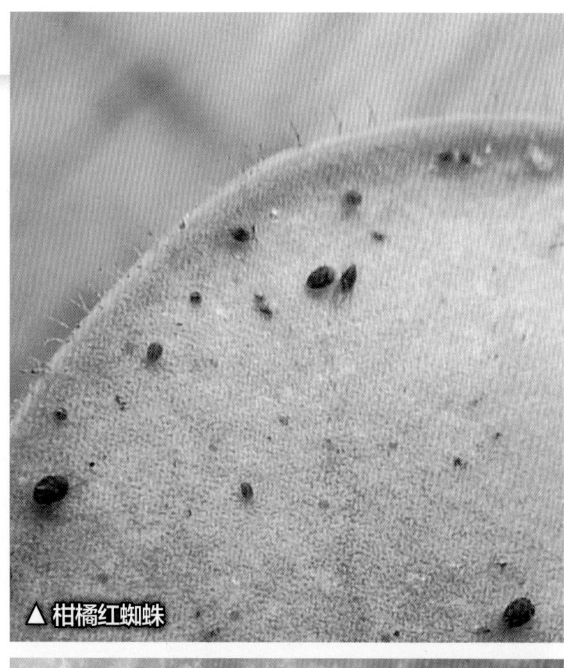
△柑橘红蜘蛛

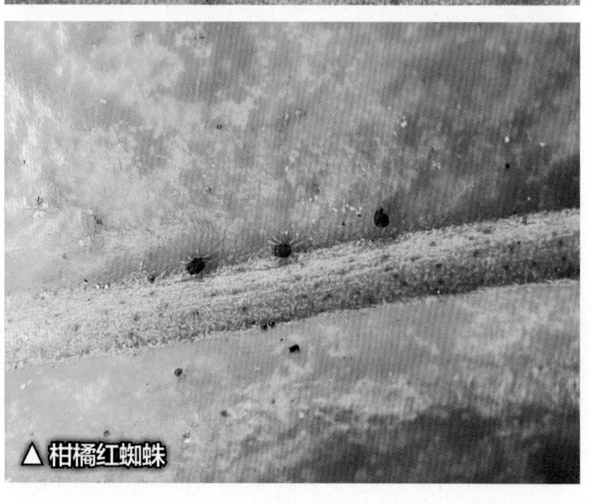
△柑橘红蜘蛛

属蜱螨目叶螨科。为柑橘的重要害螨，分布于我国各个柑橘产区。

为害特点

成螨、若螨、幼螨均以口针刺吸柑橘绿色的叶片、枝条、花朵和果实表皮的汁液，破坏叶绿体，以叶片受害最严重，被害部位出现许多灰白色小斑点。严重被害叶片、枝条白绿色或灰白色，失去光泽，引起落叶、落花、落果，甚至枯梢，影响树势和产量。果实被害，果面灰白色，无光泽，质量下降，不耐贮藏。

形态识别

成螨　雌成螨体长0.39毫米，宽0.26毫米，椭圆形，深红色至暗红色，背面隆起，有13对瘤状小突，生有白色刚毛，足4对。雄成螨体长0.34毫米，宽0.16毫米，鲜红色，体瘦长，腹部后端较尖，近楔形，背毛13对，足较长。

卵　近球形，略扁平，直径0.3毫米，鲜红色，近孵化时色淡，中央有一垂直的卵柄，柄端有10~12条呈放射状向四周斜伸的细丝，将卵固定在叶、枝或果表面。

幼螨　初孵出的幼螨体长0.2毫米，淡红色，近球形，足3对。

若螨　体形、色泽近成螨，体形较小，足4对。幼螨蜕皮后为前若螨，体长0.2~0.25毫米；第2次蜕皮后为后若螨，体长0.25~0.3毫米；第3次蜕皮后为雌成螨。

生活习性

主要以卵和成螨在潜叶蛾为害过的僵叶上、枝梢凹塌处、树皮的裂隙和叶片背面越冬。一年发生12~20代，田间世代重叠。生长繁殖适温20~28℃。一年发生代数与柑橘生产地区的温度高低相关。年均温度15℃地区，一年发生12~15代；17~18℃地区，一年发生16~17代；

20℃以上的华南柑橘产区，一年发生18~24代，甚至30代。多年来广东冬暖，无明显越冬期，12月至次年1月在柑橘枝、叶、果上常见继续为害。完成一个世代须经卵、幼螨、前若螨、后若螨和成螨5个虫期。红蜘蛛的发生与柑橘的新梢期关系密切，每一次新梢转绿期为红蜘蛛提供了丰富的食料，成为红蜘蛛大量繁殖、猖獗为害的高峰。每一次高峰又与当时的气温相关。广东春梢期（4—5月）和秋梢期（9—10月），在温度和食料上都最适宜其繁殖，因此，形成了两个高峰期。夏梢期气温高，晴雨变化大，且天敌种群多，常制约红蜘蛛的发生，只形成一个次高峰期。但是，幼年柑橘园田间气候变化较大，夏梢期可严重发生。柑橘红蜘蛛喜光趋新，在树冠外围中上部，丘陵坡地果园的向阳坡、光线充足的部位一般先发生或多发生。在一株树上从老叶向嫩绿新枝叶和果实上转移为害。幼年树、苗木发生较早，受害亦较严重。红蜘蛛为两性生殖，也行孤雌生殖，孤雌生殖的后代为雄性。每雌可产卵30~60粒，春季产卵量多。卵产于叶背、叶面、新梢和果实上，尤其是主脉两侧。

▲柑橘红蜘蛛在尤力克柠檬叶上为害

▲花蕾上的柑橘红蜘蛛

▲柑橘红蜘蛛雌螨和雄螨（腿长）

红蜘蛛靠风、昆虫、动物等传播，自身可吐丝飘迁。

● 防治要点

（1）农业措施。做好冬季清园，结合修剪，剪除有利于红蜘蛛潜藏的废枝叶，减少越冬虫源；采果后至春芽萌发前，认真进行喷药，消灭越冬的虫口及螨卵，是全年的关键；加强栽培管理，种植豆科绿肥或实行生草栽培，改善果园生态环境，避免滥用农药，为天敌种群提供繁衍的良好场所，利用自然天敌制约红蜘蛛发生；定点定株检查，做好预测预报，喷药挑治虫株，避免全园喷药，以保护天敌。

（2）生物防治。释放捕食螨，以螨治螨。据福建报道，释放胡瓜钝绥螨，每株脐橙挂1盒（1 000只），15天红蜘蛛虫口减退率93.7%~97.6%，30天达100%。目前广东有多处果园采用此法，每株挂一袋，每袋300头，取得良好的效果。在释放捕食螨前，先喷布农药，压低红蜘蛛虫口基数。根据广东红蜘蛛的发生规律，上半年宜在4月下旬至5月上旬释放，下半年宜在8月上旬释放。

（3）勤查果园，及时发现，治早治好。当每叶平均有1.5~2头虫时即行喷药。幼年树局部发生时，可行挑治。

▲ 柑橘红蜘蛛为害叶片状

▲ 柑橘红蜘蛛为害四季橘果实

（4）药剂防治。冬季清园期用45%晶体石硫合剂150~200倍液、石灰硫黄合剂液体0.8~1波美度、97%希翠矿物油150~200倍液、99%绿颖矿物油150~200倍液、30%松脂酸钠水乳剂300倍液、松脂合剂8~10倍液或73%克螨特乳油1 200~1 500倍液。春秋两季可选用30%乙唑螨腈（宝卓）悬浮剂2 500~3 000倍液、24%螺螨酯（螨危）悬浮剂3 000~4 000倍液+1.8%阿维菌素乳油3 000倍液、11%乙螨唑（来福禄）悬浮剂4 000倍液+1.8%阿维菌素乳油3 000倍液、0.3%印楝素乳油800~1 000倍液、30%乙唑螨腈悬浮剂2 500倍液+20%哒螨灵可湿性粉剂1 500倍液或24%螺螨酯（螨危）水剂3 000倍液+15%哒螨灵乳油1 500倍液。

● 天敌

柑橘红蜘蛛的天敌主要有多种捕食螨，如胡瓜钝绥螨、植绥螨等，以及多种食螨瓢虫、草蛉、塔六点蓟马、芽枝霉菌等。

▲ 春甜橘果面上的柑橘红蜘蛛

▲ 柑橘红蜘蛛为害使沙糖橘果面变成灰白色

柑橘黄蜘蛛

●**学名：** *Eotetranychus kankitus* Ehara

●**又名：** 柑橘始叶螨、柑橘六点黄蜘蛛、柑橘四斑黄蜘蛛

●**寄主：** 柑橘、葡萄、桃等果树

●**为害部位：** 叶片、花和果实

属蜱螨目叶螨科。分布于我国南方柑橘栽培区。

为害特点

主要为害柑橘、柚类的春梢嫩叶、花蕾和幼果，以春梢嫩叶受害最重。成螨、幼螨、若螨喜群集在叶背主脉、侧脉和叶缘处吸取汁液。叶片被害后形成黄斑，受害处凹陷扭曲、畸形，凹陷处常有丝网覆盖，螨常活动和产卵在网下，严重时引起大量落叶、落花、落果，影响树势和产量。

▲ 柑橘黄蜘蛛为害蕉柑（刘朝吉 提供）

形态识别

成螨 雌成螨体长0.35毫米，宽0.18毫米，椭圆形，淡黄色，冬季和早春为橘黄色，体背近两侧各有2个呈多角形的黑斑，背部有7条横列整齐的白色长刚毛，共13对，头部两侧有橘红色眼点1对。雄成虫体长约0.3毫米，体瘦，近楔形。

卵 圆球形，略扁，表面光滑，直径1.12~0.15毫米，初产时乳白色，半透明，后期橙黄色，近孵化时灰白色。壳上有1根稍粗的柄。

幼螨 体近圆形，长约0.17毫米，足3对，初孵时淡黄色。春秋季，孵出1天后雌螨背面即可见4个黑斑。

若螨 体形近似成螨。

生活习性

在年平均气温15~16℃的柑橘产区一年发生12~14代，18℃左右的柑橘产区一年发生16代以上。世代重叠，完成一个世代的时间与温度、湿度密切相关。以卵和雌成螨在树冠内膛中下部的当年生春、夏梢叶背凹陷处越冬，以在潜叶蛾为害的僵叶上虫数多。一年中以开花前后在春梢叶片上发生为害较多，6月以后虫口急剧下降，10月后略回升。生长适温20~25℃，25℃以上时虫口下降，30℃以上时死亡率高，故7—8月发生量少。柑橘黄蜘蛛喜阴，果园荫蔽，树冠内部、中下部和叶背光线较暗的地方发生较多。黄蜘蛛发生盛期比红蜘蛛早半个月左右，故防治适期为春梢芽长约1厘米时。

● 防治要点

抓住发生季节，及时喷药防治。参考柑橘红蜘蛛防治。

● 天敌

柑橘黄蜘蛛的天敌种类与柑橘红蜘蛛相似。

▲ 柑橘黄蜘蛛为害状（郭俊 提供）

▲ 柑橘黄蜘蛛为害状（郭俊 提供）

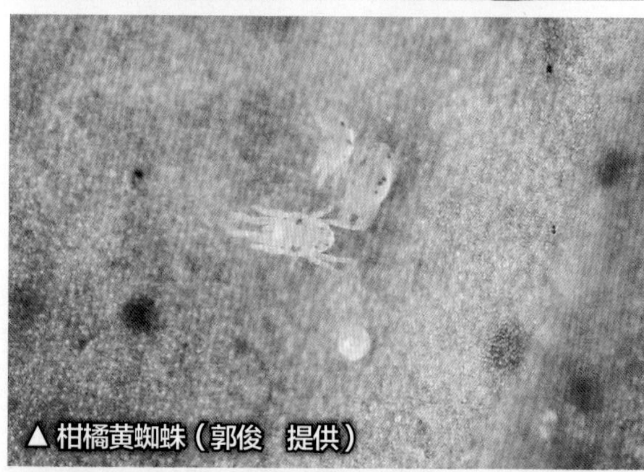
▲ 柑橘黄蜘蛛（郭俊 提供）

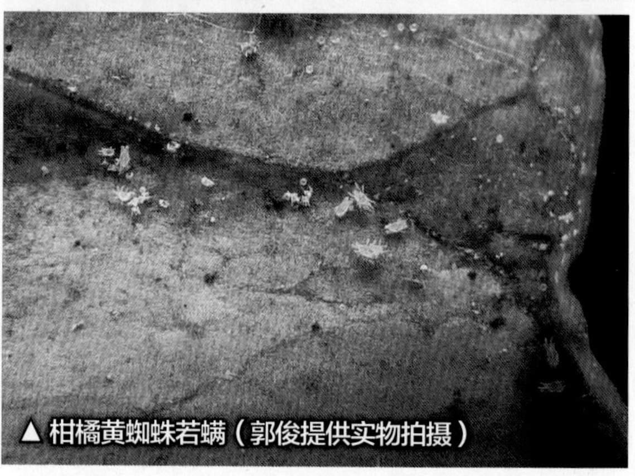
▲ 柑橘黄蜘蛛若螨（郭俊提供实物拍摄）

柑橘裂爪螨

●**学名：** *Schizotetranychus baltazarae* Rimando

●**寄主：** 柑橘、黄皮等果树

●**为害部位：** 叶片、枝条和果实

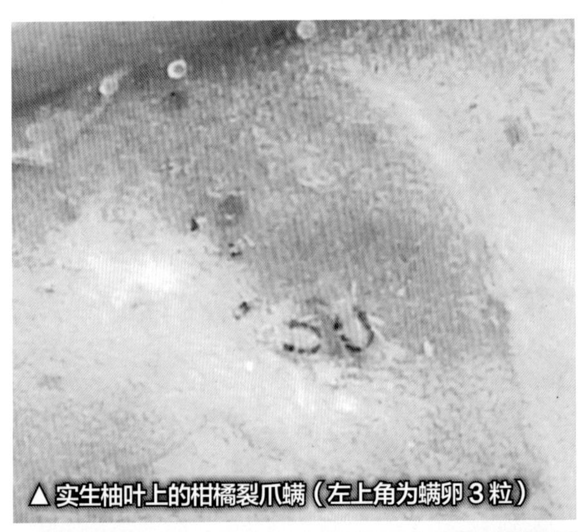

▲实生柚叶上的柑橘裂爪螨（左上角为螨卵3粒）

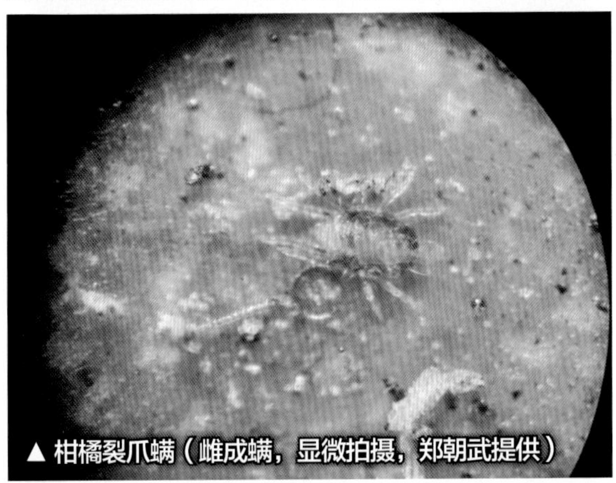

▲柑橘裂爪螨（雌成螨，显微拍摄，郑朝武提供）

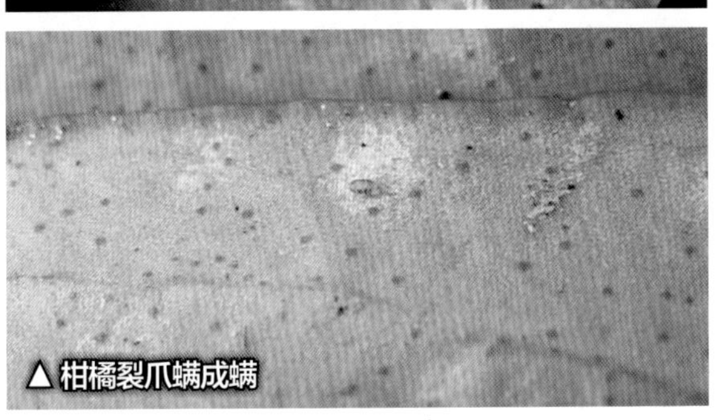

▲柑橘裂爪螨成螨

属蜱螨目叶螨科。

为害特点

成螨、幼螨和若螨刺吸叶片、果实和枝条表皮，吸取汁液，导致表皮呈斑点状失绿，最后成灰白色的大小不等的圆斑或斑块。

形态识别

成螨　雌成螨体长0.36毫米，椭圆形，浅黄色或淡黄绿色，体背两侧各具1行依体缘排列的4个暗绿色斑至后臀，背中部有3对浅色小斑，体毛短，足4对，体前部两侧有红色眼点1对。雄成螨体长0.3毫米，后臀较尖削，体两侧各有5个暗绿色斑，足4对。

卵　扁球形，乳白色，后淡黄色，表面光滑，顶端有1条细长的卵柄。

幼螨　卵圆形，初期灰黄色，足3对。

若螨　体形似成螨，较小，黄色或黄绿色，可见体两侧有深绿色斑点，足4对。

生活习性

广东、福建、台湾一年可发生多代，完成一个世代约需24天。广东以成螨和若螨越冬，次年春梢转绿期开始转移至新叶为害。在叶片背面主脉两侧和叶缘处结缀白色丝膜，虫螨在该处停息、产卵，尤以主脉两侧多。取食以叶面为主，其次在叶背，破坏叶绿体。春梢后渐向夏梢叶片转移为害，夏季为盛发季节，叶片成螨、若螨、幼螨和卵并存，直至11月下旬仍可见成螨为害。裂爪螨喜在树冠下部、荫蔽的枝叶和果实上取食。

● **防治要点**

参考柑橘红蜘蛛防治。喷药要喷湿植株内膛枝叶、果实。

▲被柑橘裂爪螨为害的叶片留下许多白色斑

▲柑橘裂爪螨为害叶片状

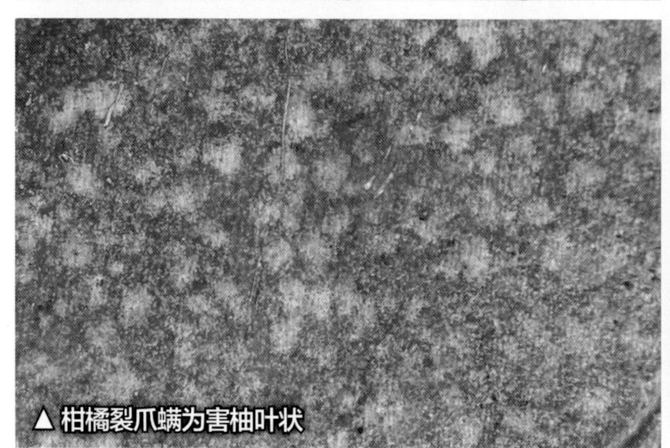
▲柑橘裂爪螨为害柚叶状

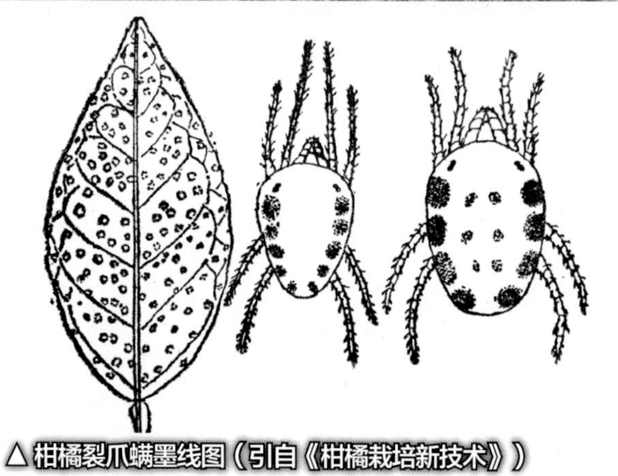
△柑橘裂爪螨墨线图（引自《柑橘栽培新技术》）

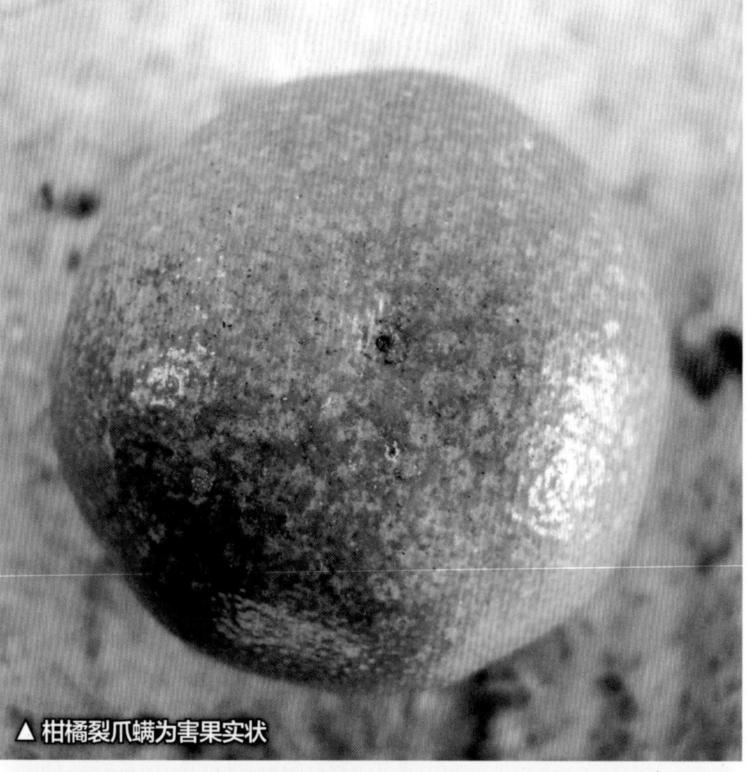
▲柑橘裂爪螨为害果实状

▲柑橘裂爪螨为害春甜橘果实

跗线螨科

侧多食跗线螨

●**学名**：*Polyphagotarsonemus latus*（Banks）

●**又名**：茶跗线螨、茶黄螨、嫩叶螨、白蜘蛛

●**寄主**：柑橘、茶树、银杏、板栗、杧果、桃、梨、辣椒、茄等植物

●**为害部位**：嫩梢、嫩叶、腋芽和幼果

▲ 侧多食跗线螨为害柑橘实生苗

属蜱螨目跗线螨科。分布于我国广东、广西、四川、云南、贵州、浙江、湖南、湖北、台湾等省区。

为害特点

幼螨、若螨和成螨为害柑橘嫩梢、嫩叶、腋芽和幼果。嫩梢被害生长衰弱，表皮灰白色，龟裂，湿度大时可诱发炭疽病。嫩叶受害后纵卷，质硬，无法展开或成畸形叶，叶背灰褐色，暗淡，有的类似锈壁虱为害状。腋芽受害后抽生受阻，芽节肿大，甚至黄化脱落。幼果受害，果皮呈细线状裂开，后期愈合成龟裂状疤痕。近年来该螨在苗圃和果园有扩大蔓延的趋势。

形态识别

成螨　雌成螨体长0.15~0.25毫米，宽0.11~0.16毫米，椭圆形，淡黄色至黄绿色，半透明，具光泽，体后部背面中央有一乳白色带，由前向后渐宽。足4对，第4对退化变细，跗节上有长的鞭状毛。雄成螨体似棱形，尾部稍尖，体长0.12~0.2毫米，宽0.05~0.12毫米，末端锥形。体淡黄色或黄绿色，半透明。足4对，前足体背面近似梯形，第4对足仅有4节，跗节融合形成细长的胫跗节，向内弯曲，上有1根与足等长的长毛。末端的爪似扣子状。

卵　椭圆形，底扁平，长0.1~0.3毫米，无色透明，卵壳表面有6~8列纵横成行、整齐排列的乳白色突瘤约38个。

幼螨　初孵幼螨近椭圆形，乳白色，体长

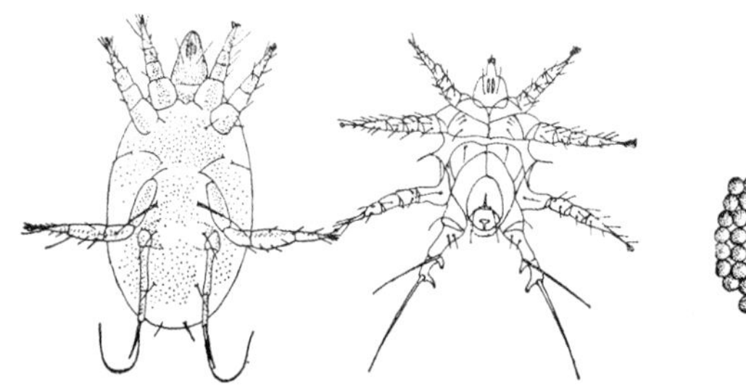

△ 侧多食跗线螨墨线图（引自《中国果树病虫志》）

0.1~0.19 毫米，取食后渐变为淡黄色，体背有毛 8 对，足 3 对。

若螨 由幼螨蜕皮 1 次而成，纺锤形，初为白色，后淡绿色，体长 0.12~0.25 毫米，足 4 对。

生活习性

一年发生的代数可达 40~50 代，据张炳权报道，重庆一年发生 20~30 代。田间世代重叠，以成螨在杂草根部或柑橘叶上的绵蚧卵囊下和盾蚧类残存的介壳内越冬，广东等地冬季温暖地区全年均可繁殖。一般在 5 月开始活动，在辣椒及其他作物上为害，6 月初迁移到柑橘树上，阴暗潮湿的环境最有利其发生为害，在棚式育苗地常严重发生。卵产在嫩叶背面、叶柄和嫩芽缝隙处。在叶片背面为害，偶在叶面为害。其传播靠苗木，或借风、昆虫和鸟类。雄成螨活泼，爬行迅速。交尾时常背着雌成螨不断爬行。在四川简阳，高温季节螨量剧增，夏梢受害严重。

▲ 侧多食跗线螨为害苗木嫩梢

● 防治要点

（1）在果园及育苗圃的附近不种植茄科蔬菜，在园内也不间种此类植物。摘除过早或过迟抽发的不整齐的嫩梢，切断其食料源，可降低虫口密度，

（2）果园特别是苗圃做到通气良好，防止苗地湿度过大；喷药时也需达到均匀，以确保防治效果。

（3）药剂防治。新芽萌发时即应喷布农药。药剂有 50% 硫黄胶悬剂 200~300 倍液、0.2~0.3 波美度石硫合剂、45% 晶体石硫合剂 300~400 倍液、65% 代森锌可湿性粉剂 800 倍液、73% 克螨特乳油 1 500~2 000 倍液、0.3% 苦楝油 200~300 倍液、1.8% 阿维菌素乳油 3 000~4 000 倍液或其他杀螨药剂。

● 天敌

侧多食跗线螨的天敌有多种捕食螨、蜘蛛和深点食螨瓢虫等。

▲ 侧多食跗线螨

瘿螨科

柑橘锈壁虱

●**学名：** *Phyllocoptrura oleivora*（Ashmead）

●**又名：** 柑橘刺叶瘿螨、锈螨、锈蜘蛛

●**寄主：** 只限柑橘类，包括柑、橘、橙、柠檬、枸橼，柚、金柑较轻

●**为害部位：** 叶片、枝条和果实

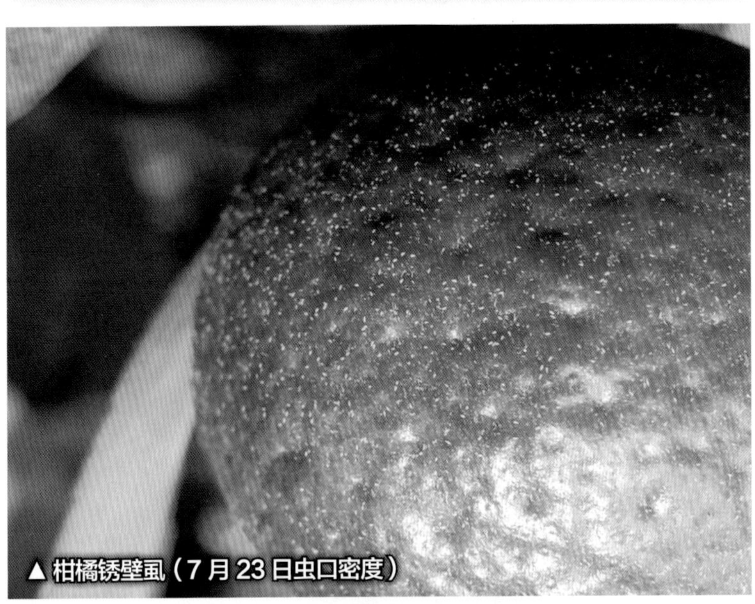

▲柑橘锈壁虱（7月23日虫口密度）

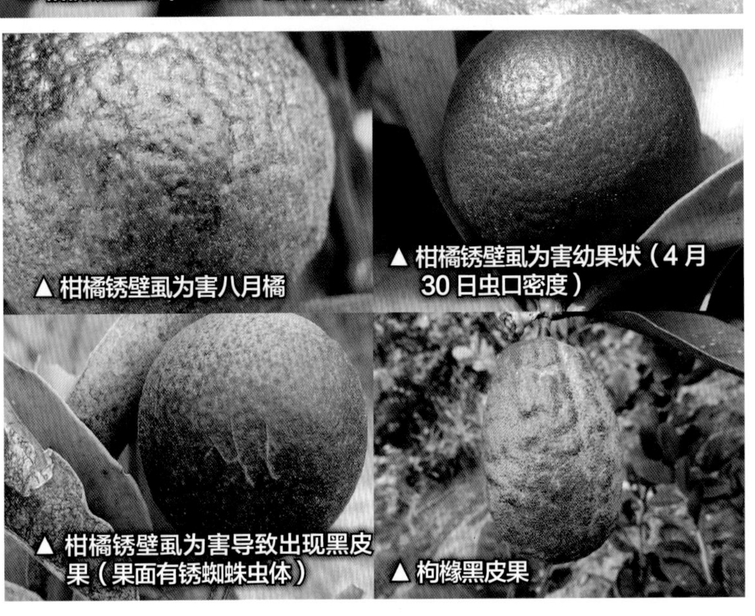

▲柑橘锈壁虱为害八月橘

▲柑橘锈壁虱为害幼果状（4月30日虫口密度）

▲柑橘锈壁虱为害导致出现黑皮果（果面有锈蜘蛛虫体）

▲枸橼黑皮果

属蜱螨目瘿螨科。分布于广东、广西、浙江、江西、福建、台湾、湖南、云南、四川等省区。

为害特点

成螨、若螨、幼螨群集在柑橘叶片、果实、枝条上，以刺吸式口器刺入组织内吸食汁液。叶片叶背和果实受害，内含芳香油溢出被氧化而呈黄褐色或古铜色，似被烟熏过，广东潮汕地区称作“焙叶”。焙叶受干旱、风害极易脱落。幼果被害先在果肩周围出现症状，导致大量落果；中期果实被害，出现“牛皮果”，影响果实正常膨大；后期被害，果皮变黑褐色或紫红色，多称作黑皮果、紫柑、火柑子，外观极差，失去商品价值。严重受害树，光合作用、新陈代谢受阻，落叶早，营养积累差，第2年开花结果受明显影响。

形态识别

成螨 体长0.1~0.15毫米，前端大而后端小，胡萝卜形，淡黄色至橙黄色，头细小前伸，具2对颚须和2对足。头胸部背面平滑，体密生环纹，背面为28个，腹面约58个。腹末具伪足1对。

卵 圆球形，极微小，表面光滑，灰白色，半透明。

若螨 初孵时乳白色、半透明，环纹不明显，蜕皮后变为淡黄色，形似成螨。

生活习性

一年发生代数随柑橘生产地区不同而异，普遍在18~30代，世代重叠。以成螨越冬，广东则常在秋梢叶片上越冬。成螨和若螨均喜阴，在叶上集中在叶背、果实上多集中在向阴面为害。于4月中旬开始爬向新叶，聚集在新梢叶背的主脉两侧为害，4月下旬至5月上旬为害

幼果，能引起大量落果，6 月上旬黑皮果出现，7—8 月虫口密度发展到当年的高峰，7—10 月为发生盛期，在叶和果面上附有大量虫体和蜕皮，好似一薄层灰尘，这个时期以前是药剂防治的适宜时期。7—9 月高温、干燥条件下常猖獗成灾。借风力、昆虫、鸟雀、器械、苗木和果实的运输，传播蔓延。

▲黑皮果

▲椪柑黑皮果

▲柑橘锈壁虱为害状

● 防治要点

（1）做好冬季清园喷药。

（2）改善果园环境，旱季适当灌水，实行生草栽培，尤其保持夏季果园生草或种植绿肥，以保持园内的生态，促使多毛菌等天敌的繁殖。

（3）保护和利用天敌。在多毛菌流行时尽量避免使用杀菌剂，应减少或停止使用铜制剂防治病害。

（4）经常检查果园并及时防治。可用 10 倍放大镜抽样检查叶片和果实，当螨口密度达到平均每视野 1~2 头或发现少数树有个别果实初呈黑皮时立即喷药防治。喷布药剂必须均匀，叶背应全部有药，果实则应使向阴面均匀受药。

（5）选用药剂：45% 晶体石硫合剂，冬季使用 200 倍液；液体石硫合剂在不同季节，喷布浓度不同，冬季 0.8~1.0 波美度，春季 0.2~0.3 波美度，夏季 0.1 波美度，秋季前期 0.2 波美度，后期可喷 0.3~0.4 波美度。还可选用多毛菌菌粉（每克 7 万菌落）300~400 倍液、1.8% 阿维菌素乳油 3 000~4 000 倍液、80% 代森锰锌（大生 M—45）可湿性粉剂 600~800 倍液、70% 丙森锌（安泰生）可湿性粉剂 600 倍液。

● 天敌

柑橘锈壁虱的天敌已知的有 7 种，其中汤普森多毛菌是有效天敌，还有捕食螨、草蛉、蓟马等。应注意保护，慎用波尔多液等铜制剂，并随时注意锈壁虱的发展趋势，以便及时防治。

柑橘瘤壁虱

●**学名：** *Eriophyes sheldoni* Ewing

●**又名：** 柑橘瘤瘿螨、柑橘芽壁虱、橘瘿螨、胡椒子、麻子

●**寄主：** 芸香科植物的专食性害虫，为害柑橘属及枳属植物

●**为害部位：** 叶片、枝条和果实

属蜱螨目瘿螨科。分布于广西、四川、云南、贵州、湖南、湖北等省区。

为害特点

主要为害柑橘春梢的腋芽、花芽、嫩叶和新梢的幼嫩组织。春芽受害形成胡椒状的虫瘿，初为淡绿色，后变棕黑色。害螨在虫瘿内继续取食、生长繁殖，使腋芽失去萌发和抽生能力，严重影响树势和开花结果。

形态识别

成螨 雌成螨体长约 0.18 毫米，淡黄色至橙黄色。雄成螨体稍小，体长 0.12~0.13 毫米，形似雌成螨。

卵 乳白色，透明，略呈球形。

幼螨 体粗短，近于三角形。

若螨 体长 0.12 毫米左右，与成螨相似。

生活习性

柑橘瘤壁虱个体发育均在虫瘿中进行，故世代不详。主要以成螨在虫瘿内越冬。成螨出瘿活动始期与春梢萌芽物候期基本一致。四川金堂，成螨开始出瘿时间在 3 月上中旬，3 月下旬达到高峰。老虫瘿内的虫口则在萌芽放梢时急剧下降，至 5 月下旬虫口最少。新虫瘿于 3 月下旬花蕾期出现，以后逐渐增多，至 4 月下旬达到高峰。一个虫瘿内常有数穴，虫、卵多群居穴内。新虫瘿内的虫口在 4—7 月随气温的升高逐渐增加，虫数的密度大，在繁殖高峰期，一个新虫瘿内虫数可达 680 多头。老虫瘿的虫数密度较小，1 个老虫瘿约为 280 头。

▲柑橘瘤壁虱为害状

● 防治要点

（1）加强检疫。该害螨可随苗木、接穗调运而传播，因此到疫区调运苗木和接穗，要特别注意。疫区的接穗和苗木用 46~47℃的热水浸 8~10 分钟，能杀死在瘿内的活螨。

（2）农业防治。原受害的果园，柑橘萌芽到开花之间，是喷药防治的关键时期，可采用喷药、修剪、施肥相结合的措施。喷药后即剪除有虫瘿的枝条，集中烧毁，并对重剪植株加施速效肥，以及早恢复树势，保证新梢健壮抽发。冬季采果后再修剪 1 次，以进一步清除残余的虫瘿。

（3）生物防治。天敌主要是捕食螨，5—6 月虫瘿内有不少捕食螨，应加以保护。

（4）化学防治。柑橘萌芽到开花期选用药剂防治，可选用有机磷类药剂，如 1.8% 阿维菌素乳油 3 000~4 000 倍液，也可选用其他杀螨剂，以及 45% 晶体石硫合剂 200~300 倍液、液体石硫合剂 0.5 波美度，每 15 天 1 次，连续 2~3 次。

半翅目
木虱科
柑橘木虱

●**学名：** *Diaphorina citri* Kuwayama
●**又名：** 柑橘东方木虱
●**寄主：** 柑橘、黄皮、九里香等植物
●**为害部位：** 嫩芽、新梢

▲ 正在羽化的柑橘木虱

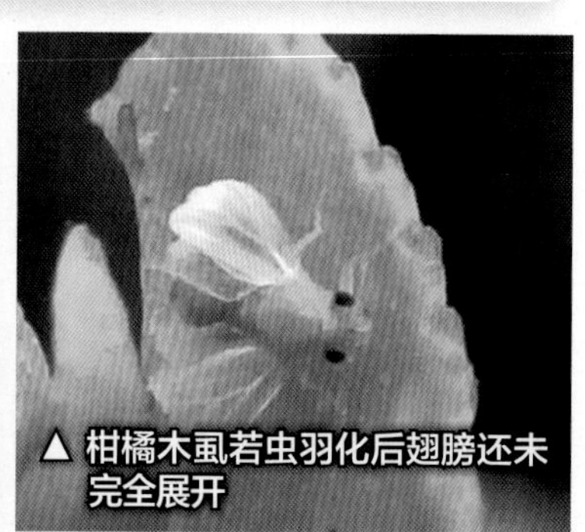
▲ 柑橘木虱若虫羽化后翅膀还未完全展开

▲ 刚羽化的柑橘木虱，体淡绿色，翅白色，复眼紫红色

▲ 羽化2个多小时的柑橘木虱成虫，翅的花纹渐显

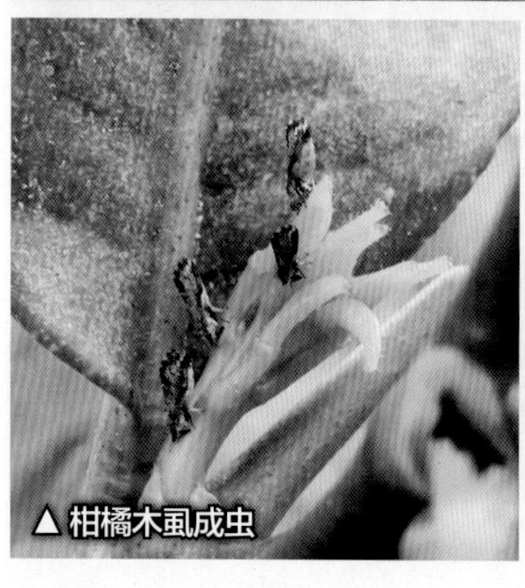
▲ 柑橘木虱成虫

▲ 年橘秋梢上的柑橘木虱

属半翅目木虱科。主要分布于华南各省区，华东、西南局部地区及台湾亦有发生，并且有向北扩大蔓延的趋势。

为害特点

主要为害嫩芽、新梢，春、夏、秋、冬梢均可受害，秋梢虫量最大。成虫集中在嫩芽上吸取汁液并产卵在芽隙处，若虫则群集于幼芽嫩梢吸取汁液。被害幼芽、新叶畸形卷曲。若虫的排泄物能引起煤烟病。柑橘木虱是传播柑橘黄龙病的媒介昆虫。

形态识别

成虫 虫体小，体长约3毫米，全体灰青色且有灰褐色斑纹，被有白粉。头顶突出如剪刀状。复眼红褐色，单眼3个，橘红色。触角10节，粗短，端部2节黑色，末端具两根不等长的硬毛。前翅半透明，狭长，向端部渐宽，布满褐色斑纹，前缘色较深，形成褐色带，近外缘边上有5个透明斑，半圆形。后翅短于前翅，无色透明。足腿节黑色，跗节褐色，爪黑色。雄虫浅绿中带橙黄色，腹端钝，阳茎端为橙黄色。雌虫在产卵期腹部呈橘红色，腹节背面有黑色横带，腹末端黑色，锥形。初羽化成虫翅白色，体淡青绿色，复眼红色。

卵 长0.3毫米，有一短柄，上端尖细，下端钝圆，形似水滴状，橘黄色，表面光滑，散生或不规则聚生。

若虫 体扁椭圆形，共5龄。初龄若虫长0.35毫米，全体黄色，复眼红色。5龄若虫体长1.59毫米。各龄期天数不同。2龄若虫开始翅芽显露，触角粗短，斜向两侧，基部两节黄色，其余黑色。各龄若虫体色各有变化，腹部周缘均有分泌短的蜡丝。5龄若虫初期体黄色，中后期胸背两侧具黄褐色斑纹，腹背面前端有4条粗细不等的横纹，被中间一条纵线切断，后期

体色为灰褐色，翅芽明显向前突出。

生活习性

柑橘木虱周年均有发生，有嗜嫩性，田间世代重叠。福建一年发生8代，广东一年发生11代，在有嫩芽食料时一年可达14代。以成虫在树冠背风的叶背处越冬。翌年2—3月当柑橘春芽长0.5毫米时，越冬成虫即迁至嫩芽上吸取汁液，同时在叶间缝隙处产卵，直至新芽生长至3厘米后无叶间隙时止。成虫可随时转移到

▲ 柑橘木虱雌成虫的尾端黑色、锥状

▲ 柑橘木虱在嫩芽上产卵

▲ 柑橘木虱在枸橼嫩芽上产卵

▲ 柑橘木虱在枸橼嫩芽上产卵

▲ 柑橘木虱在九里香上产卵

▲ 柑橘木虱交尾

▲ 嫩叶上为害的柑橘木虱若虫

▲ 年橘秋梢上的柑橘木虱（5龄若虫）

▲ 柚迟冬芽上的柑橘木虱卵粒

▲ 柑橘木虱若虫密布在极短的年橘嫩芽上为害

新株上的嫩芽为害和继续产卵。春梢为一年中第一个为害和繁殖高峰期。早夏梢抽发期，则成为柑橘木虱第二个高峰。此时，田间虫口不断，虫态不一，世代重叠。秋梢期是一年中虫口密度最大，受害最严重的阶段。随后是迟秋梢受害。柑橘木虱每代历期长短与温度密切相关。高温季节，其活动力强，寿命较短；低温时活动能力减弱，甚至停止活动。冬季连续低温多天，温度下降至 -2℃时，成虫仍能存活（韶关）。柑橘木虱在 8℃以下时，静止不活动，14℃时可飞能跳，18℃时开始产卵繁殖。据杨村十二岭科研站观察，一头雌成虫产卵量最高达 718 粒，最少 465 粒，平均产卵 566 粒；据杨村柑橘研究所观察，最高产卵可达 1 149 粒，卵孵化率为 82.3%，最高达 100%。雌成虫寿命平均40天，最长77天，最短14天；雄成虫寿命最长98天。成虫停息时尾部翘起，与停息面呈 45° 角。成虫善弹跳，能飞翔。柑橘木虱发生与黄龙病发生密切相关，当柑橘木虱严重发生时，黄龙病随之大发生。3 龄若虫即可带黄龙病病原，成虫则终生带黄龙病病原。

● 防治要点

（1）冬季清园期的防治。气温低的冬季，柑橘木虱成虫活动能力差，停在柑橘叶背上越冬，此时喷布药剂能有效杀灭成虫，是一年中防治的最关键时期。

（2）新芽期的防治。每次新芽抽出 0.5~1 厘米时，应喷第 1 次药剂，隔 7 天再喷 1 次。柑橘木虱成虫多聚集在病弱树先发的新芽上为害，然后转移到健壮树上为害春芽并传播病原。5 月，许多柑橘品种的幼年树和结果树会抽发早夏梢，而此时正是黄龙病的高发季节。6—7 月夏梢期，是柑橘木虱防治的重要时期。秋梢抽发期，尤其是 9—10 月秋梢抽出期（是气温适宜黄龙病发生期）应及时防治，这在黄龙病高发地区可明显减少病树。

（3）加强栽培管理。种植新树时，品种应统一，使每次新梢抽出的时间一致；结果树要通过抹梢控梢，促使新梢整齐抽生；园边种植防护林，园内种植绿肥和其他杂草，调节气候，改善生态环境，创造不利于柑橘木虱生存而有利于自然天敌的繁衍环境。

（4）柑橘园区内禁止栽培芸香科植物九里香、黄皮，在果园周围更不宜种植黄皮、九里香或香橼类。

（5）选用药剂：48% 毒死蜱乳油 1 000 倍液、50% 辛硫磷乳油 800 倍液、10% 吡虫啉可湿性粉剂 3 000 倍液对成虫、若虫均有效且持效时间长。也可选择 20% 噻虫嗪（阿克泰）水分散粒剂 4 000~4 500 倍液、25% 吡虫啉 · 辛硫磷（蚜虱绝）乳油 700~1 000 倍液、0.3% 印楝素乳油 800~1 000 倍液，以及除虫菊酯类药剂。冬季清园则可选用 97% 希翠矿物油、99% 绿颖矿物油等。

● 天敌

柑橘木虱的天敌有啮小蜂、亚非草蛉及六斑月瓢虫等，其中啮小蜂对柑橘木虱 3~5 龄若虫的寄生率达 35.6%，秋梢期（9 月上旬至 10 月上旬）寄生率达 46.6%，最高达 80%。

▲ 柑橘木虱若虫为害年橘嫩芽

▲ 蜜柚夏梢叶片上的柑橘木虱若虫

▲ 八月橘上的柑橘木虱若虫

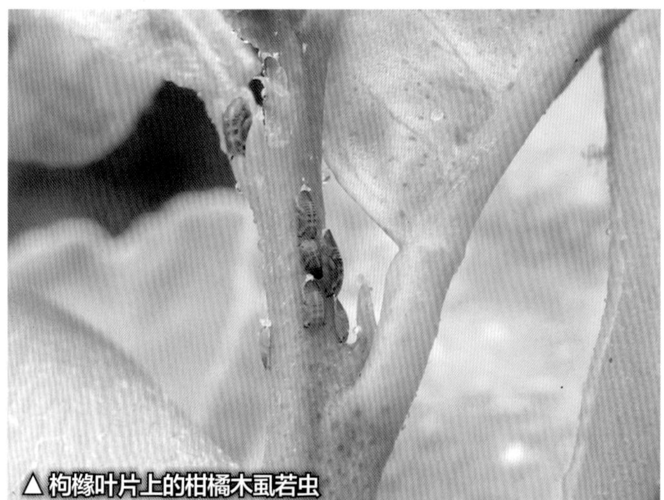

▲ 枸橼叶片上的柑橘木虱若虫

▲ 九里香上的柑橘木虱

▲ 九里香嫩叶上的柑橘木虱成虫和产的卵粒（在羽叶柄处）

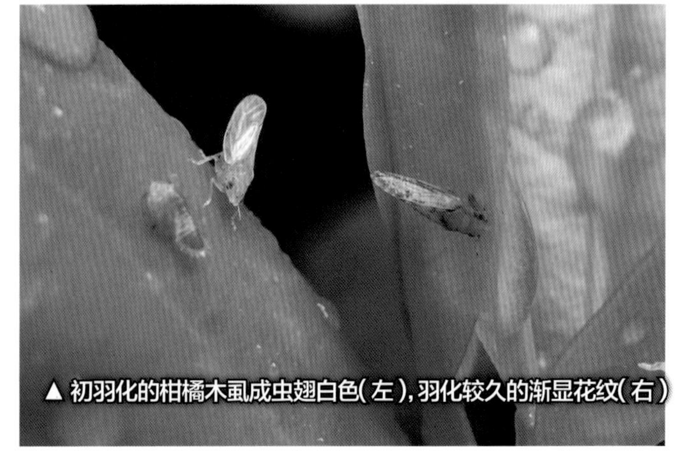

▲ 初羽化的柑橘木虱成虫翅白色(左)，羽化较久的渐显花纹(右)

▲ 柑橘木虱若虫和卵粒（左上角 3 粒）

▲ 怀卵的柑橘木虱腹部橙红色

▲ 黄皮嫩叶上的柑橘木虱成虫

▲ 柑橘木虱在九里香上为害

▲ 柑橘木虱成虫在嫩芽上产卵

柚喀木虱

●**学名**：*Cacopsylla citrisuga* Yang & Li

●**又名**：合叶木虱

●**寄主**：柑橘属和枳属植物

●**为害部位**：嫩芽、嫩叶

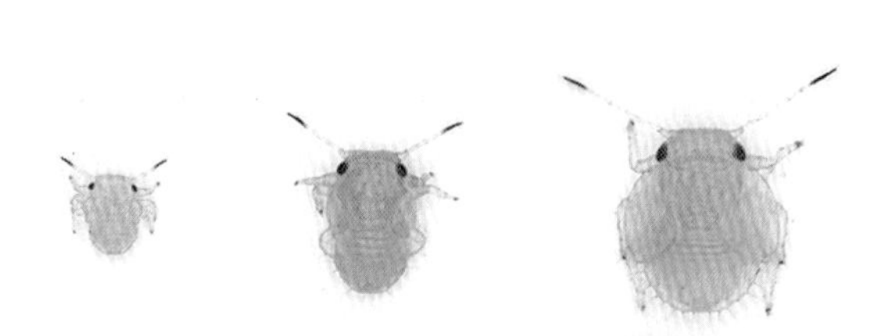

△柚喀木虱1~3龄若虫（王吉峰　提供）

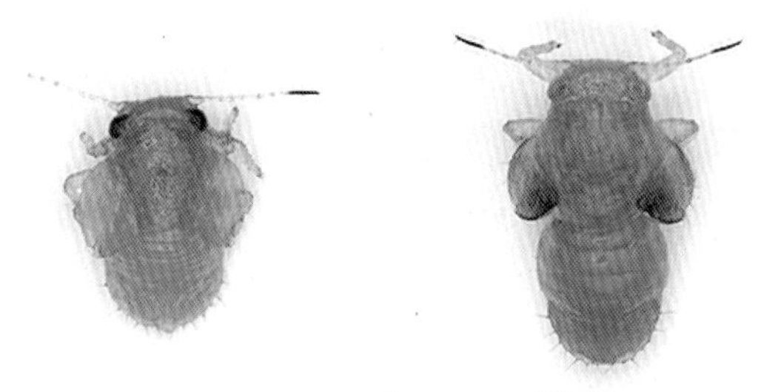

△柚喀木虱4~5龄若虫（王吉峰　提供）

△柚喀木虱雌成虫（王吉峰　提供）

△柚喀木虱雄成虫（王吉峰　提供）

属半翅目木虱科。分布于我国西南高海拔柑橘产区。

为害特点

成虫、若虫吸取刚显露的新芽汁液，并产卵在嫩芽上。新梢受害后，叶片变畸形、卷曲，严重时脱落。取食后从肛门排出的白色分泌物，易诱发煤烟病。

形态识别

成虫　体长3.23~3.71毫米，绿色，粗壮。头宽0.81~0.88毫米，头部下垂，头顶后缘微凹，前缘膨突。单眼黄褐色，复眼棕褐色。触角长1.14~1.21毫米，黄色至黄绿色，第3~8节端部黑色，第9~10节全黑，端刚毛一长一短，黄色。后足胫节有一基刺，端距5个，黑色，基附节有1对黑色爪刺，后基突绿色，细而尖，略下弯。前翅长2.6~3.13毫米，宽1.37~1.4毫米，透明，翅痣狭长，缘斑4个，淡褐色。后翅长2.19~2.6毫米，宽0.83~0.92毫米，透明，腹部背面黄绿色，腹面绿色，具微毛。

卵　长0.3毫米左右，杧果形，表面光滑。初产时白色透明，后渐变黄，两端橘黄色，中间可见红色小点，孵化前中间可见黑色小点。

若虫　共5龄，扁椭圆形，复眼红色，全体黄色。体色随虫龄有变化，初孵若虫淡黄色，无翅芽；2龄若虫色渐变黄，翅芽显露，但未伸达腹部；3龄体黄色，翅芽伸达腹部第3腹节；4龄后体色开始变黄绿色；5龄后，头、胸、腹均为绿色，复眼颜色变淡，前胸隆起。

生活习性

在瑞丽市勐秀乡邦孔村柠檬产区，于每年2月中下旬开始产卵，3月初可见若虫为害，3月中下旬第1代成虫出现，4月上旬至6月上中旬为发生高峰期，进入7月虫口急剧下降。9

月后少量成虫、若虫在阴暗，凉爽的地方繁殖越夏。海拔相对较高的产区，卵的初显期为3月初，3月中下旬可见若虫为害，4月初第1代成虫出现，为害高峰期从5月初一直持续至10月初，11月后为害减轻。

柚喀木虱的发生与海拔高低有一定的相关性。在云南德宏州的调查，海拔1 000米以上的柑橘产区，可为害所有的柑橘品种，且明显随海拔的升高而加重。调查中发现，海拔1 250米的扎村、户撒乡及户岛村受害最严重，而在1 000米以下的柑橘产区，未发现为害。

温度对其活动影响较大。当温度低于8℃和每天10：00前，成虫基本不活动。当温度高于15℃时，成虫开始活动，11：00—16：00是成虫活动高峰期，12：00—14：30为成虫羽化高峰期。成虫喜在嫩芽或嫩叶上产卵，每叶产卵粒数可达30~50粒，排成1~2排或数排。一年发生代数未见报道。

成虫喜欢在未展叶的嫩梢或嫩叶正面主脉上产卵。若虫孵出后群居在孵化的叶片主脉两侧取食，受害叶片沿主脉正面对折，若虫在对折的叶片内很少再转移。至2龄后部分若虫亦会转移至其他嫩叶上固定取食。若虫活动能力强，受惊扰后能迅速转移。若虫抗低温能力极强，在4℃低温下48小时后仍具有活动和取食能力。但若虫、成虫对高温较敏感，当气温持续高于35℃时，很少见其活动。

柚喀木虱主要发生在云南德宏州海拔1 000~1 495米的柠檬产区，且该地区栽培的柚、柑、甜橙、柳叶橘及印度大果等柑橘属果树均受其害。

在柚喀木虱若虫体内检测到黄龙病亚洲种，说明该虫能在海拔1 000米以上的地区传播黄龙病。

● 防治要点

参考柑橘木虱防治。

▲柚喀木虱卵（岑伊静　提供）　500微米

▲柚喀木虱为害状（岑伊静　提供）

▲柚喀木虱为害状（岑伊静　提供）

盾蚧科
矢尖蚧

●**学 名：** *Unaspis yanonensis*（Kuwana）
●**又名：** 箭头介壳虫、矢尖盾蚧、矢坚蚧、箭形纵脊介壳虫、箭羽竹壳蚧、白帆
●**寄主：** 柑橘属、枳属、金柑属植物
●**为害部位：** 叶片、枝条和果实

▲ 矢尖蚧　▲ 在果面上为害的矢尖蚧

▲ 矢尖蚧为害柑橘枝叶

属半翅目盾蚧科。分布于我国柑橘产区。

为害特点

被害处四周变黄绿色，严重时大部分叶片卷缩，叶片、枝条干枯，诱发煤烟病，树势衰退，甚至引起植株死亡，影响柑橘产量和果实品质。

形态识别

成虫 雌成虫介壳长形，箭头状，褐色或棕色，长 2~3.5 毫米，中央有一明显纵脊，前端有两个黄褐色壳点；虫体橙红色，长形，胸部长腹部短。雄成虫橙红色，长 1.3~1.6 毫米，复眼黑色，触角、足和尾部淡黄色，翅 1 对，透明。

卵 椭圆形，长 0.2 毫米左右，橙黄色，表面光滑。

若虫 初孵的游动幼蚧体扁平，椭圆形，橙黄色，复眼紫黑色，触角浅棕色，足 3 对，淡黄色，腹末有长尾毛 1 对，后体黄褐色，足和尾毛消失，触角收缩。2 龄若虫介壳扁平、半透明，中央无纵脊。雄虫体背有卷曲状蜡丝，2 龄若虫淡橙黄色，复眼紫黑色，初期介壳上有 3 条白色蜡丝带，后蜡丝不断增多覆盖虫体，形成具 3 条纵脊的白色长形介壳，前端有黄褐色壳点。

预蛹和蛹 长卵形，长约 0.4 毫米，淡橙黄色，复眼红褐色，尾片突出。雌虫为渐变态，有 3 个虫期和 3 龄成虫期。雄成虫相似于全变态，有 5 个虫期。

生活习性

一年发生 2~4 代，广东为 3~4 代，世代重叠。以受精雌成虫越冬为主，少数以 2 龄若虫越冬。每年 4 月下旬当天平均温度在 19℃以上时，越冬雌成虫开始产卵。卵产在母体介壳下，数小时便可孵化出若虫。生殖方式为两性生殖，不能孤雌生殖。矢尖蚧繁殖力强。第 1 代若虫高峰期为 5 月中下旬，多在老叶上寄生为害，

成虫于6月下旬至7月上旬出现。第2代若虫高峰期在7月中旬，大部分寄生于新叶上，少部分在果实上，成虫于8月下旬出现。第3代若虫高峰期在9月上中旬，成虫于10月下旬出现，次年3月下旬为成虫高峰期。成虫产卵期长达40多天。卵期只有2~3小时。初孵若虫行动活泼，形小体轻，能随风或动物传播。经1~2小时后，即固定在枝、叶、果上吸食为害。次日体上开始分泌棉絮状蜡质，虫体在蜕皮壳下继续生长，经蜕变为雌成虫。雄若虫1龄之后即分泌棉絮状蜡质介壳，常群集成片。

▲ 矢尖蚧为害枝梢状

● 防治要点

（1）加强栽培管理，增强树势。结合冬春季修剪时剪除被害枝叶集中烧毁，保持果园良好通风透光，有利于植株生长和提高药剂的防效。

（2）保护和引进天敌，在局部发生为害时，应以喷药挑治来保护天敌。

▲ 矢尖蚧雌成虫及为害夏橙状

▲ 矢尖蚧雌成虫（右）和雄成虫（左上）

①矢尖蚧第1代发生比较整齐，初孵1~2龄若虫抗药力较差，此时天敌虫口也较低，是药剂防治的关键时期。喷药必须均匀，连枝条都应喷湿。喷药适期为当年第1代若虫初见21~25天后喷第1次药，再隔15~20天喷第2次。形成介壳前，选用48%毒死蜱乳油1 000~1 200倍液或40.1%杀扑磷乳油800~1 000倍液，已经形成介壳的，40.1%杀扑磷乳油应改为600倍液或25%噻嗪酮（优乐得、扑虱灵）可湿性粉剂1 200~1 500倍液，隔15天1次，连续2次。还可用1.8%阿维菌素+48%毒死蜱2 000~2 500倍液。

②抓好7月转移至果实期前的防治，可喷用31%杀扑·噻乳油1 500倍液。低龄若虫期还可用25%噻嗪酮（优乐得、扑虱灵）可湿性粉剂1 500~2 000倍液。

③冬季清园期至春芽萌发前，可喷布97%希翠矿物油150~200倍液、99%绿颖矿物油150~200倍液、30%松脂酸钠水乳剂300~500倍液或松脂合剂10~15倍液。

● 天敌

矢尖蚧的天敌有日本方头甲、整胸寡节瓢虫、红点唇瓢虫、湖北红点唇瓢虫、矢尖蚧黄蚜小蜂、花角蚜小蜂、蚜小蜂、红霉菌、黑色寄生菌、细毛长须螨等。

糠片蚧

●**学名：***Parlatoria peragandii* Comstock

●**又名：**灰点蚧、糠片介壳虫、圆点蚧、龚糠蚧、广虱蚰

●**寄主：**除为害柑橘类外，还为害其他果树和观赏植物

●**为害部位：**叶片、枝条和果实

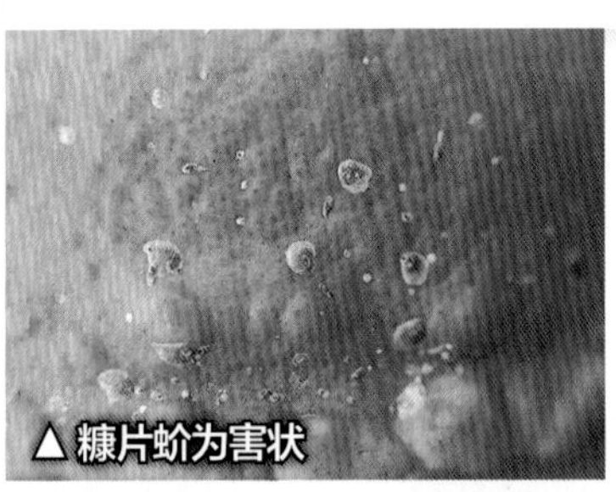

▲糠片蚧为害状

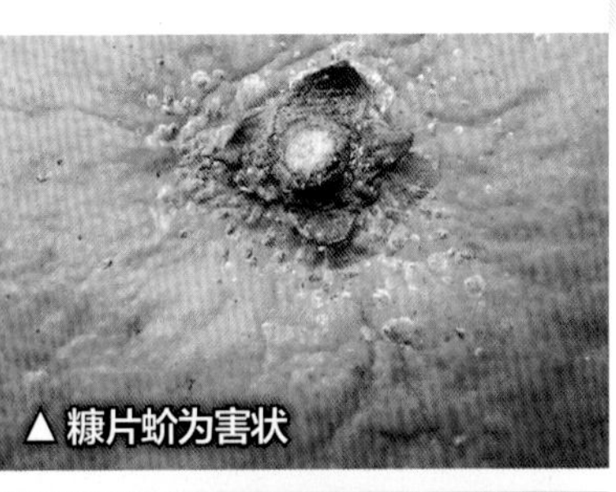

▲糠片蚧为害状

▲枝叶上的糠片蚧

属半翅目盾蚧科。分布于各柑橘产区。

为害特点

成虫和若虫群集在枝条、叶片及果实上为害。柑橘果实受害处出现绿色斑，蚧体紧贴在微凹处，极难清除，导致果实失去商品价值。枝叶受害严重时，枝枯叶落，树势衰退，产量减少。

形态识别

成虫 雌成虫介壳圆形或卵圆形，灰白色或灰褐色，中部稍隆起，边缘略倾斜，不甚整齐，黄色或棕色，其形状和颜色似糠壳而得名。介壳直径1.8毫米，壳点圆形，位于前端部，偏于一方，第一壳点小，第二壳点较大，近圆形，暗黄褐色。雌成虫虫体略呈椭圆形，体长0.8毫米，紫红色，口吻基部淡黄色，臀板淡黄色，边缘有臀角4对，第1~3对发达，形状相似。第4对臀角呈尖角状突出。雄成虫介壳细长，约1.28毫米，白色或灰白色，前端着生淡黄色壳点。虫体淡紫色，触角和翅各1对，足3对，交尾器针状，特别长。腹末有2瘤状突起，其上各长1根毛。

卵 椭圆形，长约0.3毫米，淡紫色，产于母体下。

若虫 初孵时体紫色，雌若蚧锥形，雄若蚧椭圆形，眼黑褐色，触角和足均短，体长0.2毫米，宽0.15毫米。固定后足和触角退化。

蛹 雄蛹约呈长方形，体长0.55毫米，宽约0.25毫米，腹末有1对尾毛和发达的交尾器。

生活习性

重庆一年发生3~4代，各代盛期分别是5月下旬，7月下旬至8月上旬，9月中旬至10月上旬，11月上中旬。卵期长，世代重叠。从周年发生情况来看，6月下旬开始向果实转移为害，主要发生在7—12月，以9—10月雌成蚧密度最大。夏季幼蚧死亡率高。雌成蚧周年可产卵，卵

产于壳下，四季都有幼蚧孵出，但均以雌成蚧居多。湖南株洲、长沙一年发生3代。第1代若虫在5月上中旬发生，第2代若虫发生于7月上中旬，第3代若虫发生在8月下旬至9月上旬。糠片蚧幼蚧在广东第1次出现在4月下旬至5月中旬，6月以后开始向果面转移。

糠片蚧以雌成虫及其腹下的卵为主在柑橘的枝叶上越冬，少数雄蛹也可越冬。若虫孵化后从介壳下爬出，爬行缓慢，经1~2小时于枝条或幼果适当位置固定，固定后即以口针插入组织内吸取汁液，分泌白色棉状蜡质覆盖虫体。雌虫蜕皮两次变为成虫。雄虫经两次蜕皮变为前蛹，再经蛹期羽化为成虫。雄成虫飞翔力弱，与雌成虫交尾后即死亡。雌成虫有两性生殖和孤雌生殖两种方式。

糠片蚧第1代为害枝、叶，第2代开始向果实上迁移为害。该虫喜欢寄生在光线不足的枝叶上，因此温暖潮湿、光照不足、管理粗放或滥喷农药的果园植株容易受害，同一株树，上、中、下层受害依次加重。在果实上多固定在油胞凹陷处，尤其在果肩至果蒂部位。

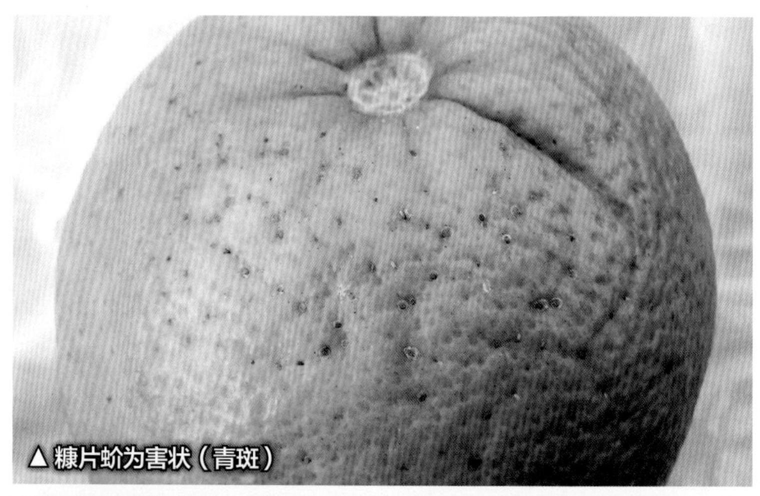
▲糠片蚧为害状（青斑）

▲糠片蚧为害果实状

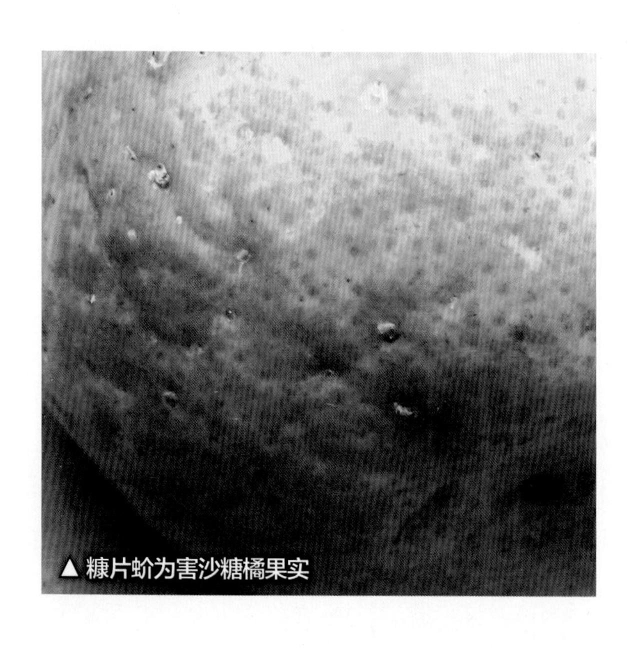
▲糠片蚧为害沙糖橘果实

● 防治要点

（1）药剂防治应在幼蚧爬行期进行，此次喷药应喷及枝条和叶片，方能降低以后各代的虫口密度。防治必须在幼蚧上果前。因此，防治适期为5月。药剂选用见矢尖蚧防治。

（2）认真管理果园，尤其是老龄果园。随时剪除干枯枝条，适度修剪内膛枝、郁闭枝，使果园通风透光良好。新种植区不购买带虫苗木。

● 天敌

糠片蚧的天敌有橘长缨蚜小蜂、糠片蚧黄蚜小蜂、云南普乐蚜小蜂、梨圆蚧黄蚜小蜂、榄片蚧黄蚜小蜂和双斑唇瓢虫等。糠片蚧寄生蜂的寄生现象只见雌成蚧。

褐圆蚧

●**学名**：*Chrysomphalus aonidum* Linnaeus

●**又名**：鸢紫褐圆蚧、茶褐圆蚧、褐叶圆蚧

●**寄主**：柑橘类、葡萄、栗、椰子、香蕉、无花果及其他观赏植物等

●**为害部位**：叶片、枝条、果实和树干

▲柚叶上的褐圆蚧

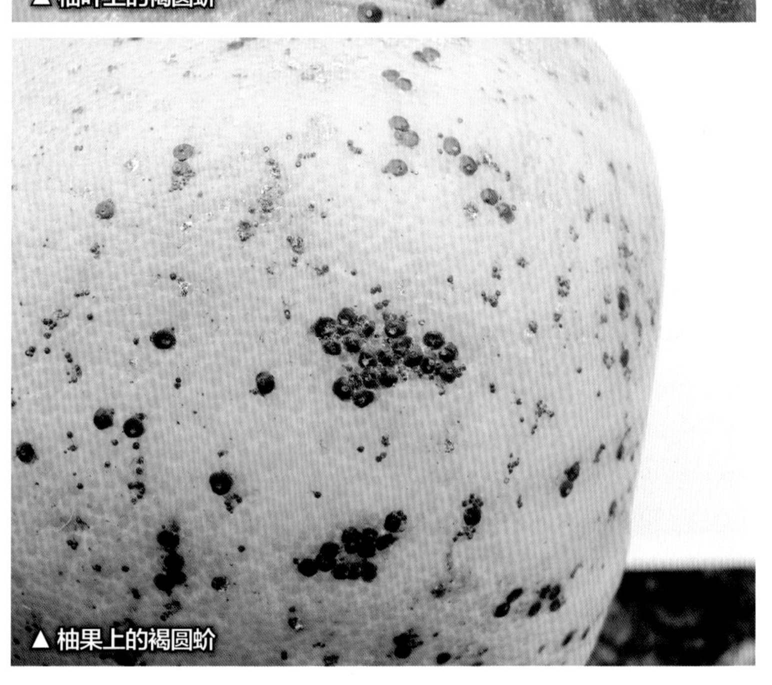

▲柚果上的褐圆蚧

属半翅目盾蚧科。分布于广东、广西、福建、台湾、湖南、江西、江苏、浙江、贵州、四川、山东、河北等省区。

为害特点

成虫和若虫在叶片、果实及枝干上刺吸汁液，主要为害叶及果实。叶片受害后，出现黄色斑点，影响光合作用；果实受害后呈现累累斑点，品质降低，甚至引起落果；枝干受害，表面粗糙，树势衰弱，枝枯叶落。

形态识别

成虫　雌成虫介壳圆形，直径1.5~2毫米，紫褐色或暗褐色，由于寄主不同，壳色常有变化。质坚厚，中央隆起，向边缘斜低，略呈圆笠状。有2个壳点，第1壳点位于介壳中央顶端，极小，圆形，金黄色或红褐色，似帽顶或脐状，第2壳点略呈暗紫红色。腹介壳极薄，灰白色，挑起背介壳时，虫体及腹介壳仍留在寄主上。虫体倒卵形，淡橙黄色，体长1.1毫米，头胸部最宽，胸部两侧各有1刺状突起。臀板边缘有3对相似的臀角，第1~2对大小和形状相似，第3对内缘平滑，外缘呈齿状。雄成虫介壳长椭圆形或卵形，边缘部分为白色或灰白色，较雌介壳小，长约1毫米，与雌介壳同颜色。虫体长0.75毫米，淡橙黄色。足、触角、交尾器及胸部背面褐色，翅1对，半透明。

卵　长圆形，长0.2毫米左右，淡橙黄色，产于介壳下母体后方。

若虫　卵形，1龄若虫体长0.23~0.25毫米，淡橙黄色，足3对，触角、尾毛各1对，口针较长。2龄若虫除口针外，足、触角和尾毛均消失。

生活习性

广东一年发生5~6代，福建一年发生4代，台湾一年发生4~6代，陕西汉中地区一年发生3

代。后期世代重叠。以雌成虫和2龄若虫越冬，福州每年大多数以2龄若虫越冬。各代1龄若虫盛发期为：第1代5月中旬，第2代7月中旬，第3代9月下旬，第4代10月下旬至11月中旬。第1代主要于新梢和幼果上为害，第2代主要为害果实。在广东一年中以夏秋季为害果实最烈。两性生殖，繁殖力强。卵产在雌成虫介壳下，经数小时至2~3天孵化为若虫从介壳边缘爬出，经数小时即固定。从孵化后至固定为害前，这一阶段称为游动若虫。游动若虫喜在叶及果实上固定为害。游动若虫生命力较强，在没有食料时，也可存活6~13天，活动最适温度为26~28℃。固定后即开始分泌蜡质覆盖于体背，第1次蜕皮后，足和触角消失。雄若虫蜕皮2次，经“前蛹”和“蛹”期，羽化为成虫。各代若虫在发育过程中，死亡率高。第1代只有1/2能发育为成虫，第2代为1/3，第3代约1/5。各龄幼蚧发育历期因气温而异：1龄幼蚧自固定至第1次蜕皮，在15℃时经46天，28℃经15天；2龄幼阶（雌虫）在16℃时需36天，27℃时为11天。雌成虫寿命数月，雄虫寿命4天。

▲ 沙糖橘果面的褐圆蚧

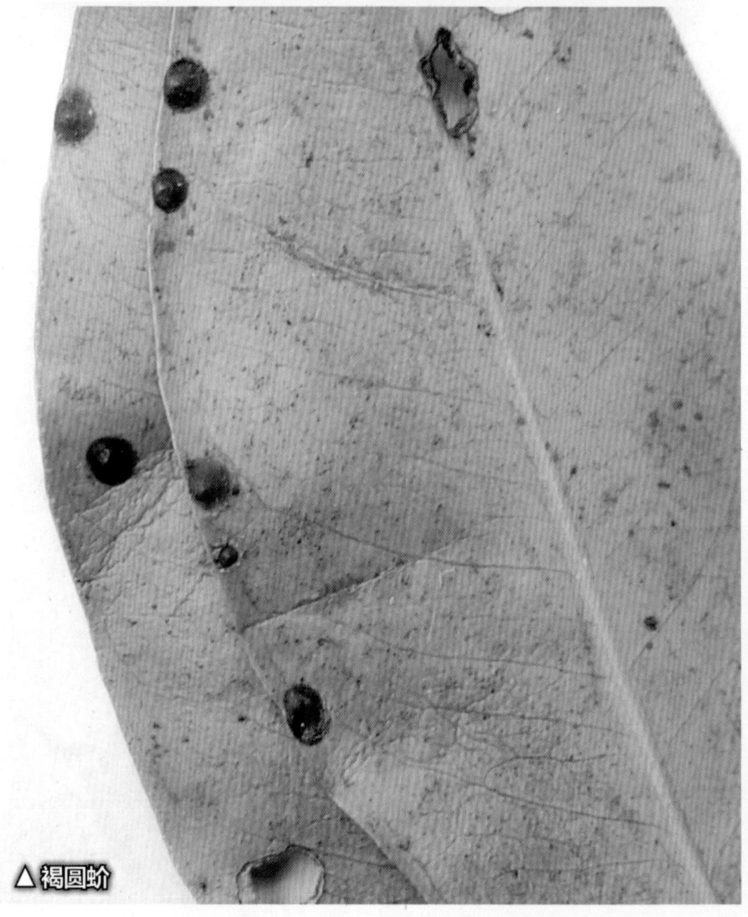
△褐圆蚧

● 防治要点

参考矢尖蚧防治。

● 天敌

褐圆蚧的天敌有纯黄蚜小蜂、黄金蚜小蜂、双带巨角跳小蜂、单带巨角跳小蜂、斑点金黄蚜小蜂、黑缘红瓢虫、红霉菌和草蛉等。

红圆蚧

●**学名**：*Aonidiella aurantii*（Maskell）

●**又名**：红圆介壳虫、红圆蹄盾蚧、赤圆介壳虫

●**寄主**：除柑橘类，还有苹果、梨、葡萄、橄榄、椰子、无花果等植物

●**为害部位**：叶片、枝条和果实

▲红圆蚧为害年橘幼果 ▲柚叶上的红圆蚧 ▲红圆蚧为害年橘枝条 ▲红圆蚧为害年橘枝条 ▲蕉柑果面的红圆蚧（已死亡）

属半翅目盾蚧科。分布于我国柑橘生产各省区。

为害特点

成虫和若虫群集在叶片、果实及枝条上为害。苗木自主干基部到顶叶均有寄生。大树多寄生在顶部枝条及叶片正、背面。严重时层叠满布于枝条、叶片上，导致落叶、枝条干枯，影响果树生长。

形态识别

成虫 雌成虫介壳圆形或近圆形，直径1~2毫米，橙红色至红褐色。壳点2个，第1壳点在介壳中央，略突起，颜色较深，暗褐色。壳点中央稍尖，脐状，边缘平宽，淡橙黄色，虫体体长1~1.2毫米，肾形，淡橙黄色至橙红色。雄成虫介壳椭圆形，长约1毫米，壳点1个，圆形，中央稍隆起，初为灰白色、灰黄色，外缘橘红色或黄褐色，壳点偏在一边。虫体体长1毫米左右，橙黄色，眼紫色，触角和翅各1对，足3对，尾部交尾器针状。

卵 很小，宽椭圆形，淡黄色至橙黄色，产于介壳下母体腹内，孵化后才产出若虫，犹如胎生。

若虫 1龄若虫宽卵形，橙黄色，有足3对和触角，能爬行，尾毛1对，口针较长。2龄若虫足和触角消失，体渐圆，橙黄色，后渐变橙红色，介壳渐扩大变厚。雄虫2龄若虫后期出现黑色眼斑，有触角、眼、翅芽和足芽，前足环抱头部，腹末有锥形突，两侧各生1根短刺。

生活习性

红圆蚧以受精雌成虫在枝叶上越冬。我国主要柑橘产区每年发生3~6代。各地气候不同，发生的代数有异。广东、广西、福建和台湾等省区一年发生5~6代，浙江一年发生2代。两性生殖，

繁殖力强。各代幼蚧分别于5月、8月和10月出现3次高峰。每头雌虫可产卵60~100粒，虫卵期极短，产出的卵很快孵化成幼蚧，几近胎生。幼蚧在母体下停留几小时或1~2天才从介壳下爬出，游荡1~2天后才固定取食为害，1~2小时后开始分泌蜡质，逐渐形成介壳。雌若虫经3次蜕皮变为成虫，喜欢群集于叶片背面。雄虫多在叶片正面聚集，雄蚧经蜕皮2次变为预蛹，再经蛹变为成虫。在苗木下部靠近地面叶片上常成群聚集为害，也喜欢聚集在枝条上取食。初孵幼蚧借风力、昆虫和鸟类等传播。

● 防治要点

防治应在冬季进行，可减少天敌伤亡。结合修剪，剪除虫枝，喷矿物油乳剂150~200倍液或松脂合剂8~10倍液。喷雾必须均匀湿透。还可用15%阿维·螺虫乙酯悬浮剂2 000~2 500倍液喷雾。生长期抓第1代防治，5—6月幼蚧爬出母体游荡取食期，连续喷药2次。药剂选用参见矢尖蚧部分。

● 天敌

红圆蚧的天敌有岭南金黄蚜小蜂、双带巨角跳小蜂、红圆蚧恩蚜小蜂和红头菌等。

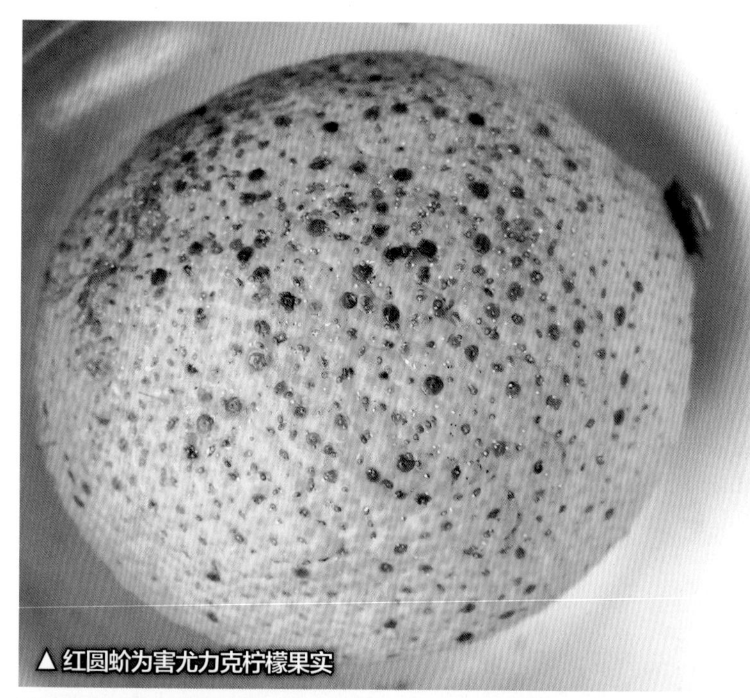
▲红圆蚧为害尤力克柠檬果实

▲沙糖橘果面的红圆蚧

△红圆蚧为害不知火杂柑

▲红圆蚧为害年橘果实

黄圆蚧

●**学名：** *Aonidiella citrine*（Coquillett）
●**又名：** 黄圆蹄盾蚧、黄点介壳虫
●**寄主：** 柑橘
●**为害部位：** 叶片、枝条和果实

△黄圆蚧

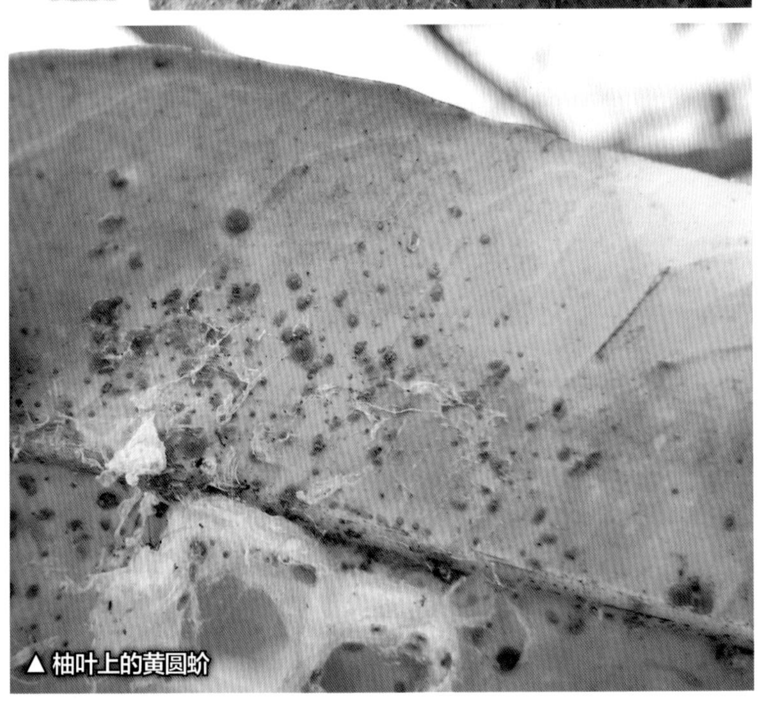
▲柚叶上的黄圆蚧

属半翅目盾蚧科。分布于我国柑橘各产区。

为害特点

若虫、成虫群集在柑橘的枝叶、果实表面吸取汁液，使叶片变黄，小枝条枯死，果面出现黄斑或绿斑，导致树体衰弱。

形态识别

成虫 雌成虫介壳近圆形或圆形，直径2毫米左右，表面光滑，半透明，虫体隐约可见。介壳白色或浅灰色，呈波浪式。壳点褐色，较扁平，位于壳点中央或近中央。虫体大小、形状，甚至色泽都与红圆蚧极相似。主要区别为：黄圆蚧有阴前骨，但无阴前斑；阴侧褶不硬化；3对发达的臀叶较红圆蚧细长；臀板上的背腺管较红圆蚧少，明显排成3列。雄成虫介壳长椭圆形，直径约1.3毫米，壳点偏于一端，色泽与质地同雌介壳。

卵 淡黄色，近椭圆形。

若虫 1龄若虫黄白色，椭圆形。2龄若虫淡黄色，圆形，触角和足消失。

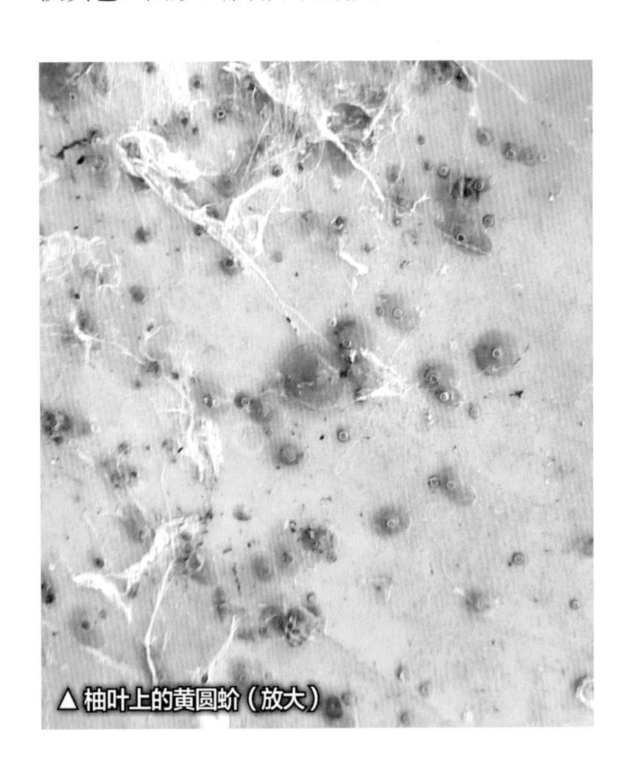
▲柚叶上的黄圆蚧（放大）

生活习性

福建一年发生4代，浙江黄岩一年发生3~4代，江苏一年发生2代。黄岩各代幼蚧发生高峰期分别出现在6月中旬、8月、10月上旬和11月中旬至12月上旬。第1代若虫主要在叶上为害，第2代开始在果实上为害，第3~4代在果实上的虫口数量大增。其习性与红圆蚧相似，但抗寒力比红圆蚧强。初孵出的幼蚧在叶片和果实上游走1~2天后在适合的位置上固定取食。在阴暗的枝条处发生较多。借风力或昆虫、鸟类传播。

▲香柠檬果面的黄圆蚧

● 防治要点

（1）做好冬季清园，剪除虫枝，集中烧毁，并喷药清园。

（2）抓好春季第1代游动幼蚧期及时喷药，可收到良好效果。

（3）使用药剂防治，可参考矢尖蚧防治。

▲香柠檬果面的黄圆蚧

● 天敌

黄圆蚧的天敌主要有红点唇瓢虫、细缘唇瓢虫、草蛉、单带巨角跳小蜂、黄金蚜小蜂、黄圆蚧金黄蚜小蜂等。

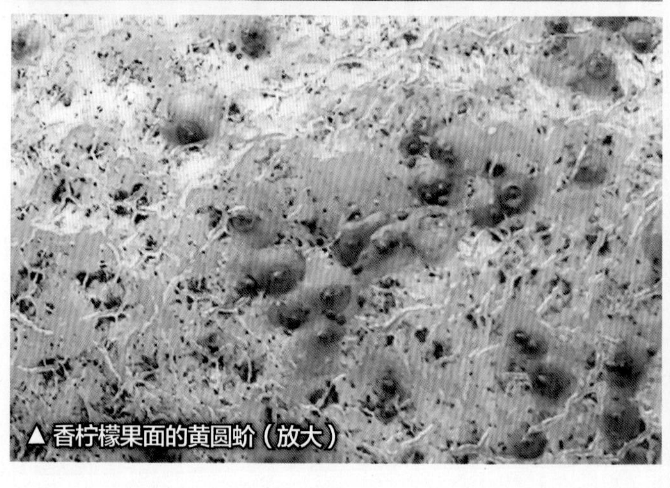
▲香柠檬果面的黄圆蚧（放大）

黑点蚧

●**学名：***Parlatoria zizyphus*（Lucas）
●**又名：**黑片盾蚧、黑星蚧、芝麻蚰
●**寄主：**柑橘
●**为害部位：**枝条、叶片和果实

▲黑点蚧（叶片干枯后的虫体）

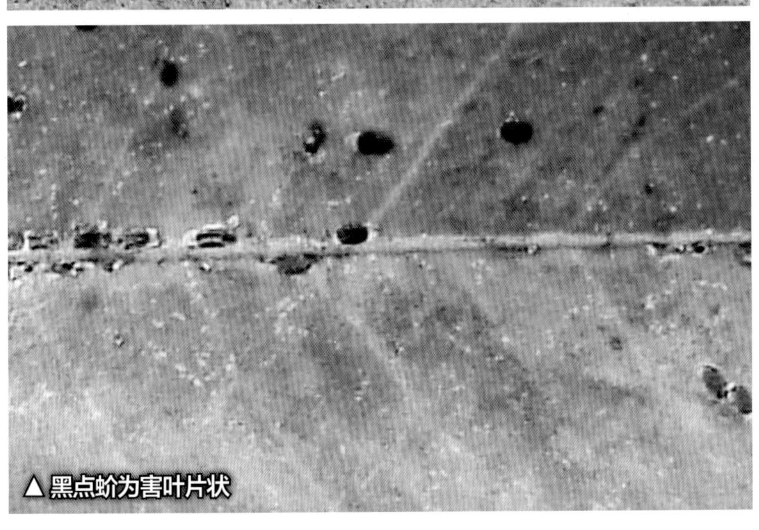
▲黑点蚧为害叶片状

属半翅目盾蚧科。分布于广东、广西、浙江、江西、福建、台湾、四川、湖南、湖北、江苏、河北等省区。

为害特点

若虫和成虫常群集固定在叶片、果面及新枝上为害，枝条上较少，为害后形成黄斑，影响光合作用，严重时枝干叶枯，影响果实外观和品质。

形态识别

成虫 雌成虫介壳漆黑色，长1.6~1.8毫米，宽0.5~0.7毫米，近长方形，两端略圆，介壳背面有3条纵脊，后缘有的附有灰褐色或灰白色薄蜡质尾。虫体椭圆形或倒卵形，长约0.7毫米，淡紫红色，前胸两侧有耳状突起。雄成虫介壳较小而狭长，长约1毫米，宽约0.5毫米，黄白色，壳点1个，椭圆形，漆黑色，位于介壳前端。虫体紫红色，翅1对，半透明，有3对足，甚发达，腹末有针状交尾器。

卵 长0.25毫米，椭圆形，紫红色，于母体下整齐排列成2行。

若虫 初孵时近圆形，灰色，固定后体色加深，并分泌白色棉絮状蜡质。1龄若虫有足3对，触角1对，短小的尾毛1对。2龄若虫椭圆形，体色更深，已形成漆黑色壳点，并在壳点后形成白介壳。2龄雄若虫与2龄雌若虫不易区别，但后期白蜡层变厚，形成狭长的灰白色介壳。

蛹 雄蛹淡红色，腹部淡紫红色，腹末可见淡色交尾器，眼大，呈黑色，后期有触角及发达的足。

生活习性

重庆一年发生3~4代，浙江黄岩一年发生3代，田间世代重叠，发生极不整齐。多以雌成虫和卵在柑橘叶片和枝条上越冬。雌虫蜕皮2次。

雄虫由1龄和2龄幼蚧经前蛹和蛹期羽化为成虫。若虫孵化的适温为15℃左右，10℃以下孵化不能成活。2龄若虫前期生存的适温约20℃，低于20℃也会死亡。雌成虫产卵于腹部介壳下，整齐排列成2行，4月下旬孵化的幼蚧即离开母体，开始向当年春梢迁移固定为害。5月下旬开始有少数幼蚧向果实迁移，6—8月在叶片和果实上大量发生为害，7月上旬以后果实上虫口渐多，8月中旬又转移到新一轮枝梢叶片上为害。分别于7月上旬、9月中旬和10月中旬出现3次高峰。1龄幼蚧全年均有发生，全年雌成虫的虫口密度始终高于1龄幼蚧。各虫态自然死亡率高，幼蚧死亡率81%。雌虫寿命很长，并能孤雌生殖，田间发生极不整齐，故田间雌虫数量很多。该虫主要借风力和苗木传播，风力是主要传播媒介。

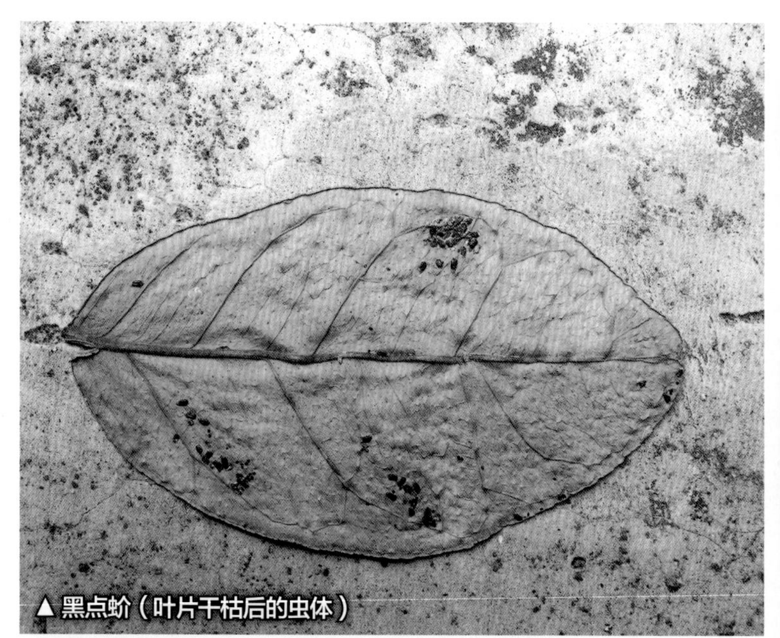
▲黑点蚧（叶片干枯后的虫体）

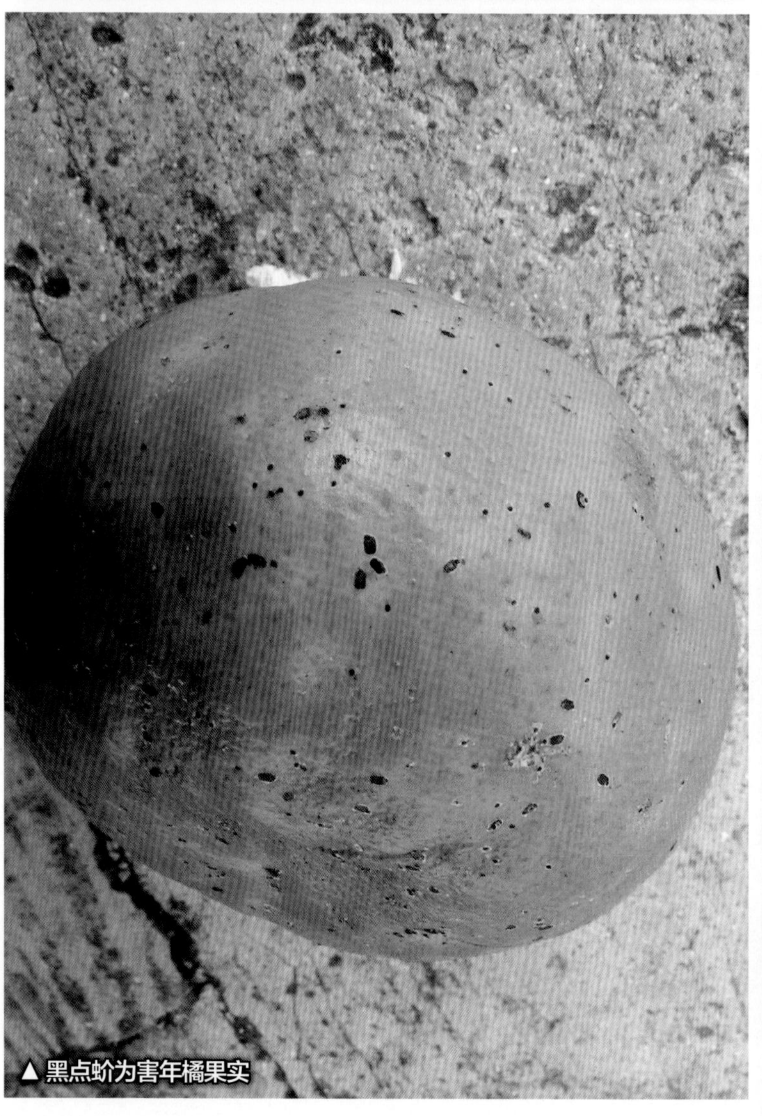
▲黑点蚧为害年橘果实

● 防治要点

若虫盛发期喷药防治，喷药的最适时间为5—8月的1龄幼蚧高峰期。每15~20天1次，连喷2次，药剂选用同矢尖蚧。同时要保护天敌。

● 天敌

黑点蚧的天敌有红点唇瓢虫、日本方头甲、盾蚧长缨蚜小蜂，以及雌成虫和雄成虫体外寄生蜂等，以寄生未产卵雌成虫体内的盾蚧长缨蚜小蜂的寄生率最高。

白轮盾蚧

●**学名：** *Aulacaspis citri* Chen

●**又名：** 白轮蚧

●**寄主：** 柑橘、桃、杧果等果树

●**为害部位：** 叶片、枝条和果实

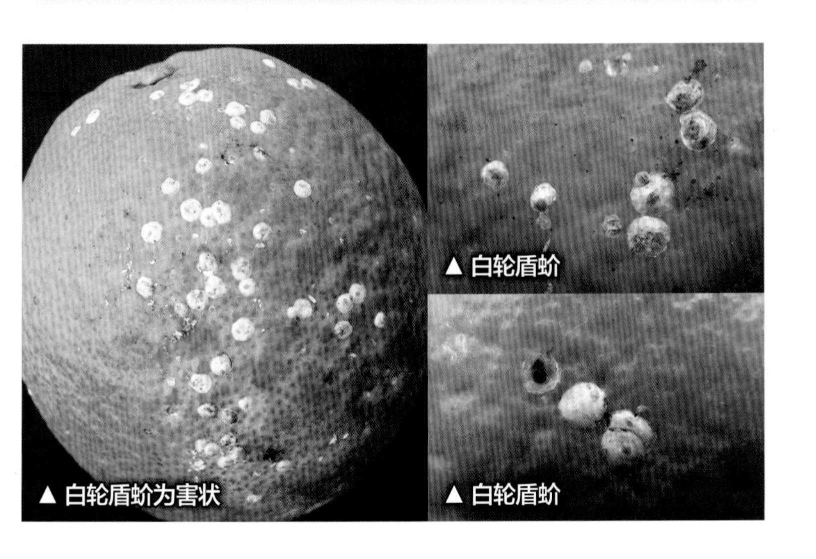
▲白轮盾蚧为害状　▲白轮盾蚧　▲白轮盾蚧

属半翅目盾蚧科。分布于四川、云南、江西、福建、河北、重庆各省区，以及华中地区，广东部分地区少量发生。

为害特点

若虫、成虫为害枝梢，引起枝条枯死，叶片脱落，树势衰弱，果实外观差，降低果品质量和商品价值。

形态识别

成虫　雌成虫介壳近圆形，直径 2.5~3 毫米，薄而微突起，灰白色；壳点位于边缘或中心处。成虫体长 1 毫米左右，长形，淡红色。头胸宽大，前端圆形，两肩角明显突出，有长毛 1 根。雄成虫介壳长方形，长 1.2~1.5 毫米，白色，蜡质状，背面有 3 条脊线，中脊线明显，壳点在前端，浅黄色。成虫体瘦长，长约 0.5 毫米，除胸部淡黄色、复眼黑色外，其余部位均为淡橙色。触角 10 节，足长，多毛，翅 1 对，透明。

卵　长椭圆形，长约 0.19 毫米，淡紫色，表面有不规则、极细的网纹。

若虫　初孵化时卵圆形，扁平，尾端较尖，黄色，有许多紫色斑纹；固定后，背上渐分泌卷曲丝状的白色蜡毛；蜕皮后，虫体呈卵圆形，橙色。触角缩短，腹背分节明显，背脊明显突起。

生活习性

四川一年发生 4~5 代，多以未交尾的雌成虫越冬。世代发生极不整齐。4—5 月第 1 代卵和幼蚧出现，6—7 月第 2 代卵和幼蚧发生，第 3 代 8 月发生，第 4 代 9 月发生，第 5 代发生在 11 月初。雌虫蜕皮两次即为成虫，雌成虫散生或数头聚集在一起，时有重叠。每头雌虫产卵量 57~189 粒，平均为 132 粒。雄虫群集于叶背，蜕皮 1 次后为前蛹，第 3 次蜕皮后为成虫。

● 防治要点

（1）抓好冬季清园，以及植株修剪工作，清除在枯枝、落叶、杂草和表土越冬的虫源。

（2）提前预防喷药，抓好最佳时机用药。用药时间：若虫孵化盛期，此时虫体蜡壳未形成或刚形成。药剂可参照矢尖蚧防治。

（3）保护天敌。天敌有红点唇瓢虫，其成虫、幼虫均可取食此蚧的卵、若虫、蛹及成虫，6 月的捕食率可达 78%。此外，还有寄生蜂、捕食螨等天敌。

长牡蛎蚧

●**学名：** *Lepidosaphes glouerii*（Packard）

●**又名：** 砻糠蚰

●**寄主：** 柑橘、菠萝、椰子、葡萄、樱桃等果树

●**为害部位：** 叶片、枝条和果实

▲北京柠檬果面的长牡蛎蚧

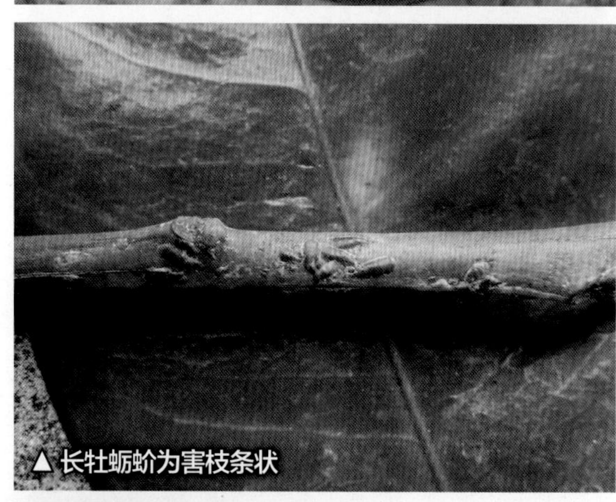

▲长牡蛎蚧为害枝条状

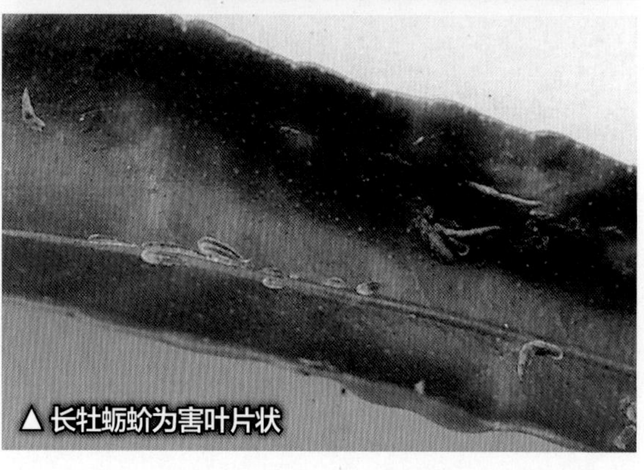

▲长牡蛎蚧为害叶片状

属半翅目盾蚧科。分布于我国各柑橘产区。

为害特点

若虫、成虫群集在枝、叶片、果实上为害，导致叶缘变黄、落叶、枝枯，严重影响树势。果实被害，虫体附在果面上为害，影响果实美观，降低商品价值。

形态识别

成虫 雌成虫介壳细长，长 2.5~3.2 毫米，后端稍宽，隆起，两侧几近平行或稍弯，棕黄色或暗棕色，壳点突出于前端，淡黄色。腹面灰白色，中间的裂缝较大，可见虫体。雌成虫体较狭长，长 1.5~2 毫米。雄成虫介壳略似雌虫，稍小，两侧平行，长约 1.5 毫米，淡紫色，边缘白色，壳点黄色，虫体长 0.65 毫米，翅长 1.3 毫米，翅透明，眼淡紫色，腹节明显可见。

卵 长椭圆形，长约 0.25 毫米，孵化前为淡紫色，在介壳内整齐排列成两行。

若虫 初孵时长椭圆形，淡紫色。

蛹 淡紫色，胸部略呈黄红色，长约 0.7 毫米。

生活习性

一年发生 2 代，以受精雌成虫越冬，翌年 3 月把卵产于介壳下，7 月中下旬出现第 1 代成虫，第 2 代成虫发生在 10 月下旬。

● 防治要点

参考矢尖蚧防治。用药时应注重对枝条喷雾均匀。

● 天敌

长牡蛎蚧的天敌有金黄蚜小蜂、双带花角蚜小蜂、长恩蚜小蜂，以及捕食性瓢虫、捕食螨和真菌类。

紫牡蛎蚧

●**学名：** *Lepidosaphes beckii*（Newm.）

●**又名：** 茶牡蛎蚧、榆牡蛎蚧

●**寄主：** 柑橘、梨、葡萄、橄榄、油梨、无花果、棕榈等植物

●**为害部位：** 叶片、果实

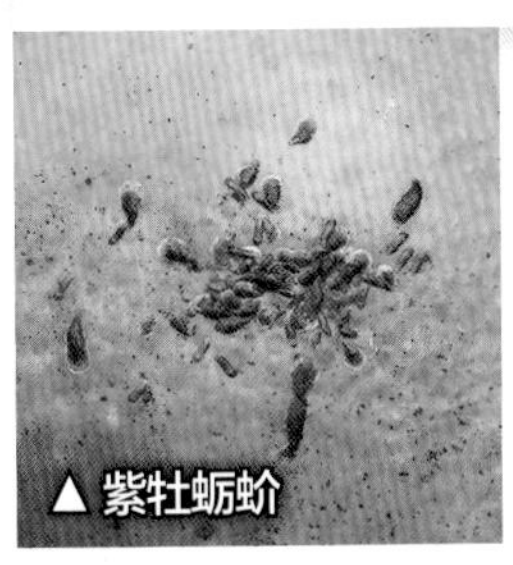
▲紫牡蛎蚧

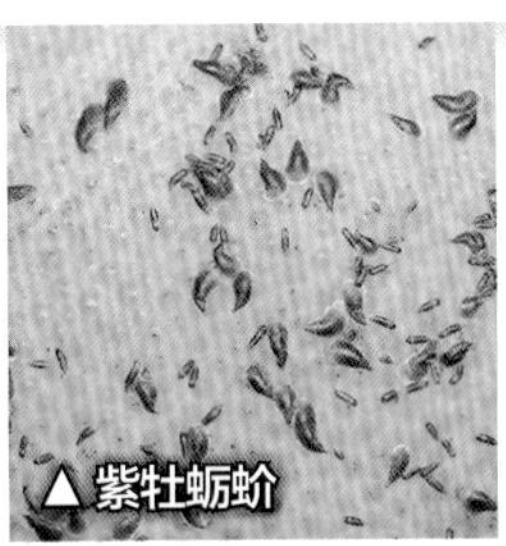
▲紫牡蛎蚧

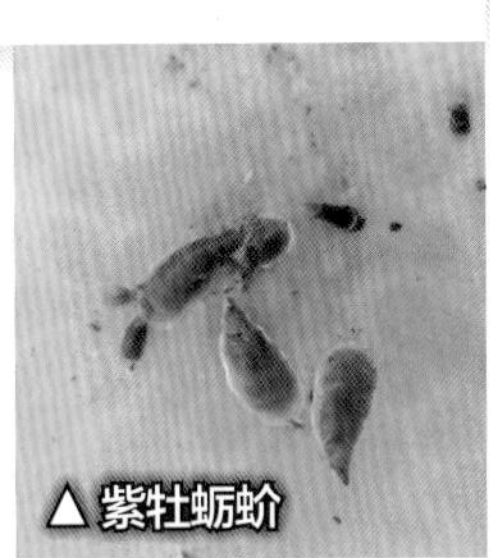
▲紫牡蛎蚧

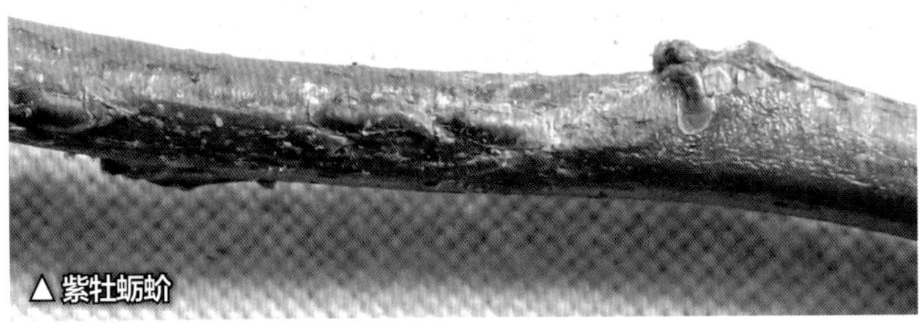
▲紫牡蛎蚧

属半翅目盾蚧科。分布于我国各柑橘产区。

为害特点

若虫、成虫群集于叶片、枝条、果实的表面吸取汁液，导致叶片出现黄斑，小枝枯死，果面产生许多绿色斑痕，萼片带有污垢或干枯，严重时枝条皮层开裂。

形态识别

成虫　雌成虫介壳形似牡蛎，长1.5~3毫米，红褐色或紫褐色，边缘淡褐色，前端狭尖，后端宽且常显弯曲。壳面隆起，具细密弧形横纹；前端壳点2个，第1壳点黄色，第2壳点红色，腹壳白色。虫体纺锤形，长1~1.5毫米，淡黄色，向后弯曲。雄成虫介壳长1.5毫米，形体和色泽同雌介壳，壳点1个，位于前端。虫体灰白色，体长0.9毫米，眼黑色，触角和足褐色，翅1对。

卵　长椭圆形，灰白色。

若虫　固定后，开始分泌蜡质覆盖虫体。

生活习性

一年发生2~3代，卵产于介壳内，每雌虫可产卵40~50粒，多者可达100粒。排列成行。若虫孵化后，雄虫经50天左右、雌虫经60天化为成虫，华南地区每年3—4月、5—6月和9—10月为此害虫多发生的3个时期。广东沙田柚多见受害。

● 防治要点

常检查果园，掌握发生时期和规律，抓住时机均匀喷药。药剂选用参考矢尖蚧防治。

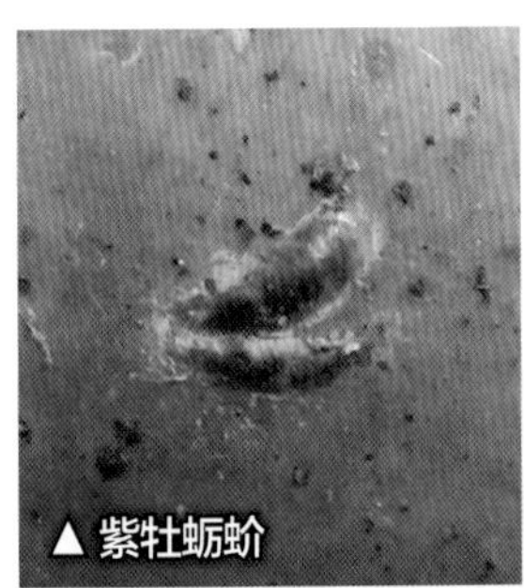
▲紫牡蛎蚧

▲紫牡蛎蚧

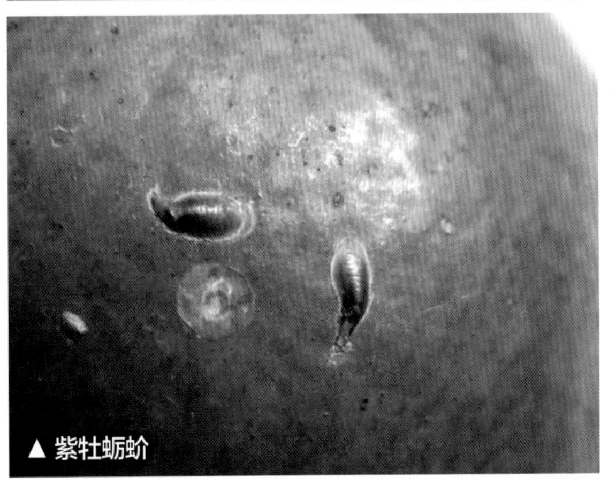
▲紫牡蛎蚧

长白盾蚧

●**学名**：*Leucaspis japonica* Cockerell

●**又名**：长白蚧、白点长盾蚧、梨长白介壳虫、梨白片盾蚧

●**寄主**：柑橘、苹果、梨、梅、桃、猕猴桃、油茶等植物

●**为害部位**：叶片、枝条

▲油茶叶上的长白盾蚧　▲油茶叶上的长白盾蚧（黄色为虫体）

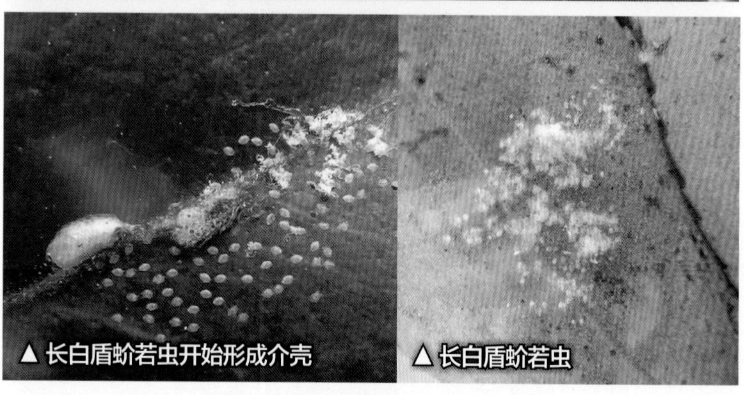
▲长白盾蚧若虫开始形成介壳　▲长白盾蚧若虫

属半翅目盾蚧科。全国分布范围广。

为害特点

若虫、成虫为害叶片、枝梢，引起叶片出现黄斑，树势衰弱，降低果品质量和商品价值。

形态识别

成虫　雌成虫介壳暗棕色，纺锤形，其上有一层较厚的不透明的白蜡。壳点1个，在头端突出。介壳直或略弯，长1.7~1.8毫米。雌成虫体长0.6~1.4毫米，纺锤形，淡黄色，臀叶两对，较硬化。雄介壳长形，白色，在头端突出。雄成虫体细长，长0.5毫米左右，翅展1.28~1.6毫米，翅白色，半透明，头部色较深，眼暗紫色，触角丝状。

卵　多为椭圆形，少数为不规则形，淡紫色，长0.2~0.27毫米。

若虫　初孵若虫椭圆形，眼暗紫色，触角、口针和足发达，体背覆盖一层白色蜡质介壳。2龄若虫体色多种，足、触角消失，体背覆盖一层白色介壳。3龄若虫体淡黄色。前蛹长椭圆形，淡紫色，长0.63~0.92毫米。

蛹　淡紫色，触角、翅芽和足明显，腹末有针状交尾器。

生活习性

浙江、湖南一年发生3代，以老熟若虫和前蛹在枝叶上越冬。浙江一般在4月上旬或中旬雄成虫大量羽化，4月中下旬雌成虫大量出现并产卵。成虫第1代盛发期在6月下旬，第2代在8月中旬。其生长发育的最适温度为20~25℃，相对湿度为80%以上。荫蔽、低洼和偏施氮肥的果园有利于此虫的发生。

● 防治要点

实行苗木检疫。合理施肥。冬季清园剪除被害虫枝。适度修剪，促进通风透光，避免郁闭。及时喷药防治，药剂选用参考矢尖蚧防治。

粉蚧科

堆蜡粉蚧

●**学名：** *Nipaecoccus vastator*（Maskell）

●**又名：** 橘鳞粉蚧

●**寄主：** 柑橘、荔枝、龙眼、黄皮、枣、葡萄、木菠萝等果树

●**为害部位：** 叶片、枝条和果实

▲ 堆蜡粉蚧为害明柳甜橘

▲堆蜡粉蚧为害枸橼枝叶

属半翅目粉蚧科。分布于广东、广西、四川、福建、江西、台湾、浙江、山东、湖北、云南、贵州、陕西等省区。

为害特点

若虫和成虫群集为害寄主植物的枝条、幼果，并诱发严重煤烟病。新梢被害引起畸形或枯死；果实受害果肩周围形成突瘤，导致黄化脱落或果实变形，失去商品价值。

形态识别

成虫 雌成虫椭圆形，体长 3~4 毫米，紫黑色。触角和足暗草黄色，触角 7 节。全体覆盖很厚的白色棉絮状蜡粉，每一体节的背面横向分为 4 堆，由前至后排成 4 行。在虫体边缘排列粗短的蜡丝，体末 1 对稍长。雄成虫长约 1 毫米，虫体紫酱色，有 1 对翅，半透明，腹末有 1 对白蜡质长尾刺。

卵 卵囊的蜡质绵状，卵淡黄色，椭圆形，藏在蜡质绵状的卵囊中，长约 0.3 毫米。

若虫 形似雌成虫，紫色，初孵时无蜡质，能爬行，固定取食后，体背和周缘即分泌白色粉末状蜡质，并渐增厚。

蛹 外形与雄成虫相似，但触角、足和翅均未伸展。

生活习性

在华南地区，堆蜡粉蚧是粉蚧中发生最为严重的一种，广东一年发生 5~6 代，田间世代重叠。以若虫和成虫在树干、枝条的裂隙处或残桩的穴内及卷叶内越冬。翌年 2 月上旬开始活动，并为害春梢。3 月下旬出现第 1 代卵囊，卵亦相继孵化，4 月中旬孵化若虫在枝上爬行迁移。各代若虫盛发期分别出现在 4 月上旬、5 月中旬、7 月中旬、9 月上旬、10 月上旬和 11 月中旬。

防治要点

（1）清洁果园和药剂防治相结合。

（2）冬季做好修剪，将越冬的虫枝剪除；树干涂白时刷干净枝干裂缝处的越冬成虫、若虫。

（3）及时喷药。已有该虫为害的果园，应掌握每代幼蚧发生期，在分泌大量棉絮状蜡粉前喷药防治。喷药时务必使枝梢、叶片均匀沾上药液，尤其是第1代幼蚧，需及时防治。药剂有：40.7%乐斯本乳油1 500~2 000倍液、40%扑杀磷（速扑杀）乳油800~1 000倍液，并可参考其他介壳虫用药。

（4）保护和利用天敌。果园中可以引移天敌，增加天敌数量和种群。

天敌

堆蜡粉蚧的天敌有跳小蜂、克氏金小蜂、福建棒小蜂及1种草蛉、1种寄生菌、多种瓢虫。

▲ 明柳甜橘果面的堆蜡粉蚧

▲ 堆蜡粉蚧初孵若虫和雄成虫（中间长形、白色，有一尾线）

▲ 堆蜡粉蚧

▲ 堆蜡粉蚧

▲ 堆蜡粉蚧老龄虫体

柑橘粉蚧

●**学名：** *Planococcus citri*（Risso）

●**又名：** 橘粉蚧、紫苏粉蚧、橘臀纹粉蚧

●**寄主：** 柑橘、龙眼、菠萝、苹果、梨、柿、杧果、枇杷、葡萄、腰果、橄榄等果树

●**为害部位：** 叶片、嫩芽、枝条、果实

△柑橘粉蚧　△柑橘粉蚧

△柑橘粉蚧及其若虫（右）　△柑橘粉蚧为害枸橼果实

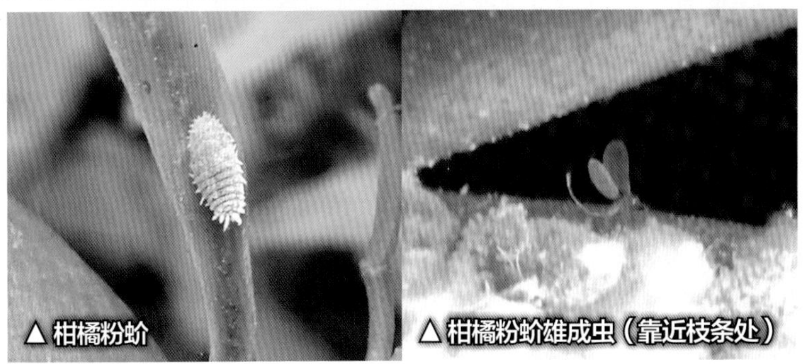

△柑橘粉蚧　△柑橘粉蚧雄成虫（靠近枝条处）

属半翅目粉蚧科。分布于全国各省区的果树产区。

为害特点

成虫、若虫群集在叶背、果蒂和枝条的凹处为害，引起落叶、落果，其分泌的蜜露诱发煤烟病。

形态识别

成虫　雌成虫体长3~4毫米，宽2~2.5毫米，椭圆形，肉黄色或淡红色，体背覆盖白色蜡粉，虫体边缘有白色粗短的白色蜡刺18对，从头至腹渐长，以腹末1对较长。足3对，粗大。雄成虫栗褐色，长约0.8毫米，翅1对，腹末两侧有2根细长尾丝。

卵　淡黄色，椭圆形，产于腹末下面形成的白色絮状卵囊。

若虫　初孵若虫体淡黄色，椭圆形，扁平，无蜡粉和蜡丝，固定取食后开始分泌白色蜡粉覆盖体表，并在边缘分泌蜡刺。

蛹　长椭圆形，淡褐色，长约1毫米。茧长圆筒形，被稀疏白色蜡丝。

生活习性

在华南柑橘产区每年发生3~4代，田间世代重叠。以成虫在树皮缝隙或树洞内越冬。雌成虫产卵前，先固定虫体，逐渐分泌白色絮状蜡质物形成卵囊，然后产卵于其中。初孵幼蚧爬行一段时间才行固定。喜群集在叶背主脉两侧、嫩芽、腋芽、果柄、果蒂处、果与果、叶与叶或两叶叠合处等荫蔽场所为害。在阴湿、密闭的果园较多发生。该虫的生长发育适温为22~25℃。以孤雌生殖为主。

● 防治要点

参考堆蜡粉蚧防治。

● 天敌

柑橘粉蚧的天敌有圆斑弯叶瓢虫、孟氏隐唇瓢虫、豹纹花翅蚜小蜂和粉蚧长索跳小蜂等。

橘小粉蚧

●**学名：** *Pseudococcus citriculus* Green

●**又名：** 橘棘粉蚧

●**寄主：** 柑橘、荔枝、杧果、苹果、梨、桃、柿、椰子等果树

●**为害部位：** 叶片、枝条和果实

属半翅目粉蚧科。分布于广东、广西、福建、江西、台湾、浙江、山东、辽宁、陕西、四川、云南、贵州等省区。

为害特点

若虫、成虫集中在卷叶或有蛛网的叶片、叶柄和果蒂处为害，尤以叶背中脉两侧、叶柄和果蒂处为甚。受害叶呈黄斑，严重者，引起落叶、落果，同时诱发煤烟病。在西双版纳地区，多为害柑橘苗木根部，使受害苗木根系减

▲ 橘小粉蚧

▲ 橘小粉蚧

▲ 橘小粉蚧

▲ 橘小粉蚧（郭俊　提供）

少，发育不良，出现缺肥症状；地上部干缩枯萎，严重时则全株死亡。

形态识别

成虫 雌成虫体长2~2.5毫米，椭圆形，黄红色或淡红色，背部隆起，体表密被白色蜡粉，但体节上较少，可隐约见到体节。体缘有细长的白色蜡刺17对，其长度由前至后逐渐增长，腹末1对最长，为其前一对的2倍或体长的1/3~2/3。触角8节，第2~3节及顶节较长。雄成虫体长约1毫米，紫褐色，翅1对，腹末两侧各有1对白色蜡丝。

卵 卵囊棉絮状，由白色蜡丝组成。卵淡黄色，椭圆形，产在母体卵囊内。

若虫 初孵若虫虫体扁平，椭圆形，足和触角发达。3龄若虫与雌成虫相似，体较小。

蛹 仅雄虫具有，体长1毫米，土红色。

生活习性

每年发生4~5代，终年为害。以雌成虫及若虫在枝叶或果萼缝等处越冬。4月中下旬，越冬雌成虫在体下形成的卵囊产卵。越冬若虫则在5月变为成虫。雌成虫和若虫终生均能活动爬行，不营固定为害，多为分散性。第1代若虫较多群集在叶背中脉两侧、有蛛丝网叶背、叶柄、果蒂部、枝干裂缝处及地下根部。第2~3代若虫多在果蒂部位为害。

● 防治要点

参考盾蚧类防治。

● 天敌

橘小粉蚧的天敌有粉蚧长索跳小蜂、粉蚧三色跳小蜂、孟氏隐唇瓢虫、黑方突毛瓢虫和台湾小瓢虫。

▲草本植物上的橘小粉蚧（左为若虫）

▲橘小粉蚧

蜡蚧科

绿绵蜡蚧

●**学名：** *Chloropulvinaria aurantii*（Cockerell）
●**又名：** 黄绿絮介壳虫、柑橘绿绵蚧、龟形绵蚧、橘绿绵蜡蚧
●**寄主：** 柑橘、柿、香蕉、橄榄等果树
●**为害部位：** 叶片、枝条和果实

▲绿绵蜡蚧

▲绿绵蜡蚧雌成虫

▲绿绵蜡蚧及煤烟病症状

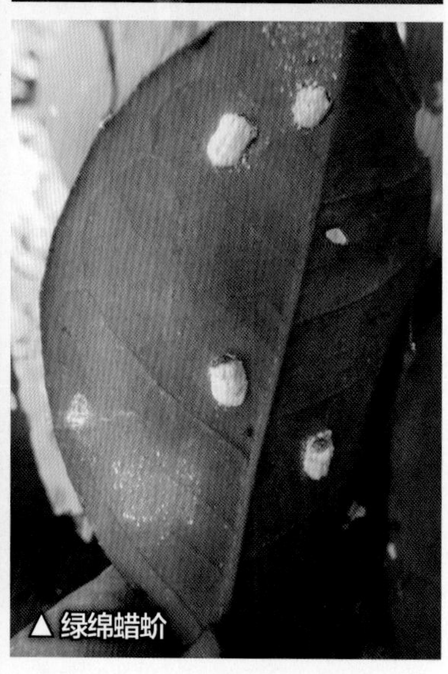
▲绿绵蜡蚧

属半翅目蜡蚧科。分布于四川、重庆、云南、贵州、湖南、湖北、广东、广西、福建、台湾、浙江、江苏、江西、北京、上海。

为害特点

若虫和成虫群集于枝条和叶片上为害，吸取汁液，并分泌大量蜜露诱发严重煤烟病，其煤烟密而厚，严重阻碍光合作用的正常进行，削弱树势，使花少果少。

形态识别

成虫 雌成虫体长4~5毫米，椭圆形，扁平，初为黄绿色，体缘有绿色或褐色环斑，背中线有褐色或棕褐色纵带，虫体前半部的两侧缘各有1对白色细横线。若虫成长中央纵带逐渐消失，体暗褐色，背部隆起，龟壳状，故又叫龟形绵蚧。产卵前虫体后端翘起，分泌白色椭圆形棉絮质卵囊。卵囊长5~6毫米，背面可见纵脊。雄成虫体小，长1.2毫米，淡黄褐色，翅展2.5毫米，触角10节，念珠状，腹末有4个管状突起及2根白色长毛。

卵 近圆形，浅黄白色，直径0.2~0.3毫米，产于卵囊内，由卵囊棉絮物粘连成团。

若虫 初孵幼蚧暗橙红色，能爬行，足3对。成长中的若虫体扁平，椭圆形，淡黄绿色，眼黑色。

蛹 体淡黄色，长1.2毫米。

茧 长形，龟甲状，长约2毫米。

生活习性

浙江黄岩一年发生1代，以2龄若虫在枝叶上越冬。翌年3月下旬至4月下旬化蛹，4月中旬至5月下旬为羽化期。雌虫产卵期在4月下旬至5月下旬，以5月中旬为盛期。若虫盛孵期在5月下旬，末期在6月上旬。广东杨村一年发生1~2代，以老龄若虫越冬，虫体不一，有暗褐色、黄绿色等。翌年3月下旬开始，爬向叶背或在原枝条上在虫体后部分泌白色棉絮质卵囊，于3月下旬至4月上旬开始产卵，4月下旬至5月上旬为产卵盛期，产卵后雌虫体皱缩干瘪死亡。4月中旬即可见到早期孵出的幼蚧在卵囊下爬出，寻找较嫩的枝条固定为害。第2代成虫于7月中旬形成卵囊产卵，7月下旬可见幼蚧孵出。第2代成虫的白色卵囊比第1代稍短，孵化后的若虫固定取食，发育成长，并以此虫态越冬。故翌年春季仍可见黄绿色和暗褐色两种不同的虫体同时存在。此虫多在较荫蔽的靠内膛或树冠下部枝条上为害，有群集性。

● 防治要点

（1）冬季清园。冬季采果后，结合修剪，剪除虫害枝条，集中烧毁，并喷布有效农药杀死越冬若虫。农药有松脂合剂8~10倍液、97%希翠矿物油100~200倍液或99%绿颖矿物油150~200倍液，或选用一些含机油成分的农药。

（2）已有发生的柑橘园，春季幼蚧孵化期，检查柑橘树，掌握幼蚧孵化高峰期选用有机磷农药喷布2~3次，并喷透枝条、叶片，防效良好。

（3）保护和引进天敌。浙江黄岩在1969年大量助迁黑缘红瓢虫和红点唇瓢虫，有效地消灭了绵蚧类的为害。

● 天敌

绿绵蜡蚧的天敌有黑缘红瓢虫、红点唇瓢虫、多种跳小蜂和食蚜小蜂，还有捕食螨、真菌等。

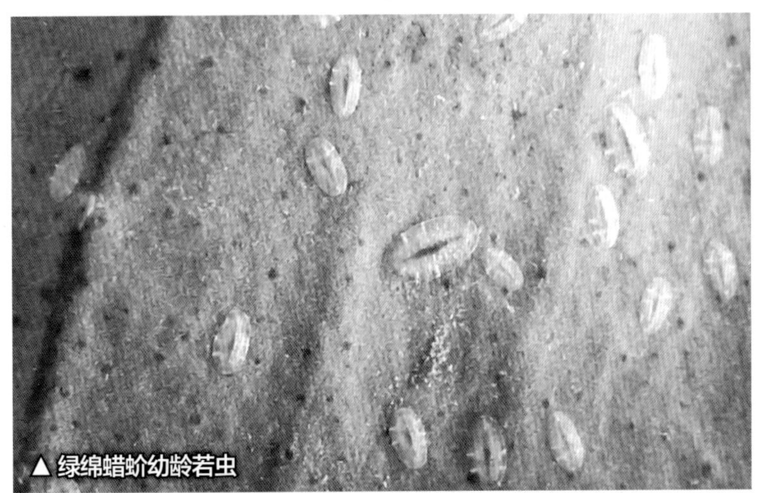
▲ 绿绵蜡蚧幼龄若虫

▲ 绿绵蜡蚧（白）诱发的煤烟病

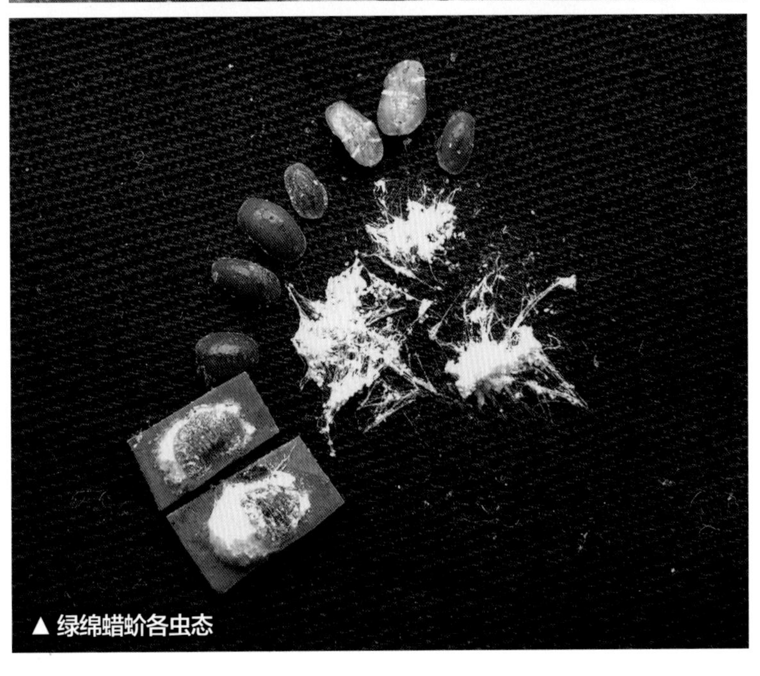
▲ 绿绵蜡蚧各虫态

红蜡蚧

●**学名：** *Ceroplastes rubens* Maskell

●**又名：** 红蜡介壳虫、胭脂虫、脐状红蜡蚧、红䗑、红蜡虫、红橘虱

●**寄主：** 柑橘、茶、桑等多种植物

●**为害部位：** 枝条、叶片和果实

▲红蜡蚧为害状（王珊珊　提供）

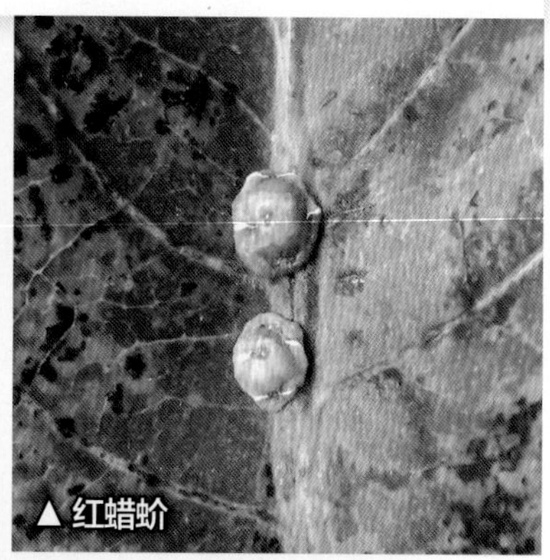

▲红蜡蚧

▲红蜡蚧虫体（左）、若虫（红色）及卵粒（白色）

属半翅目蜡蚧科。分布于全国多省区。

为害特点

若虫、成虫个体或群集在枝条、叶片或果实上吸取汁液，导致树势衰弱，诱发严重煤烟。

形态识别

成虫　雌成虫椭圆形，直径3~4毫米，紫红色，背面隆起，覆盖的厚紫红色蜡壳为不完整的半球形，顶端凹陷，形似脐状。老熟成虫体背中部向上高度隆起，呈半球形，头顶稍尖，腹部钝圆，4个气门有4条白色蜡带向上卷起，前2条向前至头部。一头雌成虫一生可产卵150~1 137粒，平均484.5粒。雄成虫体长1毫米，橙黄色，头部较圆，口器及复眼黑色，足3对，触角和翅各1对，翅展1.8~2.4毫米，尾部有一交尾器。

卵　椭圆形，淡黄色至橙黄色。

若虫　初孵出时为游动幼蚧，广椭圆形，黄色，长约0.2毫米，宽约0.14毫米，有触角及足。固定后的1龄若虫近圆形，直径约0.18毫米，并分泌蜡质覆盖全体。2龄若虫足和触角消失，近杏仁形，橘黄色，后变为肾形，橙红色，介壳渐扩大变厚。3龄时虫体长椭圆形，长约0.9毫米，蜡壳加厚，全为红色。雄虫第2次蜕皮后为预蛹。

蛹　长约1毫米，淡黄色。预蛹和蛹蜡壳均为长形，暗紫红色。

生活习性

一年发生代数因各地气候而不同，主要柑橘产区一年为3~6代，有的省区一年发生1代。以受精雌成虫和若虫在枝叶上越冬。其中以春梢上的虫口最多，5月中下旬进入盛期。卵期极短，产后的卵很快孵化，近似卵胎。初孵的游荡若虫在母体下停留一段时间（几小时至2天）后，多在白天午前爬出介壳，游动1~2天后固定下来取食为害。初孵若虫亦可借风力、昆虫和鸟雀等活动传播。雌成虫喜欢固定在叶片的背面，雄成虫以叶片正面较多。若虫固定1~2小时后开始分泌蜡质，逐步形成介壳。雌若虫蜕皮3次变为成虫，雄若虫蜕皮2次变成预蛹，再经蛹变为成虫。严重发生的柑橘园，枝条、叶片虫口多，甚至虫口重叠。

● 防治要点

参考矢尖蚧防治。

龟蜡蚧

●**学名：** *Ceroplastes floridensis* Comstoek

●**又名：** 柿龟甲介壳虫、白蜡介壳虫、龟甲蜡虫

●**寄主：** 柑橘、苹果、梨、枇杷、桃、李、杏、茶树等果树及其他植物

●**为害部位：** 叶片枝条和果实

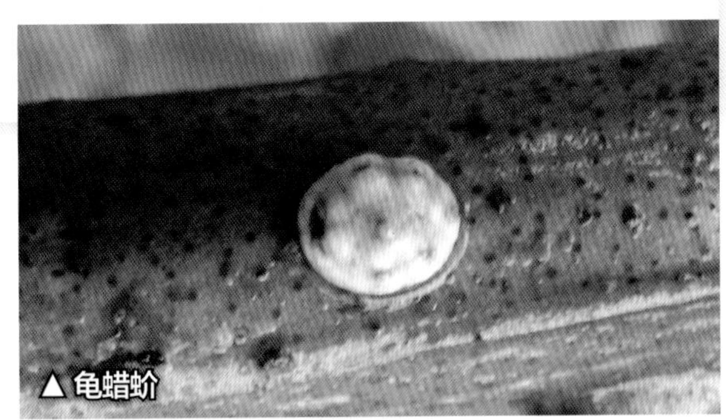

▲龟蜡蚧

▲龟蜡蚧及其若虫

属半翅目蜡蚧科。分布于我国各柑橘产区。

为害特点

若虫和成虫固定在柑橘叶片和枝条上吸取汁液，常导致落叶、落果，其分泌物诱发煤烟病，影响植株光合作用和正常生长，枝条上布满蜡质层，致使树势衰弱。

形态识别

成虫　雌成虫全体覆一层厚的蜡质层，初期呈白色，后带灰白色，略呈半球形。蜡质物日久变为浅黄色，表面呈龟甲状回线，在蜡壳中央有角状突起，周围有8个粗糙突起，上面常因煤烟病菌寄生而变为黑褐色。老熟蜡壳角状突起消失，呈半球形，表面仅存周围8个黑纹，直径3~4毫米。

卵　长椭圆形，长0.27毫米，橙红色。

若虫　扁椭圆形，红褐色，足及触角色淡。

生活习性

福建沙县一年发生2代，第1代3—7月，第2代从7月至翌年3月。以雌成虫和少数3龄若虫越冬。越冬雌成虫3月下旬开始产卵，4月为产卵盛期，5月为幼龄若虫盛期。第2代8月上中旬为卵盛期，9月初为幼龄若虫盛期。若虫期3龄。未发现雄性个体，孤雌生殖，繁殖力强。每雌平均产卵500多粒。雌蚧开始产卵后，蚧体腹面逐渐向背面凹进，最后贴在背面上。蜡壳下方呈一半球形的空腔，盛装产下的卵。卵的孵化率很高。孵化后若虫从蜡壳下缝隙爬出，在叶片或嫩枝上固定，游荡时间几小时至一天多。固定后第2天开始分泌蜡质，体背面出现两行蜡质物，次日中央蜡突周缘也开始分泌蜡质突。固定后3~4天，体周围出现星芒状蜡质突。1龄若虫多在叶片上固定为害，数量多，常沿叶脉顺序排列。老龄若虫大量迁至嫩枝上再次固定为害。

● 防治要点

第1代幼龄若虫未有大量蜡质覆盖虫时喷布药剂是防治的关键时期。第2代若虫量大，9月初再防治1次。药剂选用参考矢尖蚧防治。

● 天敌

龟蜡蚧的寄生性天敌有8种，以体外寄生的长盾金小蜂数量最多。

角蜡蚧

●**学名：** *Ceroplastes ceriferus* (Anderson)
●**又名：** 角蜡虫、白蜡蚧
●**寄主：** 柑橘、荔枝、龙眼、枇杷、杨梅、杧果、樱桃等100多种植物
●**为害部位：** 叶片、枝条和果实

属半翅目蜡蚧科。广泛分布于全国各省区。

为害特点

若虫、成虫刺吸寄主植物的汁液，导致枝叶干枯，树势衰弱，严重发生时，还诱发煤烟病，影响果实品质。

▲角蜡蚧

▲角蜡蚧

形态识别

成虫 雌成虫介壳灰白色，呈半球形，背面中央有角状突起，周围有8个角状小突，连蜡质层长约8毫米。雌成虫虫体红褐色。雄成虫蜡壳较小，呈放射状，虫体长1.3毫米，翅1对，半透明。

卵 椭圆形，赤褐色。

若虫 长椭圆形，红褐色。

有人认为，我国的角蜡蚧属伪角蜡蚧。

生活习性

一年发生1代，以受精雌成虫在寄主上越冬。第2年5—6月卵产于雌成虫体下，6月中旬开始孵化。若虫经短期游荡爬行后，固定在枝条上或叶片上为害。9—10月雄成虫羽化，与雌成虫交尾。卵产于虫体腹面，随产卵量的增加，成虫腹面渐凹入，用于藏卵。卵多在白天孵化，刚孵出的若虫在蜡壳内稍作停留后，从蜡壳内爬出，固定后开始呈放射状分泌蜡质，共达13个蜡角，而头端1个最粗大，腹末2个较短小。若虫第1次蜕皮后其蜕皮和蜡壳留在背部，分泌椭圆形或圆形白色蜡质，将1龄若虫的蜡壳抬高，并在中央处分泌大量白色蜡质堆积成角状突起。3龄若虫的蜡壳继续加厚。当出现弯钩状的蜡角时，若虫已老熟即蜕变为成虫。

● 防治要点

参考矢尖蚧防治。

▲为害油茶的角蜡蚧　▲枝条上的角蜡蚧

褐软蚧

●**学名：** *Coccus hesperidum* Linnaeus

●**又名：** 软蚧、褐软蜡蚧

●**寄主：** 柑橘、苹果、梨、葡萄、香蕉、龙眼、椰子、枇杷等果树

●**为害部位：** 叶片、枝条和果实

属半翅目蜡蚧科。分布于全国多省区。

为害特点

若虫、成虫喜群集在叶片正面主脉两侧、叶柄、嫩梢上吸取寄主汁液，严重时，枝叶上布满虫体，导致叶片枯黄，花枯死、早脱落，并会诱发煤烟病。

形态识别

成虫 雌成虫体扁平或背面稍隆起，卵圆形，体长 3~4 毫米，体两侧不对称，略向一侧弯曲。体背颜色变化很大，通常有淡黄褐色、橄榄绿色、黄色、红褐色等。体前膜质略硬化，体中央有纵线 1 条，略隆起。体边缘较薄，体背面有两条褐色网状横带，并具有各种花纹图案。气门凹塌处附有白蜡粉。

卵 长椭圆形，扁平，淡黄色。

若虫 初孵若虫体长椭圆形，扁平，淡黄褐色，长 1 毫米左右。

生活习性

发生世代因各地条件不同而异，一般一年发生 2~5 代。以受精雌成虫或若虫在枝叶上越冬。第 1 代若虫于 5 月中下旬孵出，第 2 代若虫在 7 月中下旬发生，第 3 代在 10 月上旬出现。若虫多寄生在枝叶基部。每头雌成虫一生可产卵 1 000~1 500 粒。卵经数小时即可孵化。

● 防治要点

参考矢尖蚧防治。

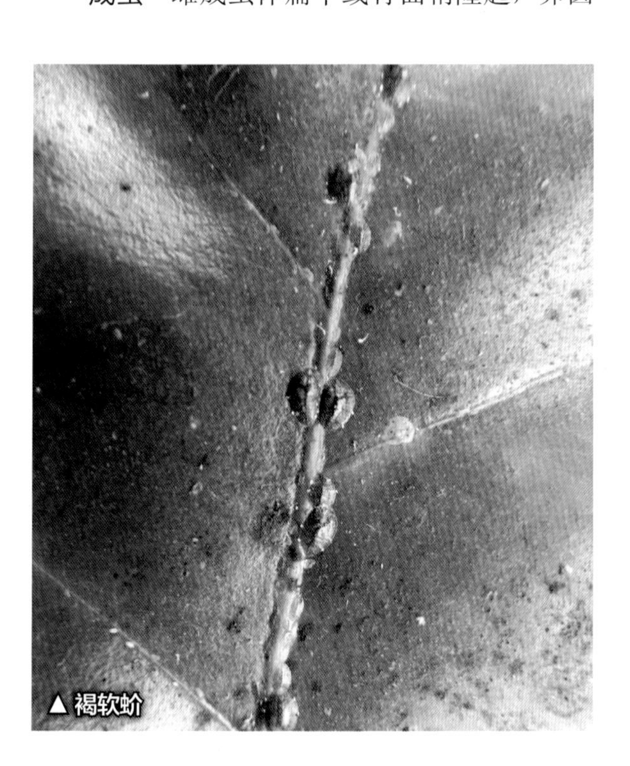

▲褐软蚧

▲褐软蚧

硕蚧科

吹绵蚧

●**学名：** *Icerya purchasi* Maskell

●**又名：** 绵团蚧、棉子蚧、棉花蚰、白蚰、白橘虱

●**寄主：** 柑橘、苹果、梨、葡萄、枇杷、杧果、黄皮、柿、栗、杨梅、龙眼等多种果树

●**为害部位：** 叶片、枝干、果实

▲吹绵蚧

▲吹绵蚧及若虫（中间橙红色一头）

▲吹绵蚧为害状

属半翅目硕蚧科。分布于华南各省区，以及河北、河南、山东、山西、辽宁、江苏、浙江、安徽、湖北、湖南、四川、云南。

为害特点

若虫、成虫群集于柑橘的枝条、树干、叶片和果实上为害，被害叶片变黄，枝条枯死，引起落叶、落果。严重发生时，诱发煤烟病，导致树势衰弱，开花结果少，甚至全株枯死。

形态识别

成虫 雌成虫体长5~7毫米，宽3.7~4.2毫米，椭圆形，橘红色，全体着生黑色短毛和蜡腺孔，分泌白色蜡质粉状物及细长透明、长短不一的蜡丝，覆盖体表。腹面平坦，背面隆起，呈龟甲状，腹部后方有白色卵囊，囊上有隆起线14~16条。头、胸、腹无明显的分界线。眼发达，黑褐色。触角11节，第4~11节为念珠状，每节上都有黑色细毛。口器丝状，短小，由2节组成，末端有许多小毛，口器不长。足3对，等长，发达，黑色，上生许多刚毛。雄成虫体瘦小，长约3毫米，翅展8毫米，胸部黑色，腹部橘红色，触角10节，第1节半球形，第2节筒状，第3~10节等长，中间狭小，两端膨大，呈哑铃状，两端各有一圈刚毛。眼半球形，在触角后方，复眼和单眼各1对。前翅发达，紫黑色，后翅退化成平衡棒，口器退化。足细长发达，腿节、胫节和跗节上具许多刚毛。腹末有2个肉质突起，其上各有长刚毛4根。

卵 长椭圆形，长约0.7毫米，初产时橙黄色，后为橘黄色，密集在卵囊内。

若虫 初孵若虫橘红色，椭圆形，体裸，足、触角和体上的毛均甚发达，触角黑色。从2龄若虫开始有雌雄区别，雄虫体狭而长，行动较为活泼；雌虫体长1.3~2.1毫米，背面红褐色，上覆盖黄色蜡粉。

蛹 雄蛹体长3.5毫米，眼褐色，触角、翅芽、足淡褐色，被有白色蜡质薄粉。

茧 白色，椭圆形，由疏松的蜡丝组成，自外可透视蛹体。

生活习性

以成虫、卵和各龄若虫在主干和枝叶上越冬。一年发生2~3代地区主要以若虫和未带卵囊的雌成虫越冬。在华南地区和西南地区一年发生3~4代。吹绵蚧发生时期因地域而异。四川第1代卵和若虫盛期在4月下旬至6月，第2代在7月下旬至9月初，第3代在9—11月，其中以1~2代发生严重。浙江第1代卵和若虫盛期5—6月，第2代8月至9月中旬。广东杨村第1代开始孵化在4月中旬，第2代7月中旬开始，8月上旬田间各虫态均可见到。各代发生均不整齐，世代重叠。1龄幼蚧多在叶背主脉附近吸食，2龄以后逐渐分散，每蜕皮一次换一处取食。雄虫3龄时活动最甚。常以孤雌生殖方式繁殖。雌虫均为雌雄同体，卵在体内可自行受精发育为雌雄同体的雌虫。温暖高湿为其适宜的气候条件。气温20℃左右，湿度高，为产卵的适宜条件；15℃以下产卵量显著减少。此外，霜冻、干热、大雨不利于其发生繁殖。吹绵蚧虫体小，其传播借助风力或随苗木、接穗和农事活动进行。

▲吹绵蚧卵囊内的卵、若虫及卵粒（右）

▲吹绵蚧卵囊内的卵粒和若虫

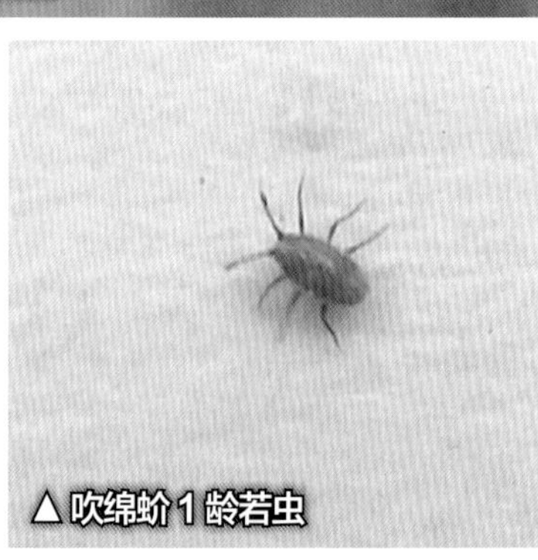
▲吹绵蚧1龄若虫

● 防治要点

（1）加强检疫，防止带虫繁殖材料随调运传播，禁止从虫区引进苗木。

（2）修剪时注意修剪虫枝，集中烧毁。

（3）为害严重时可引种饲放澳洲瓢虫或大红瓢虫。释放时间：澳洲瓢虫以4—6月和9—10月为好，大红瓢虫释放时间为4—9月。放虫最好选择吹绵蚧为害严重、枝叶茂密、生长旺盛的树。在释放瓢虫后和吹绵蚧被消灭前，不宜喷药，以免杀死瓢虫。放虫数量，一个300~500株的果园，放虫量以50~200头为宜，愈多愈好。一般放虫后1~2个月便可将吹绵蚧消灭。

（4）在吹绵蚧发生面积不大，仅个别植株受害，若虫数量多又无瓢虫时，可喷药防治。可选用25%喹硫磷（爱卡士）乳油1000倍液、松脂合剂（冬季8~10倍液，夏、秋季16~20倍液），每隔15天1次，连续2~3次。秋季高温干旱，使用松脂合剂应减少施药次数。其他药剂可参考矢尖蚧防治。

● 天敌

吹绵蚧的天敌有澳洲瓢虫、大红瓢虫、小红瓢虫、红缘瓢虫和六斑月瓢虫等多种瓢虫，以及2种草蛉、1种寄生菌等。以澳洲瓢虫和大红瓢虫对吹绵蚧有强的控制作用，在生产中多有应用。

银毛吹绵蚧

●**学名**：*Icetya seychellarum* Westwood

●**又名**：橘叶绵蚧、山茶绵蚧

●**寄主**：柑橘、枇杷、杧果、桃、柿、龙眼、荔枝、橄榄、番石榴、木菠萝、椰子、薄桃等果树

●**被害部位**：叶片、枝和果实

▲银毛吹绵蚧若虫　▲银毛吹绵蚧若虫和雌成虫

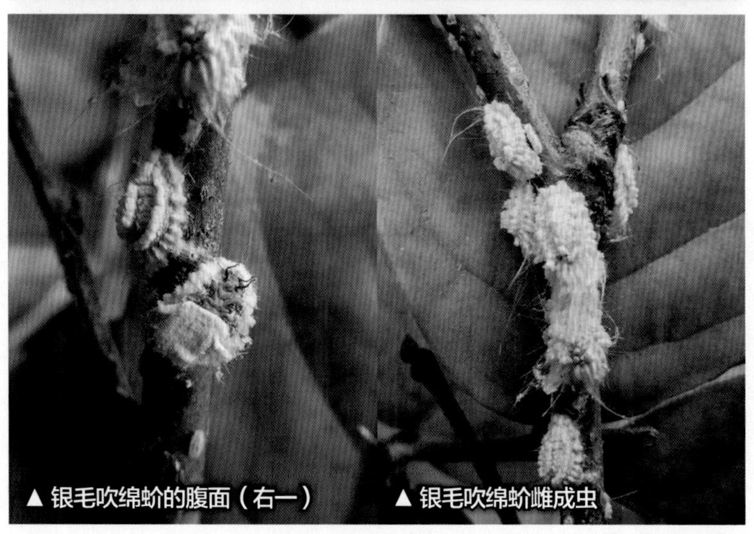

▲银毛吹绵蚧的腹面（右一）　▲银毛吹绵蚧雌成虫

属半翅目硕蚧科。分布于全国许多省区，范围广。

为害特点

若虫、成虫吸取寄主的汁液，使受害植株生长受阻，叶片变黄。严重时，于枝叶上群集吸食，导致叶枯、枝干，甚至全株死亡。

形态识别

成虫　雌成虫体长4~6毫米，椭圆形或卵圆形，后端宽，背面稍向上隆起，间或少量黄色、棕黄色或呈橘红色。体被白色棉絮状蜡质物，呈5纵行排列：背中线1行，两侧各2行，块间杂有许多细长的白色蜡丝，体缘蜡质突起较大，长条形，淡黄色。产卵期腹末分泌卵囊，卵囊上有多条管状蜡条排列一起。虫体背面有许多放射状银白色细长蜡丝，故称作银毛蚧。触角黑色，11节，各节有细毛。足3对，黑褐色，发达。雄成虫体长3毫米，紫红色，触角10节，念珠状，球部环生黑刚毛。前翅发达，色暗。后翅特化为平衡棒，腹末丛生黑色短毛。

卵　椭圆形，长1毫米，暗红色。

若虫　宽椭圆形，砖红色，体背有许多短毛，但不整齐，体边缘有无色毛状分泌物遮盖，触角6节，棒状，足细长。

雄蛹　长椭圆形，长3.3毫米，橘红色。

生活习性

一年发生1代，越冬为受精后的雌成虫，该虫态到了翌年春，继续为害寄主植物，成熟后分泌卵囊产卵。于7月上旬开始孵化，孵出的若虫分散游动至适合的位置后固定在枝干、叶片或果实上，吸取寄主汁液。9月后，雌虫多数转移至枝干处，群集取食并交尾，交尾后雄虫则死亡，雌虫继续取食为害至11月陆续越冬。

● 防治要点

参考吹绵蚧防治。

草履蚧

●**学名**：*Drosicha corpulenta* (Kuwana)

●**又名**：草履硕蚧

●**寄主**：柑橘、苹果、梨、桃、李、柿、荔枝、龙眼、木瓜、枣、栗等果树

●**为害部位**：嫩芽、嫩梢和根系

▲温州蜜柑上的草履蚧

▲草履蚧（腹面）

▲温州蜜柑上的草履蚧

属半翅目硕蚧科。分布于我国大部分地区。

为害特点

成虫、若虫吸取树体汁液，导致树势衰弱，枝条枯死，产量下降。为害柑橘根系，使被害根系的表皮斑驳脱落，严重受害时根死亡。幼龄柑橘树受害后，吸收能力下降，生长衰弱，因不能抽发新梢而渐枯死。

形态识别

成虫 雌成虫体长8~15毫米，宽4~5毫米，椭圆形，无翅，背面稍隆起，淡红褐色，背被白色薄蜡粉。雄成虫体长5~7毫米，翅1对，淡黑色，翅展9~11毫米，腹末有枝刺4根。

卵 椭圆形，黄白色，长0.7毫米，宽0.4毫米，产于白色絮状卵囊内。

若虫 体小，灰褐色，体形与成虫相似。

蛹 圆筒形，长约5毫米，褐色，外被白色棉絮物。

生活习性

通常一年发生1代，广西、广东一年发生2代，韶关曲江成虫上树在8月可见。以成虫和卵越冬。5月中旬和11月为产卵期。卵产在树冠下10~20厘米深的根际土壤缝隙处，幼树则产于树蔸近处，或树皮缝、枯枝落叶层等。成虫常年可见活动，盛期为春、秋两季。成虫、若虫为害柑橘，且主要为害5~25厘米表土层内直径2~8毫米的侧根。先固定在一处吸取汁液，经一定时间后转移为害。2月下旬气候转暖的晴天，有极少数成虫爬上树冠为害枝条。虫口消长与土壤含水量相关，地下水位高的果园少发生，同一坡向以中部、上部发生多，随坡度降低虫口减少。一年中以春季虫口最多，夏季随雨水增加而渐少。

● 防治要点

（1）购买外地种苗时，认真检查，避免带虫苗木进入新园种植。发现带虫苗木，可用80%敌敌畏乳油1 000倍液浸根处理3分钟，然后种植。

（2）地上部分发生为害，亦可用同样的药剂或48%毒死蜱乳油1 000~1 200倍液喷杀。若虫上树前，可用矿物油＋有机磷类药剂喷洒根颈周围土壤；若虫上树初期，可用48%毒死蜱乳油800~1 000倍液或80%敌敌畏乳油800倍液喷杀。

粉虱科

柑橘粉虱

- **学名：** *Dialeurodes citri* Ashemead
- **又名：** 柑橘黄粉虱、橘绿粉虱、通草粉虱、白粉虱、橘裸粉虱
- **寄主：** 柑橘、桃、柿、栗等植物
- **为害部位：** 叶片

▲ 甜橙嫩叶上的柑橘粉虱成虫

▲ 柚嫩叶上的柑橘粉虱成虫

▲ 柑橘粉虱成虫

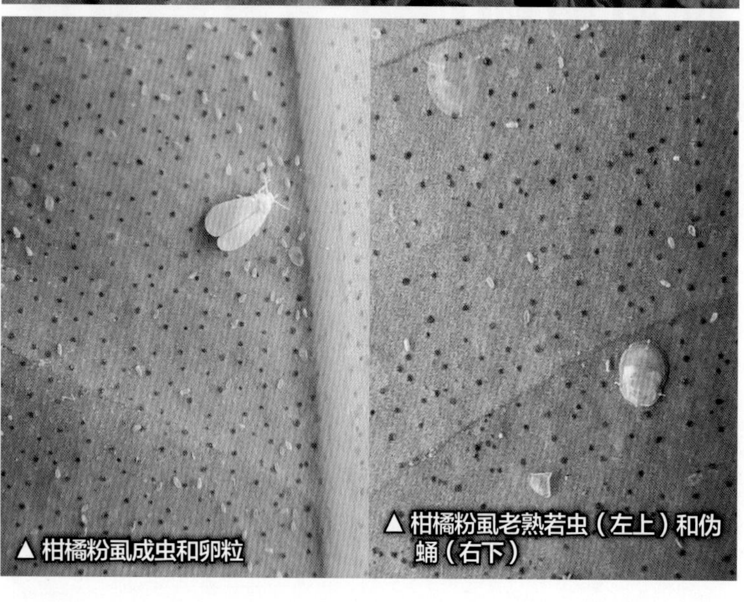

▲ 柑橘粉虱成虫和卵粒

▲ 柑橘粉虱老熟若虫（左上）和伪蛹（右下）

属半翅目粉虱科。分布于华南各省区，以及浙江、台湾、湖南、四川、江西、江苏、河北等省。

为害特点

若虫、成虫为害春、夏、秋季各次新梢叶片。成虫群集、若虫固定在新叶背上吸食叶片汁液。成虫为害时分泌一薄层蜡粉在叶背，同时交尾产卵。叶片因若虫排泄物诱发煤烟病，致使枝叶污黑，阻碍光合作用，导致树势衰弱，果实生长缓慢，以致脱落，留存果实表面覆盖煤烟，外观差，价格低。

形态识别

成虫 雌成虫体长1.2毫米，黄色，虫体、翅半透明，被白色蜡粉。复眼红褐色，分上下两部，中有一小眼相连。触角7节。雄成虫较小，体长0.96毫米，端部向上弯曲。翅2对，半透明。

卵 长0.2毫米，宽0.09毫米，椭圆形，淡黄色，卵壳表面平滑，散生，以卵柄附在叶背上，初产时斜立，后平卧。

若虫 共4龄。初孵若虫体扁平，椭圆形，淡黄色，周缘有小突起17对。成熟若虫体长0.9~1.5毫米，宽0.7~1.1毫米，尾沟长0.15~0.25毫米，中后胸两侧显著凸出。

伪蛹 近椭圆形，大小与4龄若虫一致，但背盘区稍隆起，两侧2/5胸气门处稍微凹入，壳质软而透明，羽化成虫前呈黄绿色，可见虫体，羽化后蛹壳白色，壳薄而软。

生活习性

发生代数各地不一，重庆一年发生5代，华南地区一年发生5~6代，世代重叠。以3龄若虫和蛹在秋梢叶背越冬。翌年3月中旬越冬代羽化为成虫。在重庆，初龄若虫盛期分别为

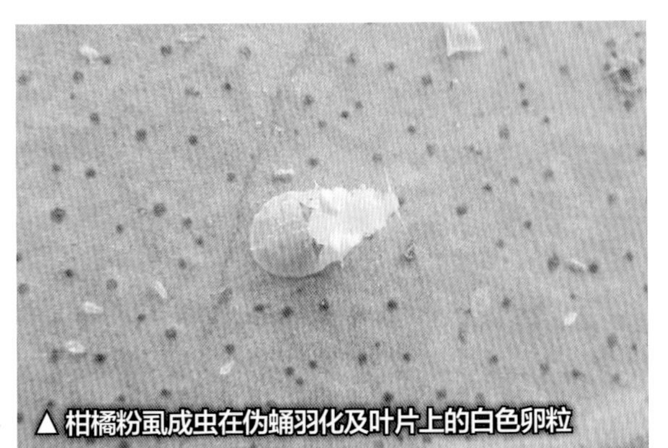
▲柑橘粉虱成虫在伪蛹羽化及叶片上的白色卵粒

▲柑橘粉虱若虫和羽化后的白色蛹壳

▲柑橘粉虱若虫和伪蛹壳

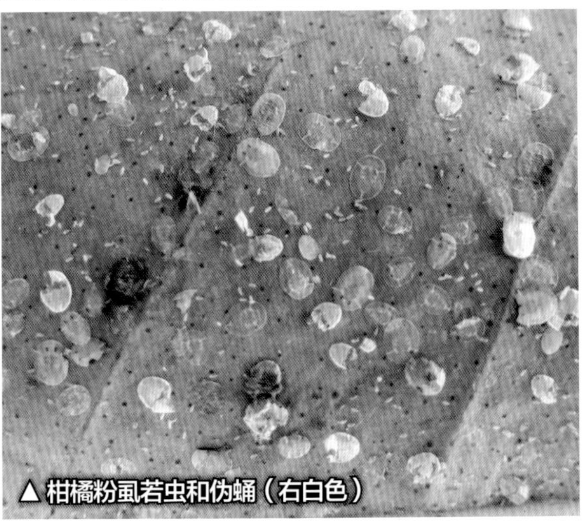
▲柑橘粉虱若虫和伪蛹（右白色）

3月下旬、5月中下旬、7月上中旬、7月下旬至8月上旬和10月上中旬。广东多点观察初龄若虫在3月中旬出现，4月中旬严重为害春梢，并诱发煤烟病。4月下旬至5月上旬为羽化盛期，第3代发生于6月下旬至7月下旬，第4代在8月上旬至9月上旬为害秋梢，9月中旬后成虫渐少，但若虫大量为害秋梢。成虫羽化后，群集于新梢叶背吸取叶片汁液，并分泌一薄层蜡粉于叶背上。成虫的飞翔力不强，遇惊作短暂飞舞，即返回树上。阳光强、气温高时迁入树冠荫蔽处。卵散产。前后卵期为3~35天。若虫孵化后，作短距离爬行，不久以口器插入叶组织内取食。若虫蜕皮3次，每次蜕皮后稍爬动，又重新固定取食。3龄若虫后期在体内蜕皮成拟蛹，其蜕皮壳硬化即为蛹壳。该虫喜阴，因此栽植过密、荫蔽潮湿的果园发生多。

● 防治要点

参考黑刺粉虱防治，还可用25%噻嗪酮（优乐得、扑虱灵）可湿性粉剂2 000~5 000倍液喷雾。严重发生的果园，可移入带粉虱座壳孢菌的枝条，使之发生寄生灭虫作用。

● 天敌

柑橘粉虱的天敌有粉虱座壳孢菌［黄色寄生菌（*A. goldiana* Sace. and Ellis）、棕色寄生菌（*Aegerita webbari* Faw.）和白色寄生菌（*Fusarium aleyrodis* Petch.）］、扑虱蚜小蜂、橙黄蚜小蜂、草蛉等。

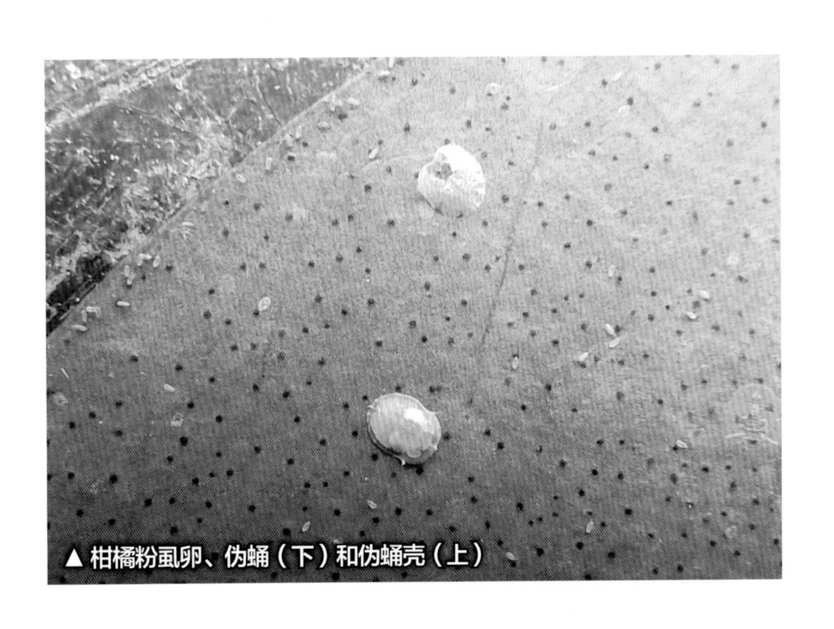
▲柑橘粉虱卵、伪蛹（下）和伪蛹壳（上）

黑刺粉虱

●**学名：***Aleurocanthus spiniferus* (Quaintance)

●**又名：**刺粉虱、柑橘刺粉虱、黑蛹有刺粉虱

●**寄主：**柑橘、龙眼、枇杷、香蕉、橄榄、椰子、葡萄、柿、桃、李、蔷薇等植物

●**为害部位：**叶片

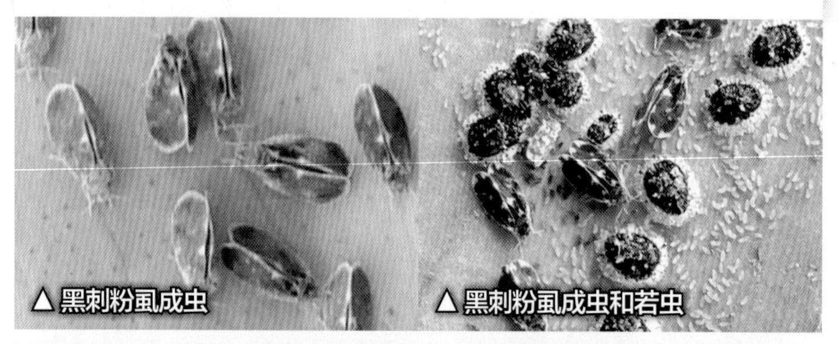

▲黑刺粉虱成虫　▲黑刺粉虱成虫和若虫

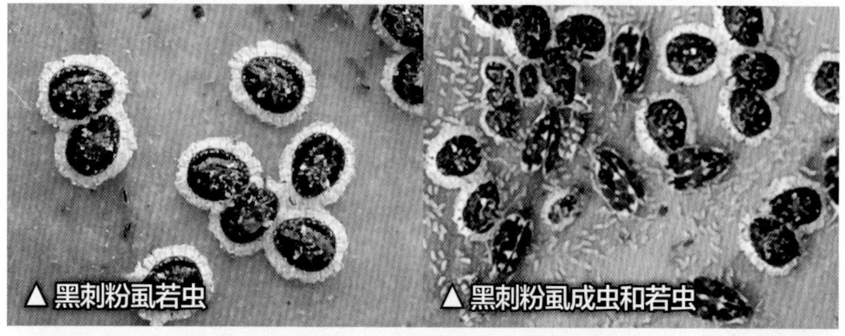

▲黑刺粉虱若虫　▲黑刺粉虱成虫和若虫

▲黑刺粉虱若虫（白色为初孵1龄若虫）

属半翅目粉虱科。分布于广东、广西、福建、台湾、浙江、江西、湖南、湖北、四川、云南、贵州、河北、山东等省区。

为害特点

若虫密集在叶片背面刺吸汁液，形成黄斑，并分泌蜜露诱发煤烟病，严重影响光合作用，使树势变弱，开花少，坐果低，产量下降，果实质量差。

形态识别

成虫　雌成虫体橙黄色或橘红色，长1~1.7毫米，翅展2.5~3.5毫米，薄被蜡质白粉。前翅淡紫色，桨形，具纵脉1~2条，翅上有7个大小不等的白斑纹。后翅较小，淡褐紫色，无斑纹。雄成虫体略小，体长0.96~1.3毫米，触角7节，足黄色，翅与雌虫相似，腹末有交尾器。

卵　长椭圆形，微弯，长2.5毫米，顶端较尖，基部钝圆，基部有一直立的卵柄，附于叶片上。初产时乳白色，后变为淡黄色，近孵化时灰黑色。

若虫　共4龄。

伪蛹　4龄若虫在体皮下变蛹，称伪蛹。伪蛹椭圆形，漆黑色，有光泽。雌蛹壳长0.98~1.23毫米，宽0.68~0.89毫米，雄蛹壳较小。边缘锯齿状，背部显著隆起，周缘有宽的白色蜡质。

生活习性

一年发生代数因各地气温不同而异。重庆、贵州、台湾一年发生4~5代，福建、湖南4代，广东5~6代。以2~3龄若虫在叶背越冬。发生不整齐，田间各种虫态并存。在广东越冬有卵和若虫。若虫于2月下旬至3月化蛹，3月中旬至4月上旬大量羽化为成虫。羽化的成虫群集在当年春梢叶背上吸食汁液、交尾产卵。卵

产在叶背，散生或密集成圆弧形。成虫有趋新（嫩）性，每代成虫的发生及盛发与新梢抽出有关，如果无新梢时，取食和产卵仍在上一次梢的叶片背面。远处传播可借风力。初孵若虫作短距离爬行后固定吸食。广东各代1~2龄若虫盛发期为4—5月、5月下旬至7月上旬、7月下旬至8月下旬、8月下旬至9月下旬、9月下旬至11月中旬。

黑刺粉虱卵的发育温度为10.3℃，有效积温为234.57℃，卵期在平均温度22℃时为15天，若虫期在平均温度24℃时为13天左右。在温度21~24℃下，成虫寿命6~7天。

● 防治要点

（1）冬季清园可喷布矿物油，其中有97%希翠矿物油和绿颖99%矿物油120~200倍液，煮制松脂合剂8~10倍液，30%松脂酸钠（虫螨清）水乳剂300~500倍液等，可杀死越冬若虫及清除煤烟。喷药应均匀，及至叶面叶背。春季常检查果园，发现成虫羽化时，即用药杀灭。

（2）防治的关键时间是各代的1~2龄若虫盛发期，尤其是第1代，可减少以后各代的虫口密度。药剂选用：25%吡虫·辛硫磷乳油1 000倍液、48%毒死蜱乳油1 000倍液、20%噻嗪酮（扑虱灵）可湿润性粉剂1 200~1 500倍液、10%烯啶虫胺2 000~3 000倍液、0.3%印楝素1 000倍液、40%辛硫磷乳油1 000倍液及其他有机磷类药剂。喷用第1次，隔10~15天喷第2次，连续2~3次。

（3）保护和利用天敌。

● 天敌

黑刺粉虱天敌主要有红点唇瓢虫、草蛉、韦伯虫座孢菌、粉虱细蜂、斯氏寡节小蜂、黄色跳小蜂等。

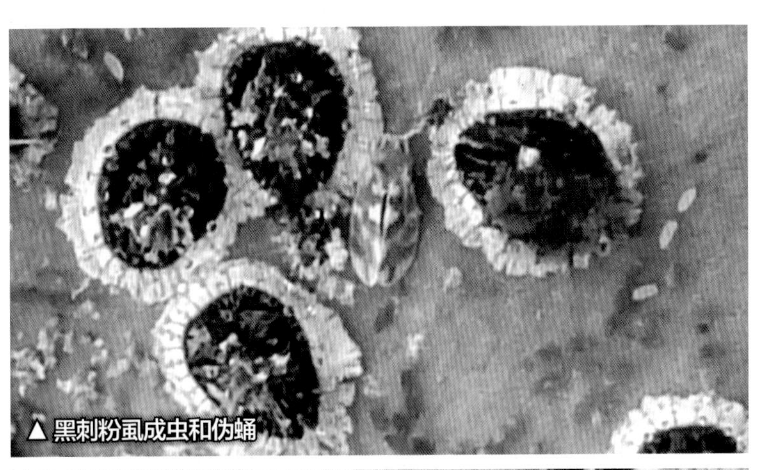
▲黑刺粉虱成虫和伪蛹

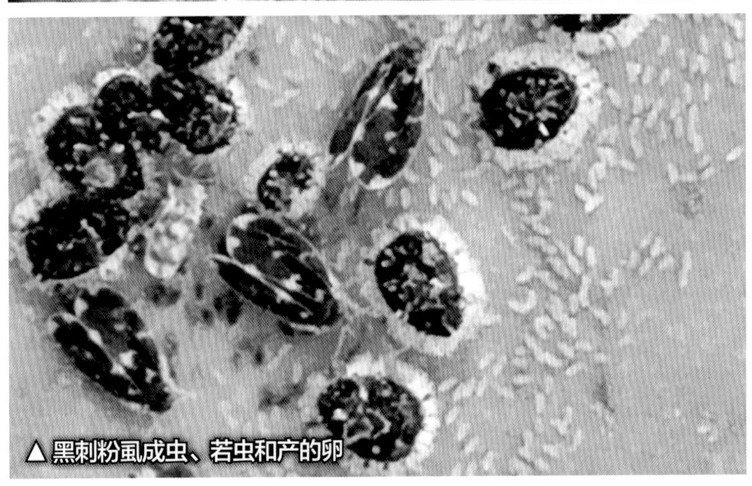
▲黑刺粉虱成虫、若虫和产的卵

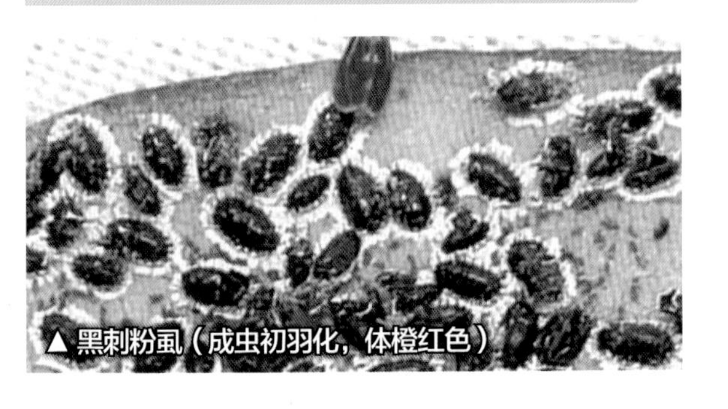
▲黑刺粉虱（成虫初羽化，体橙红色）

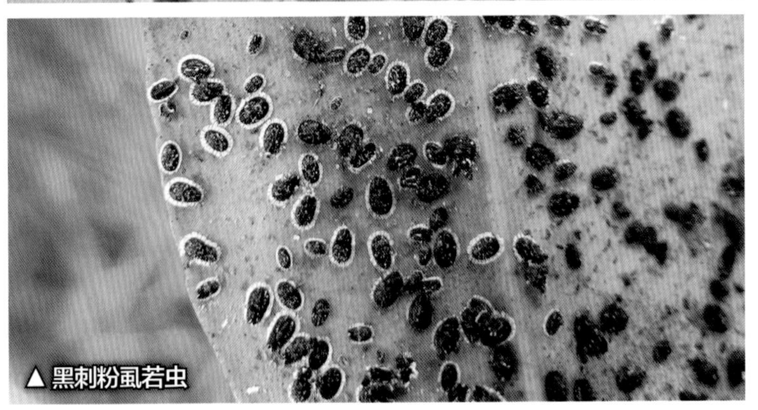
▲黑刺粉虱若虫

双姬刺粉虱

●**学名：** *Bemisia giffardibispina* Young

●**又名：** 柑橘寡刺长粉虱、橘长粉虱

●**寄主：** 柑橘

●**为害部位：** 叶片

▲双姬刺粉虱将羽化的蛹体

▲双刺姬粉虱成虫和若虫

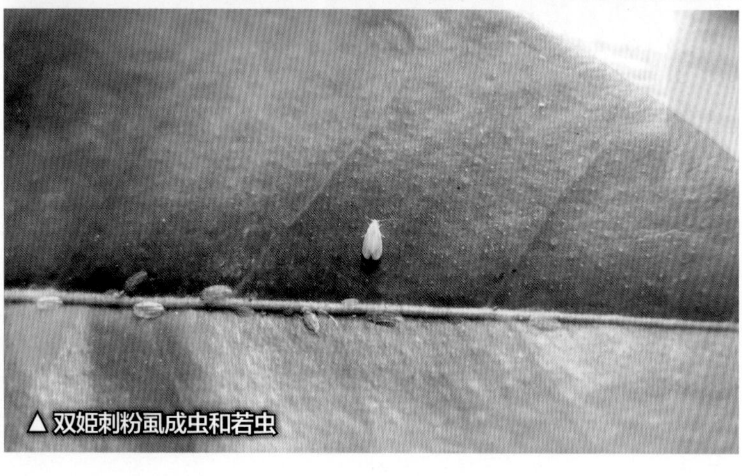

▲双姬刺粉虱成虫和若虫

属半翅目刺粉虱科。分布于四川、重庆、广东、湖南、浙江、福建、台湾、江西和陕西等省区。

为害特点

若虫、成虫吸食柑橘叶片汁液，严重时诱发煤烟病，影响树势和产量，并降低果品质量。

形态识别

成虫 雌成虫体长0.8~0.99毫米，翅展2.38毫米，头、胸黄色，腹橘红色，复眼紫红色，触角7节，第3节最长，翅白色而透明。雄成虫体长1.06毫米，翅展2.04毫米，触角7节，以第7节最长。

卵 基部钝圆，顶端尖而微弯一侧，有一卵柄固定，长0.2毫米，初产时为淡黄色，后变为褐色。

若虫 椭圆形，长约1毫米，淡绿色，透明，稍盖蜡质，复眼紫红色。

蛹 初为淡黄色，后渐变黄绿色，狭长，椭圆形，长1.3毫米，宽0.7毫米。背盘中央有2条纵线，背上有粗刺2根，位于纵线起点处，这一特征是与姬粉虱的重要区分之处。

生活习性

重庆一年发生4代，以若虫在叶片上越冬。第1代在5月上旬至6月下旬，第2代于6月上旬至8月中旬，第3代在7月下旬至10月下旬，第4代从9月下旬延至翌年6月上旬，历时近8个月。成虫有趋光性。成虫羽化后当日即交尾产卵。卵多产于叶片的正面主脉两侧，有卵柄固定，形似香蕉。初孵若虫不太游走，爬行短时间后便在叶片主脉两侧固定为害。

● 防治要点

参考黑刺粉虱防治。

马氏粉虱

●**学名：** *Aleuidolobus marlatti* Quaintance

●**又名：** 橘黑粉虱、黑蛹无刺粉虱、橘无刺粉虱、黑粉虱

●**寄主：** 柑橘、梨、无花果等果树

●**为害部位：** 叶片

属半翅目粉虱科。分布于广东、广西、江西、浙江、福建、台湾、陕西、湖南、四川、云南等省区。

为害特点

若虫、成虫吸食柑橘叶片汁液，被害叶片出现黄白色斑点，随着为害加重，斑点扩大成片，使叶片苍白、提早脱落，严重时诱发煤烟病。

形态识别

成虫 雌成虫体长1.3毫米左右，头部黄色，有褐色斑纹，复眼红色，触角7节，第3节最长，第1节最短。胸部黄白色，腹部黄色，翅半透明，粉紫色，被白色蜡粉，前翅有大小不等的白色斑。雄成虫体略小。

卵 椭圆形，壳平滑，初产时淡黄色，孵化前淡绿色。

若虫 初孵若虫淡黄绿色，后变褐色，体周有白色蜡质物，腹部外缘有16对小突，其上有刚毛。老熟若虫体长0.6毫米左右。

蛹 黑色，椭圆形，有光泽，体长1.2毫米，周围有玻璃状透明蜡丝，整齐围绕蛹壳的边缘，蛹壳前端有1对新月形透明眼点。

生活习性

一年发生3代，以2龄若虫越冬，翌年5月中旬开始发生第1代，7月上旬和9月下旬为第2代和第3代成虫发生。卵产于叶片的正面和背面。若虫群集，有液状物排泄附着叶片上。

● 防治要点

参考黑刺粉虱防治。

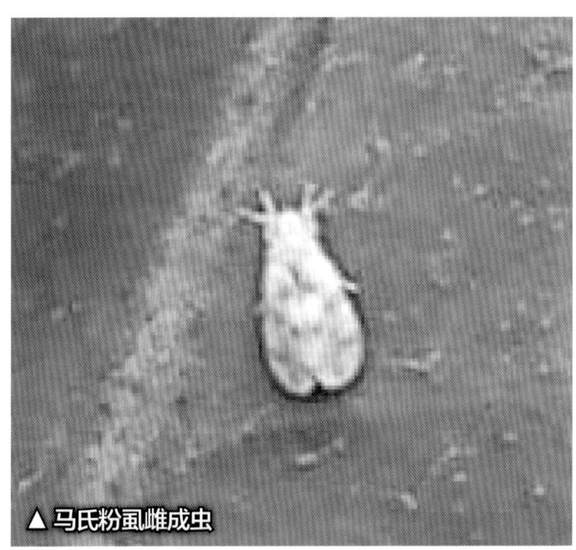

△马氏粉虱雌成虫

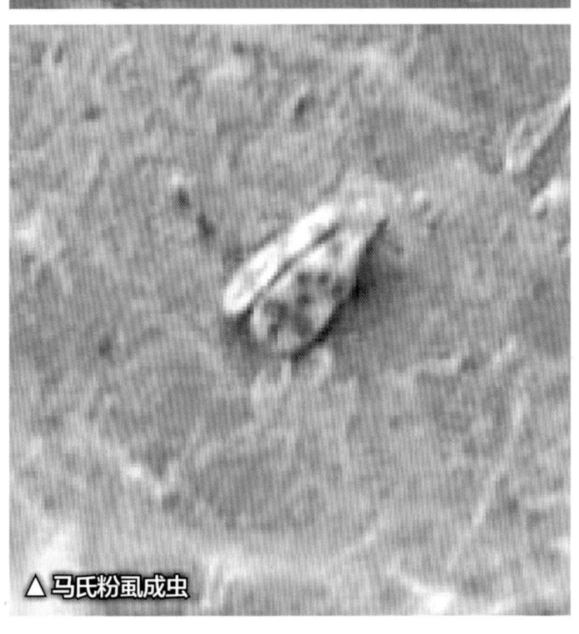

△马氏粉虱成虫

双钩巢粉虱

●**学名：** *Paraleyrodes pseudonaranjae* Martin
●**寄主：** 柑橘、龙眼等果树
●**为害部位：** 叶片

属半翅目粉虱科。分布于广东、海南、广西、云南等省区。

为害特点

若虫和成虫在柑橘的叶背面吐丝和分泌棉絮状白蜡筑巢固定吸取汁液，致叶片变形，并分泌蜜露污染叶面，诱发煤烟病，导致树体衰弱，开花结果减少。

形态识别

成虫 体长0.5~0.6毫米，翅展1.5~1.8毫米，淡棕黄色。前后翅粉白色，外缘弧形，前缘中部有斜向后缘中部的淡紫色斑3个，顶角淡紫色斑点纹斜向内侧，至开室处又折向臀角，隐约可见5个斑点，翅基合缝处亦有1个淡紫色斑。复眼黑色。触角1对，雌成虫4节，雄成虫3节，粉白色。

卵 小，长卵形，约0.3毫米，一端由卵柄固定，孵化前暗黄绿色。

若虫 成熟时体长约0.8毫米，宽约0.6毫米，短椭圆形，暗黄绿色，外被白色薄蜡粉。

蛹 背面中间稍隆起，长0.6毫米左右，浅暗绿色。

生活习性

此虫极喜欢在荫蔽浓郁、密不通风的果园生活，亦喜同黑刺粉虱或柑橘粉虱共同为害。田间随时可见3种虫态同时并存，一起为害，并且世代重叠。在广东，一年代数未详，但可见成虫、若虫和卵同时越冬，以卵越冬为主。广东杨村的越冬卵于翌年3月上旬开始孵化。若虫孵出后不久固定在叶片背面取食，并分泌长的白色蜡丝，向周围凌乱散布。若虫散居或偶有群居。成虫则分泌白色絮状蜡质物，在虫体周围构筑圆形或不规则形、内密厚而外松散的“巢窝”并居其中。成虫飞翔力弱。卵散产在成虫停息周围的叶片背面。

防治要点

参考黑刺粉虱防治。

▲ 双钩巢粉虱成虫（左雄、右雌）
▲ 双钩巢粉虱成虫和卵粒（白色，长卵形一端有一卵柄）

▲ 双钩巢粉虱若虫

▲ 双钩巢粉虱为害状

▲ 双钩巢粉虱在叶背为害

蚜科

橘蚜

●**学名：** *Toxoptera citricidus*（Kirkaldy）
●**又名：** 橘蚰、腻虫等
●**寄主：** 柑橘、桃、梨、柿等果树
●**为害部位：** 嫩芽、嫩梢和叶片

▲ 橘蚜

▲ 无翅橘蚜成蚜和若蚜

属半翅目蚜科。分布范围极广。

为害特点

成虫、若蚜均吸食嫩梢、嫩叶、花蕾的汁液，被害叶片上有灰褐色的蜕皮壳，可使叶片皱缩卷曲，严重发生时可导致新梢枯死，花蕾和幼果脱落，还会诱发煤烟病，影响光合作用，削弱树势，甚至影响产量和品质。橘蚜是传播衰退病的媒介昆虫之一。

形态识别

成虫 无翅胎生雌蚜体长约 1.3 毫米，漆黑色，复眼红褐色，触角 6 节，灰褐色，腹管呈管状，尾片乳状突上生丛毛。有翅胎生雌蚜翅 2 对，白色透明或无色，前翅中脉为三叉，翅痣淡褐色。有翅雄蚜与有翅雌蚜相似，唯触角第 3 节有感觉圈 12~15 个。无翅雄蚜与无翅雌蚜相似，全体深褐色，后足特别膨大。

卵 椭圆形，长约 0.6 毫米，初为淡黄色，渐变为黄褐色，后为漆黑色，有光泽。

若蚜 体褐色，复眼红褐色。有翅若蚜 3~4 龄时翅蚜明显可见。

生活习性

一年发生代数因各省区的柑橘物候期不同而异，浙江、湖南、四川、江西等地为 10 余代，广东、广西、云南、福建、台湾为 20 余代，世代重叠严重。四川以卵越冬，广东、广西、福建等省区主要以成虫越冬。越冬卵于第二年 3 月下旬至 4 月上旬孵化，成为无翅胎生若蚜，在柑橘春梢嫩芽、嫩叶上吸取汁液，繁殖为害。若蚜成熟后，开始胎生幼蚜继续繁殖为害，虫口迅速增加，是为害春梢的高峰。当夏梢抽出时，则转至幼嫩的夏芽和幼果上为害，8—9 月则为害秋梢的嫩芽、嫩枝。一年中以春芽和秋芽被害最重。高温干旱且有嫩芽有利于

蚜虫大发生。当环境条件不适宜或枝叶老熟、虫口密度过大时，就会产生有翅蚜，迁飞到别的植株上继续繁殖为害。到了晚秋，有翅雌蚜和有翅雄蚜交尾后产卵于枝条上越冬。华南各地柑橘产区全年均可发生。2—3月以无翅蚜为多，4—5月和8—9月除了无翅蚜，常发生有翅蚜。橘蚜繁殖最适温度为24~27℃，夏季高温繁殖力弱，寿命短，死亡率高。大雨或暴雨极不利于橘蚜的繁殖。

▲有翅橘蚜成蚜和若蚜

● 防治要点

（1）农业防治。冬季结合修剪剪除有卵枝和被害枝梢，尤其应剪除受害的迟秋梢（晚秋梢），以降低越冬虫口基数。在生长季节，每次新梢应除零星留整齐，使抽梢一致。

（2）保护和利用天敌。

（3）药剂防治：可选用10%吡虫啉可湿性粉剂2 500~3 000倍液、50%辛硫磷乳油1 000倍液、48%毒死蜱乳油1 000~1 200倍液、3%啶虫脒微乳剂2 000倍液、1%甲氨基阿维菌素苯甲酸盐（歼尽）2 000~2 500倍液、22.4%螺虫乙酯（亩旺特）悬浮剂4 000~4 500倍液、38%阿·辛（克蛾宝）乳油1 000倍液、15%克蛾宝悬浮剂1 000~1 200倍液或0.3%印楝素乳油1 000~1 200倍液。22%氟啶虫胺悬浮剂和10%烯啶虫胺水剂等亦可选用。

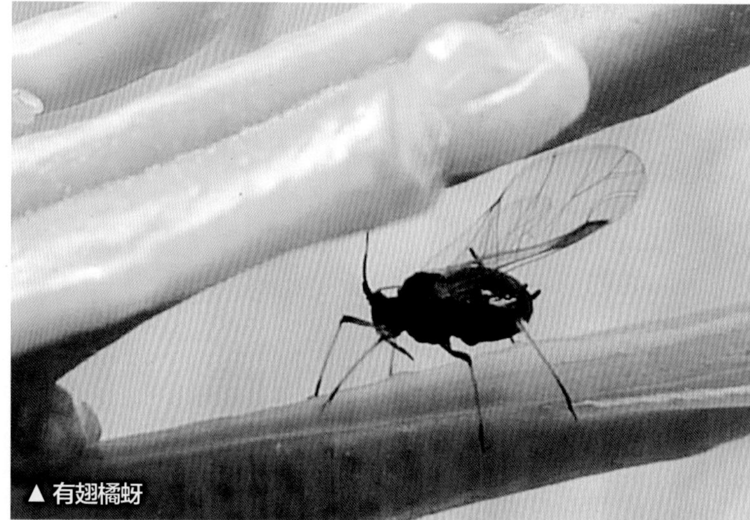
▲有翅橘蚜

● 天敌

橘蚜的天敌有多种瓢虫，在广东杨村常见的有六斑月瓢虫、四斑月瓢虫、十斑大瓢虫、红肩瓢虫点肩变型瓢虫，而以红肩瓢虫点肩变型食量大，繁殖多。其他天敌有草蛉和食蚜蝇等。

▲无翅橘蚜

绣线菊蚜

●**学名：** *Aphis citricloa* Van der Goot

●**又名：** 卷叶蚜、绿色橘蚜、柑橘绿蚜、雪柳蚜

●**寄主：** 柑橘、苹果、梨、山楂、枇杷、樱桃等果树

●**为害部位：** 嫩芽、嫩梢和叶片

属半翅目蚜科。分布范围广。

为害特点

成蚜、若蚜群集为害寄主植物的嫩芽、嫩枝、嫩叶背面，被害叶片反卷皱缩，严重时嫩芽不能伸长，并分泌蜜露，诱发煤烟病。此外，绣线菊蚜是传播衰退病的媒介昆虫。

形态识别

成虫 绣线菊蚜有无翅型和有翅型 2 种。无翅胎生孤雌蚜卵圆形，体长 1.4~1.8 毫米，黄色至黄绿色或绿色，头部淡黑色，口器黑色。腹管、尾片黑色。足与触角淡黄色与灰黑色相间，腹部第 5~6 节之间黑色，体背有网状纹。触角短于体长，第 5~6 节有 1 个感觉圈。腹管

▲有翅绣线菊蚜

▲绣线菊蚜

▲绣线菊蚜

▲绣线菊蚜

长于尾片，圆筒形，基部宽约为端部宽的2倍，有瓦状纹。有翅胎生雌蚜体长约1.7毫米，长卵形。头部、胸部黑色，腹部黄色或黄绿色，腹管和尾片黑色，腹部第2~4节背面两侧各有1对大黑斑，腹管后方有一近方形大黑斑，体表网状纹不明显。复眼暗红色。前翅中脉分3叉。

卵 椭圆形，初为淡黄色，后变为漆黑色。

若蚜 体鲜黄色，似无翅孤雌蚜，触角、足、腹管均为黑色。有翅若蚜胸部较发达，有翅芽1对。

生活习性

在柑橘园全年发生。广东一年达20代以上，全年均可孤雌生殖。在台湾一年发生18代，以成虫越冬。福州可在冬梢上繁殖，1月为第一个高峰，一枝梢虫口可达11头，4—6月形成第二个高峰，主要为害春梢和早夏梢，第三个高峰在8—12月，为害秋梢和晚秋梢。在温度较低的地区，秋后产生两性蚜，于雪柳等树上产卵，少数也能在柑橘树上产卵越冬。一年中有幼嫩食料时有5个以上的高峰期，以4—5月第二个高峰期发生量最大。在广东9月柑橘嫩梢受害最为普遍。一般是春梢受害最重，嫩梢长10厘米以下时适合其吸食。无翅孤雌蚜喜群集在叶背为害，当新梢伸长老熟、长度超过15厘米后，或群体过于拥挤时，即大量产生有翅孤雌蚜，迁飞到较幼嫩的枝梢上或其他寄主上取食。其速度和嫩梢的数量、气候条件密切相关，干旱气候会加重受害程度。

● 防治要点

参考橘蚜防治。

▲绣线菊蚜为害状

▲绣线菊蚜在天草杂柑嫩芽上为害

棉蚜

●**学名：** *Aphis gossypii* Glover

●**又名：** 瓜蚜、旱虫、草绵蚜

●**寄主：** 柑橘、荔枝、龙眼、枇杷、香蕉、梨、桃、梅、李、石榴等果树

●**为害部位：** 嫩芽、嫩枝和叶片

▲ 棉蚜在春甜橘嫩芽上为害　▲ 棉蚜为害春甜橘

▲ 棉蚜在甜橙嫩芽和花蕾上为害

属半翅目蚜科。分布于我国各地。

为害特点

成蚜和若蚜为害已经展开的叶片，被害叶片皱缩，微反卷或畸形，并分泌蜜露，诱发煤烟病。棉蚜是传播衰退病的媒介昆虫。

形态识别

成虫　成蚜、若蚜分无翅型和有翅型2种。无翅胎生雌成蚜体长1.5~1.9毫米，体色会因季节而变化，有灰绿色、棕色或灰黑色。前胸与中胸背面有断续灰黑色斑，后胸斑小，第7~8节中斑呈短横带，体表网纹清楚。头骨化，黑色。触角5节，仅第5节端部有1个感觉圈，腹管短，基部较宽。有翅胎生雌成蚜体长1.2~1.9毫米，黄色、浅绿色或深绿色。前翅背板黑色，腹部两侧有3~4对黑斑，第6腹节背中常有横条。触角短于虫体，第3节有小圆形次生感觉圈4~10个，一般6~7个。有翅型和无翅型体上均被一层薄的白蜡粉。

卵　椭圆形，长0.5~0.7毫米，深绿色至漆黑色，有光泽。

若蚜　无翅若蚜夏季为黄白色至黄绿色，秋季为蓝灰色至黄绿色或蓝绿色，无尾片。有翅若蚜夏季为黄褐色或黄绿色，秋季为蓝灰黄色，有短小的黑褐色翅芽，体上有蜡粉。

生活习性

每年可发生20~30代，以卵在寄主植物的枝条上或夏至草的基部越冬。早春气温达6℃以上开始孵化。浙江一带于3月上旬可产第1代蚜虫，以后在越冬寄主上胎生繁殖2~3代，就地产生有翅蚜。早春和晚秋完成1代为19~20天，夏季4~5天可完成1代。繁殖最适宜温度为16~22℃。

● 防治要点

参考橘蚜防治。

● 天敌

棉蚜的天敌种类很多，如捕食性草蛉、瓢虫、食蚜蝇、蜘蛛等，还有寄生性天敌蚜茧蜂3种和蚜跳小蜂1种。

橘二叉蚜

●**学名：** *Toxoptera aurantii*（Boyer de Fonscolombe）
●**又名：** 茶二叉蚜、茶蚜
●**寄主：** 柑橘及其他果树
●**为害部位：** 嫩芽、嫩枝和嫩叶

▲橘二叉蚜有翅雌蚜

▲橘二叉蚜及其胎生幼蚜

属半翅目蚜科。分布范围广。

为害特点

成虫、若蚜在柑橘的嫩芽、嫩叶和嫩枝上吸取汁液，导致嫩叶卷缩，也为害花蕾，可诱发煤烟病，影响树势、产量和商品质量。

形态识别

成虫 无翅孤雌蚜体卵圆形，长 2 毫米，宽约 1 毫米，体黑色或黑褐色，有光泽，有时红褐色。头部有皱褶纹，胸背部有网纹，腹背面微显网纹，腹面有时显网纹。有喙瘤，位于前胸及腹部第 1 节、第 7 节，第 7 节喙瘤最大。体毛短，头部 10 根，第 8 节有 1 对长毛；中额瘤稍隆。有翅孤雌蚜体长 1.8 毫米，长卵形，黑褐色，有光泽，前翅中脉分二叉，腹部背侧面有 4 对黑斑。

卵 长椭圆形，一端稍细，漆黑色，有光泽。

若蚜 体长 0.2~0.5 毫米，无翅若蚜浅棕色或淡黄色，有翅若蚜棕褐色，翅芽乳白色。

生活习性

一年发生 20 余代，在广东、广西、云南等地区属优势种。全年行孤雌生殖，以无翅雌蚜或老龄若蚜在树上越冬，甚至无明显越冬现象。以春季发生最烈，3—4 月为害春梢，使幼嫩叶片卷缩，同时还为害花。在温度较低的柑橘产区，以卵在叶背越冬。日平均温度 4℃以上时开始孵化，3—4 月达高峰，盛夏虫口少，9 月下旬至 10 月虫口有所回升，至秋末出现两性蚜，然后交配产卵过冬。繁殖最适温度为 25℃左右。春、秋梢抽发期，虫口密度达高峰。当虫口密度过大或受天气影响时，便产生有翅蚜，迁飞到别的植株新芽上繁殖为害。此蚜虫繁殖力较强，在适宜条件下，一头孤雌蚜一生可产若蚜 35~45 头。

● 防治要点

参考橘蚜防治。

蝉科

黑蚱蝉

●**学名：** *Crytotympana atrata* Fabricius

●**又名：** 黑蚱、知了、蚱蝉、蚱嘹

●**寄主：** 柑橘、苹果、梨、葡萄、龙眼、荔枝等果树，以及苦楝、柳、槐等树木

●**为害部位：** 枝条、根

▲黑蚱蝉成虫

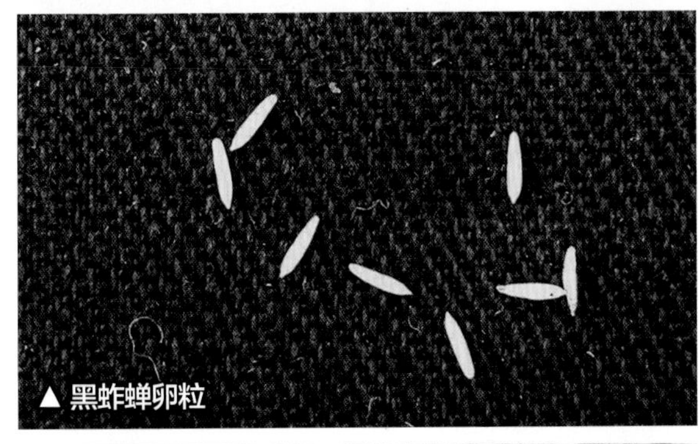
▲黑蚱蝉卵粒

▲黑蚱蝉蛹壳 ▲黑蚱蝉蛹室

属半翅目蝉科。分布范围极广。

为害特点

雌成虫将产卵器插入结果母枝、当年春梢或夏梢木质部造成“爪”状卵窝，使枝梢失水逐渐干枯死亡。成虫吸取幼嫩枝梢的汁液，影响枝梢生长。黑蚱蝉各龄若虫在土壤中生活，终年吸取植株根部汁液，使果树的根生长受阻，树体衰弱。

形态识别

成虫 黑色或黑褐色，有光泽，被金色细毛。雌成虫体长38~44毫米，翅展125~150毫米。复眼淡黄色，头部中央及颊上方有红黄色斑纹，触角短，刚毛状。中胸发达，背板宽大，中央高并有“X”形纹突起。无鸣器，有听器，产卵器发达。雄成虫体长44~48毫米，翅展125毫米，腹部第1~2节有鸣器，膜透明，能鸣叫。翅透明，前足粗，腿节发达、有刺。

卵 细长，腹面微弯，乳白色，长2.4毫米，宽0.5毫米，两端尖。

若虫 初孵若虫细如小蚁，白色。末龄若虫长约35毫米，黄褐色，复眼突出，灰白色，前足发达，开掘式，形似成虫，没有鸣器和听器。

生活习性

黑蚱蝉完成1代需4~5年。广东杨村柑橘场柑橘研究所专项观察，采集当年的卵枝挂入网罩内的缸栽橙苗上，置于自然环境中，次年4月22日取回室内，放在三角瓶内，于5月8日开始孵化，虫体长2毫米，再移入缸栽橙苗的土壤中一周年时进行调查，土壤中的若虫体长已达12毫米，体色浅黄褐色。每年5月下旬至8月为成虫羽化期，在平均气温达22℃时，始闻蝉鸣声，故有端午节前闻蝉鸣之说。6—8月

雌成虫选在上一年的春梢、夏梢上产卵。产卵窝多为双行、螺旋形沿枝条向上排列，每窝3~5粒，每枝平均100余粒。一雌蝉产卵500~600粒。成虫寿命60~70天。成虫喜群集栖息，中午、晚上多群集于通风且较独立的树干和枝条上，尤其是在苦楝树或麻楝树上，有趋光性。卵在枝条内越冬，长达10个月左右，越冬卵次年5月开始孵化。幼虫落地后钻入土中，吸食根部汁液发育成长。老龄若虫以土筑卵形“蛹室”。羽化时破室而出，爬向树干或枝条、叶片，固定后从背部破皮羽化。

▲ 黑蚱蝉卵窝内的卵粒

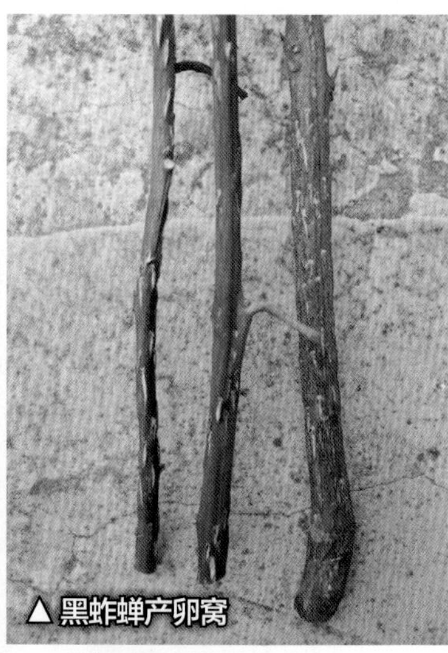
▲ 黑蚱蝉产卵窝

● 防治要点

（1）捕捉成虫，利用群栖和趋光扑火习性，于晚上举火把在成虫集中栖息的树下，突然摇动树体，使其飞向火光，因翅膀烧伤而被捕捉。

（2）及时剪除有蝉卵的枝条，集中烧毁，减少其大量繁殖。

（3）松土除若虫，每年冬春季进行园内松土，把将羽化的若虫从蛹室翻出，集中处理。

（4）阻止黑蚱蝉若虫上树蜕皮羽化，可在树干基部包扎一圈宽8~10厘米的塑料薄膜带，阻止老熟若虫上树蜕皮。

（5）尽量避免在果园附近栽植蚱蝉的其他寄主植物，以防转主为害。

（6）成虫羽化盛期，可喷布20%甲氰菊酯（灭扫利）乳油2 000~2 500倍液或40%噻虫啉悬浮剂2 000~3 000倍液。

▲ 黑蚱蝉产卵枝

蟪蛄

●**学名**：*Platypleura kaempferi*（Fabricius）

●**又名**：皮皮虫、褐斑蝉、中华蟪蛄蝉、斑翅蝉

●**寄主**：柑橘、苹果、梨、梅、桃、李、柿、桑、桐、杨、柳等果树和林木

●**为害部位**：枝叶、根

▲蟪蛄产卵窝

属半翅目蝉科。分布于福建、台湾、广东、广西、四川、浙江、江苏、河北、山东、江西、陕西、河南等省区。

为害特点

若虫生活在土壤中，刺吸根部汁液，导致树势减弱；成虫刺吸枝梢汁液，刺破枝梢表皮和木质部并产卵于其内，导致枝梢枯死。

形态识别

成虫 体长25毫米，头胸部暗绿色，具黑色斑纹。腹部黑色，各节后缘暗绿色或暗褐色。复眼大，褐色，单眼红色，3只，呈三角形排列于头顶。触角刚毛状，前胸宽于头部，近前缘两侧突出。翅透明，翅脉暗褐色，前翅有浓淡不同的暗褐色、不透明的云状斑纹，后翅黄褐色。腹面有白色细毛。雄成虫有发音器；雌成虫无发音器。

卵 梭形，长约1.5毫米，乳白色。

若虫 体长约2.2毫米，黄褐色，翅芽和腹背微绿色，前足腿、胫节发达有齿。

生活习性

数年发生1代，以若虫在土中越冬。若虫老熟后爬出地面，在树干、杂草、农作物茎上蜕皮羽化。成虫5—6月出现，6—7月产卵，用产卵器刺破当年的枝梢表皮和木质部，产卵其内。每孔产卵数粒。卵孔多纵向排列，不规则，一般于当年孵化。若虫落地入土，刺吸根部汁液。

● 防治要点

参考黑蚱蝉防治。

▲蟪蛄

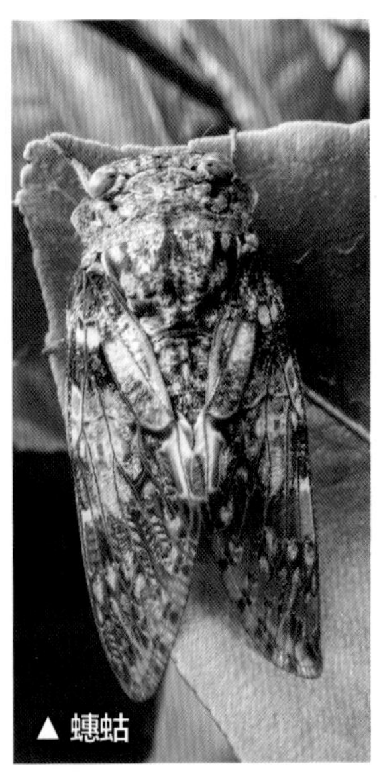
▲蟪蛄

蛾蜡蝉科

白蛾蜡蝉

●**学名：** *Lawana imitata* Melichar

●**又名：** 白鸡、白翅蜡蝉、紫络蛾蜡蝉、青翅羽衣

●**寄主：** 柑橘、龙眼、荔枝、芒果、波罗蜜、番石榴、罗汉果、菠萝等果树

●**为害部位：** 枝梢、花穗

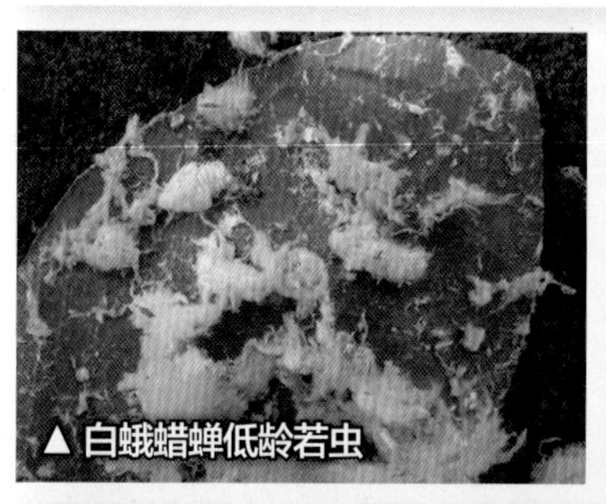

▲ 白蛾蜡蝉低龄若虫

▲ 白蛾蜡蝉低龄若虫在叶背为害

▲ 白蛾蜡蝉成虫群集在大枝上

属半翅目蛾蜡蝉科。分布于福建、台湾、广东、广西、云南、海南等省区。

为害特点

若虫和成虫群集在枝条上吸食汁液，受害柑橘的枝干及叶片上遍布棉絮状白色蜡质，树势衰弱，果实品质变劣。白蛾蜡蝉的分泌物可诱发煤烟病。

形态识别

成虫 有白翅型、青翅型和灰青翅3种，以白翅型多。体长19.8~21.3毫米，黄白色至浅碧绿色，体被白色蜡粉。头部前额稍向前突出，复眼圆形、褐色，触角在复眼下方，基部膨大，其余各节呈刚毛状。前胸背板较小，前缘向前突出，后缘向前凹进；中胸背板发达，上有3条隆脊。前翅略成三角形，粉绿色或黄白色，网纹状，外缘平直，前缘成直角，后缘角锐而略向上突，常有5~6束蜡丝，翅面上有一大的和几个较小的白点，翅脉淡棕色。后翅碧玉色或黄白色，半透明。后脚发达，善跳。

卵 长1.5毫米，长椭圆形，淡黄白色，集中产卵，排成长条形。

若虫 若虫共4龄。体长8毫米左右，白色，体稍扁平，被棉絮状白色蜡粉。翅芽末端平截，腹末截断状，尾有成束粗长蜡丝。足淡褐色，后足发达，善跳跃。

生活习性

在广西南宁、福建龙溪和广东杨村一年发生2代。以成虫在叶片密闭处越冬，于次年3月开始活动取食，交尾产卵。卵多产在嫩枝上，产卵最盛时期为3月下旬至4月。初孵若虫群集在枝梢上或叶片背面，随着虫龄增大，一条枝梢有3~5头或超过5头若虫在一起吸食汁液，同时分泌白色棉絮状蜡质物覆盖虫体和周围的

枝、叶。成虫停息时常群集在一起，多达 10~20 头。成虫、若虫受惊动时，则弹跳飞跃或落地。田间成虫周年可见，最盛期在 8—9 月。若虫在 4 月下旬至 10 月均能见到。

● 防治要点

（1）成虫盛发期用网捕杀。

（2）剪除过密枝条、虫卵枝和枯枝，集中烧毁，以利于通风，防止产卵，减少虫源。

（3）掌握在若虫盛发期喷药防治。喷药时，同时喷布地面。药剂选用：拟除虫菊酯类药剂 2 000~3 000 倍液、25% 噻嗪酮（优乐得、扑虱灵）可湿性粉剂 1 000~1 500 倍液或 50% 辛硫磷乳油 1 000 倍液。

● 天敌

白蛾蜡蝉的天敌有黄斑啮小蜂、白蛾蜡蝉啮小蜂、赤眼蜂、黑卵峰等。

▲白蛾蜡蝉（白翅型）

▲白蛾蜡蝉（青翅型）

▲白蛾蜡蝉 1 龄若虫

▲白蛾蜡蝉若虫

▲白蛾蜡蝉（上为青翅型）

▲白蛾蜡蝉（三种翅型）

青蛾蜡蝉

●**学名：** *Salurnis marginellus*（Guerin）

●**又名：** 褐边蛾蜡蝉

●**寄主：** 柑橘、苹果、龙眼、荔枝、芒果、油梨等果树

●**为害部位：** 枝梢、叶片

▲青蛾蜡蝉成虫

▲青蛾蜡蝉若虫

属半翅目蛾蜡蝉科。分布于江西、江苏、安徽、浙江、福建、广东、四川等省。

为害特点

成虫、若虫在枝条、嫩梢或果柄上吸取汁液，严重发生时，导致枝条干枯，树势衰弱，排泄物可诱发煤烟病。

形态识别

成虫 体长约7毫米，淡黄绿色，头、胸部和前翅黄绿色。胸部背面有3条纵脊线。翅边缘有红褐色斑点状排列，越近外缘斑点变粗，后缘与外缘角近直角，前缘与后缘角为弧形。后缘近顶角处有一个红褐色纽斑。前翅网状脉纹明显。前、中足褐色，后足绿色。

若虫 淡绿色至绿色，腹部第6节有1对橙色圆环，尾端有两束白色蜡丝。虫龄不同蜡丝束数不同。

生活习性

在华南地区，于5月上旬开始出现若虫为害，6月上旬可见成虫在枝条上吸取汁液。成虫多单头分散于枝条上取食、停息。

● **防治要点**

参考白蛾蜡蝉防治。

▲青蛾蜡蝉成虫

碧蛾蜡蝉

●**学名：** *Geisha distinctissima* Walker
●**又名：** 碧蜡蝉、黄翅蝉、黄翅羽衣
●**寄主：** 柑橘、龙眼、杨梅、苹果、梨、桃、李、梅、葡萄、柿等果树
●**为害部位：** 枝梢、叶片

▲碧蛾蜡蝉成虫（郑朝武　提供）

▲碧蛾蜡蝉成虫

属半翅目蛾蜡蝉科。分布于辽宁、黑龙江、吉林、广东、广西、福建、台湾、四川、云南、浙江、江西、江苏、陕西等省区。

为害特点

成虫、若虫刺吸枝条、叶片、茎的汁液，为害严重时，可致树势衰弱。

形态识别

成虫　形态与青蛾蜡蝉相似。体长 7 毫米，翅展 21 毫米，灰绿色，头部顶略向前突，侧缘脊状，褐色，额长大于宽，复眼黑褐色，单眼黄色。前胸背板短，中胸背板长，上有 3 条平行的纵脊及 2 条淡褐色纵带。腹部浅黄色，覆白粉。前翅宽而外缘平直，网状脉纹，红色细纹经顶角向外缘伸至后缘爪片末端。后翅灰白色，足胫节、跗节色略深。停息时翅常纵合成屋脊状。

卵　纺锤形，乳白色。

若虫　老熟时体长 8 毫米，长形，扁平，腹末截形，绿色，全身覆盖白色絮状蜡粉，腹末附有长棉絮蜡丝。

生活习性

一年发生代数因地域而异，大部分地区一年为 1 代，广西等地一年发生 2 代，以卵越冬，有的地区则以成虫越冬。第二年 5 月上中旬孵化，若虫多分散为害，吸食寄主枝条的汁液，并分泌白色蜡质物。7—8 月蜕皮为成虫，继续为害，9 月受精雌成虫产卵在小枝条皮层内木质部处，形成卵窝。

● 防治要点

冬季剪除卵枝，集中烧毁，以减少虫口基数。成虫羽化前，喷药防治，药剂可参考白蛾蜡蝉防治用药。保护和利用自然天敌，以减少虫口基数。

广翅蜡蝉科

八点广翅蝉

●**学名：** *Ricania speculum* Walker

●**又名：** 八点蜡蝉、八斑蜡蝉、广翅蜡蝉

●**寄主：** 柑橘、苹果、桃、李、梅、杏、枣、粟、柿、罗汉果等果树

●**为害部位：** 枝条、果实

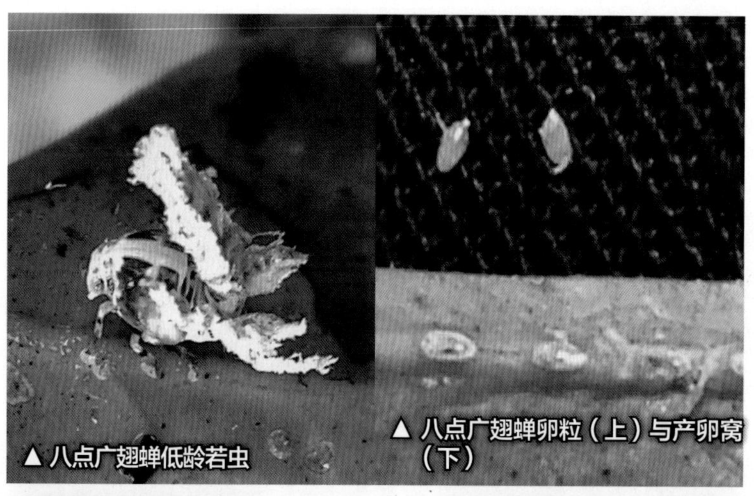

▲八点广翅蝉低龄若虫　▲八点广翅蝉卵粒（上）与产卵窝（下）

▲八点广翅蝉成虫

属半翅目广翅蜡蝉科。分布于广东、广西、福建、台湾、浙江、江西、四川、湖北、湖南、江苏、安徽等省区。

为害特点

成虫、若虫以刺吸式口器吸取枝条汁液，排泄物可引起煤烟病。受害枝梢衰弱，叶片变黄脱落，严重为害枝梢枯萎，果实受害表皮萎缩，变成硬皮果或脱落。

形态识别

成虫　体长7~8毫米，翅展18~27毫米，体黑褐色至黄褐色。复眼黄褐色，单眼红棕色，额区中脊明显。触角短，黄褐色。前胸背板有中脊1条，小盾片有中脊5条。前翅灰褐色，前缘微内弯，外缘略呈弧形，翅面有大小不等的白色透明斑6~7个与黑色斑多个；后翅黑褐色，半透明，中室端部有1个小透明斑。

卵　扁椭圆形，有一弯柄固定在卵窝口处，长约1.0毫米，宽约0.5毫米，初为乳白色，后转为暗黄色，壳硬，透明。

若虫　体长5~6毫米，布有深浅不同的斑纹。近羽化时，卵圆形，从头部至腹背中部有一粗大的白线，构成一个“王”字形纹，背部为褐色与白色相间斑纹，腹末有3~6束放射状散开如屏的大蜡丝。

生活习性

湖北、贵州等省一年发生1代，广东一年发生1~2代。在粤北局部地方发生为害，成虫盛发期为8月，群集为害。广东杨村成虫、若虫及产卵枝条于5月上旬在柑橘树上同时可见，有田间世代重叠现象。此虫以卵越冬，在湖北宜昌，越冬卵翌年4月上旬孵化，中下旬为若虫盛期。若虫在春梢嫩枝上吸取汁液，5月下旬第1代成虫羽化，6月中旬为羽化盛期。成虫

羽化后，边取食边交尾产卵。卵产在当年嫩梢脊棱处和叶片背面中脉基部至中部，每处1列，共12~14窝，多为13窝，距离近相等，每窝卵1粒。第2代7月上旬开始孵化，8月上旬成虫开始羽化，中旬开始产卵，8月下旬至9月下旬为产卵盛期。广东在9月仍可见成虫活动。

▲八点广翅蝉若虫

● 防治要点

（1）冬季结合修剪，剪除产卵枝条集中烧毁，以减少虫口基数。

（2）柑橘园中成虫、若虫数量不多时，不需单独防治。药剂选用可参考蜡蝉类防治。

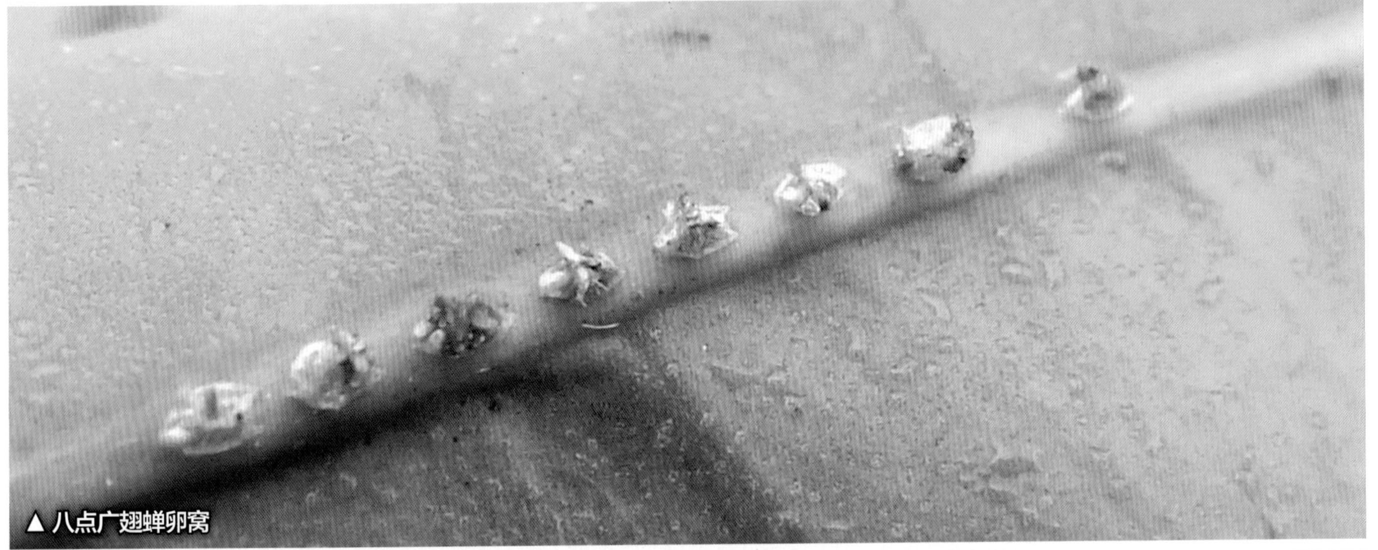
▲八点广翅蝉卵窝

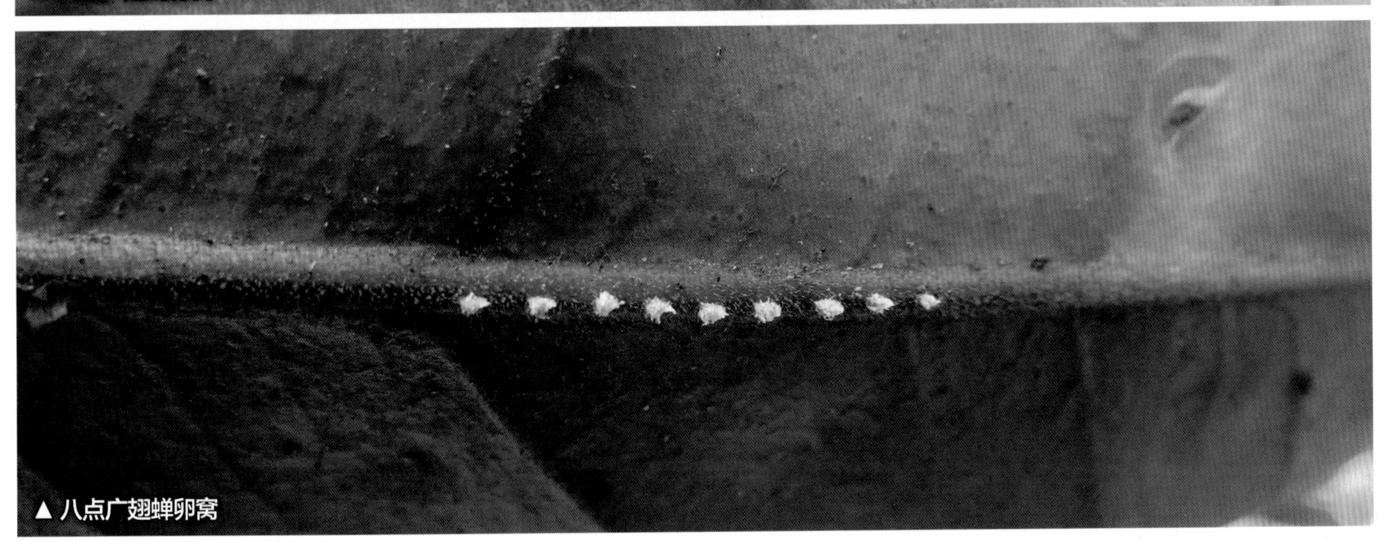
▲八点广翅蝉卵窝

眼斑广翅蜡蝉

●**学名：** *Euricania ocellus* Walker

●**又名：** 眼纹广翅蜡蝉

●**寄主：** 柑橘、茶、油茶、桑、罗汉果等植物

●**为害部位：** 嫩梢、叶片

属半翅目广翅蜡蝉科。分布于广东、广西、福建、浙江、江西、四川、湖南、湖北、江苏、河北等省区。

为害特点

若虫、成虫在寄主植物上吸食嫩梢、嫩叶的汁液。

形态识别

成虫　体长5~6毫米，翅展16~20毫米。前翅宽大，透明，栗褐色。前翅前缘、后缘和外缘为栗褐色宽带，前缘中部、端部有两处中断。中部横带的中间拱向翅基，并围成一圆形，中央构成一个大眼纹斑。近端部一条栗色带斜向臀角，似“S”状。

卵　小，白色，产于嫩枝皮下。

若虫　初孵若虫白色，群集一起。成熟若虫眼黑色，分泌白色絮状物，覆盖虫体，端部有蜡质丝状物数束，状如孔雀开屏散开。

生活习性

一年发生1代，以卵在嫩枝组织内越冬。翌年5月若虫大量孵化，6—8月成虫普遍出现，在柑橘的夏梢、秋梢上为害，受惊成虫能弹跳飞逃。山区柑橘园多见。

● 防治要点

及时剪除产卵枝条，集中烧毁。零星发生时可不用药防治。若虫期是喷药防治的关键期。药剂选择参考白蛾蜡蝉防治，也可用10%烟碱乳油900~1 200倍液。

▲眼斑广翅蜡蝉成虫

叶蝉科

尖凹大叶蝉

●**学名：** *Bothrogonia acuminata* Yang et Li

●**寄主：** 柑橘、枇杷、油橄榄等果树

●**为害部位：** 叶片、嫩枝

▲尖凹大叶蝉2只排列在一起

属半翅目叶蝉科。分布于广东、福建等省。

为害特点

若虫、成虫在较避风的柑橘叶片上为害，受害叶片褪绿变黄，造成脱落。成虫在当年嫩梢表皮下产卵，导致枝梢枯死。

形态识别

成虫 体长约14毫米，橙黄色至橙褐色，单眼、复眼黑色。头冠中央后缘有圆形斑，顶端另有小黑斑1个，前胸背板有黑斑3个，呈“品”字形排列，2个在后缘两侧，较大。小盾片中央亦有1个圆形黑斑。前翅红褐色，具有白斑，在翅基有1个小黑斑，翅端部淡黄白色，半透明。后翅黑褐色。胸腹部均为黑色，仅胸部腹板侧缘及腹部各节的后缘淡黄色。足黄白色，基节、腿节的端部，以及胫节的两端和跗节末端黑色。

卵 长椭圆形，稍弯曲，长约2毫米，初产时黄白色。

若虫 初孵化时灰白色，3龄后为黄色，并出现翅芽，老熟若虫体长10~12毫米。

生活习性

福建、广东一年发生3~4代。以成虫群集在果园荫蔽处的叶背面越冬。当气温较高时仍有取食活动。次年3月越冬成虫开始产卵。第1代成虫、若虫于5月中下旬出现，为害枝叶。成虫受惊时，迅速斜向爬行或跳逃。成虫产卵在枇杷的嫩梢枝条表皮下，10多粒排列成卵块。第2~3代成虫分别在7—8月、9—11月出现，世代重叠。11—12月出现第4代成虫，栖息在潮湿避风处的叶片背面。有部分则进入越冬。

● 防治要点

第1代若虫盛发期，选用药剂防治，药剂有10%吡虫啉可湿性粉剂2 000~3 000倍液、48%毒死蜱乳油1 000~1 200倍数或50%辛硫磷乳油1 000~1 200倍液。

▲尖凹大叶蝉若虫

▲尖凹大叶蝉成虫

沫蝉科

白带尖胸沫蝉

●**学名：** *Aohrophora intermedia* Unier

●**又名：** 竹尖胸沫蝉、吹泡虫

●**寄主：** 柑橘、桃、李、苹果、梨、葡萄、樱桃、枣、柳等果树和林木

●**为害部位：** 嫩梢、嫩叶

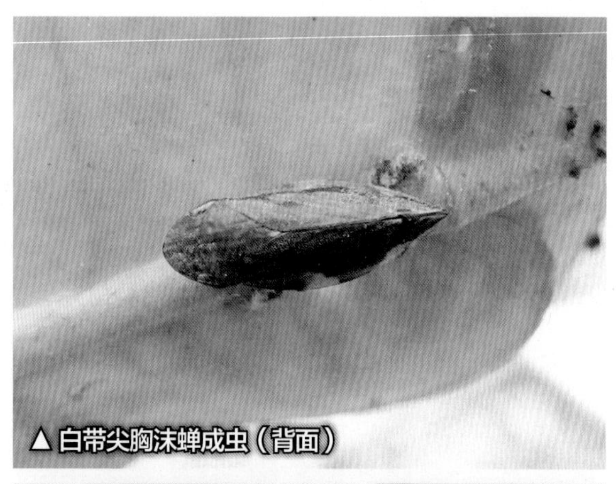

▲白带尖胸沫蝉成虫（背面）

▲白带尖胸沫蝉（若虫在泡沫内）▲白带尖胸沫蝉若虫

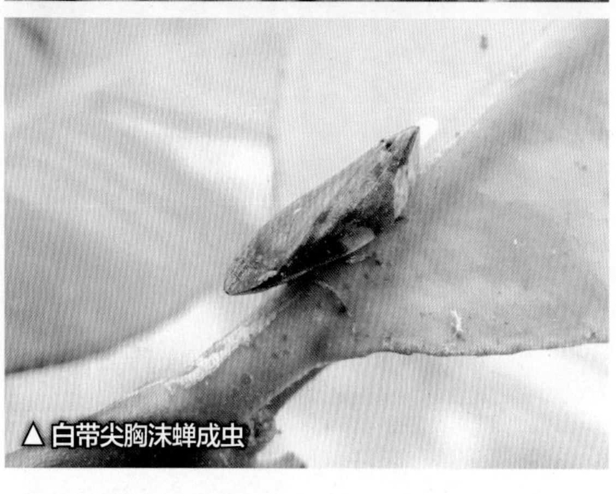

▲白带尖胸沫蝉成虫

属半翅目沫蝉科。分布于我国南北方。

为害特点

若虫在嫩枝叶节间处由腹部排出大量白色泡沫包裹虫体，藏于其中刺吸寄主汁液。被害新梢生长受阻。雌成虫产卵于枝条组织内，导致枝条干枯。

形态识别

成虫 体长约 11 毫米，梭形，暗灰色。前翅有一明显的灰白色横带，后足胫节外侧有两个棘状突起，停息时头部抬高，显得尖而扁平。

卵 披针形，初产时淡黄色。

若虫 低龄期白绿色，后为淡绿色，复眼黑色。伪蛹色棕黄，胸背面有 2 条褐色横纹，腹背面中央有一白色纵纹，腹节明显可见。

生活习性

广东一年发生 2 代，以卵在枝条内越冬。翌年 4 月中旬开始孵化，5 月为盛期。第 2 代若虫 7—9 月发生，10 月仍可见成虫。初孵若虫在取食过程中并分泌大量白色泡沫状黏液，覆盖虫体，3 龄后不固定，可转移至较大枝条上继续为害。羽化后的成虫需较长时间吸取嫩梢基部汁液补充营养。广东杨村柑橘枝条上 6 月中旬至 7 月中旬可见若虫为害。成虫受惊时，即行弹跳或作短距离飞翔。产卵在新梢枝条内。雌成虫寿命较长，可达 30~90 天。

● 防治要点

秋冬季剪除产卵枝条，集中烧毁。发生数量不多时，可不喷药防治。药剂有 10% 扑虱灵乳油 1 500 倍液，也可参考白蛾蜡蝉防治。

蝽科

长吻蝽

●**学名：** *Rhynchocoris humeralis* Thunb.
●**又名：** 角肩蝽、大绿蝽、橘棘蝽、棱蝽
●**寄主：** 柑橘、苹果、梨、栗等果树
●**为害部位：** 嫩梢、嫩叶和果实

△长吻蝽成虫

△长吻蝽卵块

属半翅目蝽科。分布于广东、广西、福建、四川、云南、贵州、台湾、浙江、江西、江苏、湖南、湖北等省区。

为害特点

若虫和成虫以针状口器插入果实、嫩梢和叶片吸取汁液，以为害果实为主。被害叶片枯黄，嫩梢变褐干枯。幼果受害后由于果皮油胞受到破坏，果皮紧缩变硬，果小汁少。后期受害，果实变黄，引起落果。

形态识别

成虫 雌成虫体长 18.5~24 毫米，雄成虫略小。体长盾形，绿色，也有淡黄色、黄褐色或棕褐色等，前盾片及小盾片绿色更深。前胸背板前缘两侧成角状突出甚为明显，呈尖角形，故又称角肩蝽。角肩边缘黑色，上有许多黑色刻点。头凸出，口器甚长，达腹部末端。复眼黑色。触角 5 节。小盾片长而大，舌形，亦有刻点。前翅绿色，肩角处有棕色斑。翅膜质部分灰褐色至深褐色。足茶褐色。雌成虫腹末的生殖节中央分裂，雄成虫不分裂。

卵 圆桶形，灰绿色，14 粒聚成一块，间有 13 粒一块的。底部有胶质粘于叶上，顶端有一卵盖。

若虫 共 5 龄，1~3 龄若虫体淡黄色至赤黄色，背部有黑色斑；4 龄若虫胸部绿色，腹部黄色，翅芽显现；5 龄若虫全体绿色，具翅芽。

生活习性

一般一年发生 1 代，广东可发生 2 代。以成虫在果树枝叶茂密或其他荫蔽温暖处越冬。次年 4 月成虫开始恢复活动、取食、交尾，5 月上中旬产卵，一卵块多数为 14 粒卵。一生产卵 3 次，7 月产卵最多。7—8 月为低龄若虫发生盛期。第 1 代若虫在 7—8 月为害果实，引起大量

落果，第2代卵于10月孵化，为害果实，引起采前落果。若虫初孵时以卵块为中心静息围聚并吸取叶片或果实汁液，第1次蜕皮后开始分散取食。成虫喜欢在树冠较大、枝叶茂密的结果树上活动，栖息于果实上或叶间。若遇惊动，即飞逃远处，并排放臭液。成虫寿命长，翌年5月产卵，6—7月死亡。

● 防治要点

（1）雨天或清晨露水未干时捕捉栖息于树冠外面叶片上的成虫。

（2）5—9月摘除叶上卵块和查捉若虫，在一株树上发现1头若虫时，一般有14头若虫分散在树冠各处为害。此时应细心查找，彻底捉除。

（3）保护利用天敌。利用黄猄蚁捕食成虫、若虫，或在5—7月人工繁殖寄生蜂在果园释放。

（4）药剂防治。1~2龄若虫盛期，寄生蜂大量羽化前对虫口密度大的果园进行挑治，可选用50%辛硫磷乳油1 000倍液、2.5%溴氰菊酯（敌杀死）乳油2 000~3 000倍液或其他拟除虫菊酯类药剂喷雾。

● 天敌

长吻蝽的天敌有橘棘蝽平腹小蜂、黑卵蜂、卵寄生蜂、黄猄蚁等，其他天敌有鸟类等。

▲ 长吻蝽若虫

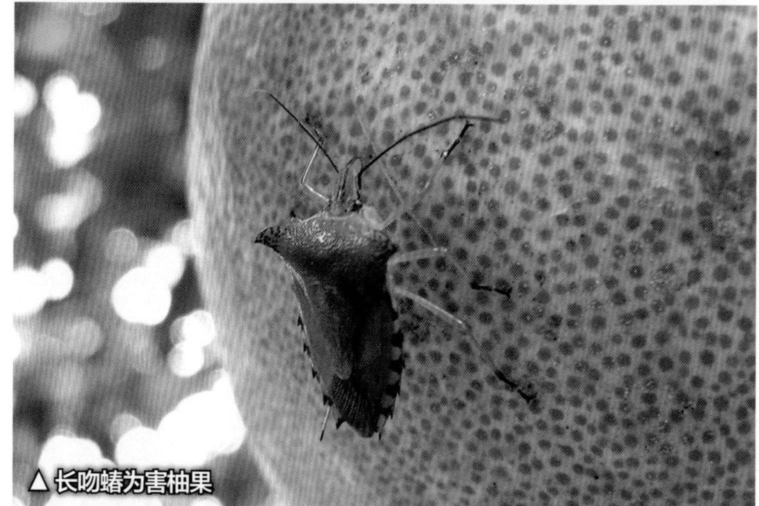

▲ 长吻蝽为害柚果

▲ 长吻蝽若虫为害柠檬

稻绿蝽

●**学名：** *Nezara viridula*（Linnaeus）

●**又名：** 小绿蝽象

●**寄主：** 柑橘、梨、苹果、桃、油梨、腰果、罗汉果、猕猴桃等果树

●**为害部位：** 嫩芽、花和果实

▲ 稻绿蝽（下黄翅型，上左全绿型，右黄肩型）

▲ 全绿型稻绿蝽

▲ 黄肩型稻绿蝽

属半翅目蝽科。分布于广东、广西、浙江、福建、台湾、四川、云南、贵州、江西、山西、山东、河北等省区。

为害特点

成虫和若虫以刺吸式口器刺入柑橘的嫩芽、花柄和果实吸取汁液，使嫩芽干枯，花蕾变形或脱落，幼果发育不良，果实脱落。

形态识别

成虫 有3种类型，即全绿型稻绿蝽（代表型）、黄翅型稻绿蝽（点斑稻绿蝽、点绿蝽）和黄肩型稻绿蝽即稻绿蝽。各生物型间彼此交配繁殖。

全绿型体长12~16毫米，椭圆形，体、足和触角均有青绿色，前胸背板的角钝圆，前侧缘一般有黄色狭边。小盾片呈三角形，前缘有3个横列的小白点，两侧角外各有1个小黑点。黄翅型体长13~14.5毫米，全体背面橙黄色到橙绿色，前胸背板近前缘有3个绿点，居中的最大，常为梭形，小盾片基缘亦有3个绿点，中间的最大，近圆形，其末端有1个小绿色斑，翅革质部靠后端各有1个绿斑，与盾片中间1个大小相近，故称点绿蝽。黄肩型体长12.5~15毫米，与代表型相似，只是前胸背板前半部为泥黄色，前胸背板黄色区有时橙红色、橘红色或棕红色，后缘波浪形。

卵 短桶形，长约1.5毫米，初产时淡黄白色，将孵时棕褐色。

若虫 5龄，形似成虫，绿色或黄绿色，前胸与翅芽散布黑斑点，外缘橘红色，腹缘具半圆形红色斑或暗红色斑。

生活习性

以成虫在寄主的背风荫蔽处越冬，广东韶关、杨村及广西桂林等地每年发生3代，在柑

橘园中4月上旬可见成虫活动，为害春梢及花蕾，且很严重，并产卵在叶面，以数十粒或百多粒排列成块。初孵若虫聚集在卵壳周围尚不活动，2龄后即分散取食，50~65天后变为成虫。第1代成虫出现在6—7月，第2代成虫于8—9月盛发，为害长大中的柑橘果实，使果实质硬或变形脱落。第3代成虫在10—11月出现，引起采前落果或使果实被害处汁胞干缩，失去商品价值。稻绿蝽在夏、秋两季水稻田中为害水稻，水稻收割后群迁至柑橘园上继续为害柑橘果实。

▲稻绿蝽若虫

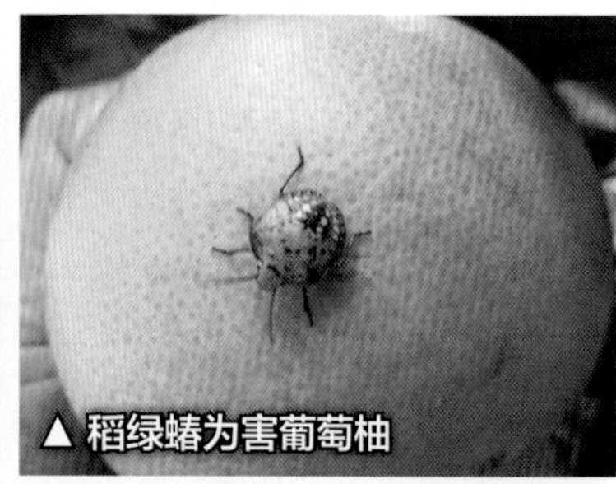
▲稻绿蝽为害葡萄柚

▲稻绿蝽在刺吸嫩芽汁液

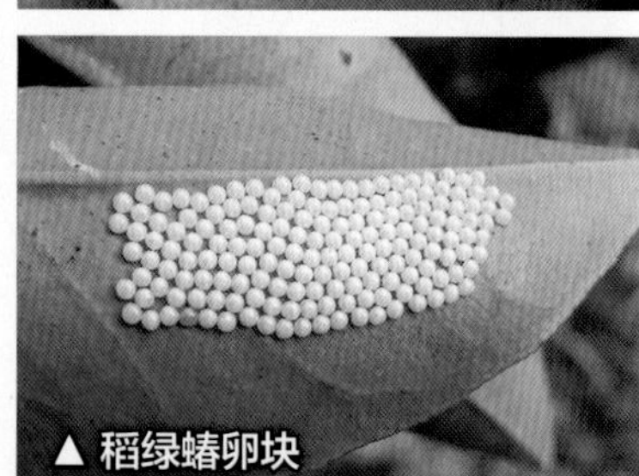
▲稻绿蝽卵块

● 防治要点

勤查果园，及时喷药防治。参考长吻蝽防治。

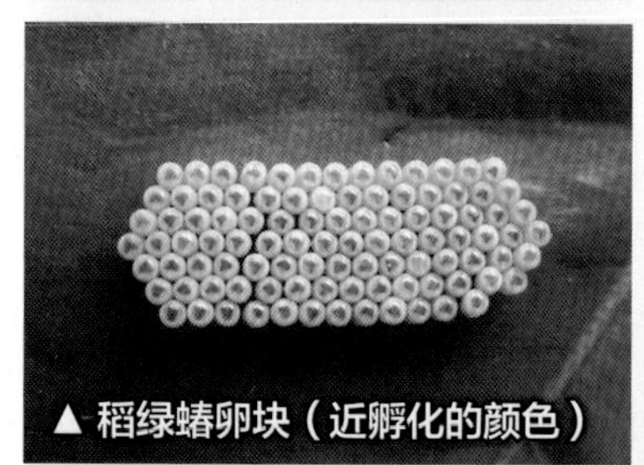
▲稻绿蝽卵块（近孵化的颜色）

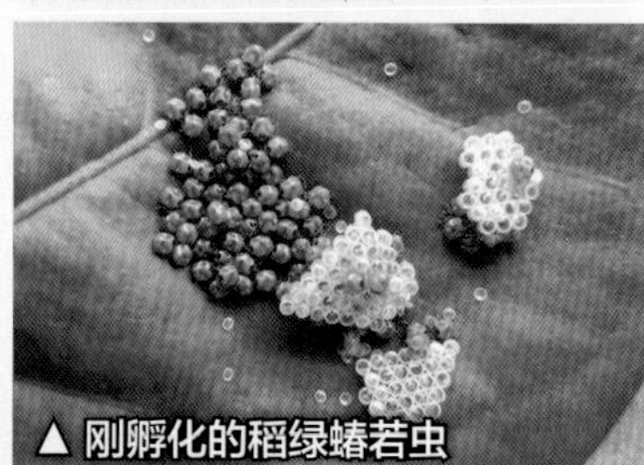
▲刚孵化的稻绿蝽若虫

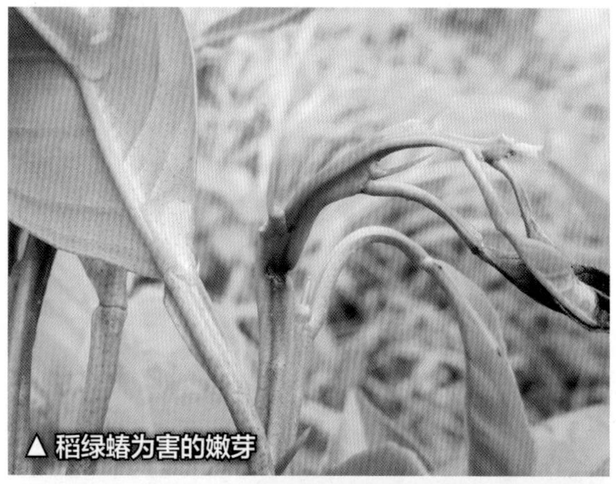
▲稻绿蝽为害的嫩芽

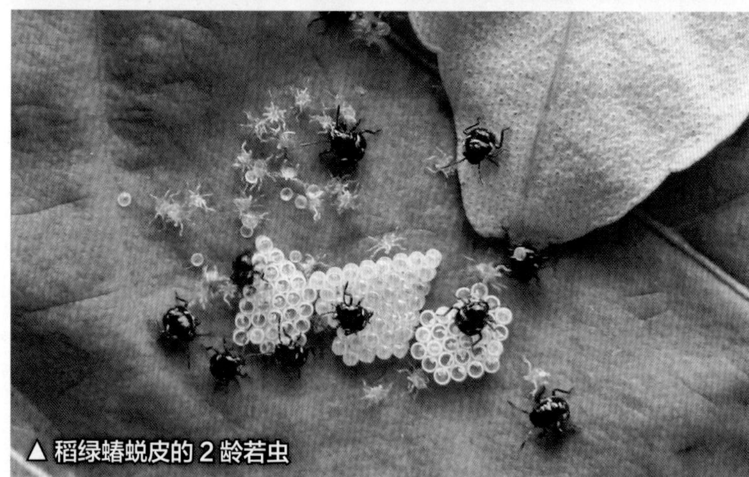
▲稻绿蝽蜕皮的2龄若虫

▲稻绿蝽为害的嫩芽

▲稻绿蝽为害的嫩芽

▲稻绿蝽为害的嫩芽

麻皮蝽

●**学名：** *Erthesina fullo*（Thunb. erg）

●**又名：** 黄斑蝽、臭屁虫

●**寄主：** 柑橘、龙眼、芒果、柿、苹果、梨、桃、李、梅、石榴、葡萄、猕猴桃、樱桃等果树

●**为害部位：** 嫩梢、嫩叶和果实

△麻皮蝽成虫

▲ 麻皮蝽卵块（12 粒）

属半翅目蝽科。全国广泛分布。

为害特点

成虫和若虫以刺吸式的口器插入叶片和果实中吸取汁液，被害叶片黄化枯萎，果实品质变劣和引起落果。

形态识别

成虫 雌成虫体长 19~23 毫米，雄成虫体略小，宽卵圆形，背部灰黑色，密布黄白色小点。头长，向前端渐尖削，头部、单眼外下侧小点均为黄白色，头中央有 1 条黄白色纵线，直贯小盾片基部。复眼黑色，单眼红色。触角黑色，第 5 节基部淡黄色。前胸背板及小盾片黑色。革质部有时稍呈黄红色，除中部外也散生黄白色小点，膜质部长于腹部，棕黑色。腹部背面两侧黑白相间。

卵 淡黄色，将孵化时灰白色，长约 1.5 毫米，圆桶形，顶端有圆形卵盖，锯齿状。以 11~12 粒为一卵块。

若虫 体扁平，呈灰褐色或灰紫色，初孵若虫短椭圆形，前胸背板后缘有 1 条弧形黑线，前胸具 2 对线形横斑，腹背中央从前至尾端具 4~5 个横黑斑，尾端 1 个呈三角形，前端有相应的红色斑纹，两侧缘各排列 7 个黑色斑纹。老熟若虫“枇杷”状，头部突出，从头后至小盾片端部具一黄色线，线端有 4 个红点，后有 1

▲ 麻皮蝽成虫在甜橙果实上吸取果汁

近半圆形黑色大斑，内有 2 个红点，胸部和革质部亦有若干红色点，从头至体缘具黄白色线。有臭腺孔分泌臭液。

生活习性

在湖南、广东等地一年发生 2~3 代。以成虫在温暖和荫蔽的缝隙中越冬，墙缝、屋角缝隙亦可发现越冬成虫。次年 3 月中旬越冬成虫开始外出活动，4—5 月产卵。卵块常为 12 粒聚在一起。初孵若虫围聚在卵壳周围吸食寄主汁液，使叶片呈现黑褐色斑点。2 龄以后分散为害。6 月、8—9 月和 10 月为各代成虫的发生期。第 2 代以后开始转移到果实为害，在广东，第 2 代除为害柑橘果实外，还大量迁至荔枝、龙眼果实上为害。

● 防治要点

参考长吻蝽防治。

▲ 麻皮蝽若虫（两卵块孵出的）

▲ 麻皮蝽 1 龄若虫和 2 龄若虫（红色为刚蜕皮）

茶翅蝽

●**学名**：*Halyomorpha halys*（Stål）
●**又名**：臭板虫、臭蝽象
●**寄主**：柑橘、苹果、梨、桃、杏、李、梅、柿、无花果、葡萄、石榴等果树
●**为害部位**：嫩梢、嫩叶、花蕾和果实

▲茶翅蝽成虫

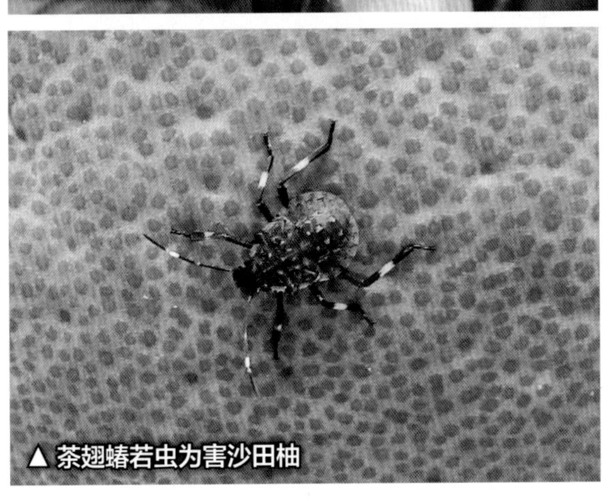
▲茶翅蝽若虫为害沙田柚

属半翅目蝽科。全国广泛分布。

为害特点

若虫、成虫刺吸嫩梢、嫩叶或花蕾的汁液。被害后症状不明显，果实受害后被害处木栓化，变硬，发育停止而下陷，果肉变褐，成一硬核，受害处果肉微苦，严重时形成疙瘩梨或畸形果，失去经济价值。

形态识别

成虫 体长14~16毫米，扁椭圆形，茶褐色，略显紫红褐色。前胸背板、小盾片和前翅革质部有褐色刻点，前胸背板前缘横列4个黄褐色小点，小盾片基部横列5个黄白色小点，两侧斑点明显。触角5节，第4节两端、第5节基部为白黄色。喙伸达第1腹节中部。

卵 短圆筒形，高约1毫米，初产时灰白色，孵化前黑褐色，有卵盖，盖缘白色，18~28粒为一卵块。

若虫 初孵若虫体长1.5毫米左右，近圆形，前胸背板两侧显刺突，胸部淡黄色，两侧各节有1长方形黑斑，共8对。腹部第3节、第5节、第7节背面中部各有1个大的长方形黑斑，斑上有2个白色小点。老熟若虫与成虫相似，无翅。

生活习性

一年发生1~2代。以受精的雌成虫在果园中或果园外的室内、室外屋檐下等处越冬。翌年3月下旬至5月上旬，成虫陆续出蛰向果园飞迁取食，交尾产卵。卵多产于叶面。在造成为害的越冬代成虫中，大多数是在果园中越冬的个体，少数是果园外迁入的。越冬代成虫可一直为害至6月，然后多数迁出果园到其他植物上产卵，并孵化第1代若虫。在6月上旬以前所产的卵，可于8月以前羽化为第1代成虫。

第1代成虫可很快产卵，并孵化出第2代若虫。在6月上旬以后产的卵，只能发生一代。在8月中旬以后羽化的成虫均为越冬代。在果园内发生或由外面迁入果园的成虫，于8月中旬后出现在园中为害后期的果实。10月后成虫陆续潜藏越冬。

● 防治要点

（1）成虫越冬前和出蛰期在墙面上爬行停留时，进行人工捕杀。

（2）成虫越冬期，将果园附近空屋密封，并有针对性地喷药，扫除迁飞来的越冬成虫。

（3）成虫产卵期，查找卵块并摘除。

▲ 茶翅蝽2龄若虫

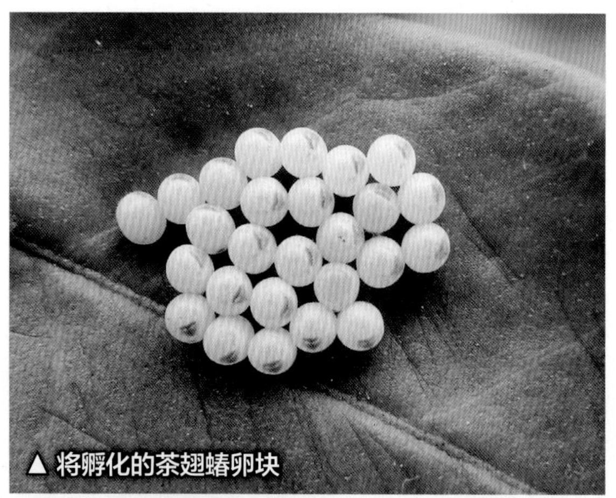
▲ 将孵化的茶翅蝽卵块

▲ 茶翅蝽初孵若虫

▲ 茶翅蝽若虫

橘蝽

●**学名：** *Cappaea taprobanensis* Dallas
●**又名：** 放屁虫、臭大姐
●**寄主：** 柑橘类果树
●**为害部位：** 嫩芽、嫩梢、花和果实

▲橘蝽成虫

▲橘蝽为害甜橙花蕾

▲橘蝽刺吸嫩芽汁液

▲橘蝽若虫为害后的柚嫩梢

▲橘蝽若虫

▲橘蝽为害后的柚嫩梢

▲橘蝽若虫

属半翅目蝽科。分布于福建、台湾、广东、广西、四川、重庆、云南、贵州、湖南等省区。

为害特点

成虫、若虫常群集于柑橘的嫩枝梢、叶片、花和果实上吸食汁液。

形态识别

成虫 雌成虫体长 10~125 毫米，雄成虫体长 9~10.5 毫米。体棕黑色，头部侧缘和中部 3 条纵线为黄褐色，中线从头直达盾片端部，前胸背板侧缘无缺，前端近圆，中部微向内弯。近后端外缘微凸，上有与背板平行的黄褐色纹数条。复眼黑色，单眼稍红。吻长达腹部第 2 节，小盾片“犁嘴”形，上有稍似“米”字形线纹。后足胫节黄白色。

若虫 高龄若虫体扁，短椭圆形，中部至臀部宽大，成一弧形，全体灰白色，上布许多黑色斑纹。

生活习性

一年发生 2~3 代，广东在翌年 3 月中旬可见越冬成虫活动，吸食春梢嫩芽，并交尾产卵。每一卵块为 15 粒。若虫共 4 龄，低龄若虫有群集性。若虫于 4 月出现，群集吸取春梢嫩枝汁液。9 月下旬果园仍有成虫活动。

● 防治要点

参考长吻蝽防治。

▲橘蝽若虫为害后的柚嫩梢

岱蝽

●**学名**：*Dalpada oculata* Fabricius

●**寄主**：柑橘、杨梅、番木瓜、番石榴、无花果等果树

●**为害部位**：嫩芽、嫩梢、花和果实

▲ 岱蝽成虫

▲ 岱蝽成虫

属半翅目蝽科。分布于广东、广西、福建、浙江、江西、四川、云南、贵州等省区。

为害特点

为害特点与橘蝽相同。

形态识别

成虫 体长16毫米，腹面黄白色。前胸背板和前翅革质部分密布紫褐色至紫黑色刻点，或形成紫黑色斑，背板后两侧角明显突出，末端钝圆，黑色（是与天敌海南蝽肩角尖突的区分之处）。触角黑色，第4~5节基部淡黄褐色。头部有2条白黄色纵线。盾舌黄白色，间杂紫褐色小刻纹，前翅革质片上有疏密不一的紫褐色刻点或不规则的黑斑。头下方及胸腹部侧方黑褐色，具金属光泽。足腿节基半白色。

卵 产在寄主的枝条上，圆形，有卵盖。

生活习性

一年发生的代数因地区而有不同。以成虫越冬，次年天气回暖后，成虫逐渐活动。在广东3月在甜橙园可见为害春梢嫩枝叶、花柄。4月普遍发生，但以7—8月为盛期，为害对象多为荔枝、龙眼果实，其次为害柑橘膨大期的果实，导致果实脱落，但柑橘园中未见严重发生为害。

● **防治要点**

参考长吻蝽防治。

绿岱蝽

●**学名**：*Dalpada smaragdina* (Walker)

属半翅目蝽科。分布于湖南、黑龙江、陕西、河南、江苏、浙江、安徽、江西、湖北、四川、台湾、福建、广东、广西、贵州、云南等省区。

为害特点

为害特点与橘蝽相同。

形态识别

成虫 体长15~20毫米，宽7~10毫米，暗绿色，刻点同体色。头侧叶与中叶等长，侧缘近端呈角状突出。触角暗棕色，基节及第4~5节基部橙红色。前胸背板前半中纵线、前缘及前侧缘浅橙黄色，胝区周缘光滑；前侧缘基半锯齿状，侧角黑色，结节状，上翘，末端圆钝，顶端暗棕色。小盾片基缘横列的4~5个小斑及末端均浅橙黄色。前翅膜片烟灰色，脉纹淡褐色，长过腹末，侧接缘同体色，外缘具浅橙黄色狭边。足黄色、黄褐色或红褐色，腿节散生褐色小斑点。腹部腹面淡黄褐色，各节侧缘具金绿色宽带，外缘淡黄色。

● 防治要点

参考长吻蝽防治。

▲ 绿岱蝽成虫

珀蝽

●**学名：** *Piautia fimbriata* (Fabricius)

●**寄主：** 柑橘、梨、桃、柿、李、核桃、猕猴桃等果树

●**为害部位：** 嫩芽、嫩梢、花和果实

▲珀蝽成虫（任嘉平　提供）

▲珀蝽成虫

▲珀蝽卵块　▲珀蝽为害甜橙花蕾

属半翅目蝽科。分布于华南、西南、华东、华北各省区。

为害特点

若虫、成虫刺吸寄主植物的嫩枝梢、叶片、花柄、幼果和成熟期的果实，造成枝条凋萎，花蕾、果实脱落。

形态识别

成虫　体长8~11毫米，宽5~6.5毫米，短椭圆形，鲜绿色，有光泽。头部鲜绿色，触角第2节绿色，第3~5节绿黄色，末端黑色。前胸背板及小盾片鲜绿色，由凹入的小黑点排列成长短不一的波状纹，盾舌缘浅黄绿色。前胸背板两侧角圆，稍突，红褐色。前翅革片略带暗红色，刻点粗，黑色，常组成不规则斑，膜翅透明，翅脉褐色。足绿色。

卵　圆形，初产时浅暗褐色，有卵盖，盖外缘为一白色圈。

生活习性

在江西南昌地区一年发生3代，以成虫在杂草丛中越冬。次年4月开始活动。4月下旬至6月上旬产卵，第1代若虫于5—6月出现，第2代出现于7月，第3代若虫发生在9—10月，并在10—11月羽化成虫转入越冬。广东从3月开始越冬成虫为害甜橙花蕾并产卵，一年发生代数未详。

成虫趋光性较强，晴天上午10:00前和15:00后较活跃，中午常在较荫蔽处栖息，卵多产在叶片背面，呈块状，每块13~14粒。

● 防治要点

参考长吻蝽防治。

硕蝽

●**学名：** *Eurostus validus* Dallas

●**寄主：** 柑橘、栗、白栎等植物

●**为害部位：** 嫩芽、嫩梢

属半翅目蝽科。分布于广东、广西、福建、台湾、江西、江苏、安徽、浙江、四川、云南、贵州、陕西等省区。

为害特点

若虫、成虫吸取嫩芽、嫩梢的汁液，使嫩枝凋萎、焦枯，影响植株生长。

形态识别

成虫 体长23~31毫米，宽11~14毫米，长卵圆形，棕红色，密布浅细刻点。头小，三角形，触角黑色，末节枯黄色，喙黄褐色，长达中胸中部。前盾片前缘带蓝绿光。小盾片近三角形，两侧缘蓝绿色，末端翘起呈小匙状。足深栗色，跗节稍黄。第1腹节背面有1对发音器，长梨形。

卵 扁桶形，灰绿色，直径约2.5毫米，将孵化时可见2个红色小眼点。

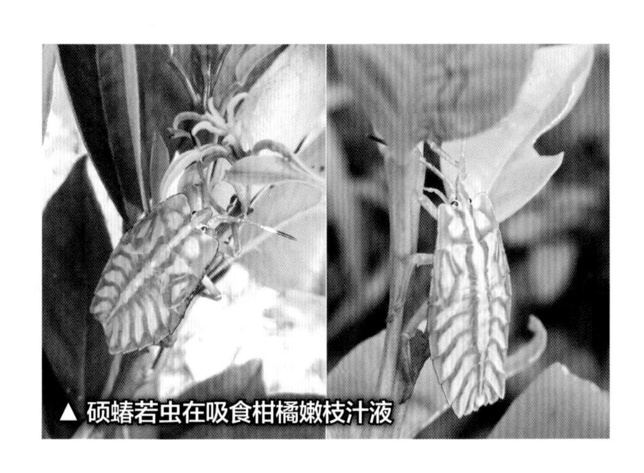
▲ 硕蝽若虫在吸食柑橘嫩枝汁液

▲ 硕蝽若虫为害甜橙

若虫 若虫背面有明显的浅红色至红色线纹，翅芽小，周围为红色线纹构成，似三角形，背面中间，从前胸背板至尾端为两条稍弯曲红纵线，翅芽后至尾端有7条斜向体边缘并在末端分叉的红纹。末龄若虫体长19~25毫米，黄绿色至淡绿色，翅芽发达。

生活习性

一年发生1代。一般以4龄若虫在寄主附近杂木近地面绿叶中过冬。翌年4月上旬开始取食，广东韶关以5月中下旬为若虫盛期。成虫在羽化约半个月后交尾产卵，交尾后约10天产卵。卵产于寄主附近杂草叶背。卵块平铺，每块10多粒，每雌平均产卵49.6粒。初孵若虫经2~3天后分散在寄主的嫩梢叶背吸取汁液，嫩梢被害后3~5天即显凋萎。该蝽有明显的假死性。

● 防治要点

参考长吻蝽防治。

缘蝽科

曲胫侎缘蝽

●**学名：** *Mictis tenebrosa* Fabricius
●**又名：** 曲胫侎缘蝽
●**寄主：** 柑橘、柿、花生、油茶、毛栗等植物
●**为害部位：** 嫩芽、嫩梢

△曲胫侎缘蝽雄成虫

△曲胫侎缘蝽雌成虫

△曲胫侎缘蝽在交尾

属半翅目缘蝽科。分布于长江以南各地及云南、西藏等省区。

为害特点

成虫、若虫为害新梢嫩枝，刺吸汁液，导致新梢嫩枝凋萎而干枯。

形态识别

成虫 体长19.5~24毫米，宽6.5~9毫米，灰褐色或灰黑色，雌成虫腹部两侧较宽。头小，触角共5节，第5节最长，颜色与体色同。后足腿节稍粗，末端腹面有1个三角形短刺，腹部有1个锥形突。雄成虫体较长，后腿足节显著弯曲，粗大，无刺突，胫节腹面呈三角形突。

卵 呈腰鼓形，略扁，长2~2.3毫米，宽约1.7毫米，8~14粒呈串状排列，深褐色，微有光泽，壳上有白色斑，底部边缘有白色边带，底部中央有椭圆形窝，产出后可固定在附着物上，假卵盖位于一端的上方，近圆形。

若虫 共5龄，初产时鲜红色，后胸至腹末背面中央为黑褐色，后全体变黑色，近似黑蚂蚁。1~3龄若虫前足胫节强烈扩展成叶片状，中、后足胫节也稍扩展。各龄腹背第4~5节和第6~7节中央各具1对臭腺孔。

生活习性

在江西南昌、广东杨村一年发生2代，以成虫在寄主植物的枯枝落叶下越冬，南昌于次

△曲胫侎缘蝽腹内的卵粒

▲ 曲胫侎缘蝽低龄若虫

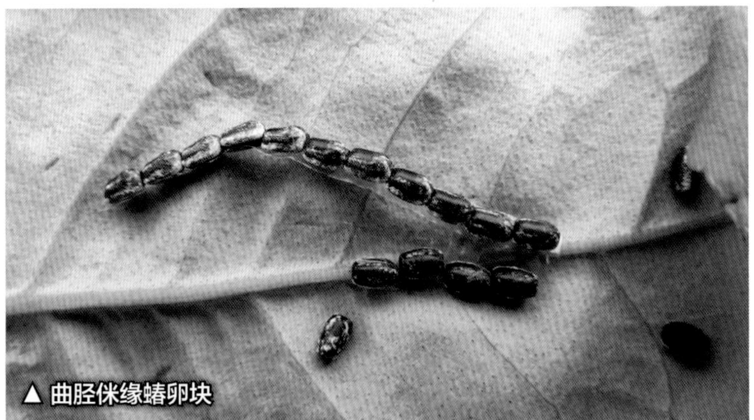
▲ 曲胫侎缘蝽卵块

▲ 曲胫侎缘蝽卵块（已孵化）

▲ 曲胫侎缘蝽腹内的卵（共 19 粒，蓝色未成熟）

年 3 月上中旬开始活动，4 月下旬交尾，4 月底至 5 月初开始产卵。第 1 代若虫于 5 月中旬至 7 月中旬孵出，6 月中旬至 8 月中旬初羽化。第 2 代若虫于 7 月上旬至 9 月初孵出，8 月上旬至 10 月上旬羽化为成虫，10 月中下旬后陆续进入越冬。杨村的越冬成虫在 3 月上旬开始活动，4 月上旬柑橘园中多见，为害当年春梢，使新梢凋萎枯死。第 2 代成虫始见于 7 月底，8 月中旬盛发，在一条嫩秋梢上可见多头成虫集中为害，使秋梢萎蔫。若虫孵出不久即可在卵壳附近群集取食，2 龄开始分散。

● **防治要点**

参考长吻蝽防治。

▲ 曲胫侎缘蝽在吸食嫩芽汁液

▲ 曲胫侎缘蝽为害状

▲ 曲胫侎缘蝽

△ 曲胫侎缘蝽 1 龄若虫

▲ 曲胫侎缘蝽为害花蕾

▲ 曲胫侎缘蝽若虫为害冰糖橙嫩芽叶片

▲ 曲胫侎缘蝽低龄若虫

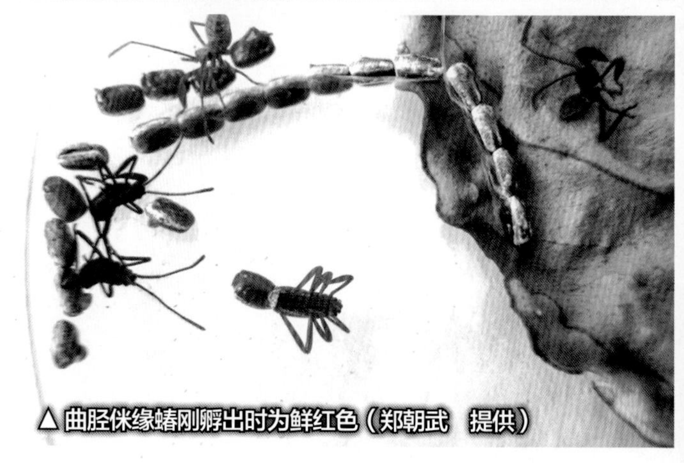

▲ 曲胫侎缘蝽刚孵出时为鲜红色（郑朝武　提供）

▲ 曲胫侎缘蝽（左雄、右雌）

兜蝽科

九香蝽

- **学名：** *Aspongopus chinensis* Dallas
- **又名：** 九香虫
- **寄主：** 柑橘、罗汉果等果树
- **为害部位：** 嫩芽、叶片、果实

属半翅目兜蝽科。分布于广东、广西、四川、云南、贵州、浙江、福建、台湾、江西、江苏、安徽、湖南等省区。

为害特点

成虫、若虫分散为害，刺吸寄主植物的汁液，有时亦为害果实，导致发生僵果。

形态识别

成虫 体黑褐色或铜褐色，长约20毫米。复眼棕褐色，触角5节，第5节暗红色。前胸背板和小盾片具横皱纹，近似平行，背板前侧缘直，小盾片末端钝圆。前翅膜质部棕褐色或黄褐色。雌虫后足扩大。翅革质部刻点细密，深紫色，微有光泽。

卵 圆柱形，高约1.1毫米。初产时乳白色，后变黄白色，表面密布细微粒，在1/3处有一环圈，较粗糙，卵盖大。

▲ 九香蝽　▲ 九香蝽若虫和卵壳

▲ 九香蝽成虫

若虫 共5龄。老熟若虫体长10~11毫米，体黄白色，间有黑褐色斑，头部黑褐色，胸背面两侧各有1条短横线，盾片翅芽明显，腹背面具明显横皱褶，其中间有7个依次渐小的黑褐色斑。

生活习性

广东一年发生代数未详，贵州一年发生1代。以成虫在树枝背风处或石缝隙中越冬。次年5月上中旬开始活动，6月上旬飞入柑橘园内产卵。卵期约10天。若虫期约3个月。9月上旬成虫大量出现，多以个体为害。交尾于白天，产卵在叶片或枝条上。广东杨村在7月上旬可见少数成虫和老龄若虫在簕仔树上吸取汁液，直至7月下旬。广东韶关于6月下旬可见成虫在甜橙园内活动取食。

● 防治要点

参考长吻蝽防治。

鳞翅目
潜叶蛾科
柑橘潜叶蛾

●**学名**：*Phyllocnistis citrella* Stainton
●**又名**：绘图虫、鬼画符、潜叶虫、橘潜蛾
●**寄主**：柑橘
●**为害部位**：嫩叶、嫩梢和幼果

属鳞翅目潜叶蛾科。分布于长江以南各省区。

为害特点

潜叶蛾的幼虫孵出后从卵壳底部潜入寄主嫩叶、嫩茎皮下组织取食，蛀成弯曲银白色隧道。在隧道中间的1条黑色线为幼虫的排泄物。叶片受害面组织不能正常生长而另一面叶组织则正常生长，导致叶片卷缩硬化，潮汕果农俗称“茶米叶”，提早脱落。新梢严重受害时也

▲柑橘潜叶蛾成虫

▲柑橘潜叶蛾蛹（背面）

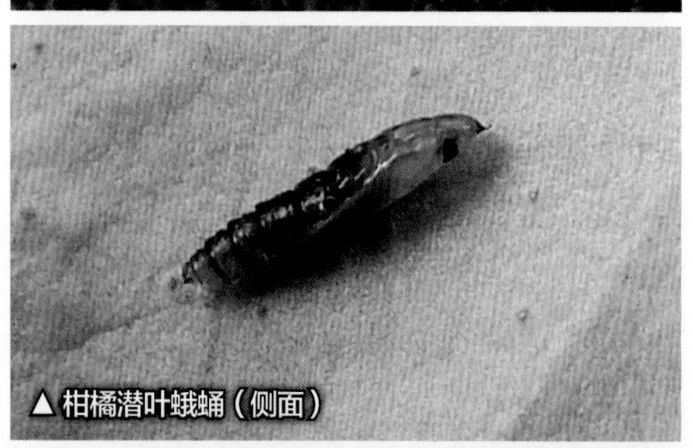
▲柑橘潜叶蛾蛹（侧面）

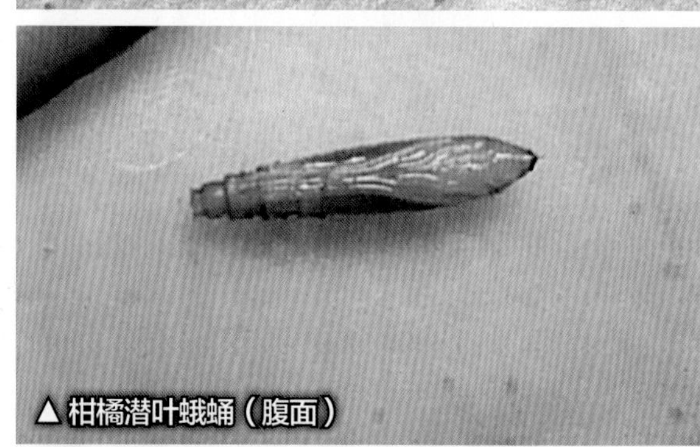
▲柑橘潜叶蛾蛹（腹面）

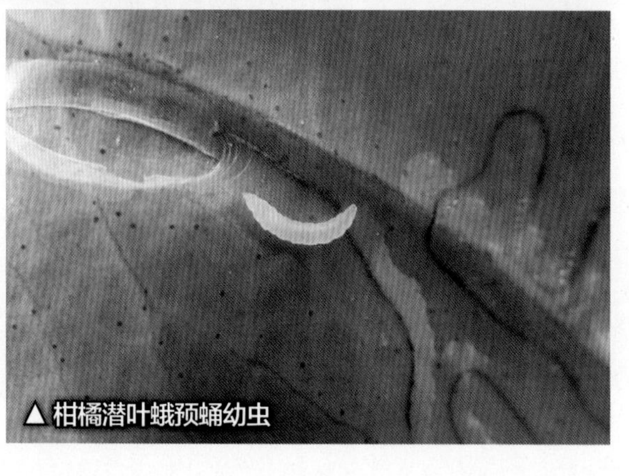
▲柑橘潜叶蛾预蛹幼虫

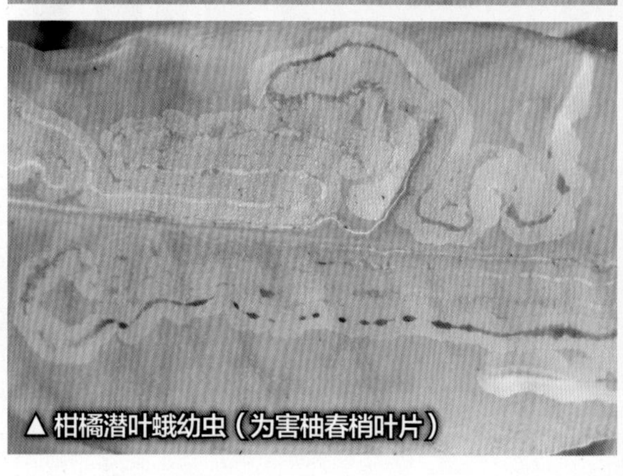
▲柑橘潜叶蛾幼虫（为害柚春梢叶片）

会扭曲，影响次年开花结果。幼年树和苗木受害，严重影响树冠的扩大和苗木质量。幼果受害，果皮留下伤迹。枝叶受害后的伤口常是柑橘溃疡病病菌侵染的途径，导致溃疡病严重发生，又常成为螨类等害虫的越冬场所。

形态识别

成虫 为小型蛾类。雌成虫体长 1.5~1.8 毫米，翅展 4~4.1 毫米。雄成虫体长 1.6~1.78 毫米，翅展 4.2 毫米。头、胸、腹及前后翅均为银白色。触角丝状。前翅梭形，有较长的缘毛，翅基部有 2 条褐色纵纹，约为翅长的一半，两黑纹基部相接，一条接近翅的前缘，另一条位于翅的中央，2/3 处有一“Y”形黑纹，顶角处有一个较大的圆形黑斑，后翅针叶形，缘毛较长。足银白色，胫节末端各有一大型距，跗节 5 节。

卵 椭圆形，长约 0.3 毫米，乳白色，透明，底平，卵壳光滑。

幼虫 初孵幼虫，体尖细，淡黄绿色，足退化。成熟幼虫，体长 4 毫米，扁平，纺锤形，体淡黄灰色；头尖，胸、腹节共 13 节，每节背面有 4 个凹孔整齐排列在背中线两侧，腹末端尖细，有 1 对细长的钩状物。

预蛹 长筒形，长约 3 毫米，乳白色。

蛹 纺锤形，长 2.8 毫米，初蛹淡棕色，后渐变为深褐色。第 1~6 节两侧各有瘤状突 1 个，并在其上各生 1 根刚毛；头前端有一突出的钩状物。

生活习性

在华南柑橘产区一年发生 14~16 代，浙江黄岩一年发生 9~10 代，世代重叠，以蛹或少数老熟幼虫在叶缘卷曲处越冬。多数地区 4 月下旬越冬蛹羽化为成虫，5 月田间出现为害，7—9 月夏、秋梢抽发期为害最烈。成虫白天潜伏不动，晚间将卵散产于 0.2~2.5 厘米的嫩叶背面主脉两侧。幼虫孵化后咬破卵壳底部潜入嫩叶或嫩梢表皮下蛀食。4 龄幼虫停止取食后一般已蛀食至叶缘处，老熟幼虫将叶缘卷起包裹身体，构筑简单的丝茧，化蛹其中。在海南气温高，3 月即可见此虫为害，广东杨村春暖年份的迟春梢嫩叶亦有受害。田间各代历期长短随温度变化而异。平均气温 27~29℃时，由卵至成虫需 13.5~15.6 天；平均气温下降到 16.6℃时为 42 天。幼树和苗木抽梢多而不整齐时受害重。

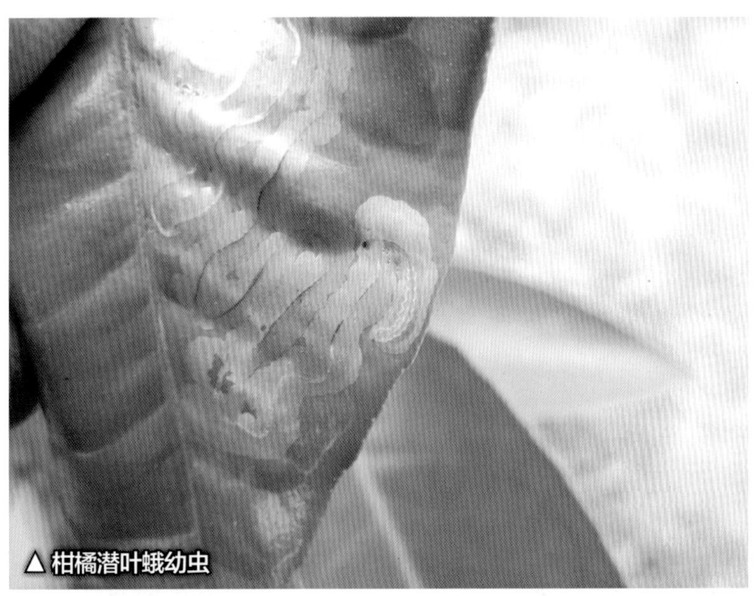
△ 柑橘潜叶蛾幼虫

△ 柑橘潜叶蛾幼虫

▲ 柑橘潜叶蛾幼虫虫体已被寄生蜂寄生

▲ 柑橘潜叶蛾为害状

● 防治要点

（1）冬季清园，结合修剪剪除被害枝叶，清除虫源。

（2）抹芽控梢。摘除并处理过早或过晚抽发的不齐嫩梢，配合肥水管理，使夏、秋梢抽发整齐，有利于集中喷药护梢。放梢时间应根据当地气候、柑橘品种、树龄和结果量确定，以避开该虫盛发期。在我国南亚热带柑橘产区，夏梢可在5月末至6月初放吐，秋梢在立秋后放吐；处暑之后（8月下旬至9月中旬）有1次潜叶蛾发生高峰期，应加强防治。在中亚热带柑橘产区，发梢力强的温州蜜柑等品种的夏梢宜在7月上旬、秋梢宜在8月下旬至9月上旬放吐，而甜橙类只适合在7月末至8月初放1次秋梢。

（3）药剂保梢。当新梢吐出5~10毫米长时开始喷第1次药，每隔7~10天1次，连喷2~3次。药剂可选用1.8%阿维菌素乳油3 000~3 500倍液、38%克蛾宝（阿维·辛硫磷）乳油1 200~1 500倍液、1.8%阿维菌素乳油3 000倍液+50%辛硫磷乳油1 000倍液、10%吡虫啉可湿性粉剂1 500~2 000倍液或30%吡虫啉（高猛）微乳剂2 000倍液等。拟除虫菊酯类药剂喷布多次后易产生抗性。

● 天敌

柑橘潜叶蛾的天敌有白星啮小蜂、黑盾瑟姬小蜂、寡节小蜂等10多种寄生蜂，还有青虫菌、草蛉和蚂蚁等。

卷叶蛾科

褐带长卷叶蛾

●**学名：** *Homona coffearia* Meyrick

●**又名：** 柑橘长卷蛾、茶淡卷叶蛾、茶卷叶蛾、咖啡卷叶蛾

●**寄主：** 柑橘、龙眼、荔枝、茶、苹果、桃、李等果树

●**为害部位：** 嫩叶、花蕾和果实

▲褐带长卷叶蛾雄成虫

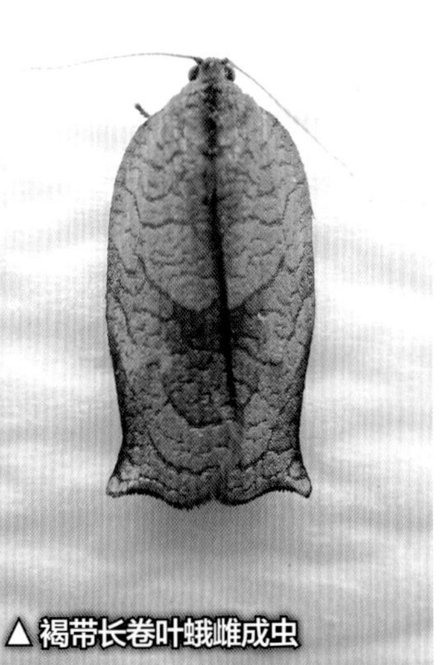

▲褐带长卷叶蛾雌成虫

▲褐带长卷叶蛾卵块

属鳞翅目卷叶蛾科。分布于浙江、江西、湖南、福建、台湾、广东、广西、四川、云南、贵州、江苏、安徽等省区。

为害特点

幼虫为害嫩芽、叶片、花蕾和果实，并吐丝缀叶，幼虫藏于其中咬食叶片。随幼虫虫龄增大，缀叶更多，造成叶片生长受阻，甚至干枯，果实脱落。

形态识别

成虫 体暗褐色，头顶有浓褐色鳞毛，胸部背面黑褐色，腹部黄白色。雌成虫体长 8~10 毫米，翅展 25~28 毫米，前翅近长方形，暗褐色，具有不规则、长短不一的深褐色波状纹。翅基部有黑褐色斑纹，前缘中央到后缘中后方有一深褐色宽带，翅尖深褐色，外缘具灰白色短绒毛，后翅淡黄色。雄成虫体略小，体长 6~8 毫米，翅展 16~19 毫米，前翅基部前缘和顶角深褐色，前缘中央有一黑色近圆形突出部分，停息时反折于肩角上，后翅淡灰黄色。

卵 纵径 0.8~0.85 毫米，横径 0.55~0.65 毫米，椭圆形，淡黄色。卵块长约 8 毫米，宽 6 毫米，呈鱼鳞状排列成椭圆形，并被胶质覆盖住。

幼虫 共 6 龄。1 龄幼虫头黑褐色，腹部黄绿色，胸足和前胸背板淡黄色，其余各龄幼虫头、前胸背板和足黑色。老熟幼虫体长 20~23 毫米，体黄绿色，头部与前胸背板黑色，或头部褐色，头、胸相接处有一白带，前、中足黑色，后足褐色，气门近圆形。

蛹 雌蛹体长 12~13 毫米，雄蛹体长 8~9 毫米，黄褐色。蛹背面中胸后缘中央伸入后胸，腹部背面第 2~8 节的前后缘各有横排钩状刺突 1 列。第 10 腹节末端狭小，有卷丝状臀棘 8 条。

生活习性

长江流域一年约发生 4 代，福建、台湾、广东为 6 代，四川为 4~5 代。多以幼虫在柑橘、荔枝树卷叶或杂草中过冬，有世代重叠现象。广东 4—6 月第 1 代幼虫为害柑橘嫩叶、花蕾，6 月以后主要转移为害新梢。柑橘谢花后至第 2 次生理落果期，常是幼虫盛发期。广东杨村第 1 代幼虫出现在 3 月中至下旬，咬食花蕾、花瓣，吐丝缀结花瓣并咬食子房，导致严重落蕾、落果。9 月至次年 2 月为害成熟果实，引起果实腐烂脱落。幼虫很活跃，遇惊扰迅速向后跳动或吐丝下坠逃走，随后又可循丝回到原处。1 龄幼虫常在两果相贴近处或果实与枝叶靠近处吐丝将果实与枝叶连接，或吐丝粘在果皮上啮食表皮或躲在果萼里。2~3 龄后幼虫蛀入果内，被害果常脱落，幼虫则转移到旁边的叶片上继续为害，或随幼果一道坠地。幼虫为害叶片时，将 3~5 张叶片缀合成苞，在其中取食，1 龄幼虫多取食叶背面，仅留下表皮，或将叶片

▲ 褐带长卷叶蛾卵块（杨植乔　提供）

▲ 褐带长卷叶蛾卵块

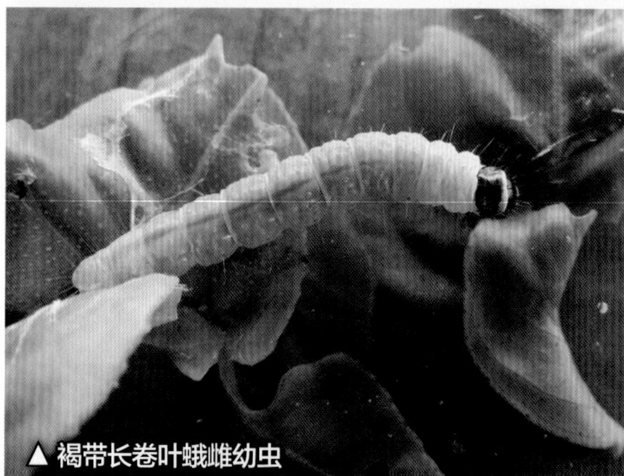
▲ 褐带长卷叶蛾雌幼虫

▲ 褐带长卷叶蛾雌幼虫

▲ 褐带长卷蛾幼虫缀叶状

▲褐带长卷叶蛾蛹（背面）

▲褐带长卷叶蛾蛹（侧面）

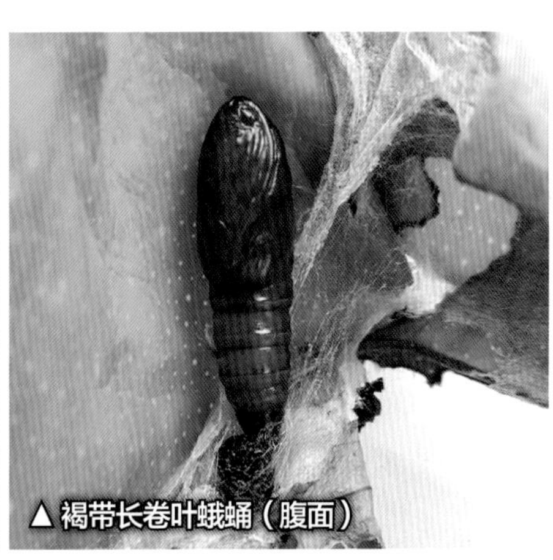
▲褐带长卷叶蛾蛹（腹面）

咬成洞和缺刻。老熟幼虫食量大，常缀5~6片叶躲在其中为害。成虫日间伏于叶、枝上，夜间活动，交尾产卵多在夜间，卵多产于叶正面主脉附近。

▲幼虫将幼果与叶片缀在一起为害

● 防治要点

（1）抓好冬季清园，剪除藏匿越冬幼虫的卷叶、枯叶，减少虫源；花蕾至花期应掌握低龄幼虫发生状况及时喷药防治；抓好9月下旬幼虫为害果实，导致采前落果的喷药防治。

（2）摘除卵块，捕捉幼虫。在幼虫发生期摘除叶面的卵块和挤压结缀的虫苞，将幼虫挤死。清除被害果和落果，防止幼虫转果为害或迁至落叶上化蛹。

（3）生物防治。在4—5月和9月幼虫蛀果盛期前，可用Bt乳剂800倍液或100亿/克的青虫菌1 000倍液进行防治。也可在卷叶蛾产卵前释放松毛虫赤眼蜂，每代放蜂3~4次。释放赤眼蜂防治效果很好。

（4）药剂防治。低龄幼虫可喷布50%辛硫磷乳油1 000~1 200倍液、48%毒死蜱乳油1 000~1 200倍液、20%丁硫克百威（好年冬）乳油1 000~1 500倍液、5%虱螨脲乳油2 000~3 000倍液、1%甲氨基阿维菌素苯甲酸盐2 500倍液、2.5%溴氰菊酯（敌杀死）乳油3 000~4 000倍液或其他拟除虫菊酯类药剂。

（5）不在果园边种植寄主植物。在卷叶蛾为害严重的果园内及其附近，避免种植豆类及其他寄主植物。

拟小黄卷叶蛾

●**学名：** *Adoxophyes cyrtosema* Meyrick

●**又名：** 柑橘褐带卷叶蛾、吊丝虫、柑橘丝虫

●**寄主：** 柑橘、荔枝、棉花、花生等植物

●**为害部位：** 嫩叶、花和幼果

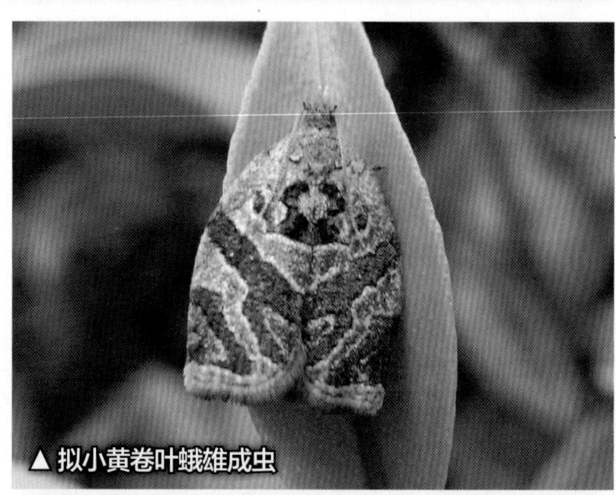
▲拟小黄卷叶蛾雄成虫

▲拟小黄卷叶蛾雌成虫

属鳞翅目卷叶蛾科。分布于广东、广西、福建、浙江、四川、贵州等省区。

为害特点

幼虫蛀食花蕾，缀食叶片，为害果实，导致大量落果，造成损失，是柑橘果实的重要害虫之一。

形态识别

成虫　体黄褐色。雌成虫体长 8 毫米，翅展 18 毫米，头部有黄褐色鳞毛，雄成虫体形略小，前翅后缘近基角处有宽阔的近方形黑褐色斑，两翅并拢时呈六角形。雌成虫前缘近基角 1/4 处，有 1 条较细、不甚明显的褐色纹达后缘 1/3 处；又在前缘近基角 1/3 处有粗的黑褐色斜纹横向后缘中后方，在斜纹 2/3 处有褐色纹直达臀角附近，常常 2 条斜纹合在一起，分界不明显；在顶角有深黑褐色近三角形的斑点。

卵　椭圆形，初产时淡黄色，渐变为深色。卵粒呈鱼鳞状排列，卵块椭圆形，覆盖胶质薄膜。

幼虫　老熟幼虫体长 11~18 毫米，淡黄绿色。头部除 1 龄幼虫为黑色外，其余各龄幼虫均为黄色；前胸背板淡黄色，3 对胸足淡黄褐色；腹足趾钩环形单行 3 序；具臀节。雄虫在第 5 节可见 1 对淡黄色肾形的生殖腺。

蛹　体长 9~10 毫米，雄蛹略小，黄褐色。蛹背面自第 2 腹节后缘有 1 排小的钩状刺突，第 2~7 腹节的前、后缘各有钩状突 1 排，中胸后缘中央向后突出。末端近平截状。

生活习性

一年发生代数因区域不同而异。一般每年发生 7~9 代，世代重叠，多以幼虫在柑橘树上吐丝缀茧藏匿其中越冬。福州一年 7 代，重庆 8 代，广东可达 8~9 代。无滞育和真正越冬现

象，在4℃以下才停止进食。翌年3月初老熟幼虫化蛹，中旬羽化为成虫。雌虫多产卵在叶的正面。3月中下旬卵开始孵化，幼虫开始为害花蕾、花及幼果，4—5月为害幼果最烈，常造成大量落果。幼虫常吐丝将果实及数片叶缀合在一起，取食其中。花蕾期或吐丝将数个花蕾缀合在一起，藏身其中为害，使花蕾凋萎。盛花期在子房与萼片之间蛀食，并吐丝把花瓣连接，使大量花瓣不能脱落。随着果实长大，幼虫蛀食果肉致幼果干枯，以后钻入果内取食。5—8月为害幼芽、嫩叶，将3~5片叶缀合或将1片叶折合，潜藏其中，咬成缺刻或穿孔。9月又转至果实上为害，导致9月下旬至10月上旬大量落果。幼虫活泼，受到惊扰常向后急剧跃动，悬丝下垂，坠地幼虫躲藏在土壤中或转食地面作物（豆类）或杂草。

● 防治要点

参考褐带长卷叶蛾防治。

▲ 拟小黄卷叶蛾为害尤力克柠檬

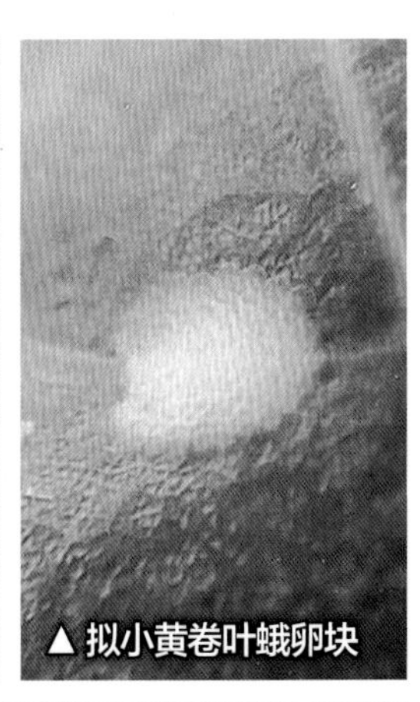
▲ 拟小黄卷叶蛾卵块

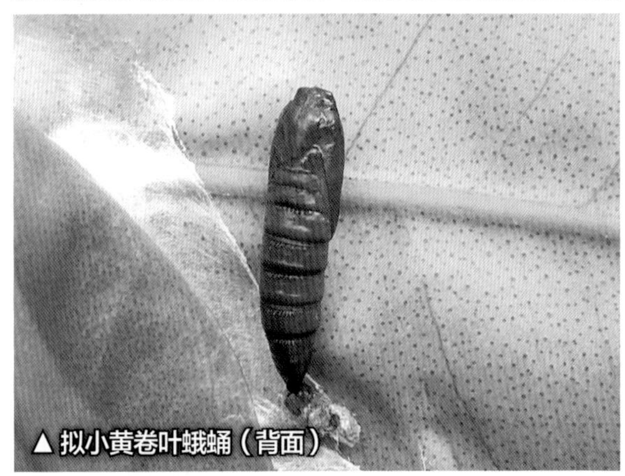
▲ 拟小黄卷叶蛾蛹（背面）

▲ 拟小黄卷叶蛾幼虫

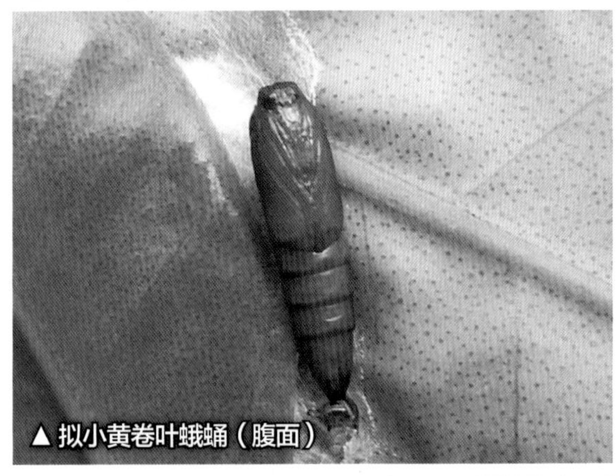
▲ 拟小黄卷叶蛾蛹（腹面）

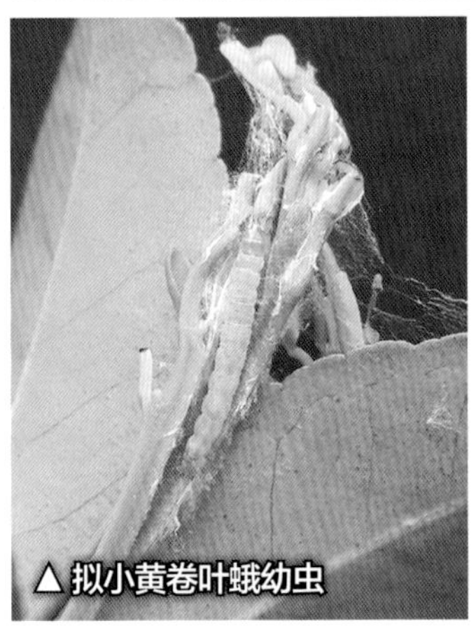
▲ 拟小黄卷叶蛾幼虫

▲ 拟小黄卷叶蛾幼虫为害柠檬花、幼果

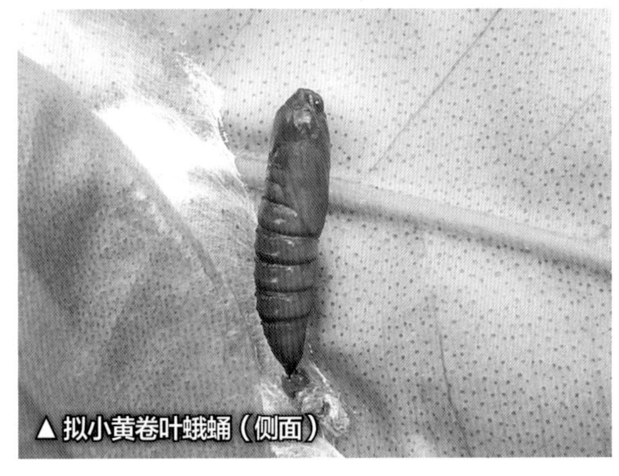
▲ 拟小黄卷叶蛾蛹（侧面）

拟后黄卷叶蛾

- **学名：** *Archips micaceana* var. *compacta*（Nietner）
- **又名：** 柑橘褐黄卷叶蛾、褐卷叶蛾
- **寄主：** 柑橘、苹果、李、桃、柿等植物
- **为害部位：** 嫩叶、花和幼果

▲ 拟后黄卷叶蛾成虫（左雄、右雌）

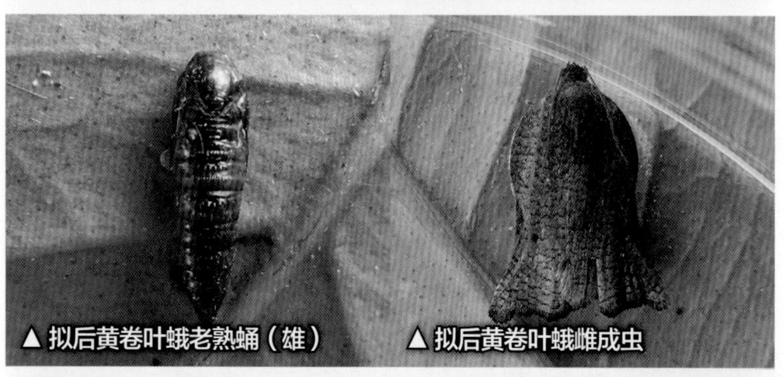

▲ 拟后黄卷叶蛾老熟蛹（雄） ▲ 拟后黄卷叶蛾雌成虫

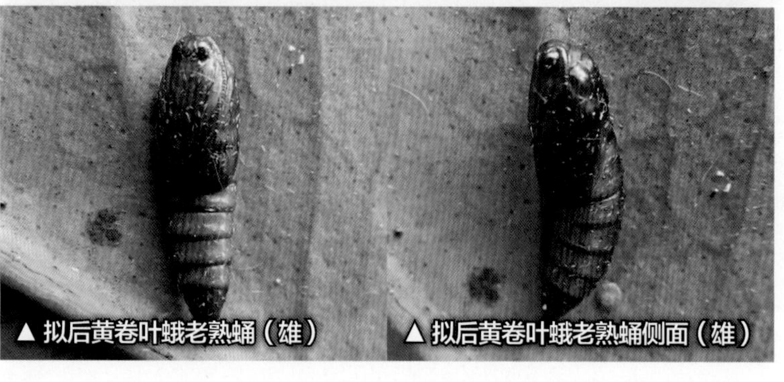

▲ 拟后黄卷叶蛾老熟蛹（雄） ▲ 拟后黄卷叶蛾老熟蛹侧面（雄）

属鳞翅目卷叶蛾科。分布于广东、广西、四川、福建等省区。

为害特点

幼虫为害柑橘嫩叶、花蕾和幼果，造成落蕾、落花、落果。

形态识别

成虫 雌成虫体长 8 毫米，翅展 18~20 毫米；雄成虫体长 7.5 毫米，翅展 16~18 毫米。虫体和翅黄褐色。雌成虫前翅具褐色云状波浪纹，前缘顶角前具深褐色指甲形纹，前缘基部向外拱起，至指甲形纹处微弯入，顶角向外，向后突出，近顶角的外缘毛黑色，停息时两翅平置状如铜钟。雄成虫前翅花纹复杂，前缘近基角处深褐色；由前缘 2/5 处至后缘中下方具斜向褐色带，近前缘褐色带较窄，从带的 1/3 处起褐色带渐变宽大至后缘前，前缘近顶角前方亦

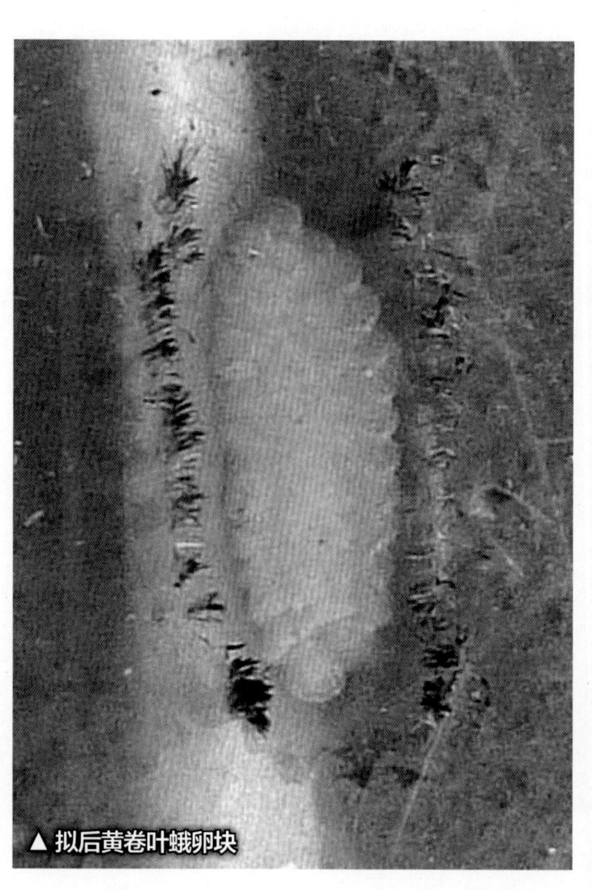

▲ 拟后黄卷叶蛾卵块

有指甲形黑褐色纹，其后下方有一浅褐色纹斜向臀角。后缘近基部有似梯形的深褐色纹，当两翅平置时，在中部形成长方形纹。

卵 长径0.75~0.85毫米。常140~200粒卵呈鱼鳞状排列成长方形或长椭圆形，卵块深黄色，两侧各有1列黑色鳞毛。

幼虫 老熟幼虫长约22毫米，头部赤褐色，胸腹部黄绿色；前胸背板与头部色相近，也为赤褐色，但后缘两侧黑色；前、中足黑褐色，后足淡黄色。

蛹 体长约11毫米，常赤褐色。中胸后缘中央向后形成的舌形突出较长，接近后胸后缘，并形成凹沟；第10腹节末端略带椭圆形，卷丝状钩刺8根，末端中央4根，两侧背、腹面各1根。

生活习性

在四川、重庆5月中旬和6月上旬各出现1次高峰。在广东幼虫于4—5月与拟小黄卷叶蛾和褐带长卷叶蛾混杂发生，在开花期，幼虫在子房与花瓣基部吐丝缀结，藏于其中为害幼果，引起花、果大量脱落。5月下旬以后转移为害成年树或幼苗的嫩叶，吐丝将1片叶折合或3~5片叶缀合成包，藏匿其中为害，9月又再次转移为害果实，造成落果。

● 防治要点

参考褐带长卷叶蛾防治。

▲拟后黄卷叶蛾幼虫

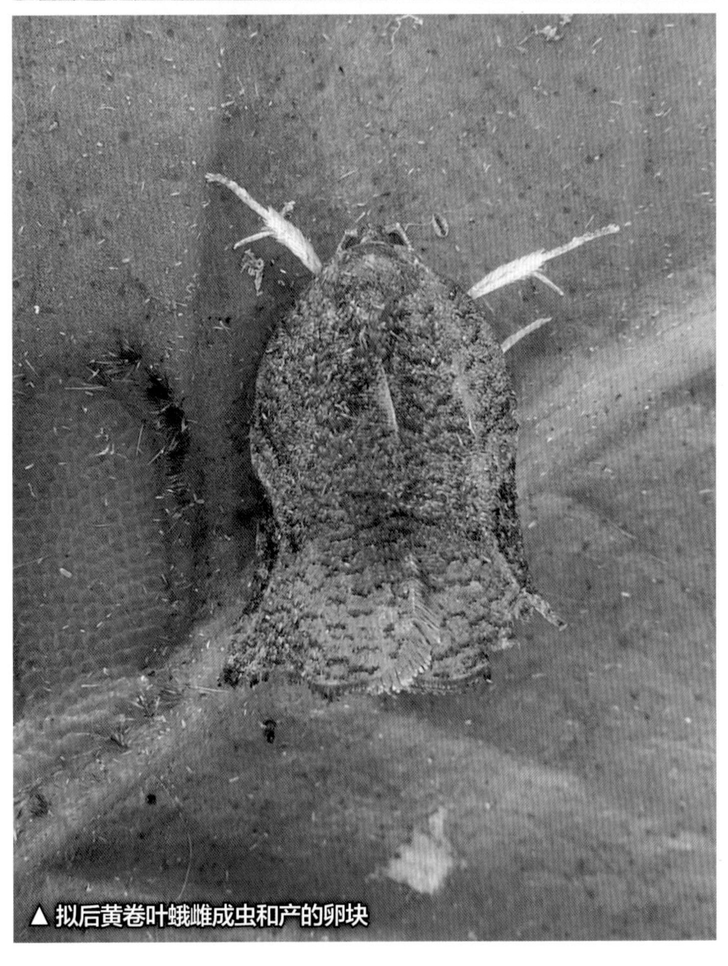

▲拟后黄卷叶蛾雌成虫和产的卵块

小黄卷叶蛾

●**学名：** *Adoxophyes orana* Fischer von Röslerstamm

●**又名：** 棉褐带卷蛾、苹果小卷蛾、茶小卷叶蛾、茶叶蛾、桑斜纹卷叶蛾

●**寄主：** 柑橘、荔枝、龙眼、橄榄、枇杷、苹果、梨、石榴、樱桃、桃、李、柿、杏、棉、茶、桑等植物

●**为害部位：** 嫩梢、叶片、花和果实

△小黄卷叶蛾

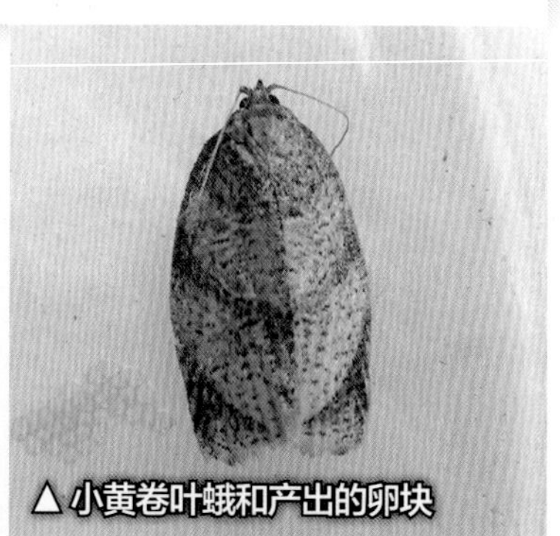

△小黄卷叶蛾和产出的卵块

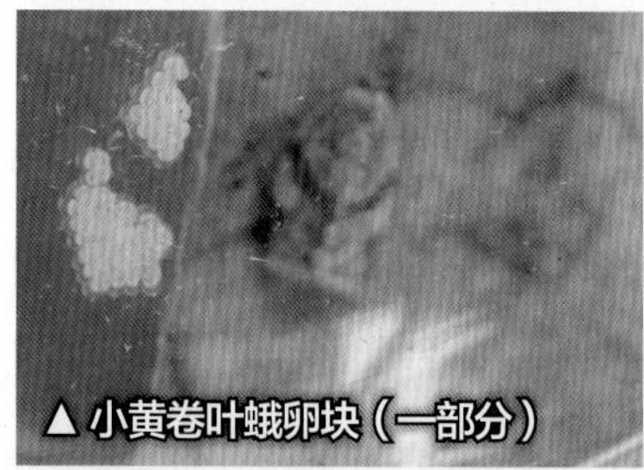

△小黄卷叶蛾卵块（一部分）

△小黄卷叶蛾幼虫

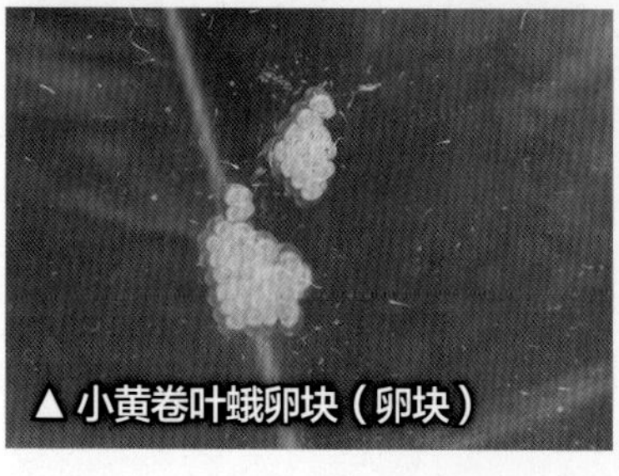

△小黄卷叶蛾卵块（卵块）

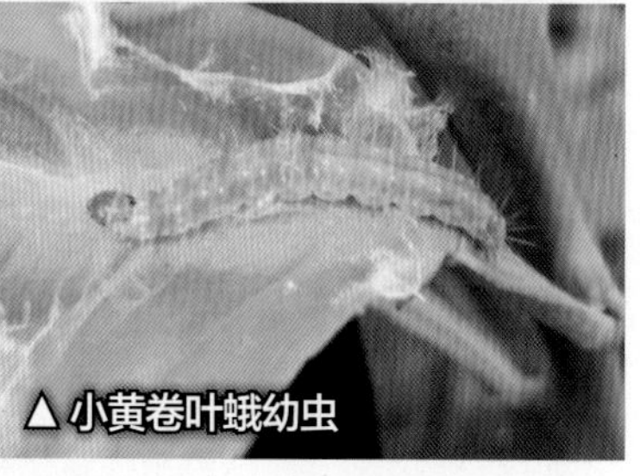

△小黄卷叶蛾幼虫

属鳞翅目卷叶蛾科。分布于我国柑橘产区及其他果树栽培区。

形态识别

成虫 体长6~10毫米，翅展13~23毫米，淡黄色。唇须较长，向前伸，第2节背面呈弧状，末节稍向下垂。前翅长方形，长宽比约为2∶1。翅面散生褐色细纹，有3条褐色斜带。雄成虫色深，前翅有前缘褶；前翅由淡棕色到深黄色，斑纹褐色，基斑同前缘褶的1/2开始伸展到后缘的1/3，中带由前缘的1/2开始斜至后缘的2/3，并从中部产生一分支伸向臀角，成一“Y”形分叉，端纹扩大到外缘并延伸至臀角。后翅淡灰褐色，缘毛灰黄色。雌成虫后翅肩角前方有翅缰2枚。

卵 扁平，椭圆形，淡黄色，长径0.75毫米，卵面多六角形或菱形刻纹。数十粒排列成块状，上覆盖透明胶质。

幼虫 共5龄。体长13~15毫米。头部除1龄为黑色外，其余均为淡黄褐色，前胸背板淡黄白色。幼虫低龄期黄绿色，老熟时翠绿色。

蛹 雌蛹体长9~10毫米，雄蛹体长7.5~8.2毫米。初为绿色，后渐转为褐色。腹部背面第2~7节有2横排小而密的刺突。

生活习性

福建一年发生7代，浙江黄岩一年6代，多以幼虫越冬，当冬季气温高的年份，越冬幼虫也能活动取食。翌年4月中下旬羽化，产卵孵出幼虫，第2代于7月下旬至8月上旬。台湾一年发生8~9代，以幼虫越冬。广东一年发生6~7代，雌成虫多于清晨和晚间19：00—21：00羽化，雄成虫多在9：00—11：00和15：00—17：00羽化，羽化后当天即可交尾，交尾后4~6小时即可产卵。成虫白天潜伏在树丛中，夜间活动，21：00—23：00活动为最盛。幼虫孵出后甚活泼，并借吐丝和爬行分散，将叶片缀合一起躲藏其中取食嫩叶、幼果。

● 防治要点

参考褐带长卷叶蛾防治。

木蛾科

白落叶蛾

- **学名：** *Epimactis* sp.
- **又名：** 柑橘木蛾
- **寄主：** 柑橘、荔枝
- **为害部位：** 叶片、果实

▲ 白落叶蛾雌成虫 ▲ 白落叶蛾雄成虫 ▲ 白落叶蛾雌成虫

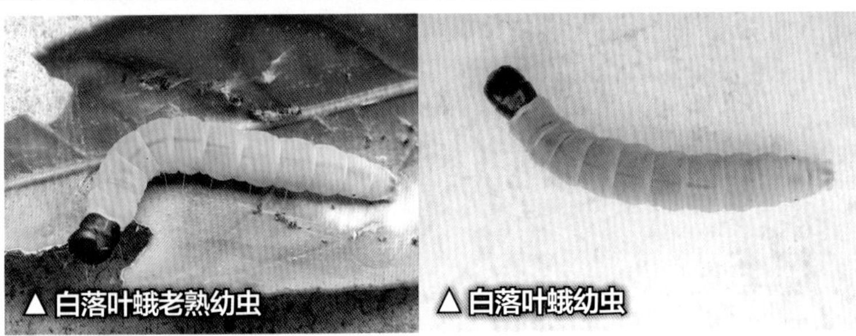
▲ 白落叶蛾老熟幼虫 △ 白落叶蛾幼虫

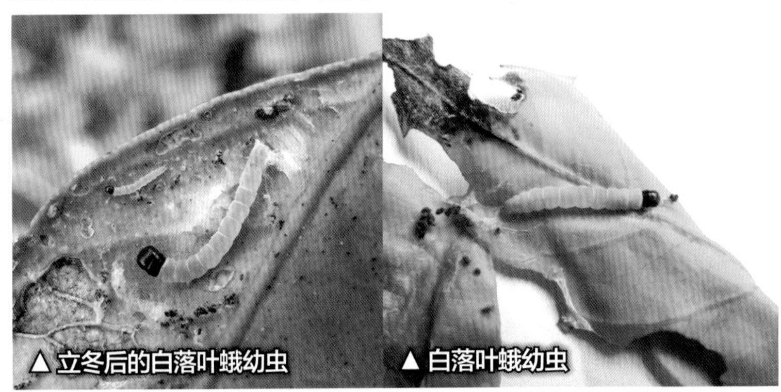
▲ 立冬后的白落叶蛾幼虫 ▲ 白落叶蛾幼虫

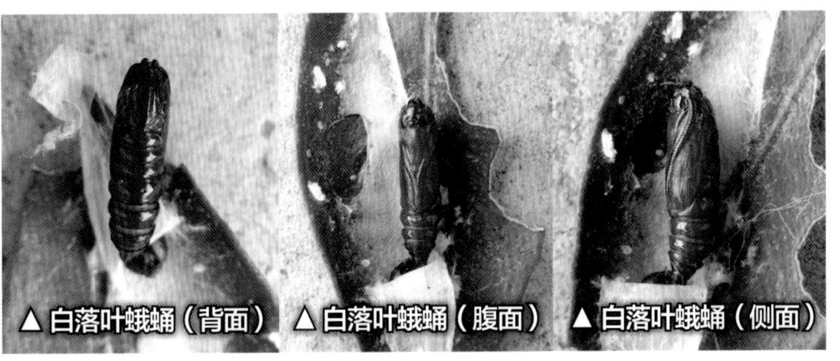
▲ 白落叶蛾蛹（背面） ▲ 白落叶蛾蛹（腹面） ▲ 白落叶蛾蛹（侧面）

属鳞翅目木蛾科。分布于江西、福建、台湾、广东、广西、四川等省区。

为害特点

幼虫为害叶片和果实，造成叶片残缺、干枯，果实脱落。

形态识别

成虫 体白色，长 7~11 毫米，翅展 17~28 毫米。翅白色略带灰黄色，前翅前缘或有橙黄色，翅中央有小黑点 3 个，后一个较明显，外缘有 7 个小黑点，每一黑点分布在两翅脉间，排成 1 列。雌成虫前翅中央有浅灰色大斑 1 个。后翅白色，卵形。后缘和外缘具白缘毛，腹部亦有银白色鳞片。雄成虫触角梳齿状，雌成虫触角丝状。

卵 黄色，圆形，常数十粒产成堆状。

幼虫 体黄绿色、绿色，老熟时多为杏黄色，第 7 腹节两侧各有小黑点 1 个。头和前胸背板及第 1 对胸足为漆黑色，老熟幼虫有颅中沟。

蛹 长 8.2~11 毫米，赤褐色，背光滑，腹背无钩状刺突，头顶有 1 对长方形突出物。

生活习性

江西三湖柑橘产区一年发生 3 代，广东 3~4 代，常见幼虫越冬。幼虫在秋冬季发生较多，为害夏、秋梢叶片和生长中的果实，尤以近成熟的果实受害重。幼虫吐丝将 2 片叶片缀合在一起，上方的叶片多为枯叶，幼虫潜藏其中为害，老熟幼虫在其中化蛹。

● 防治要点

参考其他卷叶蛾防治。

● 天敌

白落叶蛾的天敌有多种，卵期有赤眼蜂，幼虫期和蛹期有茧蜂类、姬蜂类等。

凤蝶科

柑橘凤蝶

●**学名：***Papilio xuthus* Linnaeus

●**又名：**橘黑黄凤蝶、金凤蝶、春凤蝶

●**寄主：**柑橘、山椒、黄柏等植物

●**为害部位：**嫩梢、叶片

▲ 柑橘凤蝶成虫

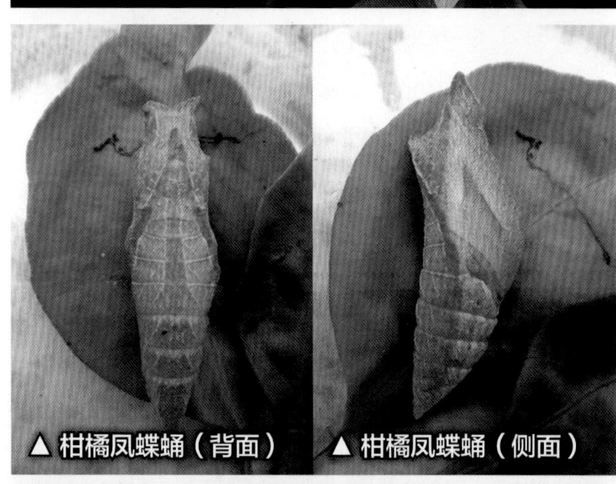

▲ 柑橘凤蝶蛹（背面）　▲ 柑橘凤蝶蛹（侧面）

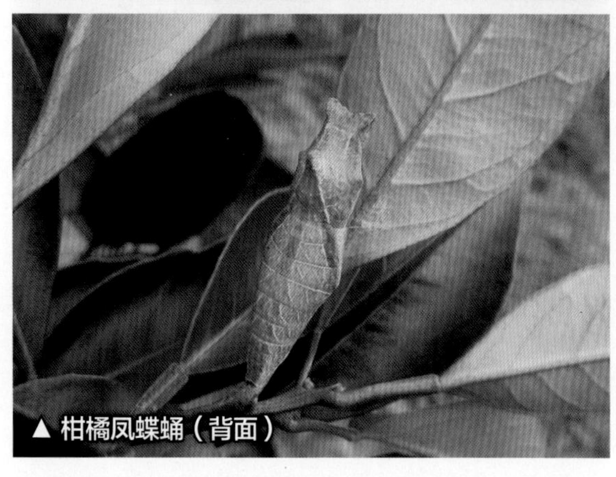

▲ 柑橘凤蝶蛹（背面）

属鳞翅目凤蝶科。我国分布范围很广，包括长江以南各省区。

为害特点

幼虫为害柑橘的嫩叶、新梢，初龄幼虫咬食嫩叶，将叶片食成缺刻，中龄以后则将叶片食光或仅存叶柄和主脉，严重发生时，可将幼年树新梢叶片全部食光，影响树冠的形成。

形态识别

成虫 分春型和夏型两种，春型淡黑色，夏型体大、黑色。雌成虫体长26~30毫米，翅展约95毫米；雄成虫体长约24毫米，翅展约85毫米。两型前翅斑纹相同，后翅色斑略异。虫体背面有宽大的纵向黑带纹，两侧有黄白色带纹。前翅三角形，中室内有4条黄白色纵纹，近翅外缘具8个月牙形淡黄色斑。后翅第3支脉向外延伸呈燕尾状，外缘有6个黄白色月牙斑。中室四周每一翅室基部有一黄白色斑，共7个斑。夏型斑角尖突，春型钝圆，可以区分。夏型近臀角有一黄色圆形斑，斑中有一黑点；春型圆斑呈橘褐色，斑中多无黑点。

卵 直径约1.5毫米，圆球形，初产时淡黄色，渐变为深黄色，孵化前淡紫色至黑色。

幼虫 老熟幼虫体长38~42毫米，绿色至深绿色，头小，后胸前缘两侧各有1个以黑色为主、杂有红紫色的眼状斑纹，眼斑间有深黄色带相连，其中布有齿状浅黑色曲线。后缘有一黄色线并有4个黄色圈点分布。第2腹足上方两侧各有一黄白色斜线延至第5腹节背部，呈楔状弧形，并排列4个黄色圈点。第6腹节、第8腹节至尾节各具1条黄色线从背面向两侧前伸至气门，在背面形成弧形。黄线后伴有浅灰蓝色斑纹。体侧气门下方有白斑1列。前胸背面有1对橙黄色的臭角腺。初孵幼虫黑褐色，体长2.5毫米，有肉瘤突起，头、尾黄白色，第

2 腹节两侧各有 1 条白色斑线斜伸至背部第 4 节处重合，体表粗糙，极似鸟粪。

蛹 体长 30~32 毫米，初化蛹时淡绿色，后转为黄绿色，可因环境不同而转变成暗褐色，腹面带白绿色。头棘分叉向前突伸，胸棘 1 个，角突略尖并伸向前方。

生活习性

长江流域以北一年发生 3 代，重庆、江西为 4 代，广东、福建等省为 5~6 代。以蛹越冬。翌年春暖开始羽化成虫，成虫白天飞翔活动，交尾产卵，晚上在阴凉的树冠叶片或小灌木叶片处停息。卵产于春梢嫩叶叶缘、叶尖或叶面。初孵幼虫形似鸟粪，咬食嫩叶，使叶片成缺刻，3 龄幼虫食量增大。遇惊扰即伸出头部上方的一对臭腺，并放出臭味驱敌。臭腺为浅棕色，基部色较淡。春、夏、秋梢嫩叶均是为害对象，以夏、秋梢较严重。老熟幼虫选择易隐蔽的枝条或叶背，吐丝绕胸腹一圈，并固定尾端后转入预蛹，再化为蛹体。

● 防治要点

（1）捕捉成虫。在成虫羽化盛期于早晨露水未干时及傍晚人工捕捉，此时成虫一般在柑橘树冠下部或园边灌木或绿肥叶上停息。白天可用捕蝶网兜，在网兜边固定 1 只成虫，以性引诱的方法网套成虫。

（2）幼年果园提倡人工抹除卵粒、查捉幼虫和清理虫蛹相结合，可降低成本。

（3）保护和利用天敌。

（4）药剂防治。药剂有苏云金菌（Bt）制剂 200~300 倍液（每克有 100 亿孢子）、10% 吡虫啉可湿性粉剂 3 000 倍液、10% 氯氰菊酯乳油 2 000~3 000 倍液、0.3% 苦参碱水 200 倍液、48% 毒死蜱乳油 1 000~1 200 倍液或 2% 甲氨基阿维菌素苯甲酸盐 1 500~2 000 倍液。每种农药喷布都应掌握在幼虫幼龄期进行，才有良好的防治效果。

● 天敌

柑橘凤蝶的天敌有寄生卵粒的赤眼蜂和凤蝶蛹寄生蜂等，对凤蝶蛹的寄生效果较好，应加以保护。另外，多种鸟类是鳞翅目幼虫的主要天敌。

▲ 柑橘凤蝶幼虫

▲ 柑橘凤蝶幼虫在惊动后伸出臭腺

玉带凤蝶

●**学名：** *Papilio polytes* Linnaeus

●**又名：** 白带凤蝶、黑凤蝶、缟凤蝶

●**寄主：** 柑橘类及其他芸香科植物

●**为害部位：** 嫩梢、叶片

△ 玉带凤蝶雌成虫　△ 玉带凤蝶雌成虫

△ 玉带凤蝶雄成虫

▲ 玉带凤蝶成虫（上雌、下雄）　▲ 玉带凤蝶卵粒

属鳞翅目凤蝶科。分布于长江以南各省区。

为害特点

幼虫为害柑橘类等芸香科植物新梢叶片，将叶片咬食成缺刻和只剩主脉，严重发生时嫩梢可被食光，影响枝梢的抽发和树冠的形成。

形态识别

成虫 体长25~32毫米，翅展90~100毫米，体、翅黑色。雄成虫前翅外缘有9个黄白色斑纹，从前向后逐渐变白色斑，从前向后渐大，后翅中部从前缘向后缘横列着7个大型黄白色斑，静止时，前后翅斑连接形似白带，故称玉带凤蝶。后翅外缘呈波浪形，尾突如燕尾。雌成虫有两型，一型（又称Cyrus）色斑与雄成虫相似，在后翅外缘具半月形深红色小斑点数个，在臀角处有一深红色眼状斑；另一型（又称Polytes）前翅外缘无斑纹，后翅外缘的内侧有横列的半月形斑6个，深红色，中部还有4个大型黄白色斑。

卵 直径约1.2毫米，球形，表面光滑，初产时淡黄白色，后变为深黄色，近孵化时灰黑色。

幼虫 1龄灰黄色，2龄暗黄褐色，胸腹节两侧有淡白色斑，斜向背部，呈倒三角形，背部两侧各有一灰黑色斑，头尾各有1对肉质刺突，3龄前黑褐色，4龄后鲜绿色。老熟幼虫体长34~44毫米，深绿色。前胸背面有紫红色丫状臭腺1对，后胸背前缘有一齿状黑色横纹，其两侧各有黑色眼状纹，第2腹节前缘有一黑带，第4~5腹节两侧各具斜形黑褐色间以黄绿、紫灰多色的斑点花带1条，第6腹节两侧下方有近似长方形的斜行花带，臭腺紫红色。

蛹 体长30~35毫米，菱角状，体色多为绿色，头棘分叉向前突出，胸部背面隆起如小丘，两侧稍突出；胸、腹相接处向背面弯曲，

腹部第 3 节显著向两侧突出。

生活习性

广东、福建等地区一年发生 4~6 代，浙江、四川和江西一年发生 4~5 代，均以蛹在枝梢、叶片隐蔽处越冬，世代重叠。3—4 月成虫出现，4—11 月均有幼虫发生，主要为害夏、秋梢，一般 5 月中下旬、6 月下旬、8 月上旬和 9 月中旬为发生高峰期。成虫白天交尾，交尾后当日或隔日产卵。卵单粒附着在柑橘嫩叶边缘或嫩梢顶端。初孵幼虫取食叶肉，沿着叶缘啮食，随着虫龄长大，食量逐渐增大，常将叶肉吃光仅剩下主脉或叶柄，5 龄幼虫每昼夜可食叶片 5~6 片，对幼苗、幼树和嫩梢为害极大。当受到惊动或干扰时迅速伸出臭角腺，放出特殊的气味，以保护自己。老熟幼虫在被害的枝梢下方或枯枝、树干上吐丝垫固尾部，再系丝于腰间，蜕皮化蛹。

● 防治要点

（1）人工捕杀。于凤蝶交尾期间，在网兜上系一凤蝶成虫，在果园诱捕，或清晨露水未干、傍晚成虫栖息之后，在园内和园边灌木丛中捕捉成虫。幼年种植园提倡人工及时摘除卵粒和捉除幼虫、蛹。

（2）生物防治。保护利用卵和蛹寄生蜂，其中凤蝶赤眼蜂和凤蝶蛹金小蜂分别寄生于凤蝶卵和蛹体，对夏、秋季凤蝶的控制有一定作用。

（3）药剂防治。参考柑橘凤蝶防治。

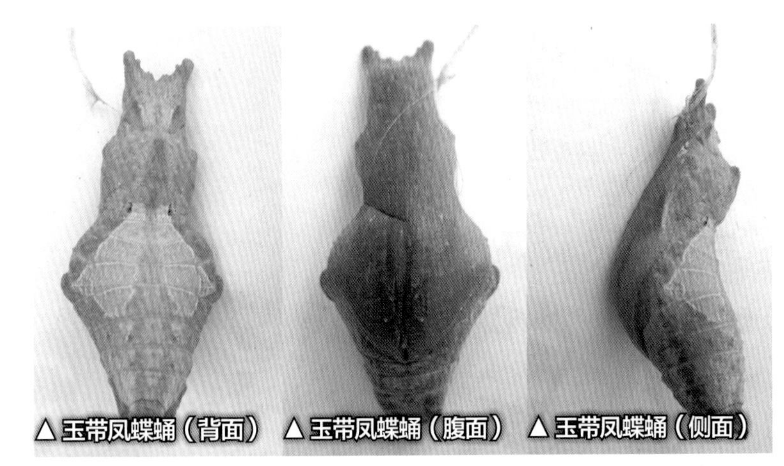

△ 玉带凤蝶蛹（背面） △ 玉带凤蝶蛹（腹面） △ 玉带凤蝶蛹（侧面）

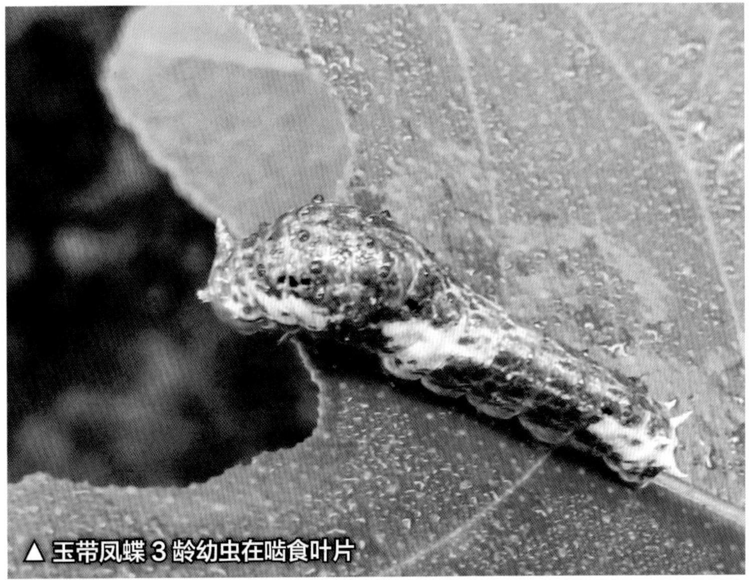

△ 玉带凤蝶 3 龄幼虫在啮食叶片

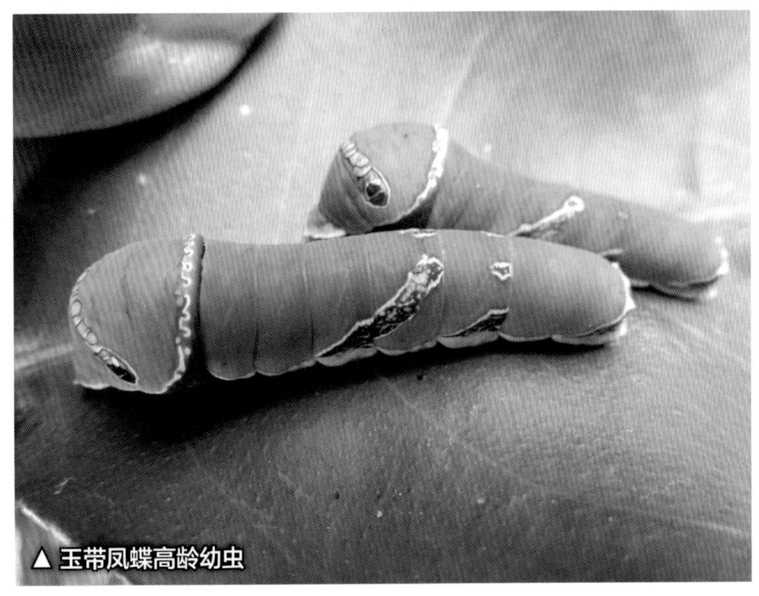

△ 玉带凤蝶高龄幼虫

达摩凤蝶

●**学名**：*Papilo demoleus* Linnaeus
●**又名**：黄花凤蝶、黄凤蝶
●**寄主**：柑橘
●**为害部位**：嫩梢、叶片

▲ 达摩凤蝶

▲ 达摩凤蝶

属鳞翅目凤蝶科。分布于广东、广西、福建、浙江、四川、云南、贵州等省区。

为害特点

幼虫为害柑橘的新芽嫩叶，将新叶食成缺刻、孔洞，或吃光叶片只存叶片主脉或残留叶柄。

形态识别

成虫　体长30~32毫米，翅展92~95毫米，体背灰黑色。胸背两侧和腹部两侧有黄色纵线。翅面黑色，上布大小不一、形状不同、排列不整齐的淡黄色斑。前翅基部横列许多不连续的淡黄色小点状纹，近前缘处呈放射状，后缘处似扇形。翅中部自前缘至后缘有14个大小不一、排列不整齐的淡黄色斑，近外缘有9个不规则的淡黄色斑，外缘有半月形黄色斑8个。后翅基部亦有黄色小点向翅中部放射，外缘无燕尾突。翅基半部中室外缘处有1个椭圆形斑，上部为粉蓝色，下部为朱红色，粉蓝色与朱红色间或杂有1个黑斑。

卵　圆球形，直径1.5毫米，表面光滑，初为淡黄色，孵化前转深紫色。

幼虫　共5龄，老熟幼虫体长55毫米，黄绿色，前胸具1条、后胸前后缘各有1条齿状横纹带，黑色，并有齿状黄褐带并列，因环境不同，横纹时有变化，第2腹足气门上方两侧各有1条褐色至黑褐色粗大斑纹，向上后方斜

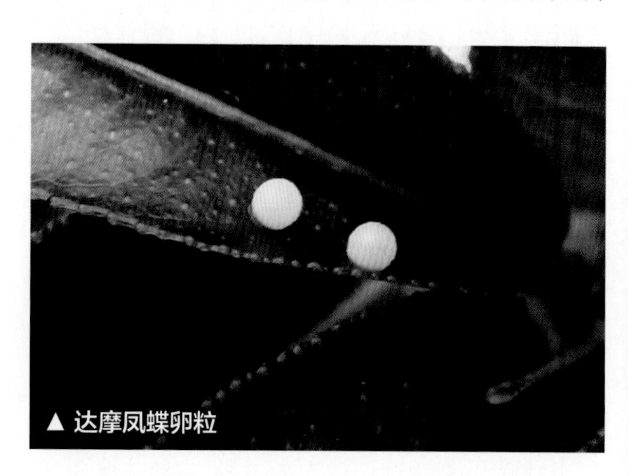
▲ 达摩凤蝶卵粒

▲达摩凤蝶 2 龄幼虫

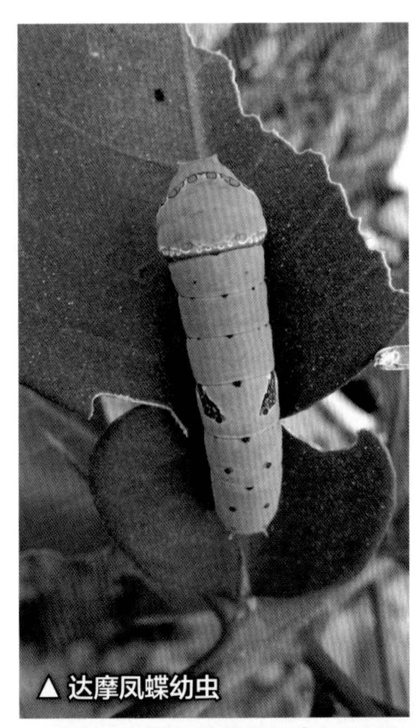
▲达摩凤蝶幼虫

▲达摩凤蝶老熟幼虫的臭腺紫红色

伸至第 3 对腹足的背部，但不连接，第 4 腹足气门上方处两侧和尾节亦各有 1 条相同颜色的斜斑，第 1~5 腹节相接处每节均有 5 个约等距圆黑点，在伸缩时可见，第 6~8 腹节背部近后缘各有 2 个较大的圆黑点，与前缘 1 个呈正三角形。腹部各节两侧均有 1 个黑点，腹节上的黑点有多种变化。头部上方两侧及尾部两侧均有 1 对肉刺突，橙黄色。臭腺 1 对，前半部紫红色。

蛹 粉绿色或黄褐色，或因化蛹环境不同而异，菱形，胸腹部弧形弯曲，头棘短，胸背角突短钝，腹面平直。

▲达摩凤蝶幼虫（体斑不同）

生活习性

一年发生 4~6 代，以蛹在柑橘枝叶处越冬，一年中的 3—11 月均见成虫活动。卵单粒产在嫩芽顶端或嫩叶近边缘处。成虫飞翔活跃，较难捕捉。初孵幼虫灰褐色，咬食嫩叶边缘成缺刻或咬成小孔。随虫龄增大，食量增大，常将叶片吃光只剩主脉。老熟幼虫转移至小枝上化蛹。其发生时间与柑橘凤蝶相同。

● 防治要点

参考柑橘凤蝶防治。

▲达摩凤蝶蛹

蓝凤蝶

●**学名：** *Papilio protenor* amaura Jordan

●**又名：** 黑凤蝶、乌凤蝶、无尾黑凤蝶

●**寄主：** 柑橘类、山椒等植物

●**为害部位：** 嫩梢、叶片

△蓝凤蝶成虫

△蓝凤蝶成虫（腹面）

属鳞翅目凤蝶科。分布于广东、广西、江西、福建、台湾、浙江、安徽、河南、湖北、湖南、陕西、甘肃等省区。

为害特点

幼虫为害柑橘的新芽嫩叶，为害特点同达摩凤蝶。

形态识别

成虫 体长22~35毫米，翅展81~118毫米，头、胸、腹均黑色，胸背有黑色间杂灰褐色长绒毛。前、后翅面被天鹅绒状鳞粉，黑色，有光泽。前翅翅脉明显，翅脉间密布银白色小点，脉及脉间深黑色条状，向外缘平行排列，前缘向后微弯，顶角钝，外缘浅波状。后翅深黑色，无燕尾凸，前缘外约1/2有灰白色细边，外缘波状，凹入处有白色细纹，外缘近臀角处有一个中间为黑色圆斑，外围间杂淡黄色、赭石色和银灰色的眼状大斑，内侧有一同颜色的不规则斑，外缘处有一赭石色月牙斑，中室至外缘披有光泽的蓝色细密小点。雄成虫与雌成虫相似，但后翅前缘无淡绿色横斑，而前缘处蓝色和黄色小斑多于雄成虫，后翅臀角有暗红色月形斑8个。

卵 球形，初产时淡黄绿色。

幼虫 老熟时体长50~52毫米，绿色至绿黄色，翻缩腺紫红色。中胸背面有1条前绿色后淡绿色横纹，其上有淡蓝色曲状线，两侧各布1个圆圈，两端各有1个黑色眼状斑，内间红、白两色，后胸背面后缘有1条前侧灰棕色后侧深褐色粗横纹，上有淡蓝色的曲线。腹部第3节两侧有深褐色、灰棕色及白色混杂的花纹条斑向上斜伸至第4腹节背部形成“〕”形，第5节两侧至背部亦有一“〕”斑纹，在斑纹内有2个前伸的凸起斑，中间有1蓝色圈。臀节末端为白色斑。

蛹　体长35~37毫米，灰绿色，体似菱形，头部2个细尖角突，斜向左右，向背部翘起，内侧各有两个小齿，背部弯曲，胸部隆起，前胸有1对呈三角形粉绿色斑，前缘有1对褐色小点，腹背面1~6节中间贯串一条前小后大的暗绿色条纹，将粉绿色大斑分成左右两半，前端一对褐色斑点，在第4节两侧有1对“耳状”突。

生活习性

以蛹越冬，福建福州一年发生3代以上。广东杨村近年有增多的趋势，一年中发生代数未详，每年早夏梢开始即见成虫活动。卵散产在嫩芽的叶片上，初产卵粒为乳白色，后转淡黄色，孵化前灰黑色。初孵幼虫很快将卵壳啮食，以后每次的蜕皮多被幼虫啮食，偶有2龄虫不食蜕皮。2龄以后的幼虫，灰黑色至灰绿色期背部有白色斑纹，中间有似菱形斑相连，状如“兽形”面具，尾部亦有一酷似“猫头”形的白色大斑。幼龄幼虫啮食嫩叶嫩梢，3龄以后食量大增，可将老叶片食光，多数不留叶脉，致枝梢成秃枝。

● 防治要点

参考柑橘凤蝶防治。

● 天敌

蓝凤蝶的天敌主要为凤蝶蛹寄生蜂，一头蛹内寄生蜂数可达185头之多。

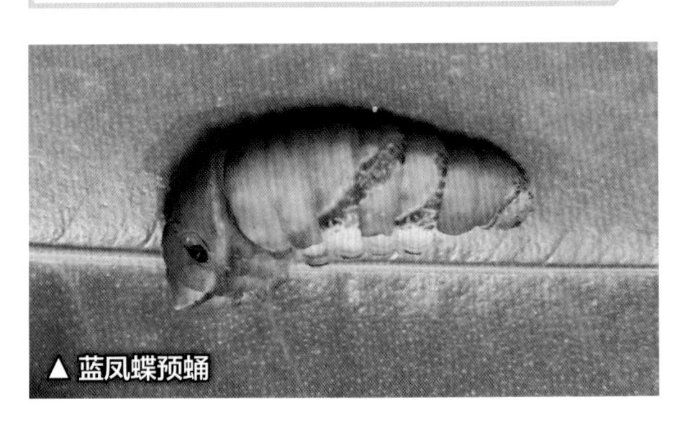
▲蓝凤蝶预蛹

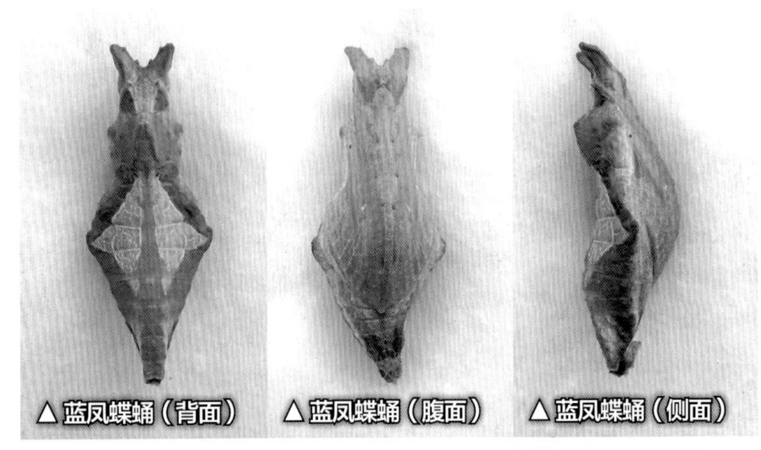
▲蓝凤蝶蛹（背面）　▲蓝凤蝶蛹（腹面）　▲蓝凤蝶蛹（侧面）

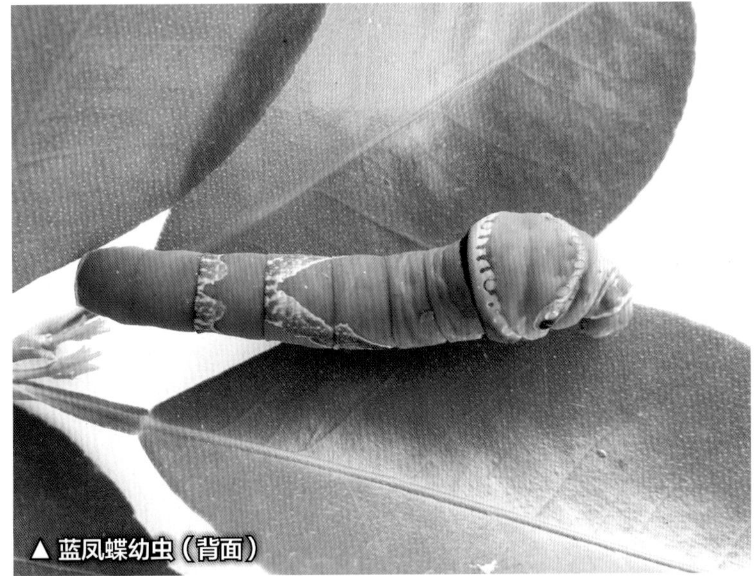
▲蓝凤蝶幼虫（背面）

▲蓝凤蝶幼虫（侧面）

美凤蝶

●**学名：** *Papilio memnon* Linnaeus
●**又名：** 多型蓝凤蝶、大凤蝶
●**寄主：** 柑橘
●**为害部位：** 叶片

▲燕尾型美凤蝶成虫
▲美凤蝶雌成虫腹面和卵粒(3粒)
▲美凤蝶老熟幼虫

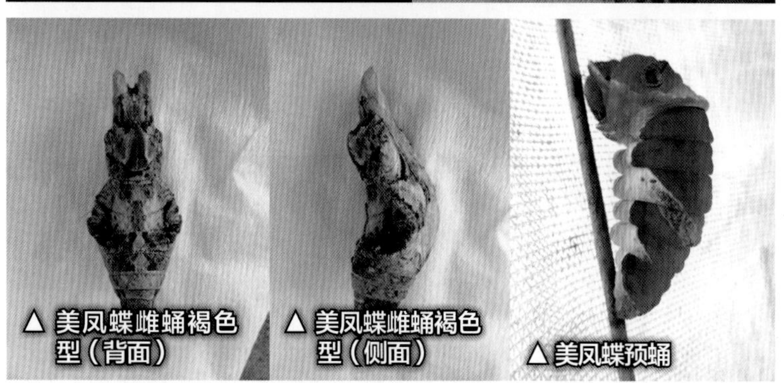
▲美凤蝶雌蛹褐色型（背面）
▲美凤蝶雌蛹褐色型（侧面）
▲美凤蝶预蛹

属鳞目凤蝶科。分布于广东、广西、福建、台湾、湖北、四川、云南、贵州、江西、浙江等省区。

为害特点

幼虫咬食柑橘叶片，使叶片缺刻，严重为害时，叶片只剩主脉。

▲无燕尾型美凤蝶雌成虫

形态识别

成虫 雌雄异型，分有燕尾型和无燕尾型。雌成虫翅展135~140毫米。前翅基部有1个长三角形红褐色斑，翅脉明显。后翅有红白色斑；在外缘中部区有红白色眼斑，中间有1个黑点。雄成虫正面蓝黑色，基部暗红色。

卵 球形，橙黄色，与柑橘凤蝶相似。

幼虫 共5龄。体长50~60毫米，虫体绿色。胸背板有一薄层灰蓝色膜状物，后胸前缘两侧各有1个绿、白色相杂的眼斑，后缘有锯齿状线。第3胸节两侧一白色宽带斜向第4节背面，第5节两侧各有1个三角形大白斑。

蛹 头部前端有1对前伸的长突，有暗灰色和绿色两型，暗灰色型杂以黑色斑纹，绿色型则有褐色斑纹。

生活习性

一年发生3代以上，以蛹越冬。卵单粒产于柑橘嫩叶上，老熟幼虫在小枝条上或其他植物枝叶上化蛹。雄成虫飞翔力强，多在旷野飞舞，访花采蜜；雌成虫飞行缓慢，常滑翔式飞行。

● 防治要点

参考柑橘凤蝶防治。

巴黎绿凤蝶

●**学名**：*Papilio paris* Linnaeus
●**又名**：宝镜凤蝶、琉璃凤蝶、巴黎翠凤蝶
●**寄主**：柑橘
●**为害部位**：叶片

▲ 巴黎绿凤蝶幼虫

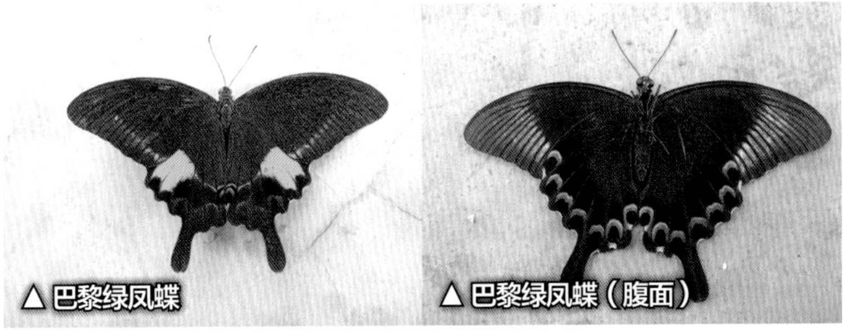
▲ 巴黎绿凤蝶　▲ 巴黎绿凤蝶（腹面）

▲ 巴黎绿凤蝶

属鳞翅目凤蝶科。分布于四川、浙江、广东、广西、福建、台湾和华中各省区。

为害特点

为害特点与柑橘凤蝶等相同。

形态识别

成虫　体长21~28毫米，翅展95~125毫米。头、体、翅黑色。翅表上密布绿金色点状鳞片，被黑色脉纹分割。前翅近外缘有一纵列绿斑，有时明显，有时不明显。后翅有一大块翠绿色斑，斑外缘齿状，斑的下角有1条淡黄色、黄绿色或翠蓝色窄纹通到臀斑内侧，在亚外缘区有不太明显的淡黄色斑，臀角处有1个明显的暗红色月形斑。外缘有燕尾突。雌成虫较雄成虫大，夏型较春型大。在日照下，绿斑呈蓝色，极为显眼，似两面宝镜。

卵　球形，淡黄白色，表面光滑，有弱光泽。

幼虫　体长34毫米左右。头、体翠绿色。第2腹节至臀节背面有淡绿色小斑点；前、中胸背面深绿色，具网状黑色条纹，后胸背面布白色小斑点，后胸两侧各有1个黑褐色眼状斑。第1腹节背面布满蓝色小斑点；第4~7节腹背各有4个淡蓝色小斑点；第4~8腹节两侧、臀节两侧各有1条蓝黑色条斑线向后向上斜伸。

蛹　体长28毫米，灰绿色。头部1对角突稍向左右斜伸；背部色比腹面深，腹背面有1条黄色纵带。

生活习性

一年发生2代，以蛹越冬。从翌年柑橘春梢期间的4月上旬开始，越冬代成虫羽化，交尾产卵在新芽叶片上，为害叶片。至8月第1代成虫产卵，孵出幼虫为害寄主植物，于9月化蛹。成虫飞行迅速，警觉性高，很少停息而较难捕捉。

● 防治要点

参考柑橘凤蝶防治。

尺蛾科

油桐尺蠖

●**学名：** *Buzura suppressaria benescripta* Pxout

●**又名：** 海南油桐尺蠖、柑橘尺蠖、大尺蠖，为油桐尺蠖亚种

●**寄主：** 柑橘等果树

●**为害部位：** 叶片

▲油桐尺蠖雌成虫

▲油桐尺蠖雄成虫

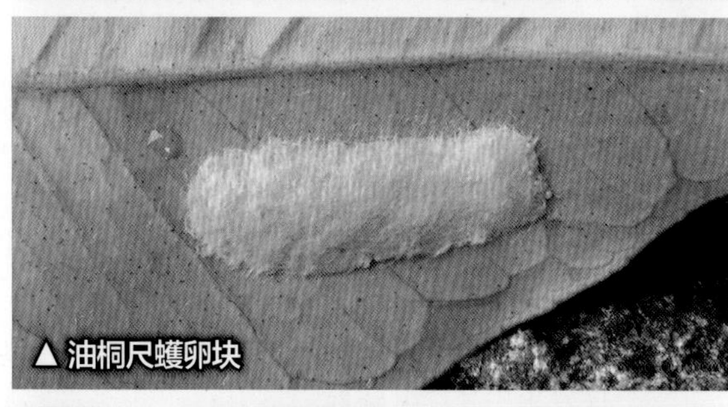
▲油桐尺蠖卵块

▲刚孵化出的油桐尺蠖幼虫

属鳞翅目尺蛾科。分布于广东、广西、海南、福建等省区。

为害特点

幼虫啮食柑橘叶片。低龄幼虫咬食叶尖部位的叶背叶肉，只存上表皮，严重发生时，成片柑橘叶尖似被火烧焦。成长中的幼虫咬食叶片，直至老熟化蛹，且食量大，一片叶片被啮食后只剩主脉，严重发生时，一株树的叶片全被吃光，只存秃枝和一些叶片主脉，呈扫帚状。

形态识别

成虫 雌成虫体长22~25毫米，翅展60~65毫米。体灰白色，腹面棕黄色，腹末有1丛棕黄色毛。触角丝状。翅灰白色，上布许多小黑点。前翅前缘至后缘有3条黄褐色和灰黑色混杂的波状条纹，以近外缘一条较深，翅基一条以黄褐色明显，前、后翅翅底的中部均有黑色斑块，前翅大，后翅小。雄成虫体长19~21毫米，翅展52~55毫米。触角羽毛状。体色与雌成虫相似，前翅前缘至后缘3条波纹线色较深。

卵 椭圆形，0.7~0.8毫米，在体内为念珠状连接，初青绿色，后转灰黑色。卵块长椭圆形或不整形，上覆盖浅褐色厚绒毛。

幼虫 老龄幼虫体长60毫米。初孵时灰褐色，2~3龄时淡褐色，4龄以后体色可随取食周围环境不同而变化。头部棕色，密布小斑点，额两侧向前凸出，后两侧各有锥状突起。头部中央往下凹入，正视犹如一副脸面，上方为黑褐色“∧”形，其下为褐色“∨”形，构成一个下钝上尖的“鼻梁”。“∧”两侧各有褐色斜形“∧”，酷似眼睛，脸面下方有一褐色横线，似“口”字形。胸足3对，腹部第6节有腹足1对，尾足1对。气门紫红色。

蛹 深褐色至黑褐色，具油光泽，长22~26毫米。腹部末节具臀棘，臀棘基部两侧各有一

突出物。

生活习性

广东一年发生3~4代，福建和广西一年发生3代，以蛹越冬。广东的越冬蛹羽化于3月中旬，4月上旬至5月中旬、6月下旬至7月上旬为幼虫盛期，是一年中为害最烈的时期。8月上旬开始为第3代幼虫期，为害秋梢严重。第4代幼虫发生于9月下旬，直至10月均可见为害。成虫白天静栖在柑橘树的叶片、树干和大枝处，常见于园边的防风林树干或杂树上，晚上交尾、产卵在叶背、叶面上或防风林树干裂缝处。卵为长形块状或半块状，上覆盖厚绒毛。每一卵块有卵粒1 500~3 000粒，堆叠成堆。初孵幼虫钻出卵块，吐丝飘移，分散在枝梢的叶片上，随即咬食叶尖背面叶肉，留下网状脉和上表皮，受害叶尖干枯焦赤，如被火烤。蜕皮后的幼虫转移至他叶，口中吐有一丝与叶片拉紧固定，从叶缘开始咬食，受害叶片呈缺刻状，受扰时可挂丝下垂转移别处。中龄幼虫食量大增，每天可吃叶片8~12片，多把叶肉全部吃光，只留主脉，饱食后移至枝条分叉处或枝叶有角度处，以胸足和尾足两端固定呈搭桥式停息，其体色似枝条颜色。同时，在叶片上或地下排泄长椭圆形粪粒。化蛹前沿枝干向下爬或吐丝下坠，钻入树盘土壤内1~3厘米深处，经预蛹后化蛹。预蛹期3天，蛹期15~16天。

▲油桐尺蠖幼虫（左）与大造桥虫（右）

▲油桐尺蠖幼虫（头部正面观）

▲油桐尺蠖幼虫（上）、大造桥虫幼虫（下）

△油桐尺蠖蛹（背面） △油桐尺蠖蛹（腹面） △油桐尺蠖蛹（侧面）

● 防治要点

（1）打蛾。在雨后羽化出土的蛾多，且停息在柑橘树干或叶片上、园边的防风林树干上，可用竹竿扎几条小竹枝进行扑打。扑打应在大雨之后及时进行。

（2）挖蛹。幼虫化蛹在柑橘树主干的80厘米范围，可浅翻泥土查捡虫蛹。在以台湾相思作防风林时，树干周围也有虫蛹，应结合挖除，集中作家禽饲料或烧毁。

（3）捉幼虫。经常检查果园，发现幼虫及时捉除。高龄幼虫躲藏在小枝杈上，可从虫粪顺查发现。

（4）药剂喷杀必须在幼虫低龄期。药剂选用：拟除虫菊酯类药剂，如20%甲氰菊酯（灭扫利）乳油3 000~4 000倍液；有机磷类，如50%辛硫磷乳油1 000倍液、35%克蛾宝（阿维·辛硫磷）乳油1 200~1 500倍液、2%甲氨基阿维菌素苯甲酸盐1 500~2 000倍液。亦可选择其他杀虫剂喷雾。

大造桥虫

●**学名**：*Ascotis selenaria* (SchiffermÜller et Denis)

●**又名**：棉大造桥虫

●**寄主**：柑橘、苹果、石榴、樱桃、樱花、茶、黄豆、柳、油桐、樱花等植物

●**为害部位**：叶片、幼果

▲ 大造桥虫和卵粒　▲ 大造桥虫预蛹

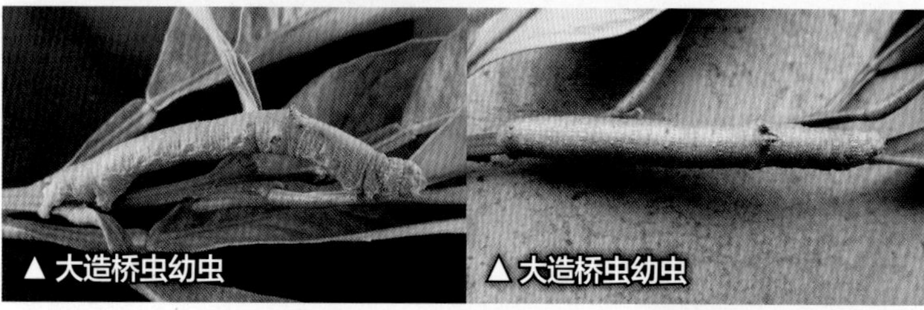

▲ 大造桥虫幼虫　▲ 大造桥虫幼虫

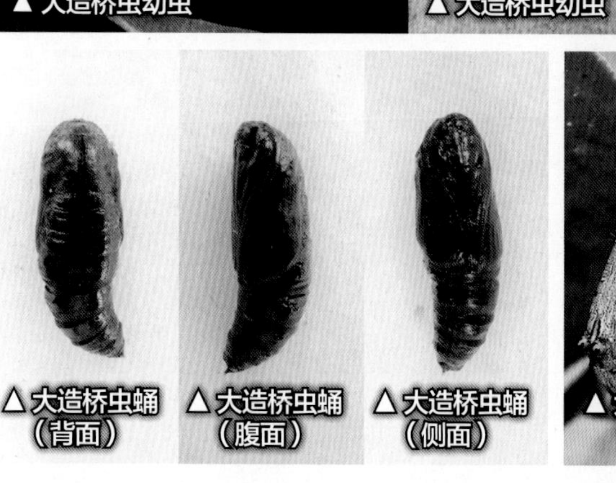

△ 大造桥虫蛹（背面）　△ 大造桥虫蛹（腹面）　△ 大造桥虫蛹（侧面）

△ 大造桥虫幼虫咬食幼果

属鳞翅目尺蛾科。分布于全国 10 多个省区。

为害特点

幼虫咬食叶片、幼果，导致叶片残缺，幼果脱落，树势下降，产量减少。

形态识别

成虫　雌成虫体长约 18 毫米，雄成虫约 16 毫米。全体暗灰色，遍布灰黑色和淡黄色小鳞毛。前缘有 2 个不透明的暗黑色小纹。触角细长，雌成虫为暗灰色，丝状，雄成虫呈淡黄色羽毛状。前翅正面暗灰色，杂以黑褐色及淡黄色鳞粉，底面银灰色。内横线、外横线及亚外缘线具黑褐色波状纹，内、外横线间有一白色斑，斑的四周黑褐色。在白斑的下方连接中横线。外缘上方有一近三角形黑褐色斑。外缘有半月形黑斑。后翅亦具内、中、外 3 条波纹横线，以内、中两条色深。内横线近中部有一黑色斑。

卵　长椭圆形，长径约 0.73 毫米，青绿色，上有深黑色与灰黄色纹。

幼虫　老熟时体长 40~60 毫米，头较小，黄绿色或灰绿色，第 2 腹节背面有 1 对较大的棕黄色瘤突，第 8 腹节也有同样的瘤突 1 对，略小。胸足 3 对，腹足和尾足各 1 对。

蛹　棕褐色，长 18~19 毫米，臀棘末端二叉。

生活习性

广东一年发生 3~4 代，福建福州一年发生 5 代。第 1 代幼虫 4—5 月出现，浙江黄岩 4 月上中旬成虫羽化，6 月下旬至 9 月上旬幼虫为害最烈。此虫杂食性强，以蛹越冬，在 3~4 厘米深土壤中化蛹。成虫白天潜伏在树干或房屋墙基阴暗处，晚上活动，初孵幼虫吐丝随风飘散在柑橘叶片上，取食叶肉，只留表皮，随虫龄增长，食量增大。咬食幼果，只存少量果皮，或大部分果肉被吃，导致幼果残缺而脱落。幼虫停息时，以胸足和尾足固定在树的枝条分叉处，呈搭桥状。老熟幼虫沿树干爬向地上或吊丝下坠落地，钻入土中经预蛹后化蛹。

● 防治要点

参考油桐尺蠖防治。

大钩翅尺蛾

●**学名：** *Hyposidra talaca* Walker
●**又名：** 柑褐尺蛾
●**寄主：** 柑橘、荔枝、龙眼等果树
●**为害部位：** 叶片

▲ 大钩翅尺蛾成虫

▲ 大钩翅尺蛾（雄成虫）

属鳞翅目钩蛾科。分布于广东、福建等省。

为害特点

幼虫为害叶片，把叶片咬成缺刻或只存叶脉，为害特点与大造桥虫相同。

形态识别

在柑橘园中，其幼虫常被误为大造桥虫。不同之处是：大造桥虫第2腹节背面和第8腹节背面各有1对瘤突，大钩翅尺蛾则没有，但大钩翅尺蛾幼虫第2~7腹节各有1条点状白线横纹，低龄幼虫暗黑褐色，各腹节的点状白色线明显。胸足3对，第6腹节足1对和尾足1对。成虫体深灰褐色，前、后翅均有2条赤褐色波状线从前缘伸向后缘，线内侧有赤褐色斑纹与波状线依存，前翅后缘有弧形内凹，使顶角向后弯。雌成虫触角丝状。卵在腹腔内绿色，串珠状。

生活习性

该虫代数不详，田间所见多在夏秋季，与大造桥虫同时发生。

● **防治要点**

参考油桐尺蠖防治。

▲ 大钩翅尺蛾低龄幼虫

▲ 大钩翅尺蛾幼虫

▲ 大钩翅尺蛾幼虫

▲ 大钩翅尺蛾幼虫

毛胫埃尺蛾

●**学名：** *Ectropis excellens* (Butlcr)
●**寄主：** 苹果、梨、花生、大豆、棉花、栗、九里香、杨、榆、柳等植物
●**为害部位：** 幼果、叶片

△毛胫埃尺蛾腹中的卵

△毛胫埃尺蛾

△毛胫埃尺蛾成虫（下为雄成虫）

属鳞翅目尺蛾科。分布于辽宁、吉林、黑龙江、河南、北京等省区，广东等亦有为害。

为害特点

幼虫取食新梢叶片，造成叶片缺刻，为害幼果，咬食果皮果肉，导致幼果脱落。

形态识别

成虫 体长14~19毫米，翅展37~50毫米。雌成虫触角丝状，雄成虫触角微栉齿状。体灰白色，翅灰白色，密布许多小黑点。前翅内横线黑褐色，波状，中线不明显，外横线明显波状，中室端外侧有一深褐色近圆形大斑，亚缘线近顶角处有明显褐斑，各横线于翅前缘处扩大成斑，翅外缘有小黑点列。

卵 椭圆形，青绿色。

幼虫 老熟幼虫体长27~35毫米，体色变化大，有茶褐色、灰褐色或青褐色等。体表有各种形状的灰黑色条纹和斑块。中胸至腹部第8节两侧各有1条断续的褐色侧线。胸足3对，腹足1对，尾足1对。

蛹 长14~16毫米，纺锤形，红褐色，腹末端具2臀棘。

生活习性

在河南一年发生4代，辽宁每年4月下旬至5月中旬、7—9月为成虫出现期。幼虫7—8月为害大豆叶片。广东韶关每年5月可见成虫、幼虫同时发生，并为害春梢叶片和幼果，其次是9月发生，一年代数未详。

● 防治要点

参考油桐尺蠖防治。

▲ 毛胫埃尺蛾幼虫在吃蜕皮

▲ 毛胫埃尺蛾蛹（背面）▲ 毛胫埃尺蛾蛹（腹面）▲ 毛胫埃尺蛾蛹（侧面）

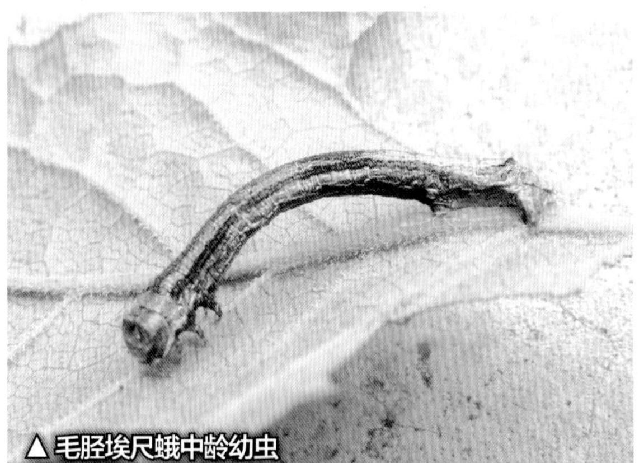
▲ 毛胫埃尺蛾中龄幼虫

▲ 毛胫埃尺蛾幼虫预蛹

▲ 毛胫埃尺蛾幼虫

▲ 毛胫埃尺蛾幼虫

▲ 毛胫埃尺蛾幼虫为害幼果

外斑埃尺蛾

▲ 外斑埃尺蛾成虫

▲ 外斑埃尺蛾幼虫

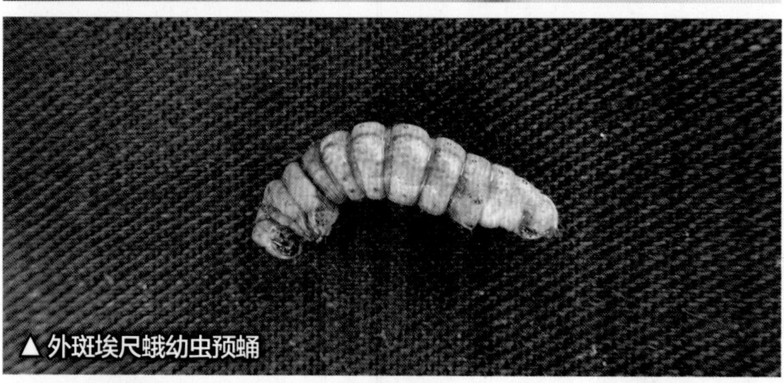

▲ 外斑埃尺蛾幼虫预蛹

▲ 外斑埃尺蛾蛹（侧面）▲ 外斑埃尺蛾蛹（背面）▲ 外斑埃尺蛾蛹（腹面）

▲ 外斑埃尺蛾幼虫为害冰糖橙幼果

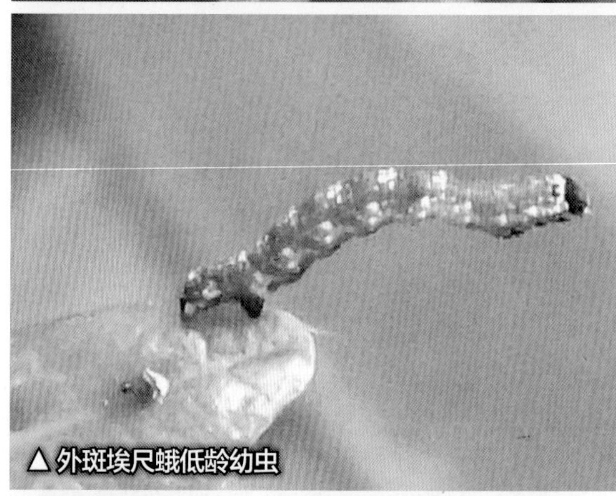

▲ 外斑埃尺蛾低龄幼虫

▲ 外斑埃尺蛾幼虫

蝙蝠蛾科

一点蝙蛾

●**学名：** *Phnassus signifer* sinensis Moore

●**为害部位：** 主干近茎颈处

△一点蝙蛾成虫的腿节

△一点蝙蛾雌成虫

△一点蝙蛾雌成虫和卵粒

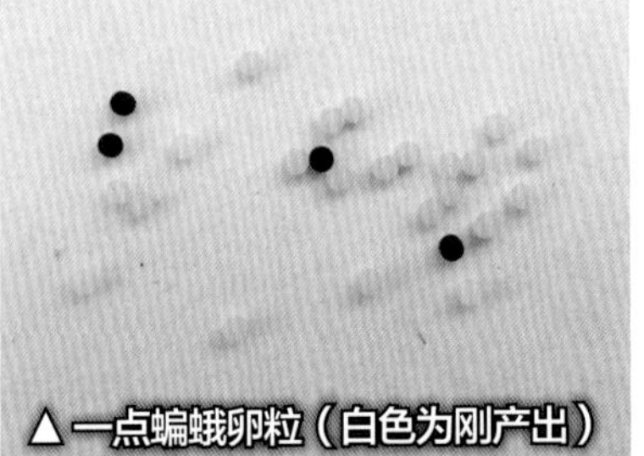
△一点蝙蛾卵粒（白色为刚产出）

△一点蝙蛾卵粒

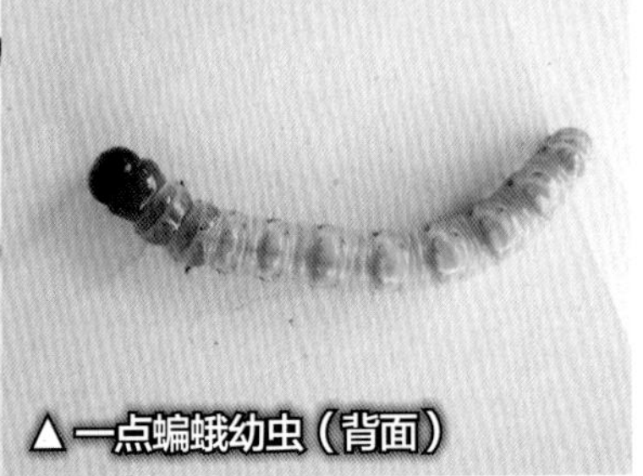
△一点蝙蛾幼虫（背面）

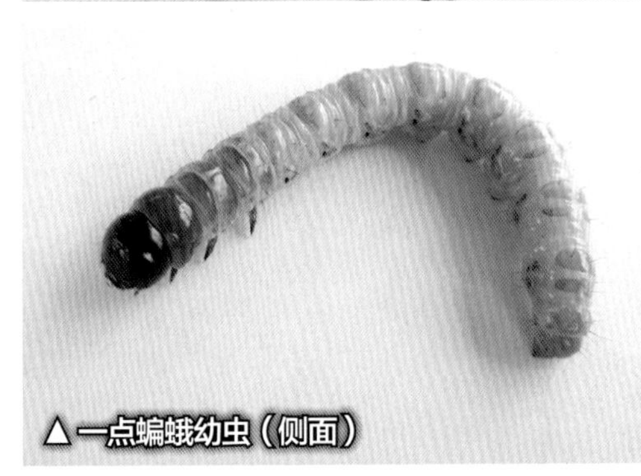
△一点蝙蛾幼虫（侧面）

△一点蝙蛾幼虫头部

属鳞翅目蝙蝠蛾科。分布于广东、江西。

为害特点

幼虫在近地面处咬食皮层，状如环剥，并蛀入木质部形成蛀道，导致幼树叶片黄化、脱落，严重者全株枯死。

形态识别

成虫 雌成虫体长43.2~45毫米，翅展63~65毫米。全体暗褐色，密被粉褐色绒毛和鳞片。头部小，头顶具长毛，暗黄褐色。触角短小，丝状。前翅中部有一个近三角形的黑褐色斑纹，其上有银白色斑点，近翅中部银白色短斜纹的端部分离出一点，状似“！”，外侧另有1个近半圆形银白色斑。外缘线暗褐色，亚外缘线短，斜波状纹，较宽，暗褐色。前足扁宽，多毛，静止时伸向前方，似蝙蝠。雄成虫后足腿节背面密生橙红色刷状长毛。

卵 小，直径0.35~0.4毫米，圆形，初产时白色，随后渐变灰色，最后为黑色。

幼虫 老熟幼虫体长48~61.2毫米，乳黄色。头深褐色，坚硬，有光泽，头壳中偏后有倒“Y”形开裂，其两侧有不规则的条纹状下陷沟，有5对刚毛。两上颚中间靠后有一吐丝器，能伸缩。胸部和腹部黄白色，气门椭圆形。胸足3对，腹足4对，尾足1对。

蛹 长39~49.4毫米，圆筒形，黄褐色至黑褐色。背面至前胸背板有不规则的下陷纹。中胸背面有近平行排列的黑褐色下陷纹。腹背面第3~7腹节前缘各有1个稍短于蛹宽的褐色波浪状齿突纹，后缘则为一个褐色直线状齿突纹。腹面第4~6腹节后缘有2个弯月形的深点齿突，构成似展翅飞翔的蝙蝠齿突纹。第7腹节中部有波纹状斑，后缘有短横线褐色斑。末节有一凹陷的腔，无臀棘。

生活习性

广东韶关一年发生1代，以幼虫越冬。翌年幼虫继续取食为害，至3月中旬化蛹，4月上旬成虫羽化。成虫白天静伏杂草丛中或小灌木枝叶上，黄昏前后开始活动，交尾产卵。卵散产，无规则散落，一次可产17~24粒，一晚可连续产卵916粒。成虫有一定的趋光性，寿命10~15天。幼虫于4月下旬开始为害，韶关发现幼虫在2~3年生的枳砧橙树主干直径约3.5厘米、离土面2~4厘米处蛀食皮层，再蛀入木质部形成蛀道，藏身其中。取食时，爬出蛀道在洞外绕主干周围咬食韧皮部，并把粪便和木屑吐丝缀结成苞被覆盖其上，被害处成一宽6~18毫米的虫道，可达周径1/3~1圈，状如环剥。幼虫老熟后，在蛀道内化蛹。蛹期30天左右。

▲一点蝙蛾蛹（背面） ▲一点蝙蛾蛹（腹面） ▲一点蝙蛾蛹（侧面）

▲一点蝙蛾幼虫在蛀孔内 ▲一点蝙蛾幼虫为害状

▲一点蝙蛾为害导致幼树枯死

防治要点

（1）害虫发生季节，常巡查果园，尤其是幼年果园，发现为害，及时用铁线钩杀幼虫。

（2）剥除虫苞，用药剂毒杀幼虫，药剂可用80%敌敌畏乳油30~50倍液，从蛀孔注入。

（3）铲除树盘杂草，破坏成虫产卵环境，降低田间虫口基数。

（4）成虫产卵期和幼虫孵化期，定期在树干周围喷布有机磷农药，拒避成虫产卵和杀死初孵幼虫。

（5）清除园区周围和附近的野生寄主植物。在韶关地区山苎麻是该虫的主要寄主之一。

蓑蛾科

大蓑蛾

●**学名：** *Clanica variegata* Snellem

●**又名：** 大袋蛾、大窠蓑蛾、口袋虫

●**寄主：** 柑橘、苹果、枇杷、龙眼、荔枝、葡萄、梨、桃、李、梅、杏、柿等果树

●**为害部位：** 叶片

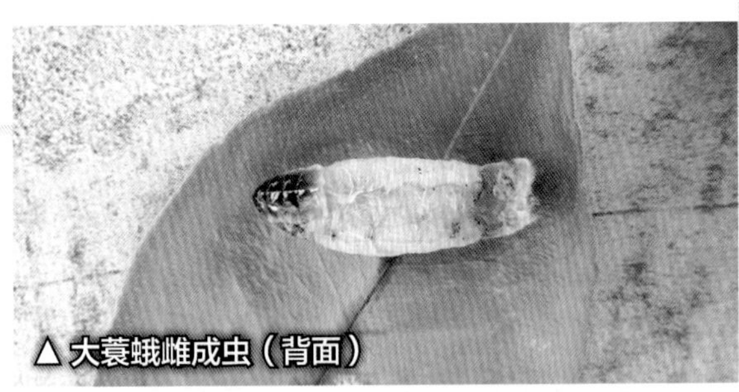

△大蓑蛾雌成虫（背面）

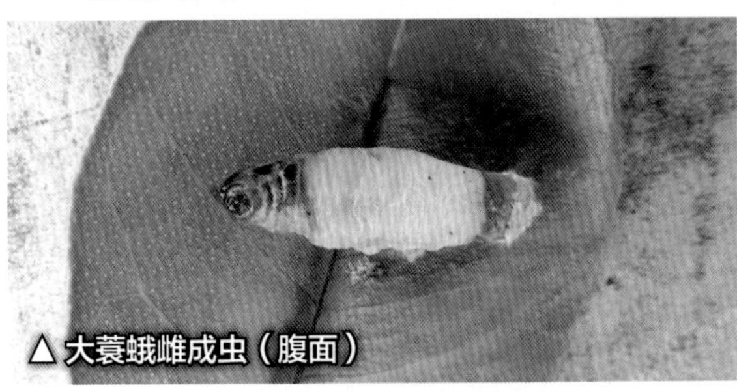

△大蓑蛾雌成虫（腹面）

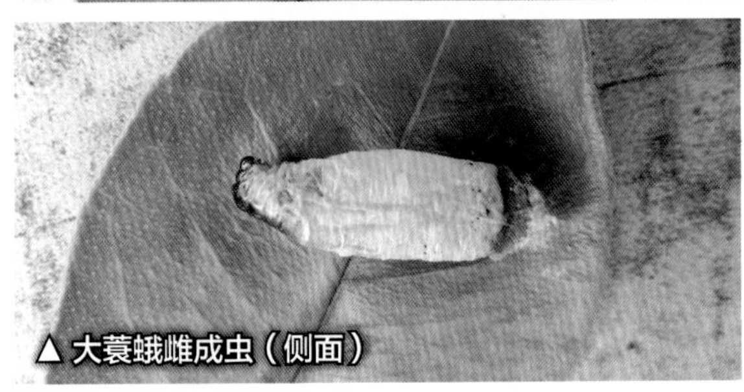

△大蓑蛾雌成虫（侧面）

△大蓑蛾雄蛹（背面） △大蓑蛾雄蛹（侧面）

属鳞翅目蓑蛾科。分布范围广。

为害特点

低龄幼虫啃食叶肉，仅留表皮，使叶片出现焦斑。成长幼虫蚕食叶片成大孔洞或缺刻，严重时把叶片食光。

形态识别

成虫 雌雄二型。雌成虫无翅，蛆状，体长25毫米左右，头部黄褐色，胸、腹部白色，被短绒毛，腹末节有一褐色圆圈，足、触角、口器和复眼均退化，体肥大而软。雄成虫有翅，体长15~20毫米，翅展35~44毫米，体黑褐色，有淡黄色纵纹，触角羽状，前、后翅均为深褐色，前翅有4~5个透明红色斑。

卵 椭圆形，长约1毫米，淡黄色。

幼虫 共5龄，成长幼虫体长25~40毫米，棕褐色，头部赤褐色，头顶有环状斑，中央有白色“人”字形纹。胸部各节背板黄褐色，上有黑褐色，头、胸附器均消失。

蛹 雄蛹体长18~23毫米，暗褐色，臀棘有钩刺1枚。

护囊 纺锤形，长40~60毫米，丝疏而质韧，低龄幼虫的护囊外有碎叶片粘结，随幼虫成长，护囊外粘结的碎叶片和枝梗减少。

生活习性

在长江中下游一年发生1代，在华南地区一年发生2代。以老熟幼虫挂于树上的枝叶处在护囊内越冬。第2年3月中旬开始化蛹，4月中下旬为成虫盛期。雌虫羽化后不离护囊，雄虫羽化后离开护囊，寻找雌成虫交尾。交尾后雌成虫把卵产在护囊内，每雌成虫产卵数百粒至3 000多粒。幼虫孵化后，先将卵壳吃掉，滞留在蛹壳内2天左右。在晴天中午爬出母袋，吐丝下垂随风飘移，固定在叶片上咬食叶肉并

缀造护囊，初期护囊为枯叶碎包裹，易被疏忽。幼虫取食和迁移时，头、足伸出囊外以足爬行。6—9 月为害最烈，常将树叶食得一片枯焦，严重影响植株生长。

▲ 大蓑蛾雄成虫

▲ 大蓑蛾幼虫

● 防治要点

（1）人工摘除幼虫护囊。在蓑蛾盛发的低龄期及时将护囊摘除，集中烧毁，可收到很好的效果。

（2）低龄幼虫期用农药防治，效果也很好。勤检查果园及早发现，抓好幼虫低龄期喷药防治。

（3）药剂以胃毒剂为主，可选用 1% 甲氨基阿维菌素苯甲酸盐 2 500~3 000 倍液或 5% 甲维盐乳油 3 000~4 000 倍液。拟除虫菊酯类药剂亦有良好效果。

（4）保护和利用天敌防治。

● 天敌

大蓑蛾的天敌有横带截尾寄蝇、家蚕追寄蝇、蓑蛾瘤姬蜂、核型多角病毒、白僵菌、鸟类等。

▲ 大蓑蛾幼虫护囊（低龄）

▲ 大蓑蛾幼虫为害甜橙叶片

▲ 大蓑蛾幼虫及护囊

茶蓑蛾

●**学名：***Cryptothelea minuscula* Butler

●**又名：**小蓑蛾、小窠蓑蛾、布袋虫、负囊虫

●**寄主：**柑橘、荔枝、龙眼、板栗、李、梅、菠萝蜜、芒果、油茶等植物

●**为害部位：**叶片、枝条和果实

△茶蓑蛾成虫（左雄、右雌）

△茶蓑蛾雄成虫和蛹壳

属鳞翅目蓑蛾科。分布于我国南方各省区。

为害特点

幼虫负护囊，伸出头部和胸足咬食叶片、嫩枝，或剥食枝条、果实皮层，使叶片残缺，严重时秃枝。

形态识别

成虫 雌雄二型。雌成虫无翅，体长12~16毫米，乳白色，蛆状。头小，褐色。足退化。腹部肥大，后胸、第4~7腹节具浅黄色绒毛。雄成虫体长11~15毫米，翅展22~30毫米，暗褐色，触角双栉状。胸部、腹部被绒毛。前翅翅脉两侧色略深，外缘中前方有近正方形透明斑2个。

卵 椭圆形，浅黄色，长约0.8毫米。

幼虫 体长16~28毫米，头黄褐色，两侧

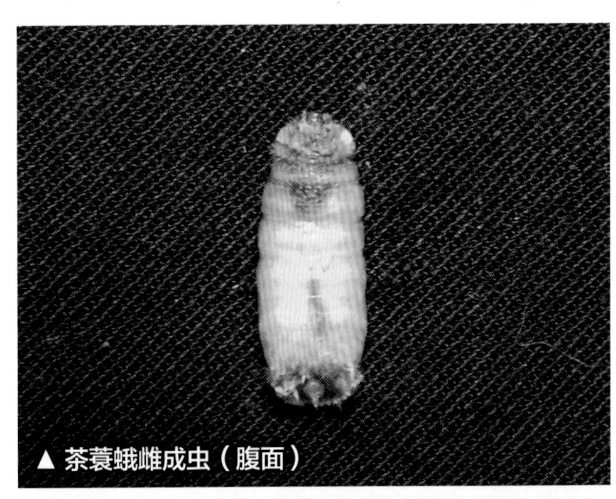

▲茶蓑蛾雌成虫（腹面）

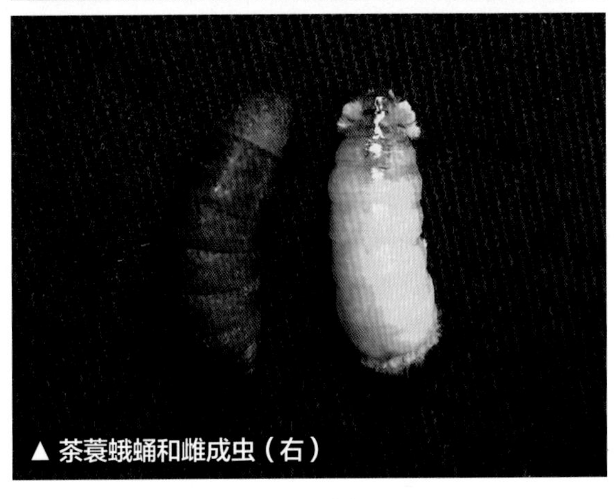

▲茶蓑蛾蛹和雌成虫（右）

有暗褐色斑纹。背侧具褐色纵纹2条。腹部深黄色，各节背面均有黑色小突4个，呈“八”字形。

蛹 雌蛹纺锤形，深褐色，无翅芽和触角。雄蛹深褐色，翅芽可达第3腹节。

护囊 丝质，外缀于碎叶屑或碎枝节。

生活习性

一年发生1~2代，广东多见于荔枝、龙眼树上，柑橘树上偶见。以幼虫在护囊内悬挂在树枝或叶片上越冬。翌年3月开始活动。第1代发生于6—7月，第2代发生在8月下旬。雄成虫羽化后飞到雌成虫囊袋上进行交尾。卵产于囊内，卵期7天。每雌成虫一生可产卵500粒左右。幼虫孵化后从护囊排泄孔钻出，爬行于枝叶上或吐丝飘移，咬取叶片、小枝以丝缀结成护囊，护囊外粘缀着许多小枝梗。取食时头胸外露，护囊挂于胸部。多在清晨、傍晚或阴天取食。

● 防治要点

参考大蓑蛾防治。

▲ 茶蓑蛾幼虫护囊及为害状

▲ 茶蓑蛾幼虫和护囊

▲ 茶蓑蛾幼虫

▲ 茶蓑蛾雄蛹（背面）

▲ 茶蓑蛾雄蛹（侧面）

蜡彩蓑蛾

●**学名：** *Chalia larminati* Heylaerts

●**又名：** 蜡彩袋蛾

●**寄主：** 柑橘、龙眼、苹果、柿、芒果、番石榴、板栗、油橄榄等果树

●**为害部位：** 叶片

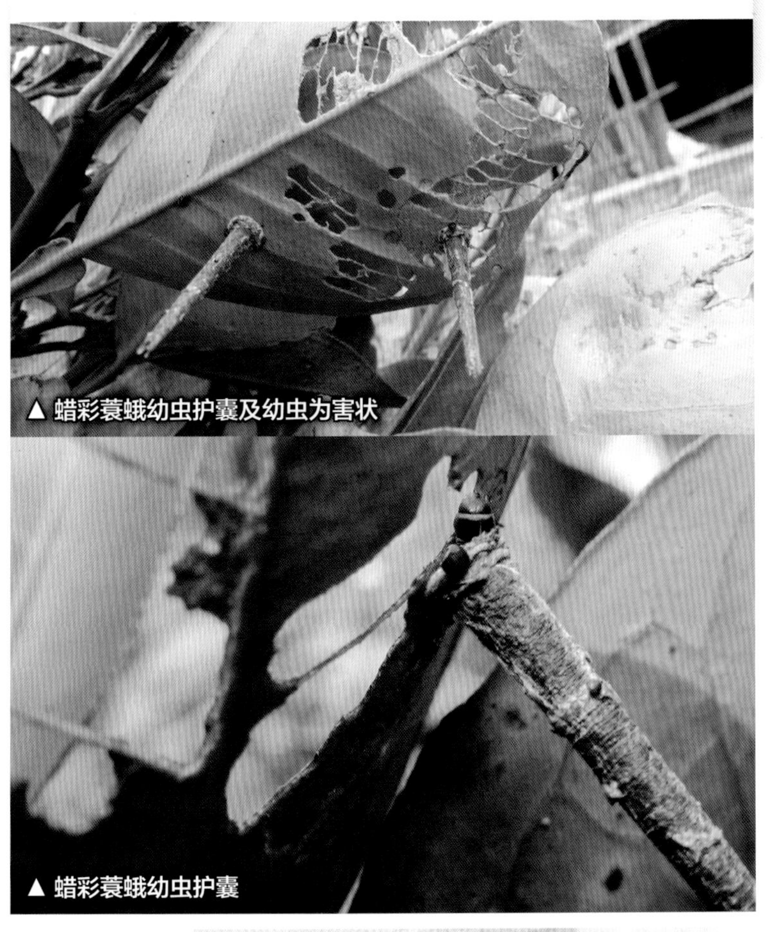

▲ 蜡彩蓑蛾幼虫护囊及幼虫为害状

▲ 蜡彩蓑蛾幼虫护囊

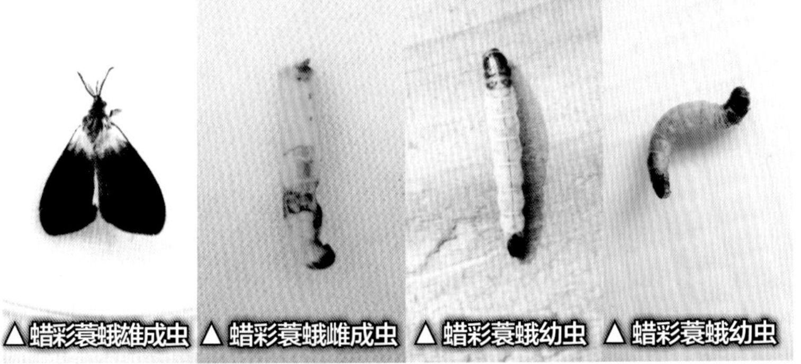

▲蜡彩蓑蛾雄成虫 ▲蜡彩蓑蛾雌成虫 ▲蜡彩蓑蛾幼虫 ▲蜡彩蓑蛾幼虫

属鳞翅目蓑蛾科。分布于广东、广西、福建、浙江、湖北等省区。

为害特点

幼虫负护囊挂于柑橘枝条或叶片上，咬食叶片，使叶片残缺。

形态识别

成虫 雌雄二型。雌成虫体长13~20毫米，长筒形，黄白色，胸部向一侧弯曲，呈钩状。雄成虫体长6~8毫米，翅展18~20毫米，头、胸部灰黑色，前翅黑色，翅基部白色，前缘灰褐色，后翅白色，前缘灰褐色。

卵 椭圆形，米黄色，长0.5~0.7毫米。

幼虫 老熟幼虫体长16~25毫米，体灰白色。头、胸背面黑色，后胸背面两侧各有一大黑斑，腹背线黑色。腹部第4~8节背面前缘和第6~7节后缘各有1列小刺。

蛹 雄蛹赤褐色，雌蛹圆筒形。

护囊 灰褐色至灰黑色，细长，尖圆锥形。

生活习性

一年发生1代，老熟幼虫在护囊内越冬。广东的柑橘园中偶见为害叶片，也为害园边的簕仔树叶片。越冬幼虫于翌年3月中下旬羽化成虫，6—8月为害严重。冬暖天气部分越冬幼虫仍可出囊取食。

● 防治要点

参考大蓑蛾防治。

白囊蓑蛾

●**学名：** *Chalioides kondonis* Matsumura

●**又名：** 白囊袋蛾、橘白蓑蛾

●**寄主：** 柑橘、龙眼、荔枝、枇杷、苹果、梨、柿、梅、枣、芒果、石榴、核桃等果树

●**为害部位：** 叶片

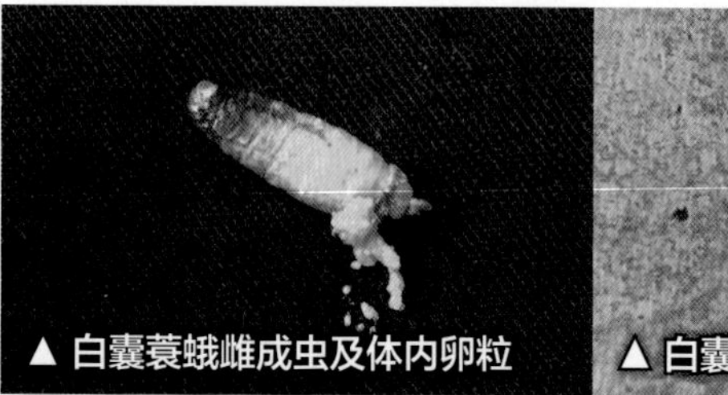
▲ 白囊蓑蛾雌成虫及体内卵粒

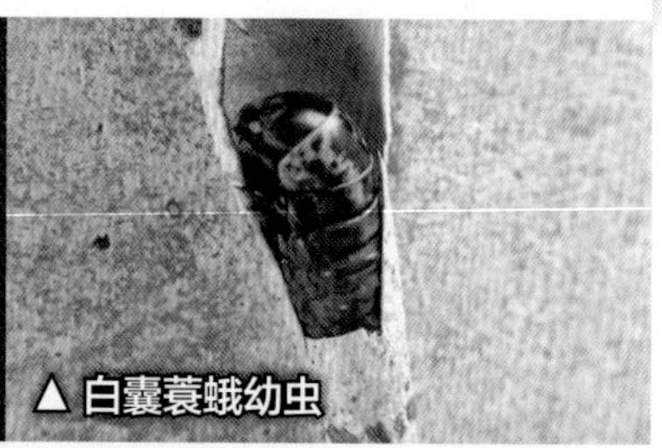
▲ 白囊蓑蛾幼虫

▲ 白囊蓑蛾幼虫为害状

▲ 白囊蓑蛾雌蛹（已死亡）

▲ 白囊蓑蛾护囊和幼虫为害状

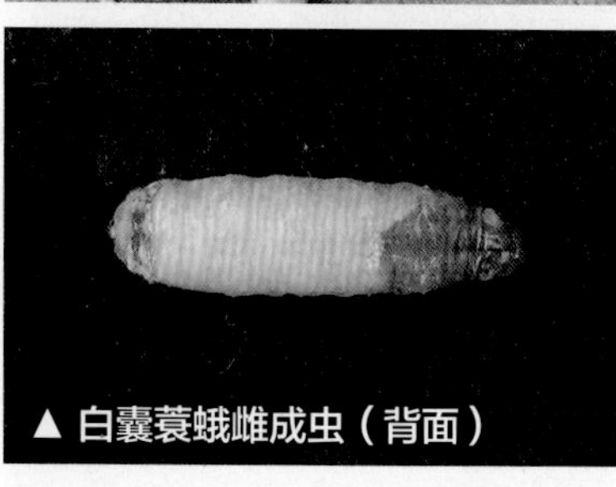
▲ 白囊蓑蛾雌成虫（背面）

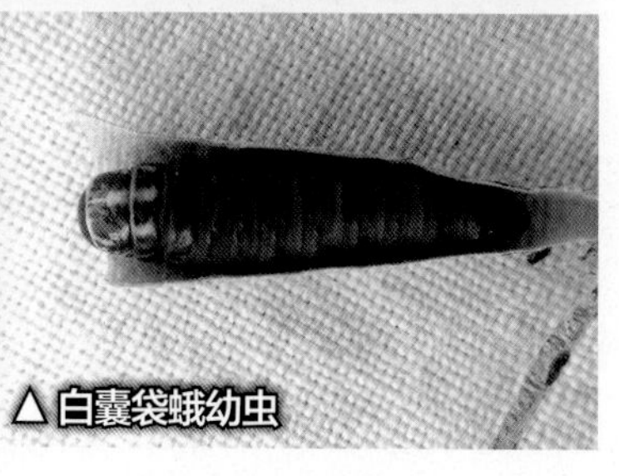
▲ 白囊袋蛾幼虫

属鳞翅目蓑蛾科。分布于长江以南各柑橘产区。

为害特点

为害特点与大蓑蛾相同。

形态识别

成虫 雌雄二型。雌成虫体长10毫米左右，蛆状，黄白色。雄成虫体长约9毫米，翅展18毫米，体浅褐色，有白色鳞片。

卵 椭圆形，黄白色。

幼虫 老龄幼虫体长约30毫米，红褐色。背板浅棕色，中线白色，腹部有排列的深褐色斑纹。头部小，腹部可见退化的足痕2对。护囊中型，灰白色，全部由丝构织而成，表面光滑，无叶片或小枝节粘附。

蛹 雌蛹蛆状，体长15~18毫米。雄蛹体长10~12毫米。浅赤褐色，具翅芽。

护囊 长圆锥形，灰白色，以丝缀成，囊外无碎枝叶。

生活习性

一年发生1代。以幼虫在护囊内越冬。翌年3月开始取食为害，5—6月为盛期，6—7月化蛹，蛹期约20天。约在7月始见成虫。卵产于蛹壳内，呈堆状，上覆盖绒毛。幼虫孵化后爬出护囊，吐丝下垂扩散，固定后吐丝缠身。随虫体增大，护囊亦随之加大。幼虫为害至秋后并越冬。

● 防治要点

白囊蓑蛾在广东柑橘园中不是主要害虫，但应及时发现其为害加以消灭。参考大蓑蛾防治。

螟蛾科

桃蛀螟

●**学名：** *Dichoctocis punctiferalis* Guen.

●**又名：** 桃蛀野螟、桃钻心虫、桃果实螟、桃果斑螟蛾、豹纹斑螟

●**寄主：** 柑橘、荔枝、龙眼、芒果、葡萄、桃、苹果、梨、李、梅、杏、柿、枇杷等果树

●**为害部位：** 果实

△ 桃蛀野螟成虫

△ 桃蛀野螟幼虫

△ 桃蛀野螟老熟蛹（背面）

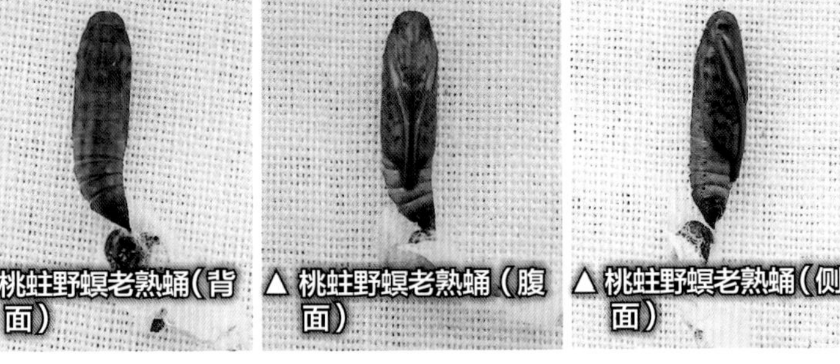

△ 桃蛀野螟老熟蛹（腹面）

△ 桃蛀野螟老熟蛹（侧面）

属鳞翅目螟蛾科。分布于华北、华东、中南、西南、台湾各省区。

为害特点

果实被害，引起大量落果。

形态识别

成虫 体长 11~13 毫米，全体鲜黄色。前翅散生黑斑 25~28 个，后翅约有黑斑 10 个。雌成虫腹部末端呈圆锥形，雄成虫腹部末端较钝，黑色。

卵 椭圆形，稍扁平，长约 0.6 毫米，初产时乳白色，后变米黄色，孵化前呈暗红色。

幼虫 老熟幼虫体长 22~25 毫米，体背淡红色，头部暗褐色。身体各节有粗大的褐色毛片。腹部各节背面有 4 个毛片，前两个较大，后两个较小。

蛹 长 10~15 毫米，褐色至深褐色，腹部第 5~7 节背面前缘各生 1 列小齿，臀棘细长，上有钩刺 1 丛。

生活习性

一年发生 2~5 代，在华北、辽南地区一年 1 代，山东、陕西一年 2~3 代，江苏、河南一年 3~4 代，湖北、江西一年 5 代，浙江舟山地区一年 1~3 代，贵州一年 3 代。广东一年发生代数和为害柑橘未见文献记载。但在粤中、粤北等地区柑橘园中可见成虫活动。以老熟幼虫在被害的果实、树皮缝隙、树洞、向日葵花盘或玉米秸秆内越冬。越冬幼虫于次年 4 月下旬至 5 月上中旬化蛹，5 月下旬至 6 月中旬羽化成虫。成虫夜间活动，交尾产卵，喜在树冠叶片茂密处产卵，每处产卵 2~3 粒，多时达 20 多粒。卵 7 天左右孵化。初孵幼虫爬行片刻后，即从果肩或果腰处咬破果皮蛀入果内，继续为害。老熟幼虫在果内或两果紧贴处结茧化蛹，蛹期约 10 天。7—8 月发生第 1 代成虫，产卵在苹果、梨和晚熟桃等果园和农作物上。幼虫约在 9 月开始寻找越冬场所。成虫有一定的飞翔能力，对黑光灯和糖醋汁液有强烈的趋性。

● 防治要点

（1）发展柑橘的区域内不种植桃、玉米、向日葵等桃蛀螟喜食寄主。

（2）及时摘除被害果实，集中处理。

（3）成虫羽化产卵期，及时选用有机磷农药或拟除虫菊酯类药剂进行喷布。

亚洲玉米螟

●**学名：***Ostrinia furnacalis* Guenée.

●**又名：**玉米蛀心虫

●**寄主：**苹果、梨、柑橘、玉米、高粱、大麦、豆类、棉花等果树和作物

●**为害部位：**嫩梢、果实

属鳞翅目螟蛾科。分布范围广，从东北到华南的东部农作物区。

为害特点

幼虫蛀食嫩梢木质部，从蛀孔口排出粪便与少量丝状粘缀，堆在孔口。幼虫咬破果皮后蛀食白皮层，蛀孔与虫体大小近似，头部钻入孔内一直咬食至果肉，使虫体隐藏在果内并蛀食，向洞口排出颗粒虫粪并吐丝少许粘结成堆，洞内也被虫粪堵塞。受害果实早黄，孔洞周围腐烂，随后脱落。

形态识别

成虫　雌成虫体长13~15毫米，翅展25~34毫米，浅黄褐色，前翅淡黄色，线纹与斑纹均为淡褐色，外横线与外缘线之间的阔带极淡，不易觉察，后翅灰白色。雄虫黄褐色，体长10~14毫米，翅展20~26毫米。触角丝状。复眼黑色。前翅内横线为暗褐色波状纹，内侧黄褐色，基部褐色。外横线暗褐色锯齿状纹，外横线与外缘线之间有一褐色带。后翅灰黄色，中央和近外缘处各有一褐色带。

卵　短椭圆形，长约1毫米，略有光泽。卵块为不规则的鱼鳞状，初产时乳白色，半透明。

▲亚洲玉米螟雌成虫

▲亚洲玉米螟雄成虫

▲亚洲玉米螟蛹（背面）

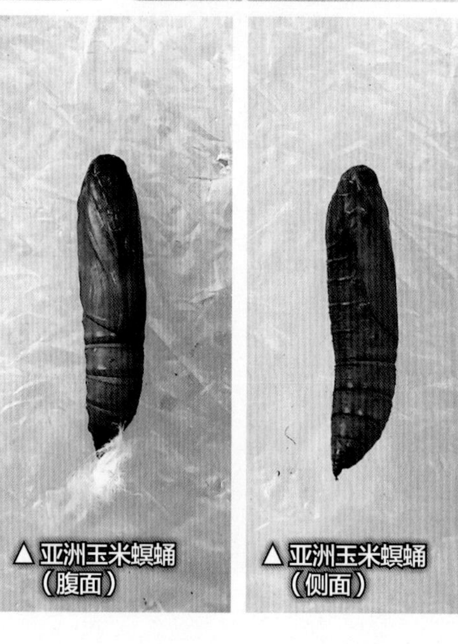

▲亚洲玉米螟蛹（腹面）

▲亚洲玉米螟蛹（侧面）

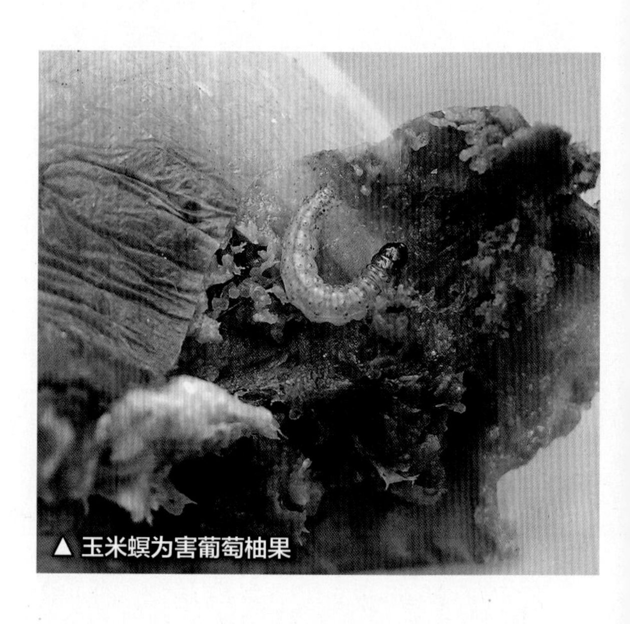

▲玉米螟为害葡萄柚果

▲ 玉米螟幼虫蛀食尤力克柠檬秋梢

▲ 玉米螟蛀食葡萄柚嫩枝

幼虫 初孵化时长约 1.5 毫米，体乳白色，半透明。末龄幼虫体长 20~30 毫米，头壳深棕色，体淡灰褐色或淡红褐色，有纵线 3 条，以背线明显。胸足黄色。

蛹 纺锤形，黄褐色至红褐色，体长 15~18 毫米，体背密布细小波状横皱纹。雄蛹腹部较瘦削，尾部较尖。雌蛹腹部较肥大，尾端较钝圆。

生活习性

各地区发生代数不一。四川梁平县 20 世纪 90 年代一年发生 4 代，以第 3 代（8 月下旬至 9 月上旬）为害柚果。广东杨村 9 月发现为害甜橙果实，后提早至 7 月中旬为害红江橙果。田间调查，在 5 月开始幼虫即可蛀食甜橙、柠檬的春梢枝条，为第 1 代害虫，并且蛀食葡萄柚幼果，6—7 月为害葡萄柚果甚烈，被害率达 8.74%，最高达 17.39%。

● 防治要点

在柑橘园内避免间种玉米、高粱等作物。6 月下旬开始，结合防治其他病虫害喷布药剂，减少玉米螟成虫飞迁入园产卵，并常检查果园，及时在幼虫孵化初期针对果面喷药。

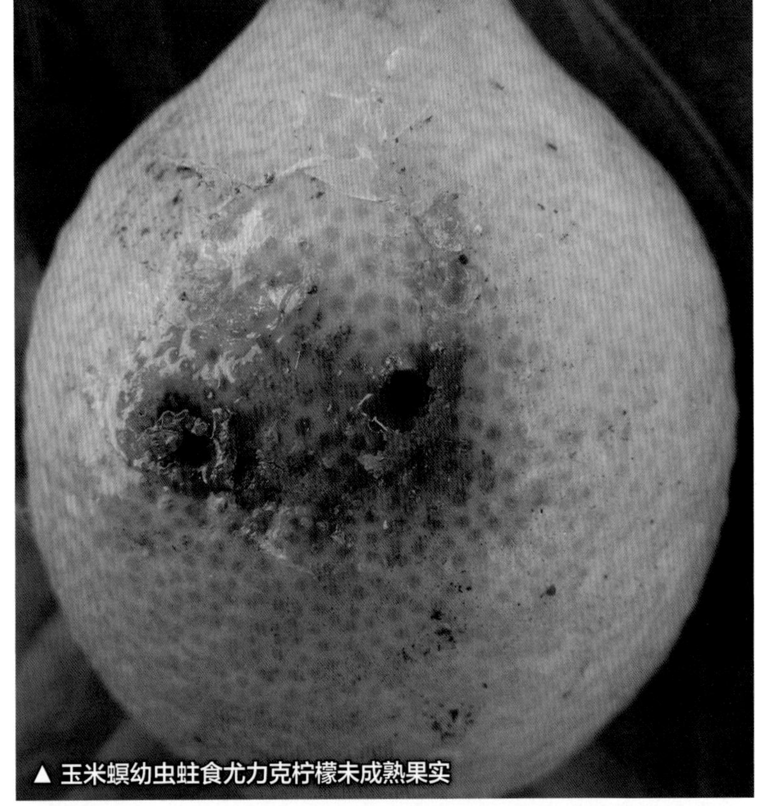
▲ 玉米螟幼虫蛀食尤力克柠檬未成熟果实

▲ 葡萄柚被害状

豹蠹蛾科

咖啡豹蠹蛾

●**学名：** *Zeuzera coffeae* Nietner

●**又名：** 豹纹木蠹蛾、棉茎木蠹蛾、苹果木蠹蛾

●**寄主植物：** 柑橘、苹果、梨、桃、核桃、荔枝、龙眼、枇杷、栗等果树

●**被害部位：** 枝条

▲ 咖啡豹蠹蛾雄成虫（郑朝武　提供）

属鳞翅目豹蠹蛾科。分布于广东、广西、福建、台湾、四川、江西、浙江等省区。

为害特点

幼虫蛀食寄主枝条导致被害部上端黄化、枯死，或被大风刮断。

形态识别

成虫　雌成虫体长18~26毫米，触角丝状。雄成虫体长18~20毫米，触角基部羽状。雌、雄成虫体被灰白色鳞毛，胸背有2行6个青蓝色斑。前翅灰白色，散布青蓝色网纹和斑点，但后翅上的斑点色较淡，有光泽。雄成虫翅上的点纹较多。

卵　长椭圆形，长0.9~1.2毫米，杏黄色，孵化前紫黑色，产于被害枝条的虫道内。

幼虫　末龄虫体长22~30毫米。初孵时紫红色，随虫龄长大，渐变为暗红色，体有稀疏的白色细毛，头部深褐色，前胸背板硬化，前缘两侧各有1个近圆形黑斑，后缘黑褐色弧形拱起。

蛹　雌蛹体长18~26毫米，雄蛹体长16~17毫米，全体赤褐色。头部下方有一个小突，前胸背圆宽，后缘角尖锐。腹部第2节、第8节背面近前缘处和第3~7节前后缘各有1列小齿，腹末端有多枚臀棘。

生活习性

广东一年发生1代，以老熟幼虫越冬。成

▲ 咖啡豹蠹蛾成虫

虫于4月陆续羽化，交尾产卵。幼虫孵化后吐丝结网覆盖卵块，群集于卵下取食卵壳，2~3天后分散从嫩梢腋芽蛀入为害，使被害处上部枯萎，此时幼虫爬出枝条外，向下转移至新梢不远处的节间由腋芽处蛀入枝内继续为害。

● 防治要点

（1）幼虫发生期，经常检查果园，发现被害枯枝及时剪除烧毁，以消灭枝中幼虫，杜绝虫源。

（2）卵孵化盛期喷50%辛硫磷乳油1 000~1 500倍液或其他有机磷药剂，可收到良好杀虫效果；已经蛀入大枝内的幼虫，可用80%敌敌畏乳油10倍液，从虫孔灌注杀死幼虫。

▲ 咖啡豹蠹蛾幼虫为害柠檬枝条

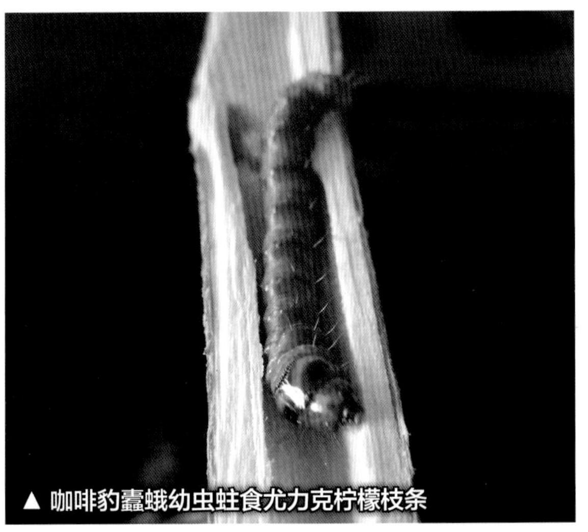
▲ 咖啡豹蠹蛾幼虫蛀食尤力克柠檬枝条

▲ 咖啡豹蠹蛾幼虫蛀食尤力克柠檬枝条导致干枯

▲ 咖啡豹蠹蛾为害状

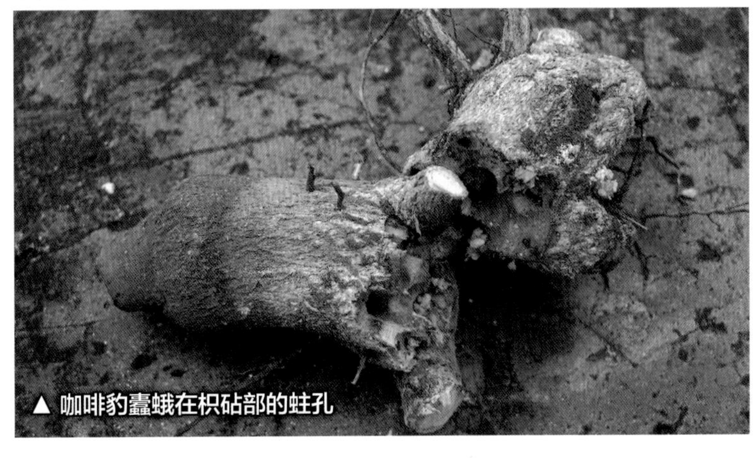
▲ 咖啡豹蠹蛾在枳砧部的蛀孔

枯叶蛾科

柑橘枯叶蛾

●**学名**：*Gastropacha philippinensis swanni* Tams

●**又名**：橘毛虫

●**寄主**：柑橘等果树

●**为害部位**：叶片

▲柑橘枯叶蛾成虫 ▲柑橘枯叶蛾卵粒 ▲柑橘枯叶蛾初孵幼虫

属鳞翅目枯叶蛾科。分布于广东、广西、福建、浙江、江西、湖南等省区。

为害特点

幼虫取食嫩叶和叶片。

形态识别

成虫 雌成虫体长13~15毫米，翅展54~60毫米。虫体及翅均为灰白色至淡赤褐色。触角灰褐色，两边有栉齿，但常向一边并合成单栉齿状。复眼黑色。前翅中部有1个明显的小黑点，翅脉色深。后翅狭长，有花瓣形黄色圆斑4个。雄成虫体长20~23毫米，翅展42~45毫米。

卵 近圆形，壳上灰白色、紫褐色或者灰色花纹相间。

幼虫 老熟时体长90毫米，灰黑色，两侧有灰白色丛状缘毛，背面有长短不齐的黑色短毛，体上有许多大小不等的淡褐色斑，具保护色。

蛹 长约30毫米，紫褐色，外附幼虫体毛，常包在叶片内。

生活习性

在浙江一年发生3代，成虫6—9月出现，8月下旬至9月中旬在田间可见较多卵粒。广东杨村6月可见幼虫，7月下旬成虫出现并产卵。成虫羽化后不久即可交尾，不受较大惊动，常呈假死状，栖息在树冠上或掉落在地面，因其前翅和体色与枯叶极为相似，故不容易被发现。卵产在柑橘叶正面近叶尖边缘处，常2粒在一起，孵化时先在壳的一端咬一洞，几分钟后爬出。幼虫白天潜伏于枝上，晚上取食嫩叶和叶片。化蛹在两叶片间。

● **防治要点**

检查果园，及时捉除幼虫，数量多时可喷布药剂杀灭，可用90%晶体敌百虫或80%敌敌畏乳油800倍液，亦可选用其他药剂防治。

▲柑橘枯叶蛾老熟幼虫

毒蛾科

双线盗毒蛾

●**学名：** *Porthesia scintillans*（Walker）

●**又名：** 毛虫

●**寄主：** 柑橘、梨、桃、李、梅、龙眼、荔枝、芒果等果树

●**为害部位：** 嫩叶、嫩芽、花和幼果

▲双线盗毒蛾成虫

属鳞翅目毒蛾科。分布于广东、广西、浙江、福建、台湾、河南、四川、云南等省区。

为害特点

幼虫咬食嫩芽嫩叶，使叶片成缺刻或只存叶脉。咬食花器和谢花后的小果，使受害花果脱落。

形态识别

成虫 雌成虫体长 12~14 毫米，翅展 20~38 毫米，雄虫略小，体土黄褐色。前翅黄褐色至赤褐色，上面散布深褐色小鳞点。内、外线黄色，前缘、外缘和缘毛柠檬黄色。外缘从顶角至臀角排列 3 个大小不等的黄色斑块，后翅淡黄色。

卵 略扁圆球形，由卵粒聚成块状，上面覆盖黄褐色绒毛。

幼虫 老熟时体长 20~28 毫米，头部浅褐色至褐色，前中胸及第 3~7 腹节和第 9 腹节背线黄色，中央为一红线贯穿。后胸红色，第 1 腹节、第 2 腹节和第 8 腹节背面有黑色绒球状短毛簇，体被稀疏灰白色长毛。

蛹 圆锥形，长约 13 毫米，褐色，腹节明

▲双线盗毒蛾幼虫在咬食花瓣（郑朝武 提供）

显，背面有黄褐色毛，外有疏的棕色丝茧。

生活习性

广东、广西一年发生4~5代，以幼虫越冬。成虫有趋光性。卵产于叶片背面，初孵幼虫群集取食，先在叶背啮食叶肉，把嫩叶吃成残缺或只剩下上表皮，随虫龄增大，分散各处为害，取食嫩芽、嫩叶，或将叶片咬食成缺刻。花期则咬破花蕾、花瓣，谢花后则咬食幼果。老熟幼虫转入表土化蛹。

● 防治要点

该虫对有机磷农药和拟除虫菊酯杀虫剂敏感，掌握在幼龄虫期喷布农药防治，可收到良好效果。

▲ 双线盗毒蛾幼虫

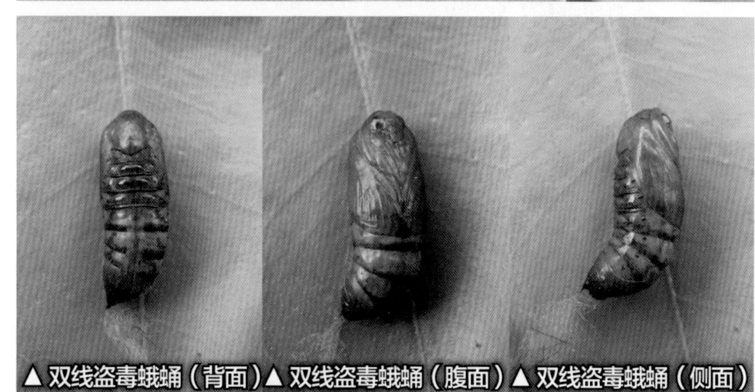

▲ 双线盗毒蛾蛹（背面）▲ 双线盗毒蛾蛹（腹面）▲ 双线盗毒蛾蛹（侧面）

▲ 双线盗毒蛾成虫

▲ 双线盗毒蛾成虫

▲ 双线盗毒蛾幼虫为害温州蜜柑幼果

▲ 双线盗毒蛾幼虫为害叶片

▲ 双线盗毒蛾幼虫为害温州蜜柑幼果

▲ 双线盗毒蛾幼虫在咬食橘花蕾

夜蛾科

鸟嘴壶夜蛾

●**学名：** *Oraesia excavata* Butler

●**又名：** 葡萄紫褐夜蛾

●**寄主：** 柑橘、苹果、梨、桃、葡萄、无花果、柿、黄皮、李等果树

●**为害部位：** 果实

属鳞翅目夜蛾科。分布于广东、广西、江西、福建、台湾、浙江、四川、云南、内蒙古、山西、河北、天津、安徽等省区。

为害特点

在柑橘产区自8月上旬起直到12月采果期，果实都可受害。成虫吸食多种果实的汁液，受害果实表面有绣花针刺状小孔，刚取食后小孔

▲ 鸟嘴壶夜蛾成虫（郑朝武　提供）

▲ 鸟嘴壶夜蛾成虫（郑朝武　提供）

有汁液流出，2 天后果皮刺孔处海绵层出现直径 1 厘米左右的淡红色圆圈，随后果实腐烂脱落。

形态识别

成虫 体长 23~26 毫米，翅展 49~51 毫米。头部和前胸赭色，中、后胸赭色，腹部黄褐色且有许多鳞毛。前翅紫褐色，翅尖向外缘显著突出，似鹰嘴形，外缘中部向外圆突，后缘中部向内凹入相当深，自翅尖斜向中部有 2 根并行的深褐色线纹，肾形纹较明显，后翅灰黄色，端区微呈褐色，缘毛淡褐色。雌成虫触角丝状，雄成虫齿状。

卵 高约 0.6 毫米，直径约 0.76 毫米，扁圆形，黄白色，卵顶稍隆起，乳黄色，逐渐显现棕红色花纹，卵壳上具纵向条纹。

幼虫 共 6 龄。老熟幼虫体长 50~60 毫米，全体灰褐色或灰黄色，背、腹面自头至尾各有一灰黑色纵纹，头部两侧有 1 对黄黑色斑点，第 2 腹节两侧各有 1 个眼状斑。第 1 对腹足退化，第 2 对腹足较小，行动呈尺蠖状。

蛹 体长 18~23 毫米，红褐色。第 1~8 腹节背面刻点较密，第 5~8 腹节腹面刻点较稀；腹末较平截，臀棘为 6 条角状突起。

生活习性

在中亚热带和北亚热带柑橘产区一年发生 4~6 代，世代重叠，以老熟幼虫或蛹在背风向阳的木防己、汉防己等寄主植物基部或杂草丛中越冬。成虫 9—11 月为害柑橘果实，以 9—10 月最烈。成虫白天潜伏，黄昏入园取食。趋光性弱，趋化性强，喜食芳香带甜的物质，有假死性。在柑橘成熟期，一般夜间 22:00 前活动最盛。闷热、无风的夜晚，蛾量大，雨天少。卵散产于木防己尖端嫩叶的背面或嫩茎上。1~2 龄幼虫常隐藏在叶背面取食，残留表皮，3 龄以后蚕食叶片，5~6 龄进入暴食期。老熟幼虫吐丝将叶片、粪粒等卷成筒状，蛰伏其中，在树干基部、杂草丛内或表土层中化蛹。早熟、皮薄的柑橘品种受害重，山地果园和各品种混栽受害重。

● 防治要点

（1）果园规划与设置。在山区建立果园时要尽可能连片种植同一熟期的品种，并选择当地适栽又能避过吸果夜蛾为害高峰的品种。

（2）消灭吸果夜蛾于野生寄主上。在 9 月铲除园边幼虫的寄主植物和园内、园边杂草，或在这些植物上喷农药毒杀幼虫，或利用和种植这些幼虫寄主植物，引诱成虫产卵，再药杀幼虫。

（3）灯光驱蛾和灯光诱杀。在吸果夜蛾为害严重的果园，每公顷果园安置 15 支或 30 支 40 瓦的黄色荧光灯，置于树冠上 1~2 米处，灯距为 10~15 米，于黄昏后开灯，黎明前关灯，有阻止成虫为害的效果。或安装黑光灯于园区内高于树冠 1 米，灯下放置 1 个装有水的水盆，水面滴一些柴油，趋光的夜蛾掉落水面而浸死。

（4）药剂诱杀成虫和喷药防治。利用已被为害的落地果去皮后，在果心处穿一铁丝，浸在有红糖、醋和敌百虫混合的液体中，晚间挂在园边树上，可以诱杀。喷杀幼虫的药剂可选用拟菊酯类农药，如 20% 甲氰菊酯乳油 2 000~3 000 倍液、5% 甲氨基阿维菌素苯甲酸盐 2 500~3 000 倍液。

（5）用 8~10 毫升香茅油滴于 5 厘米 ×6 厘米的纸片上，挂于树上驱避。

(6)果实实行套袋。在果实转入成熟期前，进行人工包果，包前先喷药防治螨类。

（7）采前 20 天左右选喷拟除虫菊酯类药剂，拒避成虫为害果实。

嘴壶夜蛾

●**学名：** *Oriesia cmarginata* Fabricius
●**又名：** 桃黄褐夜蛾
●**寄主：** 柑橘、苹果、梨、桃、葡萄、柿等果树
●**为害部位：** 果实

属鳞翅目夜蛾科。分布于广东、广西、福建、台湾、浙江、江西、四川、湖南、湖北、山西、河北、辽宁、黑龙江、吉林等省区。

为害特点

成虫吸食果实汁液，被害果轻的仅有一小孔，内部果肉呈海绵状或腐烂，重的软腐脱落。

形态识别

成虫 体长16~19毫米，翅展34~40毫米。头和前胸棕红色，腹部灰褐色，口器角质化，

▲嘴壶夜蛾成虫（标本态）

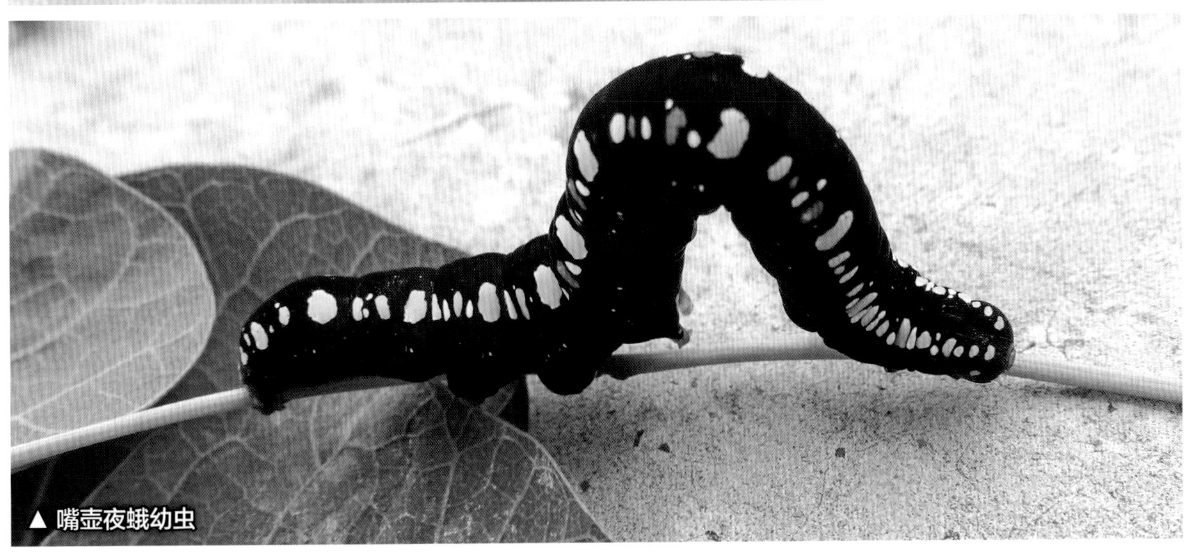
▲嘴壶夜蛾幼虫

先端尖锐。雌成虫触角丝状，前翅棕褐色，后翅呈缺刻状；雄成虫触角双栉齿状，前翅色较浅，前翅翅尖突出，外缘中部突出，内侧有1个红褐色三角形斑，后缘中部内凹成浅圆弧形，翅中部的深褐色横线只见后半部，翅尖伸向后缘中部有1条深色斜纹，由深色中脉与中横线相连呈斜“h”形纹。后翅褐色或灰褐色，外半部较深。

卵 扁球形，底稍平，散产，直径0.7毫米，黄白色，1天后呈暗红花纹，壳的表面有较密的纵向条纹。

幼虫 6龄，除1龄幼虫灰褐色外，成长中的各龄均为漆黑色，体背各节有黄色或白色斑纹，间杂白色、红色斑点，变化较大。老熟时长30~52毫米，全体黑色，各节上有1个大黄色斑和数目不等的小黄色斑组成亚背线，另外有不连续的小黄色斑及点组成的气门上线。

蛹 长18~20毫米，红褐色，常有叶包着。

生活习性

南方一年发生4~6代，浙江黄岩和江西一年发生4代。以老熟幼虫或蛹越冬。世代重叠。广东韶关3月即可见成虫活动，4月幼虫在木防己叶片上取食。

成虫有假死性，对光和芳香味有明显的趋性。成虫白天停栖在果园附近的草丛、作物或树木等荫蔽处，黄昏后飞入园内为害，一般在22:00前为害严重，广东在20:00—24:00活动最盛。气温在18℃以上的无风夜晚，为害果实数量最多。卵散产。

● 防治要点

参考鸟嘴壶夜蛾防治。认真清除园区及园边附近的防己科幼虫寄主。

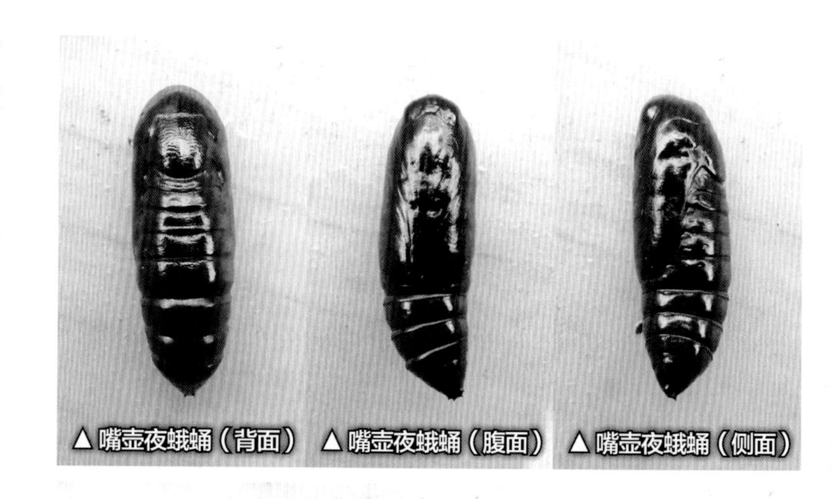

△嘴壶夜蛾蛹（背面） △嘴壶夜蛾蛹（腹面） △嘴壶夜蛾蛹（侧面）

△嘴壶夜蛾雄成虫 △嘴壶夜蛾雌成虫

△嘴壶夜蛾成虫

枯叶夜蛾

●**学名：***Adris tyrannus* Guenee

●**又名：**通草木夜蛾、番茄夜蛾

●**寄主：**柑橘、枇杷、芒果、苹果、梨、桃、葡萄、杏、柿、李等果树

●**为害部位：**叶片、果实

△枯叶夜蛾成虫　△枯叶夜蛾静止俯视状

属鳞翅目夜蛾科。分布范围广。

为害特点

成虫吸食果汁，被害后伤口很快腐烂脱落，给产量造成很大损失。幼虫取食十大功劳、通草等植物叶片。

形态识别

成虫　体长35~42毫米，翅展98~100毫米，头、胸部棕褐色。触角丝状，灰黑色。前翅枯叶褐色。雌成虫体色较深，前翅顶角尖，外缘呈弧形向内弯斜，后缘中部内凹，在后缘内凹中间和翅基部各有一黑褐色斜纹斜向翅尖，翅脉清楚。肾形纹黄绿色，后翅橘黄色，亚端区有一牛角状黑带，中后部有一肾形黑斑纹。

卵　乳白色，近球形，底平坦，直径

△枯叶夜蛾（标本态）

0.9~0.95毫米，壳上面有六角形网状纹。

幼虫　老熟时体长60~70毫米，头部红褐色，体黄褐色或灰褐色。前端较尖，第1腹节背侧区有2个不规则黄斑，第2~3腹节背侧区各有1个黄色眼斑，第1~8腹节散布有许多不规则黄斑。腹足4对，第1对短小。

蛹　红褐色或灰褐色，长30~32毫米。臀棘4对，外有黄白色丝将叶片粘连在一起包裹蛹体。

生活习性

在浙江黄岩一年发生2~3代，以成虫越冬，田间3—11月均可发现成虫。成虫先为害番茄、桃、李、芒果、黄皮、荔枝、葡萄、番石榴等果实，9月以后开始为害早熟柑橘，直至11月。广东为害柑橘于9月中旬开始。成虫产卵于叶背，常数粒卵产在一起。卵在野外发生较多的时间为6月上旬、8月及9月上旬，但幼虫发生数量较少，死亡率高。初龄幼虫有吐丝习性，静止时全体呈“U”形或“？”形。已发现幼虫的寄主有木防已、木通、通草和十大功劳等植物。成虫略具假死性，白天潜伏，晚上飞入果园为害果实。

● 防治要点

参考鸟嘴壶夜蛾防治。

落叶夜蛾

●**学名：** *Ophideres fullonica* Linnaeus

●**又名：** 小通草木夜蛾、拟通草木夜蛾

●**寄主：** 柑橘、苹果、桃、梨、芒果、黄皮、番石榴、荔枝、葡萄、柿子、杏等果树

●**为害部位：** 叶片、果实

△落叶夜蛾成虫

△落叶夜蛾成虫

属鳞翅目夜蛾科。分布于华南、华中、华北、东北及云南、台湾等地。

为害特点

为害特点与枯叶夜蛾相同。

形态识别

成虫　体长36~40毫米，翅展100毫米左右。头部淡褐色微紫，腹部褐色，背面大部分橘黄色。前翅黄褐色并杂有暗色斑纹，后缘基部外突，中部内凹，其后有1条暗褐色纹伸至后缘的外突处。后翅橘黄色，外缘有一黑色钩形斑，近臀角处有一黑色肾形斑，外缘缘毛黑白相间，形成6个白色小斑。

卵　扁圆球形，直径0.86~0.93毫米。顶部圆滑，斑纹极细微，卵孔明显，圆形，花冠5~6层，第1层子瓣菊花瓣形，最外层与纵棱相连接。卵顶到底部有横道15~20道，中间成不规则多边形。

幼虫　体色多变，头暗紫色或黑色，体黄褐黑色，末龄幼虫体长60~68毫米，前端较尖，第1~2腹节弯曲成尺蠖形，第8腹节隆起，将第7~10节连成一个峰状。

蛹　黑褐色，长29~30毫米，腹末端有2对锚形刺。

生活习性

在福建每年发生4~5代，以幼虫和蛹在草丛、石缝和土隙中越冬。成虫在果园出现的时期各地不同，四川3—11月均可见成虫，华南地区成虫高峰期为9—10月，广西北部9月下旬至10月为害最为严重。成虫于黄昏飞入果园为害，天黑后至21:00为害最烈。广东杨村最早出现于8月，为害荔枝果实，9月下旬至10月为害红江橙果实。以闷热的晚上发生最多。

● 防治要点

参考鸟嘴壶夜蛾防治。

壶夜蛾

●**学名：** *Calpe minuticornis* Guenée

●**寄主：** 柑橘、梨、桃、李、杏、葡萄、苹果

●**为害部位：** 果实

▲壶夜蛾成虫

▲壶夜蛾成虫（标本态）

▲壶夜蛾成虫

▲壶夜蛾蛹

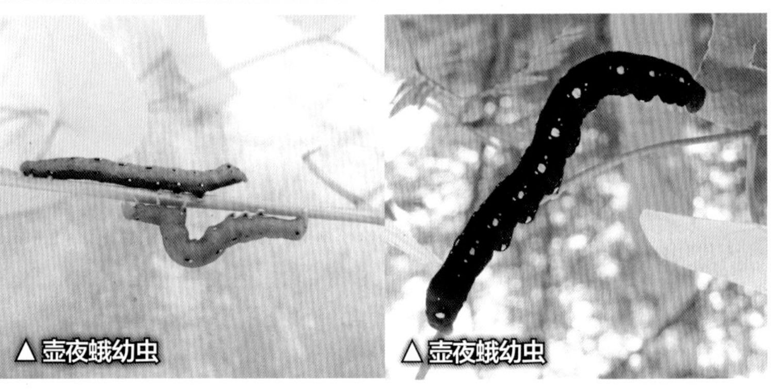
▲壶夜蛾幼虫 ▲壶夜蛾幼虫

属鳞翅目夜蛾科。分布于广东、广西、福建、浙江、云南、辽宁等省区。

为害特点

成虫为害柑橘果实，导致果实腐烂，严重时，减产失收。

形态识别

成虫 体长 18~21 毫米，全体灰褐色，触角丝状，胸背面密生绒毛。前翅前缘平直，顶角尖，略向后弯，外缘从顶角斜向臀角，中间突出，臀角钝圆，缘毛明显。后缘中部向内深凹。前缘中部和近基部各有 1 条淡褐色细纹斜向翅基和臂区。顶角处有 1 条深褐色线，斜向后缘凹口中部，翅面布不明显、断续的白色波状横纹。后翅近翅基部约 1/3 为灰白色，渐向外缘转为灰黑色，外缘边被白色绒毛。

卵 扁球形，底面稍平，初产时黄白色，壳表面有较密的纵向条纹。

幼虫 老熟幼虫体长 45~49 毫米，低龄幼虫浅灰绿色，第 4~5 节背面各有 1 对黄色圆形小斑，随虫龄长大，体色为灰污色或灰黑色。头部深红色，后缘两侧各有 1 个明显的黑斑点。胸足 3 对，腹足 4 对，第 1 对基本退化。尾足 1 对。背线黑色，不明显，两侧各有 1 个黄色大斑，在大斑前有 2 个、后有 1 个黄色小斑点组成亚背线，以第 4~5 腹节黄色斑最大。

蛹 黑褐色，有光泽，尾刺 1 对，另有小刺 4 枚，弯钩状。

生活习性

一年的代数未详。在广东，壶夜蛾幼虫在 6 月下旬可见，7 月盛发，食性单一，寄主植物为防己科植物粉叶轮环藤 *Cyclea hypoglauca*（Schauer）的叶片。蛹期长，成虫有一定的趋光性。

● 防治要点

参考鸟嘴壶夜蛾防治。

艳叶夜蛾

●**学名：** *Eudocima salaminia* Cramer

●**寄主：** 柑橘、桃、苹果、梨、芒果、葡萄、番石榴、腰果等果树

●**为害部位：** 果实

▲艳叶夜蛾成虫　▲艳叶夜蛾成虫（标本态）

△艳叶夜蛾成虫（侧面）

属鳞翅目夜蛾科。分布于广东、广西、浙江、福建、台湾、云南、湖南、湖北、河南、山东、江苏等省区。

为害特点

为害特点与枯叶夜蛾相同。

形态识别

成虫　体长31~35毫米，翅展80~84毫米。头、胸部背面灰绿色，中、后胸和下唇须黄绿色，腹背杏黄色，复眼灰绿色，触角丝状。前翅翅基至顶角有1条白色宽带，在白色带的前缘至中部有灰绿色的点状斑分布，外缘亦有一白色带从顶角直至近臀角，其余为灰绿色。在灰绿色近基部有1条明显的红褐色线弯向臀角。后翅杏黄色，中部有一黑色肾形斑，顶角至外缘有一前粗后渐细的大黑斑。

卵　约3/4为球面，底面平，直径约0.9毫米，初产时淡黄色，近孵时为暗色。

幼虫　末龄幼虫体长52~72毫米，体紫灰色，满布暗褐色不规则的细斑纹，头部暗褐色，有黑色不规则斑点。第8腹节有一锥形突起，腹足及胸足为黑色，第1对腹足退化，静止时头部下垂尾部翘起。

蛹　褐色，长约24毫米，以白色丝混合叶片将蛹体包裹其中。广东杨村发生于10月中旬至11月中旬，为害初熟的柑橘果实。

生活习性

浙江黄岩一年发生6代，以幼虫和蛹越冬。8月中旬后成虫为害将成熟的柑橘果实。成虫于20:00—23:00活动，闷热无风、无月亮的夜晚成虫出现数量大，为害重。幼虫的寄主植物有木防己和千金藤。

● 防治要点

幼虫发生前期应清理园边和园内的寄主植物，并喷药消灭幼虫；设置黄色荧光灯，每亩40瓦6支，分散挂于果园，以达到拒避作用；成虫发生数量大时，可用糖醋液加入有机磷类药剂加以诱杀，或用其他诱捕剂诱杀。

超桥夜蛾

●**学名：** *Anomis fulvida* (Guenée)

●**寄主：** 柑橘、芒果、苹果、葡萄、梨、桃、番木瓜、菠萝、葡萄等果树

●**为害部位：** 果实

△超桥夜蛾成虫　△超桥夜蛾成虫（标本态）

△超桥夜蛾幼虫

△超桥夜蛾成虫（郑朝武提供）

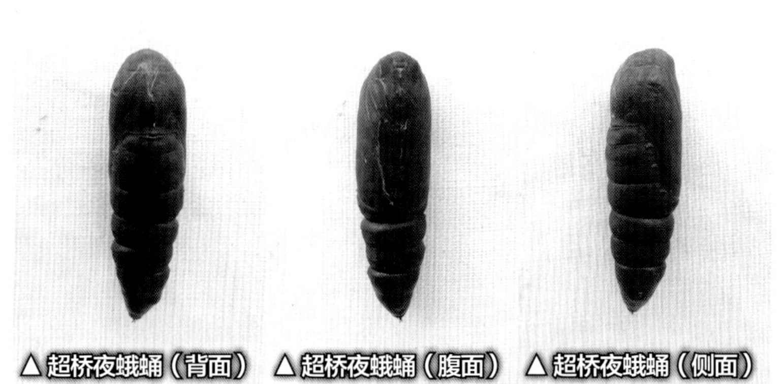

△超桥夜蛾蛹（背面）　△超桥夜蛾蛹（腹面）　△超桥夜蛾蛹（侧面）

属鳞翅目夜蛾科。分布于江西、浙江、福建、广东、广西、湖北、湖南、四川、云南、甘肃、宁夏、新疆等省区。

为害特点

为害特点与枯叶夜蛾相同。

形态识别

成虫　体长约17毫米，翅展35~38毫米。头、胸部棕红色，触角丝状，前翅暗红褐色，内横线褐色，折成三弯曲波纹，中横线稍平直，深红褐色。外横线前半部波纹明显，后半部隐约可见。内横线与中横线近前缘处有一圆形白色小斑，中横线后正前缘1/4处有一淡灰黑色椭圆形斑。前翅顶角略向后弯，外缘内收成浅弧形，中部向外突出，呈尖角。后半部收至臀角。停息时两翅合拢，中间形成一个大拱，似拱桥。后翅浅灰褐色，基部黄白色。

卵　扁球形，顶端突起，底平，直径0.6毫米，卵壳上有纵向条纹。

幼虫　低龄幼虫浅灰色，老熟时体长35~45毫米，头部较大，深橙红色，布有稀疏白色短毛。体黑色，亚背线具不规则、排列整齐的黄色大斑。各体节均匀着生稀疏白色短毛。胸足3对，腹足4对，前1对短，较小，后3对粗壮。

蛹　深褐色，无光泽，长约20毫米。

生活习性

在浙江黄岩一年发生6代，以幼虫和蛹越冬，每代发生高峰期分别为4月上旬、5月中旬、6月下旬、7月中旬、8月下旬和9月中旬，广东杨村为害柑橘发生于9月下旬至10月中旬。

● 防治要点

参考鸟嘴壶夜蛾防治。

棉实夜蛾

●**学名：** *Heliothis armigera* Hübner

●**又名：** 棉铃虫、棉铃实夜蛾

●**寄主：** 苹果、梨、桃、李、葡萄、柑橘、草莓等果树

●**为害部位：** 果实

△棉实夜蛾成虫

▲棉实夜蛾幼虫咬食果实

▲棉实夜蛾幼虫

属鳞翅目夜蛾科。全国广泛分布。

为害特点

为害特点同烟实夜蛾。幼虫为害甜橙类幼果，咬食幼果剩下少量果皮，以后转移新果。随虫龄增大在咬破果皮后蛀食白皮层直至果肉，受害果因有蛀孔而发黄脱落。

形态识别

成虫 体长15~20毫米，复眼灰绿色。雌成虫体浅灰色或黄褐色，雄成虫体灰青色、暗灰绿色。前翅肾形纹、环形纹及各横线不清晰。中横线有肾形纹下斜伸至后缘，其末端达到环形纹的正下方，外横线斜向后伸达肾形纹正下方。后翅灰白色。成虫与烟实夜蛾极相似。

卵 馒头形，高0.51~0.55毫米，卵孔不明显，表面有纵棱，纵棱达底顶部。

幼虫 幼虫体色多变，气门上线可分为不连续的3~4条，上有连续的白色纹。腹面小刺十分明显，前胸2根侧毛的连线与气门下缘线相切或穿过气门。

蛹 腹部末端臀刺的基部分开，腹部第5~7节背面与腹面有7~8排比较稀而大的半圆形刻点。

生活习性

在北方一年发生3代，华北、长江以南一年5~6代，云南、贵州、华中地区一年4~5代。以蛹越冬。夜间羽化。白天躲藏在隐蔽处，黄昏后飞出取食，交尾产卵。有趋光性。每雌成虫可产卵1 000粒左右，最多可产4 000粒。幼虫6龄，取食多种寄主植物的叶片和生长中的果实，导致果实脱落。世代重叠。其发生量因地区不同而异。在柑橘园为害果实是在5—9月。

● 防治要点

做好田间管理，统一促放新梢，结合防治其他害虫时，一起喷药。选用药剂：低龄幼虫可选择有机磷类药剂，中龄以上的幼虫喷布5%甲氨基阿维菌素苯甲酸盐4 000~5 000倍液或1%甲氨基阿维菌素苯甲酸盐2 500倍液；还可选择拟除虫菊酯类药剂。

烟实夜蛾

●**学名：** *Heliothis assulta* Guemée

●**又名：** 烟青虫

●**寄主：** 柑橘、苹果、桃、李、梨、番茄等植物

●**为害部位：** 叶片、果实

▲ 烟实夜蛾幼虫

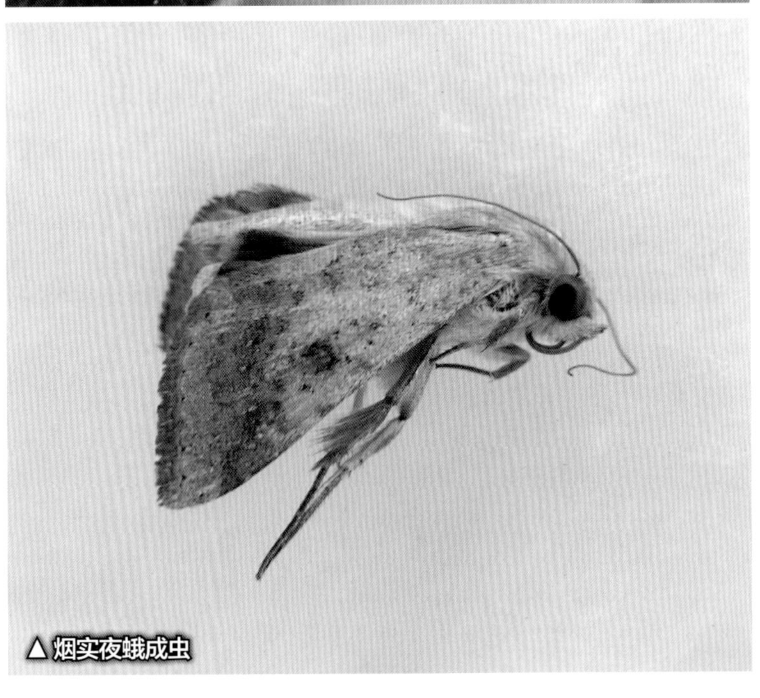

▲ 烟实夜蛾成虫

属鳞翅目夜蛾科。分布于全国各省区。广东韶关、河源可见为害柑橘果实。

为害特点

幼虫蛀食生长中的果实，使果实出现空洞，造成严重落果。

形态识别

成虫　体长15~20毫米，复眼黑色，这是与棉实夜蛾的区别。雌成虫体浅灰色或黄褐色，雄成虫体灰青色、暗灰绿色。前翅肾形纹、环形纹及各横线清晰，中横线向后缘直伸，其末端不到环状纹的正下方。外横线的末端仅达肾形纹的下方。后翅近黄褐色。

卵　近球形，高0.51~0.55毫米，略扁，顶部稍隆起，有纵棱，但不达底部。

幼虫　初孵幼虫头漆黑，随虫龄增大，体色多变，气门上线不分成几条，上有分散的白色斑点。前胸有2根侧毛的连线远离气门下缘。

蛹　长14~23毫米，纺锤形。初为灰绿色，后渐变褐色，有光泽。腹部末端臀刺的基部相连，腹部第5~7节脊面与腹面有7~8排密集而小的半圆形刻点。

生活习性

一年发生4~5代。以蛹在寄主植物根际附近土壤中越冬。成虫多在夜间羽化、活动、交尾、产卵。每雌虫可产卵500多粒。成虫有趋光性和趋化性。幼虫5~6龄，虫龄多少常与食料有关。在广东韶关，3月即可见低龄幼虫为害甜橙春叶，随后蛀食成长中的幼果，导致果肉被食空后落地。6月在广东河源柠檬花和果实上均能见各龄幼虫为害，下半年仍可蛀食葡萄柚果实，造成果实腐烂。烟实夜蛾取食烟草，第2代幼虫成活率可达100%，取食辣椒叶则幼虫死亡率50%，取食番茄叶则死亡率达100%。

● 防治要点

参考棉实夜蛾防治。

△ 烟实夜蛾幼虫为害冰糖橙幼果

△ 烟实夜蛾成虫腹面和卵粒

△ 烟实夜蛾幼虫蛀食柑橘果实

△ 烟实夜蛾幼虫在葡萄柚内化蛹（侧面）

斜纹夜蛾

●**学名**：*Prodenia litura*（Fabricius）

●**又名**：斜纹夜盗蛾、莲纹夜蛾

●**寄主**：柑橘、苹果、梨、葡萄、龙眼、香蕉、番木瓜、罗汉果及多种农作物

●**为害部位**：叶片

▲斜纹夜蛾成虫

▲斜纹夜蛾成虫

▲斜纹夜蛾幼虫

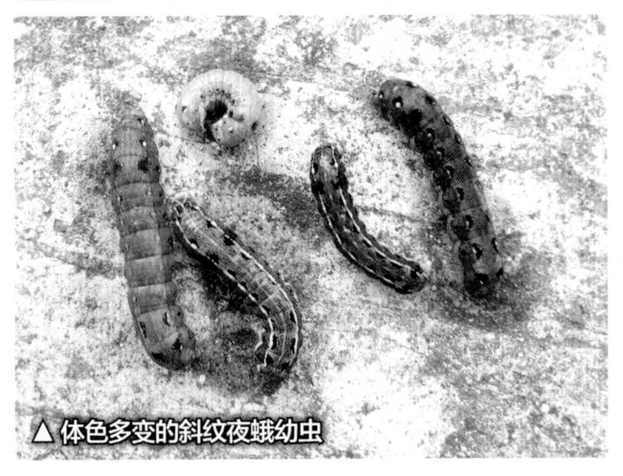
▲体色多变的斜纹夜蛾幼虫

属鳞翅目夜蛾科。全国广泛分布。

为害特点

幼虫咬食叶片，造成叶片缺刻或只留主脉，破坏光合作用，削弱树势。

形态识别

成虫 体长14~20毫米，翅展33~42毫米，体灰褐色。前翅褐色，斑纹复杂，内横线和外横线灰白色，波浪形。雄成虫肾形纹中央黑色，环纹和肾形纹间有一灰白色宽带斜纹，自前缘中部斜伸至外横线近内缘1/3处。雌成虫灰白色斜纹中有2条褐色线，后翅白色，仅翅脉及外缘暗褐色。

卵 半球形，略扁，直径约0.5毫米。卵面有纵棱30余条。初产时乳白色，将孵化时紫黑色。卵成块，数十粒至几百粒，外覆盖浅黄白色绒毛。

幼虫 体色随龄期、食料和季节而变化。末龄幼虫体长38~51毫米。出壳的幼虫灰白色，后转绿色，2~3龄黄绿色，老熟时多为黑褐色，背线和亚背线橘黄色，亚背线上缘每节两侧各有1个近三角形黑斑。其中第1节、第7节、第8节上黑斑最大。中、后胸黑斑外侧有黄色小点。此特征与其他夜蛾幼虫不同。

蛹 长18~20毫米，赤褐色，末端有臀棘1对。

生活习性

此虫只要温度适宜，全年均可发生，但会因地域不同出现差异，一年的代数不同，华中、华东5~7代，华南7~8代。广东揭阳市观察，一年发生6~7代，世代重叠，以蛹越冬，第1代羽化初见期为4月下旬。成虫有趋光性，昼伏夜出，于黄昏后活动、取食、交尾和产卵。卵多产于叶背。初孵幼虫群集在卵块附近取食，

2龄分散，4龄暴食。幼虫体色可随周围环境不同而变化，白天藏于阴暗处或土缝中，有数头在一处。幼虫为害柑橘叶片于5月始至整个夏季，咬食正在转绿的新叶。在土壤肥沃、湿度大的柑橘苗圃和密植幼年树常常发生，有机质丰富的园地亦可严重发生，在白天可见停息在叶片上的幼虫。

● 防治要点

此虫对拟除虫菊酯类杀虫剂已有一定程度的抗药性，可选用50%辛硫磷乳油1 000~1 500倍液、40.7%乐斯本乳油1 000倍液、80%敌敌畏乳油800倍液＋拟除虫菊酯类药剂2 000~3 000倍液、苏云金杆菌300亿/克1 000倍液+50%辛硫磷乳油1 500倍液或5%甲氨基阿维菌素苯甲酸盐2 000倍液。还可选用除虫脲等药剂。喷布农药以傍晚为宜。

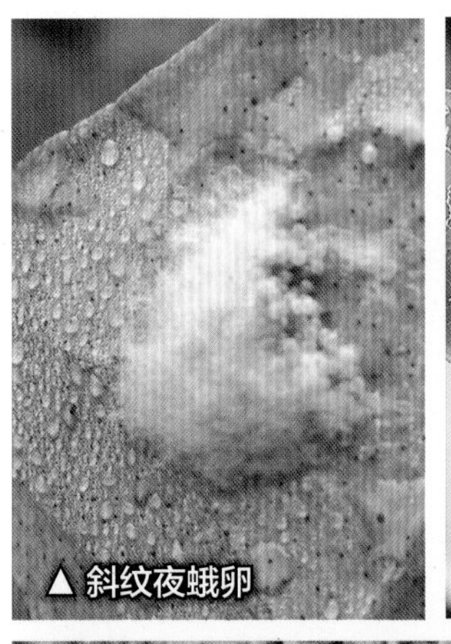

▲ 斜纹夜蛾卵

▲ 斜纹夜蛾卵块

▲ 斜纹夜蛾蛹（背面） ▲ 斜纹夜蛾蛹（腹面） ▲ 斜纹夜蛾蛹（侧面）

▲ 斜纹夜蛾幼虫为害状

▲ 斜纹夜蛾幼虫为害幼果

▲ 斜纹夜蛾为害状

柚巾夜蛾

●**学名**：*Dysgonia palumba*（Guenee）

●**寄主**：柑橘

●**为害部位**：叶片

△柚巾夜蛾成虫

△柚巾夜蛾成虫（标本态）

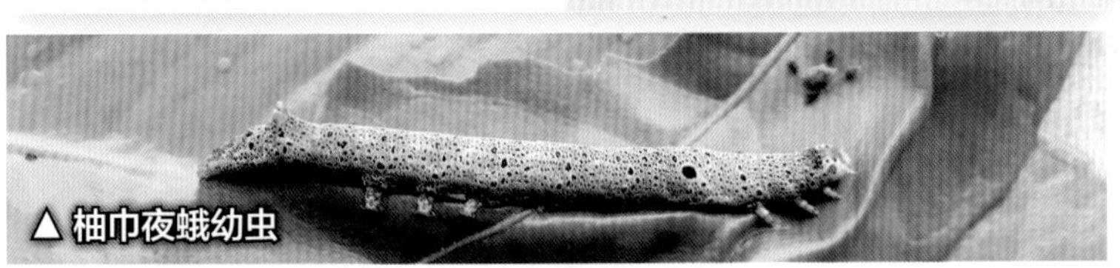
△柚巾夜蛾幼虫

△柚巾夜蛾幼虫为害

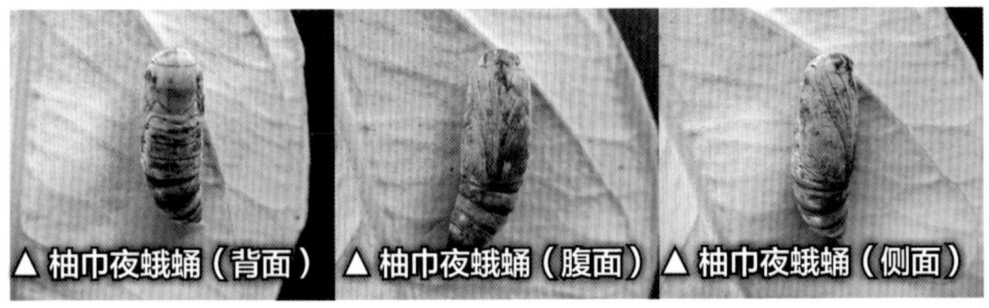
△柚巾夜蛾蛹（背面）△柚巾夜蛾蛹（腹面）△柚巾夜蛾蛹（侧面）

属鳞翅目夜蛾科。近年发现在广东韶关、河源、博罗等地为害柑橘。

为害特点

幼虫取食寄主嫩梢叶片，造成叶片缺刻或孔洞，严重时叶片全部食光，枝条光秃。

形态识别

成虫 体长16~23毫米，翅展32~42毫米，体灰色。头、胸部乳灰褐色，触角丝状。前翅乳灰褐色，内半部带紫色，散布黑色细点。前端2/3区呈粉红色至淡褐色，基线黑色，仅在前缘区可见一外曲弧纹，内线黑褐色，外线黑色。肾形纹椭圆形，暗褐色。外线黑褐色，自前缘脉外斜至7脉，折向内斜并间断为点列，外区前缘脉上有1列白纹，亚端线淡褐色，微波浪形，近翅外缘有1列黑点。后翅灰褐色，外线后半为1列月牙形白斑，外侧一丘形褐斑，臀角有两列褐点。雄成虫抱握器背侧有一弯棘形长突，钩形变粗，端部尖。

卵 未发现寄主植物上的卵粒。

幼虫 体长40~54毫米。第1~2腹节呈弯曲桥形，第1对腹足极小，第2对次之。臀足发达。尾节背面有1对肉突。头部绿色，具黄色斑点。体色暗灰绿色或淡黄褐色，全体有纵向细纹并杂有小黑点，背中央1条似“8”字形波纹，从胸中部延至尾端。第1腹节两侧各有1个较大黑斑。各体节两侧各有4个明显的大小不等的黑点。

蛹 长16~22毫米，棕褐色至深褐色，微被白蜡粉，触角长于中足。腹背面第1~7节和第5~7节腹面有刻点。前缘密于后缘。腹末有一凹陷腔，臀棘4对，1对基部合并，3对分开，末端钩状。蛹茧灰褐色。

生活习性

广东发生代数未详。幼虫最早出现在6月，为害早夏梢叶片，7月下旬至8月为盛期，大量咬食夏梢叶片，导致嫩梢无叶。幼虫在11月上旬仍发生为害。

● 防治要点

幼虫期，药剂防治可选用48%毒死蜱乳油1 000倍液或1%甲氨基阿维菌素苯甲酸盐2 000倍液等。

掌夜蛾

●**学名：***Tiracoia plagiata*（Walker）

●**寄主：**柑橘、香蕉

●**为害部位：**叶片、果实

▲掌夜蛾成虫

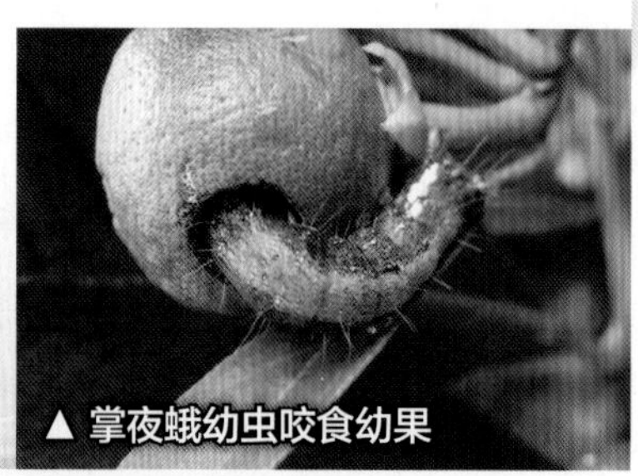
▲掌夜蛾幼虫咬食幼果

▲掌夜蛾幼虫

▲掌夜蛾蛹（背面）

▲掌夜蛾蛹（腹面）

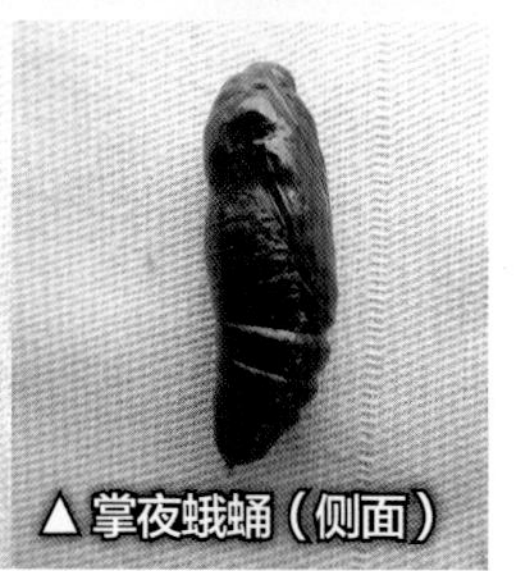
▲掌夜蛾蛹（侧面）

属鳞翅目夜蛾科。分布于广东、海南、浙江、福建、台湾、四川、云南等省区。

为害特点

幼虫为害叶片和幼果，造成叶片残缺，咬食幼果果肉，导致果实脱落。

形态识别

成虫 体长22.4~22.8毫米，翅展53.4~54.2毫米。体灰褐色。头、胸背部黄褐色，触角丝状，前翅长过于体，黄褐色。翅面有褐色细点，内横线、中横线暗褐色，波浪形，肾形纹大，棕红色，稍扩至前缘，近三角状。外横线锯齿纹，外侧齿尖处各有1个小黑点。后翅暗灰色，具3排黑点形成的黑线。胸板中间有一细长黑线，胸腹部多粉褐色短毛。

卵 半球形，长约0.5毫米，白色至淡黄色，表面呈网纹。

幼虫 低龄幼虫头部暗红褐色，体色杂，虫体有稀疏的长刚毛。第1~3腹节两侧有明显白色斑。老熟幼虫体长53~67毫米，头小，棕褐色。体棕褐色至灰黑色，间杂灰绿色。有稀疏白色短毛。胸足3对，腹足4对。

蛹 棕褐色，长24~25.2毫米，微被白色蜡粉，腹部末端有一凹陷的腔，臀棘3对，基部分开，末端不成钩。

生活习性

一年发生4~6代，杂食性。广东粤北约于每年3月中旬开始羽化、交尾产卵，4月中旬幼虫为害甜橙幼果，8月上中旬幼虫为害夏梢叶片。幼虫有假死性，受惊扰即卷缩成团。幼虫食量大，且有转移取食幼果的习性，一个幼果被咬食一部分果皮和果肉后，即转移至另一果实上咬食，导致一株树上有多个幼果被害。第1代幼虫于5月上旬开始化蛹，蛹期14~16天，成虫于室内羽化后在无食料条件下可存活4~6天。该虫在韶关柑橘园属初次发生为害，未有详细记录。

● 防治要点

冬季清园，清除化蛹场所；春季常检查柑橘树，及早发现，抓住低龄幼虫期喷药杀灭。药剂选择胃毒剂类，如有机磷类、甲氨基阿维菌素苯甲酸盐等。

银纹夜蛾

●**学名：** *Argyrogramma agnate*（Staudinger）
●**又名：** 黑点银纹夜蛾、豆银纹夜蛾、菜步虫、豆尺蠖、豆青虫等
●**寄主：** 柑橘及蔬菜类
●**为害部位：** 叶片

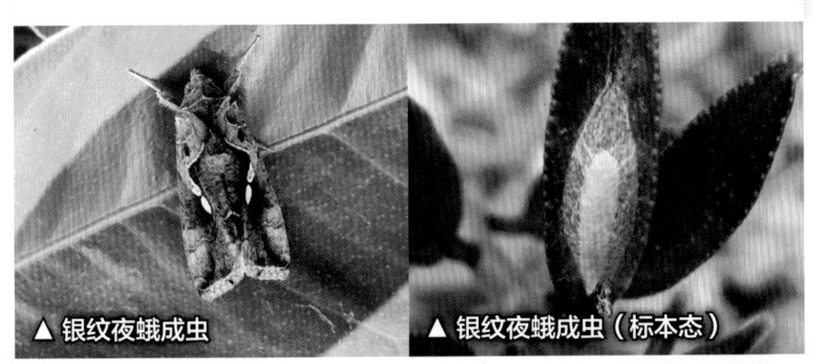
▲银纹夜蛾成虫　▲银纹夜蛾成虫（标本态）

▲银纹夜蛾蛹（任嘉平　提供）　▲银纹夜蛾幼虫

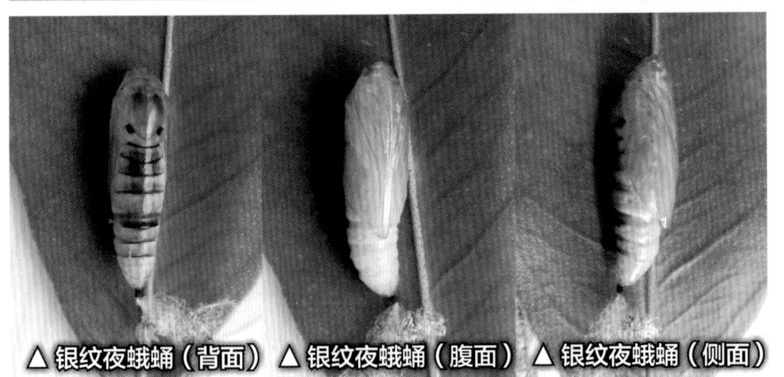
▲银纹夜蛾蛹（背面）　▲银纹夜蛾蛹（腹面）　▲银纹夜蛾蛹（侧面）

属鳞翅目夜蛾科。分布于全国各省区。

为害特点

幼虫咬食新梢叶片，造成缺刻、孔洞，严重时把整片叶食光。

形态识别

成虫　体长15~17毫米，翅展32~36毫米。体灰褐色，胸背部后缘有1丛竖起的绒毛。前翅深灰色，基线、内线浅银色，翅中央有一“U”形银色斑纹和一个近三角形的银色斑点。肾形纹褐色。外线双线，具褐色波纹。亚缘线黑褐色，锯齿形。缘毛中部有一黑斑。后翅暗褐色。

卵　半球形，底径0.5毫米左右，卵面有纵棱和横格，白色至淡黄色。

幼虫　虫体淡绿色，长约30毫米。前端较细，后端较粗。头、胸足绿色。背线为双线、白色，亚背线白色。腹足第1~2对退化，尾足粗壮。

蛹　较瘦，长约18毫米。初期体背浅褐色，腹面淡绿色，末期全体赤褐色。尾刺1对，蛹体外有疏松的白色丝茧。

生活习性

全国以春秋两季发生普遍，湖南一年发生5~6代，杭州4代，江西5~6代。以蛹越冬。成虫多在夜间活动，有一定趋光性。卵散产于叶背。初孵幼虫多在叶背取食叶肉，留下表皮，稍大后咬食叶片，有假死性。老熟幼虫在低矮植株吐丝结疏松薄茧，在其中化蛹。土壤肥沃、杂草丛生、湿度过大的柑橘苗圃及密植幼树园常有发生。

● 防治要点

（1）在新梢抽出前清理园区杂草，尤其是马唐类杂草及阔叶类杂草，以减少成虫藏匿场所。

（2）新梢期及时检查，在低龄期喷布农药。药剂可选择有机磷类药剂、拟除虫菊酯类药剂或甲氨基阿维菌素苯甲酸盐药剂，在下午至傍晚喷布。

其他夜蛾

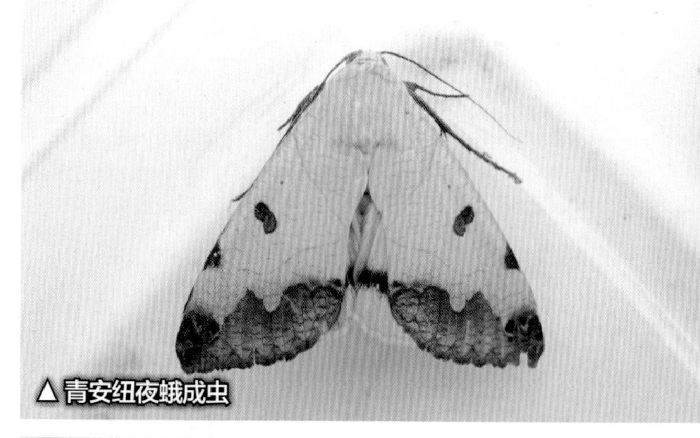
▲ 青安纽夜蛾成虫

▲ 黄麻桥夜蛾成虫（郑朝武　提供）

▲ 犁纹丽夜蛾成虫

▲ 黄麻桥夜蛾成虫

▲ 犁纹丽夜蛾成虫

▲ 青安纽夜蛾成虫

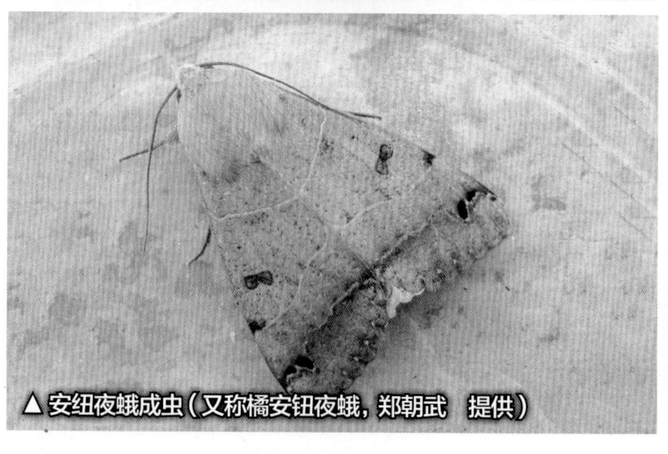
▲ 安纽夜蛾成虫（又称橘安钮夜蛾，郑朝武　提供）

▲ 短带三角夜蛾成虫（郑朝武　提供）

▲ 中带三角夜蛾成虫（郑朝武　提供）

▲ 短带三角夜蛾成虫（郑朝武　提供）

▲ 斜带三角夜蛾

▲ 中带三角夜蛾成虫

▲ 斜带三角夜蛾成虫

▲ 赭夜蛾成虫

▲ 肖毛翅夜蛾成虫（郑朝武 提供）

▲ 橘肖毛翅夜蛾成虫

▲ 鱼藤毛胫夜蛾成虫（郑朝武 提供）

▲ 橘肖毛翅夜蛾成虫

▲ 蚪目夜蛾成虫

▲ 肖毛翅夜蛾成虫（郑朝武 提供）

▲ 玫瑰巾夜蛾成虫

△ 玫瑰巾夜蛾成虫

△ 弓巾夜蛾成虫

△ 石榴巾夜蛾成虫

△ 弓巾夜蛾成虫

△ 石榴巾夜蛾成虫（上）、玫瑰巾夜蛾成虫（下）

△ 霉巾夜蛾成虫

△ 霉巾夜蛾成虫

△彩肖金夜蛾成虫（郑朝武　提供）

△旋目夜蛾成虫（任嘉平　提供）

△彩肖金夜蛾成虫（郑朝武　提供）

△合夜蛾成虫

△无肾巾夜蛾成虫（郑朝武　提供）

△赭夜蛾成虫

刺蛾科

扁刺蛾

●**学名**：*Thosea sinensis*（Walker）

●**又名**：黑点刺蛾、洋辣子

●**寄主**：柑橘、苹果、梨、枇杷、桃、黄皮、李、杏、樱桃、枣等果树

●**为害部位**：叶片

▲扁刺蛾幼虫

△扁刺蛾成虫（郑朝武　提供）

属鳞翅目刺蛾科。分布于全国各省区。

为害特点

幼虫取食叶片，发生严重时，可将寄主叶片吃光，造成严重减产。

形态识别

成虫　雌成虫体长13~18毫米，翅展28~35毫米。体暗灰褐色，腹面及足的颜色更深。前翅灰褐色，稍带紫色，中室的前方有一明显的暗褐色斜纹，自前缘近顶角处向后缘斜伸。雄成虫中室上角有一黑点（雌成虫不明显），后翅暗灰褐色。

卵　扁平，光滑，椭圆形，长1.1毫米，初产时淡黄绿色，孵化前呈灰褐色。

幼虫　老熟幼虫体长21~26毫米，宽16毫米，体扁，椭圆形，背部稍隆起，形似龟背。全体绿色或黄绿色，背线白色。体两侧各有10个瘤状突起，其上生有刺毛，每一体节的背面有2小丛刺毛，第4节背面两侧各有一红点。

蛹　长10~15毫米，前端肥钝，后端略尖削，近似椭圆形，初为乳白色，近羽化时变为黄褐色。

茧　长12~16毫米，椭圆形，暗褐色，形似鸟蛋。

生活习性

在四川、广西等地一年发生2代，少数3代，江西一年发生2代，均以老熟幼虫在寄主树干周围土中结茧越冬。越冬幼虫4月中旬化蛹，成虫5月中旬至6月初羽化。第1代发生期为5月中旬至8月底，第2代发生期为7月中旬至9月底。少数的第3代始于9月初，止于10月底。第1代幼虫发生期为5月下旬至7月中旬，盛期为6月初至7月初；第2代幼虫发生期为7月下旬至9月底，盛期为7月底至8月底。

成虫羽化多集中在黄昏时分，以18:00—20:00羽化最多。成虫羽化后即行交尾产卵，卵多散产于叶面。初孵化的幼虫停息在卵壳附近，并不取食，蜕第一次皮后，先取食卵壳，再啃食叶肉，仅留1层表皮。幼虫取食不分昼夜。自6龄起，取食全叶，虫量多时，常从一枝的下部叶片吃至上部，每枝仅存顶端几片嫩叶。

● 防治要点

（1）冬耕灭虫。结合冬耕施肥，将根际落叶及表土埋入施肥沟底，或结合培土防冻在根际30厘米内培土6~9厘米厚，并稍予压实，以杀灭越冬虫茧。

（2）生物防治。可喷施每毫升0.5亿个孢子青虫菌菌液。

（3）化学防治。药剂选用50%辛硫磷乳油1 000倍液或其他有机磷类药剂、25%灭幼脲3号胶悬剂1 500~2 000倍液、20%氟铃脲悬浮剂1 000~1 500倍液、20%虫酰肼悬浮剂1 000~2 000倍液或20%氰戊·辛硫磷乳油1 500~2 000倍液等。

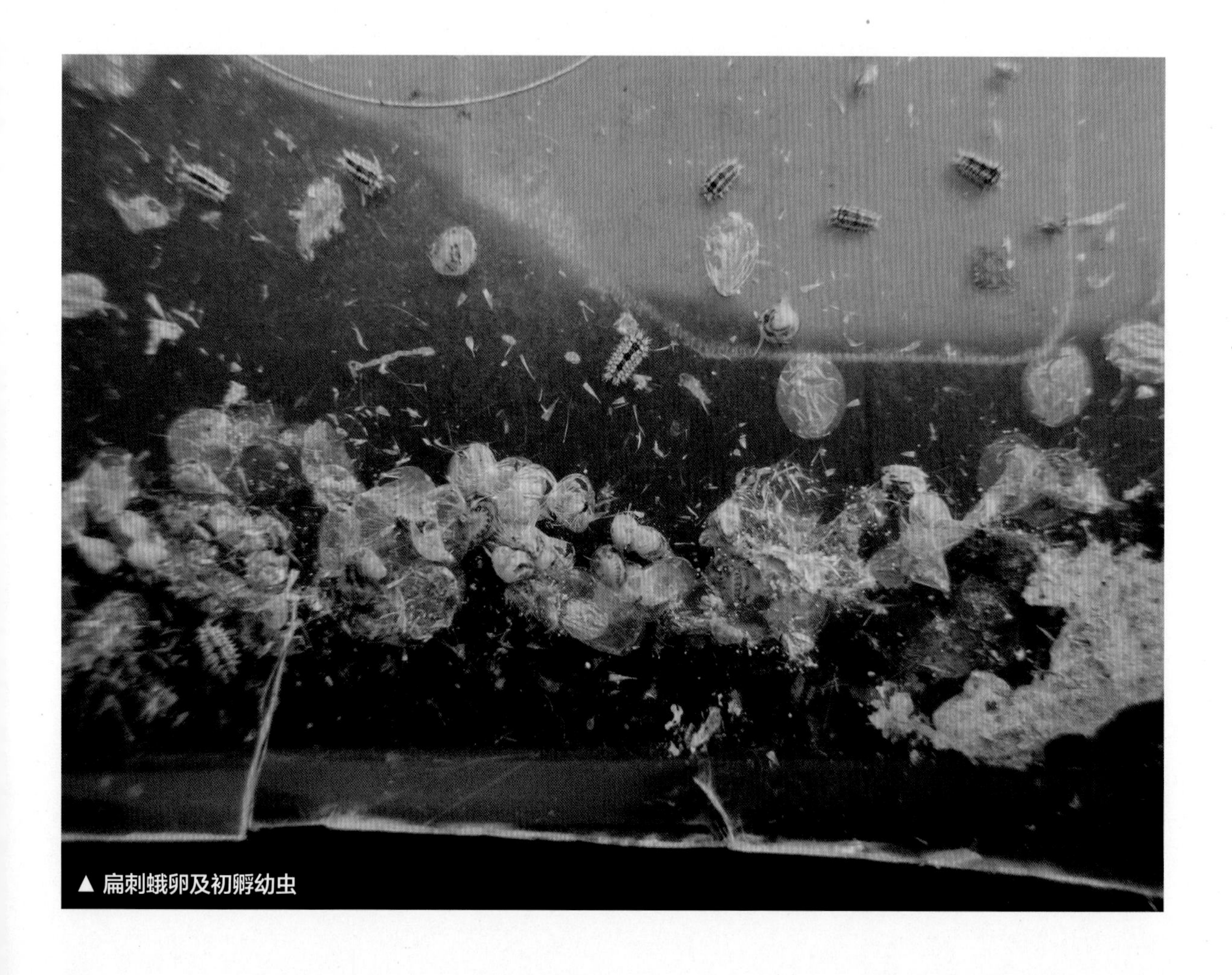

▲ 扁刺蛾卵及初孵幼虫

白痣姹刺蛾

●**学名**：*Chalcocelis albiguttata* Snellen
●**寄主**：柑橘、梨、茶树、李和咖啡等植物
●**为害部位**：叶片

▲白痣姹刺蛾成虫　▲白痣姹刺蛾蛹（腹面）

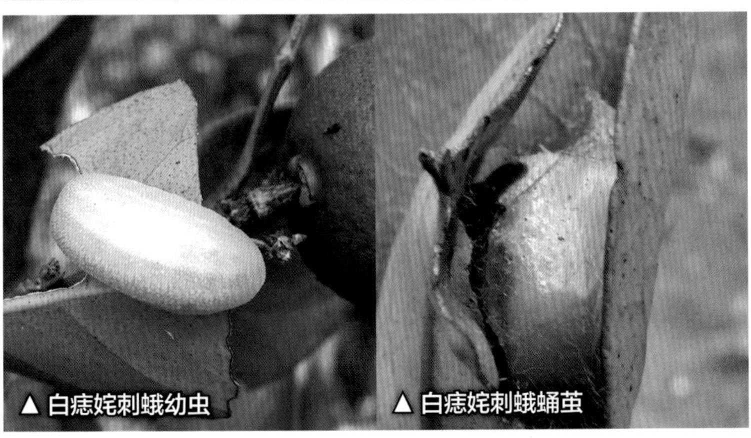
▲白痣姹刺蛾幼虫　▲白痣姹刺蛾蛹茧

属鳞翅目刺蛾科。分布于江西、福建、广东、广西、云南、贵州等省区。

为害特点

幼虫取食果树叶片，低龄幼虫取食叶片的下表皮和叶肉，中龄以上的幼虫则从叶尖向下取食，只留基部一小部分。

形态识别

成虫　体长11~14毫米，翅展25~30毫米。雌成虫体褐黄色，前翅中央下方斑纹红褐色，白点位于斑纹的内侧。雄成虫烟褐色，前翅中央下方有一黑褐色近梯形斑，斑的内侧红褐色，上方有一白点。

卵　乳白色，椭圆形，扁平。

幼虫　老龄幼虫体长18~20毫米，椭圆形，头部褐色，全体淡碧绿色，体表光滑、无刺，被透明胶状物，背面隐约可见5条白色纵线，中央一条较粗，足退化。

蛹　长12~16毫米，短椭圆形，褐色，外被白色粉状物。

生活习性

广东一年发生3~4代，福建一年发生2代。以末龄幼虫在叶片间结茧越冬。第二年幼虫发生期为：4代区为4—5月、6月下旬至7月中旬、8月中旬至9月中下旬、10—11月；2代区为5月中旬至6月、9月中旬至10月。蛾的发生期4—6月及9月上中旬。成虫有趋光性。卵散产或数粒产于叶片背面，每雌成虫产卵数十粒。

● 防治要点

检查果园，摘除越冬虫茧。幼虫期喷布药剂，药剂可选择拟除虫菊酯类、5%甲氨基阿维菌素苯甲酸盐乳油2 500~3 000倍液等。

其他刺蛾

▲ 黄刺蛾成虫

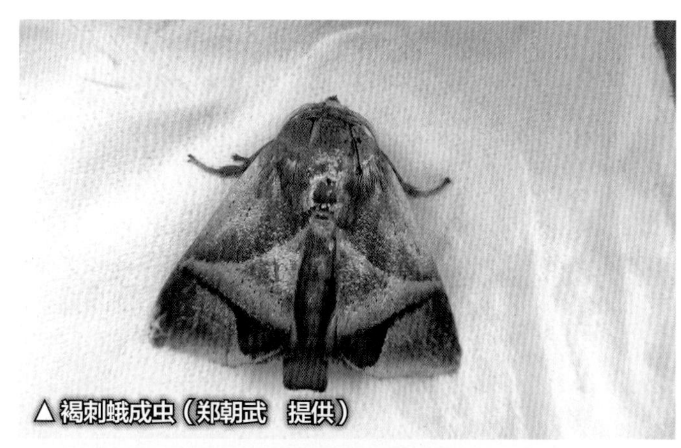
△ 褐刺蛾成虫（郑朝武　提供）

▲ 中国绿刺蛾成虫（郑朝武　提供）

▲ 双齿绿刺蛾成虫（郑朝武　提供）

▲ 褐边绿刺蛾成虫（右）和迹斑绿刺蛾成虫（左）

▲ 丽绿刺蛾成虫（郑朝武　提供）

▲ 迹斑绿刺蛾成虫（郑朝武提供）

▲ 媚绿刺蛾成虫（郑朝武提供）

▲ 灰双线刺蛾雄成虫

▲ 白眉刺蛾幼虫

▲ 白眉刺蛾幼虫

▲ 枣奕刺蛾幼虫

△ 梨刺蛾成虫

▲ 左至右：双齿绿刺蛾成虫、迹斑绿刺蛾成虫、媚绿刺蛾成虫、黄刺蛾成虫（郑朝武 提供）

鞘翅目
天牛科
星天牛

●**学名：** *Anoplophora chinensis* Förster.

●**又名：** 橘星天牛、花牯牛、蛀树虫

●**寄主：** 柑橘、苹果、梨、樱桃、桃、枇杷、杏、荔枝、龙眼、板栗、核桃等果树

●**为害部位：** 主干、侧大根

△星天牛（上雌、下雄）

▲ 星天牛成虫在啮食温州蜜柑枝条皮层

属鞘翅目天牛科。分布于广东、广西、浙江、福建、台湾、四川、贵州、云南、海南、香港及华中、华北等省区。

为害特点

幼虫在离地50厘米以内的树干以下及主干、侧大根为害，先蛀食皮层，再蛀食木质部造成许多孔洞，树基粪屑堆积，树皮开裂，导致树体衰弱，甚至全株枯死，其伤口还为脚腐病的发生创造条件。

形态识别

成虫 体长22~39毫米，宽6~14毫米，亮漆黑色。触角第3~11节各节基部具淡蓝色毛环，雄成虫触角比虫体长1倍，雌成虫触角略超过体长。前胸背板中瘤明显，侧刺突粗壮。鞘翅背面具大小不一的白色绒毛斑点，每翅常有20个左右，从鞘基向末端横向4~5列分布。鞘翅基部密布颗粒，其排列整齐处呈2条隆纹。小盾片及足的跗节被淡青色细毛。

卵 长5~6毫米，长椭圆形，淡黄色，孵化前变为黄褐色。

幼虫 老熟幼虫体长45~60毫米，黄白色，前胸背板前方有1对黄褐色飞鸟形斑纹，后方有1块黄褐色“凸”字形大斑纹，头部不发达，无胸足，从前胸至第8腹节两侧各有气孔1个，移动器着生于中胸、后胸及第7腹节背腹两面。

▲ 星天牛幼虫背面前胸两侧各有飞鸟形斑纹1个

蛹 体长约30毫米，乳白色，近羽化时灰黑色，触角卷曲，形似成虫。

生活习性

一年发生1代，以幼虫在蛀道内越冬。第2年春继续蛀食，并在蛀道内筑室化蛹。成虫5—6月羽化，有“立夏天牛出”的农谚。在8月中旬仍有成虫在柑橘树产卵。成虫啃食柑橘细枝皮层或苦楝树嫩叶，一般晴天9:00~13:00活动、交尾、产卵，中午高温时多停留在根颈部。5月底至6月中旬为产卵盛期，卵多产在树干上离地5厘米处，少数在30~70厘米处。产卵时先将皮层咬成“L”形或“T”形口，将卵产在其中。产卵处表面湿润或有泡沫状物。幼虫孵化后，先在产卵处附近的皮层下蛀食，不久即向下蛀食主干基部，达地平线后即绕基干周围迂回蛀食皮层，并在根颈处扩大蛀食范围。若多头幼虫一起绕树干蛀食1圈，可致柑橘树死亡。幼虫在树皮内蛀食可达到地面以下17厘米（若遇根部则沿根而下，深达到33厘米附近）。幼虫在皮层蛀食所排泄的粪便填塞在树皮下。幼虫在皮层下蛀食至7月后，常在近地表处转蛀入木质部为害。以枳做砧木的柑橘树当幼虫向下取食至枳砧接口部位时，也横向围绕树干皮层蛀食而不向下蛀食。初入木质部时蛀道平直，至一定深度后转而向上，蛀道长17~33厘米，上端为蛹室，其出口为羽化孔。孔口常被变了色的树皮掩盖，易于识别。

● 防治要点

（1）及时捕杀成虫。在成虫发生期于晴天中午进行捕捉，可减少产卵数量。

（2）清除虫卵与初孵幼虫。在6月常检查果园柑橘树，树干基部出现稍隆起的产卵裂口或树皮有湿润状时，用小刀刮开皮部清除卵粒或初孵幼虫。

（3）消灭幼虫。幼虫在蛀入木质部前，可先将木屑扒开，捉出幼虫；若已蛀入木质部且蛀道

▲ 星天牛成虫在找寻适合产卵的位置

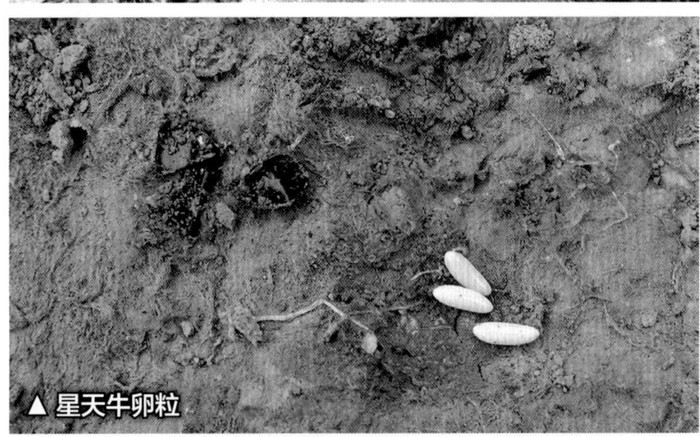
▲ 星天牛卵粒

▲ 星天牛幼虫同时为害柑橘水平大根

▲ 星天牛为害根部

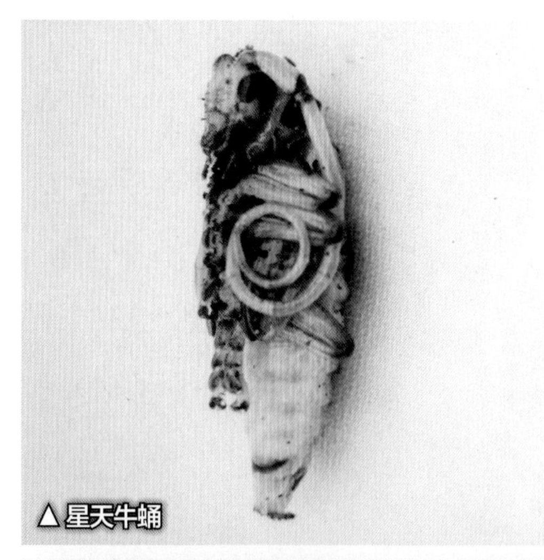
▲ 星天牛蛹

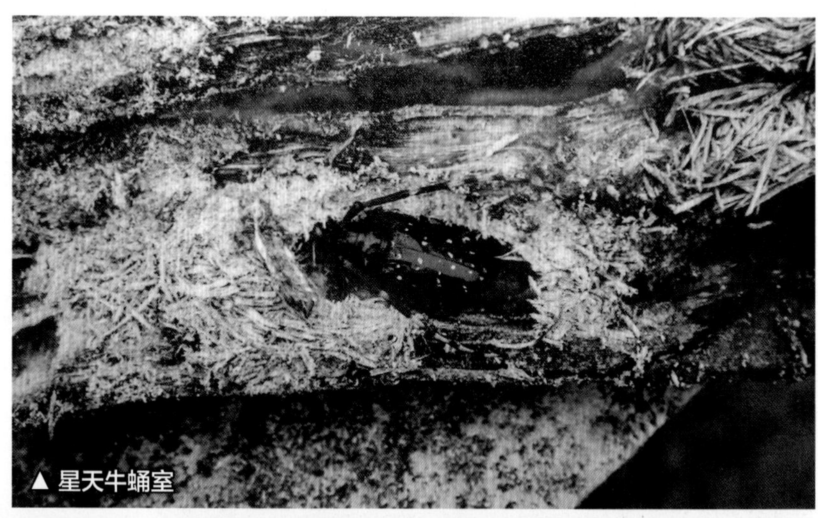
▲ 星天牛蛹室

▲ 星天牛产卵处

▲ 星天牛幼虫在近地面处蛀食的排泄物

▲ 星天牛幼虫在柑橘根颈部蛀食状

不长的，可用铁丝钩杀；不易钩杀的幼虫，用铁丝将虫孔内粪屑清除干净，用脱脂棉或纸巾蘸药液塞入虫孔或用注射器进行虫孔灌药，再以湿泥封堵虫孔，勿使其通气，能使其中的幼虫中毒死亡。可选用 80% 敌敌畏乳油 15~20 倍液、70% 天牛驱杀剂 25~30 倍液注入虫孔，还可用拟除虫菌酯类的药剂或者家庭喷蚊用的胺菌酯混合液灌入虫孔，再用湿泥封堵。成虫发生期和幼虫蛀入枝干初期可喷布 40% 噻虫啉悬浮剂 1 500~2 000 倍液。

（4）加强果园管理。在天牛成虫产卵前用石灰浆涂白树干，或在树干树盘喷布农药，可减少天牛产量。

光盾绿天牛

●**学名：** *Chelidonium argentatun*（Dalman）
●**又名：** 橘绿天牛、橘光绿天牛、枝天牛、吹箫虫
●**为害部位：** 枝干

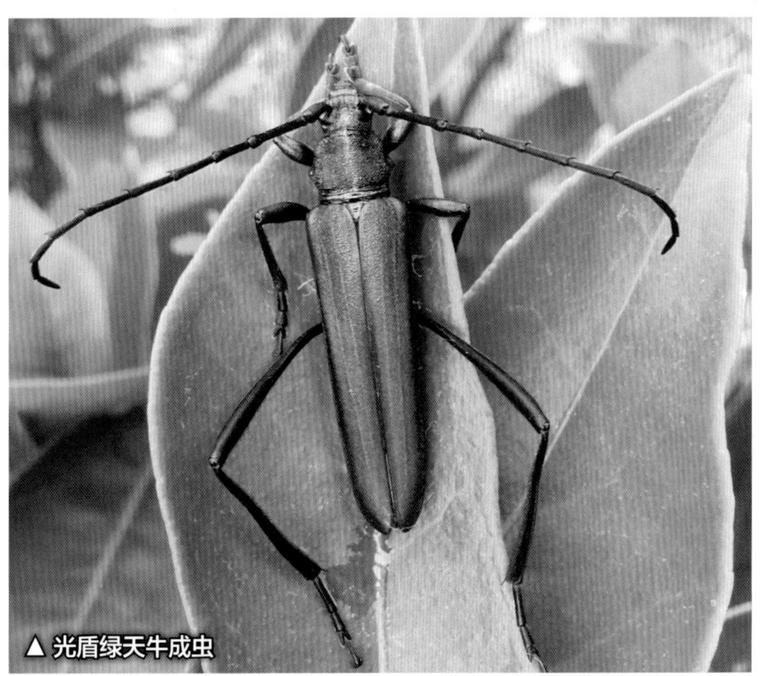
▲光盾绿天牛成虫

▲光盾绿天牛成虫

▲光盾绿天牛产卵在小枝杈处，上覆盖蜡质物

▲光盾绿天牛幼虫

▲光盾绿天牛幼虫在蛀道内

属鞘翅目天牛科。分布于我国各柑橘产区。

为害特点

成虫产卵于小枝丫处，孵出的幼虫蛀入小枝沿枝干向下蛀食枝干并隔一段距离向外蛀开1个通气排粪孔，故有“吹箫虫”之称。主要为害柑橘类，偶见为害核桃和枸橘。受害枝干长势衰弱或易被风吹折，早期受害后出现叶黄、梢枯现象，其受害程度虽没有星天牛和褐天牛致全株枯死那么严重，但也可严重影响树势与产量。

形态识别

成虫 体长24~27毫米，宽6~8毫米，深蓝绿色，有金属光泽，复眼墨绿色，头部刻点细密，腹面绿色并有银灰色绒毛，触角和足深蓝色或墨绿色，足内侧银灰色，后足腿节紫蓝色。触角第5~10节外端角尖刺状，雄虫触角略长于体。前胸背板长与宽相近，具细密皱纹和刻点，侧刺突略钝，小盾片光滑。鞘翅多刻点，无斑纹。雄成虫腹部可见6节，雌成虫5节。

卵 长4.7毫米，宽3.5毫米，长扁圆形，黄绿色。

幼虫 老熟幼虫体长46~55毫米，前胸宽7毫米，圆柱形，淡黄色，第5~7腹节最长，第1~2腹节侧面密生粗短的褐色毛。

蛹 体长19~25毫米，宽6毫米，黄色。头部长形，贴向腹面，翅芽达到第3腹节，背面具褐色刺毛。

生活习性

在四川、福建和广东每年发生1代，以幼虫在枝条内越冬。成虫5月中旬始见，5月下旬至6月中旬盛发，8月仍可见。成虫活跃，行动敏捷，飞翔力强，交尾于树枝之间。成虫羽化出孔后即可交尾，卵产在嫩绿细枝分叉处或叶

柄与嫩枝的叉口处。6月中旬至7月上旬为盛孵期。幼虫孵化咬破壳底经5~7天后由此蛀入枝条，先旋转1圈向上蛀食端梢，此后转头向下，从小枝至大枝沿枝向下直至主干。幼虫在蛀道中隔一定距离向外斜蛀一个通气、排粪孔，排出白色颗粒状粪便，掉落叶片上和地面。最下方孔口以下不远处是幼虫潜伏处。每一蛀道有1头幼虫。到年底前后幼虫开始越冬，为害期180~200天，幼虫期290~320天。第2年4月下旬至5月下旬进入化蛹盛期，蛹期23~25天。

● 防治要点

（1）剪除受害枝梢，清除初期幼虫。在6—7月幼虫孵化期，逐园逐株及时检查受害后未落叶的枯梢，集中烧毁。

（2）捕杀成虫。成虫盛发期在枝干间捕杀成虫。雄虫有争偶现象，常有3~5头雄虫争1头雌虫而集结在一起，用网兜捕捉。

（3）钩杀幼虫。先将被害枝条的倒数第2个孔洞用小枝塞住，使幼虫不能倒退向上逃跑，然后从最后孔洞刺入钩杀。

（4）药杀幼虫。用80%敌敌畏乳油20倍液灌注，效果好。还可用灭蚊的菊酯类药剂对准排粪孔喷杀。药杀方法参考星天牛的防治。

▲ 光盾绿天牛初孵幼虫蛀食状

▲ 光盾绿天牛幼虫蛀食使枝条干枯

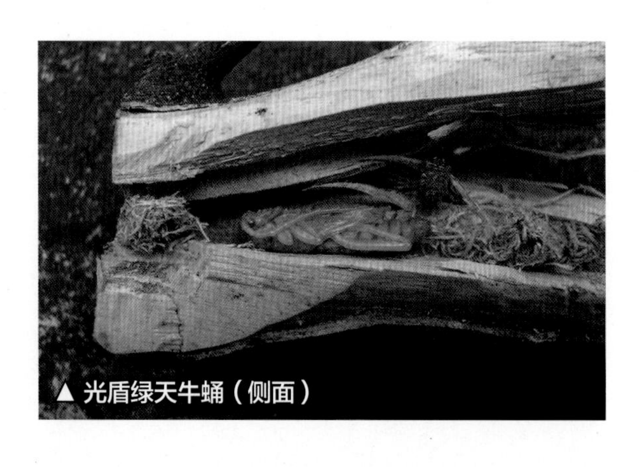

▲ 光盾绿天牛蛹（侧面）

▲ 光盾绿天牛的排粪孔

▲ 光盾绿天牛幼虫为害状

褐天牛

●**学名：**_Nadezhdiella cantori_（Hope）

●**又名：**黑牯牛、橘褐天牛、老木虫、桩虫、牵牛虫

●**寄主：**柑橘、葡萄、黄皮等果树

●**为害部位：**枝干

▲褐天牛成虫（任伊森所赠照片）

▲褐天牛幼虫及其蛀道

属鞘翅目天牛科。分布于广东、广西、浙江、江西、福建、台湾、四川、贵州、云南、海南、香港、陕西等省区。

为害特点

幼虫多在离地50厘米以上主干和大枝木质部蛀食，有带粘胶的颗粒状粪屑自树干垂落附在枝干外面。木质部蛀道纵横交错，使柑橘树的水分和养分输送受阻，树势衰弱。当木质部被蛀空后，树干和树枝易被风吹折断，导致整株逐渐衰弱至死亡。

形态识别

成虫 体长26~51毫米，宽10~15毫米，雌成虫显著大于雄成虫，全体暗褐色，具光泽并被覆极短的灰黄色绒毛。头顶两复眼之间有1条深纵沟，额区的沟纹呈“()”形。触角第1节粗大并具不规则横皱纹，第4节分别短于第3节、第5节，第5~10节外端角突出。雄成虫触角为体长3/2~5/3，雌成虫触角等于或短于体长。前胸背板多脑状皱槽，侧刺突尖锐。鞘翅两侧近于平行，翅面刻点细密。

卵 长2~3毫米，椭圆形，初产时乳白色，逐渐变黄，孵化前为灰褐色。卵壳表面密布锥状突起。

幼虫 老熟幼虫体长46~60毫米，淡黄色，扁圆筒形。前胸背板有横列为4段的棕色宽带。中胸腹面、后胸及第1~7腹节背面、腹面均有步泡突。

蛹 体长约40毫米，淡黄色，形似成虫，翅芽叶片状，伸达到第3腹节后端。

生活习性

2年或2~3年完成1代，以幼虫或成虫在树干木质部蛀道内越冬。7月上旬前孵出的幼虫次年8—10月化蛹，10—11月羽化为成虫并在

洞内越冬。第3年4月出洞活动，4月底至5月初为外出盛期。8月以后孵出的幼虫需经过两个冬天到第3年5—6月才化蛹，8月以后成虫外出活动。多数成虫于5—7月出洞活动，成虫白天潜伏洞内晚上出洞，以下雨前天气闷热的晚上20:00—21:00活动最甚，常活跃于树干之间，交尾产卵。卵产于树干伤口、洞口、大枝条的残桩、裂缝边缘、树皮凹陷处，每处产卵1粒或2粒。在距地面33厘米向上到侧枝的3米高处均有卵的分布，近主干分叉处卵粒较多。老树粗糙的皮层、吉丁虫的蛀道也是产卵的地方。幼虫孵化处的树皮受害后渗出黄色胶质物，呈浸润状。幼虫体长10~15毫米后开始横向蛀入木质部，转而向上或中途改变方向形成若干岔道，在蛀道上向外开出3~5个通气孔排出粪屑。孔常开在东面。老熟幼虫在蛀道中构筑长圆形蛹室，化蛹其中。幼虫约17龄，幼虫期15~17个月或20个月。蛹期1个月。

● 防治要点

（1）加强栽培管理，促进植株旺盛生长，保持树干清洁光滑，减少产卵环境。在剪、锯枝条时不留突起的残桩，应使断面平滑或用石灰砂浆封口，以促进伤口愈合。枝干的虫孔应以黏土堵塞，避免成虫潜入或在孔口边缘产卵。

（2）在成虫盛发期的闷热夜晚，用手电或灯笼诱杀、捕捉成虫。

（3）发现树皮表面有流胶时用利刀刮杀树皮下的幼虫。

（4）及早钩杀或药杀幼虫，具体参考星天牛防治。

△褐天牛排粪状

△褐天牛排粪状

灰安天牛

●**学名：***Annamanunc versteegi*（Ritsema）
●**又名：**灰星天牛
●**寄主：**柑橘
●**为害部位：**枝干

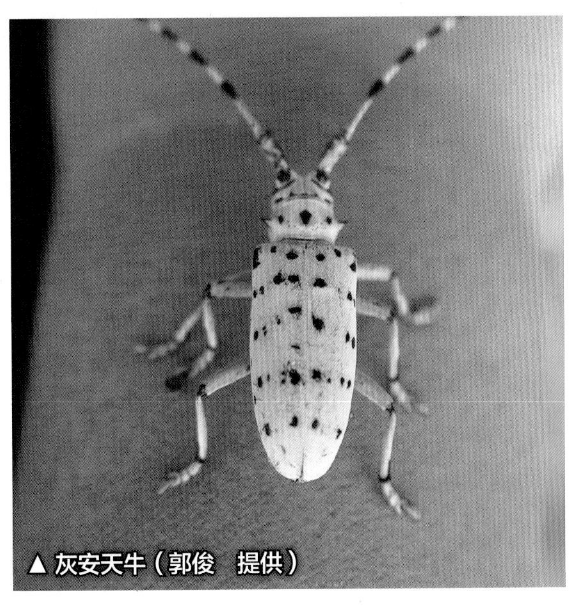
▲ 灰安天牛（郭俊　提供）

▲ 灰安天牛（郭俊　提供）

属鞘翅目天牛科，是柑橘类及 Amoora 的重要害虫之一。分布于广东、广西、贵州、云南、海南等省区。

为害特点

为害特点与星天牛相似。

形态识别

成虫　体长 32~36 毫米，宽 8~13 毫米，体被极密的淡灰色绒毛，灰色中常微带蓝色，把黑色底完全遮盖，仅有若干无毛部分形成黑色小斑点。前胸背板 3 个黑点排成一横行，中央一个较大，两侧各一较小，位于侧刺突内侧基部，在三个斑点之间的后方及侧刺突基部后方，一般还有许多刻点状的小黑点。每鞘翅上有 20~30 个斑点，有时更少，排成 5~6 条横行。每行约 5 个，从内向外侧下斜。触角被同样的淡灰色绒毛，柄节端部及自第 3 节起各节端部或长或短地呈深色。

头部中央有无毛直纹 1 条，触角基瘤极显突，雄成虫体长与触角长比约为 1 ∶ 2.5，有时稍短，雌成虫约为 1 ∶ 1.6。前胸背板宽于长，侧刺突极显著。鞘翅上密布刻点，无颗粒。

叶甲科

柑橘潜叶跳甲

●**学名：** *Podagricomela nigricollis* Chen

●**又名：** 橘潜叶　、橘潜叶虫、红狗虫、绘图虫（幼虫）、红色叶跳虫

●**寄主：** 柑橘

●**为害部位：** 叶片

△柑橘潜叶跳甲成虫在啮食叶肉

△柑橘潜叶跳甲成虫在交尾

△柑橘潜叶跳甲产在叶缘的卵粒

属鞘翅目叶甲科。分布于广东、广西、浙江、福建、江西、四川、江苏、湖南等省区。

为害特点

主要取食叶片。成虫取食叶片背面叶肉和嫩芽，仅留叶片表面。幼虫蛀食叶肉，使叶上出现宽短的亮泡状蛀道，其中有由幼虫排泄物形成的黑线。被成虫、幼虫为害的叶片不久便萎黄脱落，受害严重时全株嫩叶相继脱落。

形态识别

成虫　体长3~3.7毫米，卵圆形。头部、前胸背板、足黑色，腹部橘黄色。触角11节，除基部3节黄褐色外，其余节黑色。鞘翅橘黄色或红褐色，肩角黑色，每鞘翅纵列刻点11列，较清楚可见9列。腹部枯黄色，雄成虫腹末3裂，中央凹，刚毛很多，雌成虫腹末圆形，刚毛较少。

卵　椭圆形，长0.68~0.86毫米，米黄色至黄色，多数横粘在叶缘上。

幼虫　老熟幼虫体长4.7~7毫米，黄色，头部浅黄色，边缘略红。触角3节，胴部13节，前胸背板硬化，腹节前窄后宽，梯形，胸足3对，灰褐色，末端各具深蓝色球形小泡。

蛹　体长3~3.5毫米，淡黄色至深黄色，椭圆形，触角弯曲，体有多对刚毛。

生活习性

一年发生1代，少数2代，以成虫在树皮裂缝、树干周围土壤下越冬。当气温上升到15℃左右时，越冬成虫开始活动。广东杨村在3月上旬、3月下旬至4月上旬产卵于春梢嫩叶上，4月上旬至5月中旬为幼虫为害期。5月至6月上旬是当年羽化成虫为害期。6月以后气温升高，成虫潜伏越夏，后转入越冬。广州成虫越冬后活动略提早半个月。成虫能飞善跳，白天活动，常

▲ 柑橘潜叶跳甲在叶缘处产卵

栖息在树冠下部嫩叶背面，以食嫩叶为主。叶背面的表皮及叶肉被害后仅剩下叶的表皮，使叶片呈透明斑。为害常在 8：00—10：00。孵化的幼虫约在 1 小时内从叶片边缘或叶背钻入表皮下取食叶肉，蛀出宽短或弯曲的隧道，在新鲜的隧道中央有 1 条黑色的幼虫排泄物线。一片叶上常有多头幼虫蛀食，隧道常有多条，多时可达 20 条。幼虫有转叶钻蛀的习性。到幼虫老熟时，叶片大量遭破坏而脱落。幼虫随落叶在地面生活一段时间后，叶片渐干枯时便咬孔出叶，潜入树冠下的松土层约 3 厘米处构筑土室化蛹。当年羽化成虫取食约 10 天后即转入越夏、越冬。

● 防治要点

（1）减少越冬虫源和入土幼虫。在冬、春季结合清园清除地衣、苔藓等成虫藏匿之地，铲除后集中烧毁。同时做好树干、枝条涂白，清除越冬成虫，在 4—5 月及时扫除落叶并烧毁。冬季之前果园松土，破坏其越冬场所。

（2）喷药保梢。成虫和幼虫为害春梢及早夏梢，可在越冬成虫活动期和产卵高峰期各喷药 1 次（参照恶性叶甲防治），或在上述时期喷布有机磷药剂杀灭。在低龄幼虫高峰期可选用 20% 甲氰菊酯乳油 2 500~3 000 倍液或其他菊酯类药剂。

▲ 柑橘潜叶跳甲幼虫

▲ 柑橘潜叶跳甲幼虫为害状

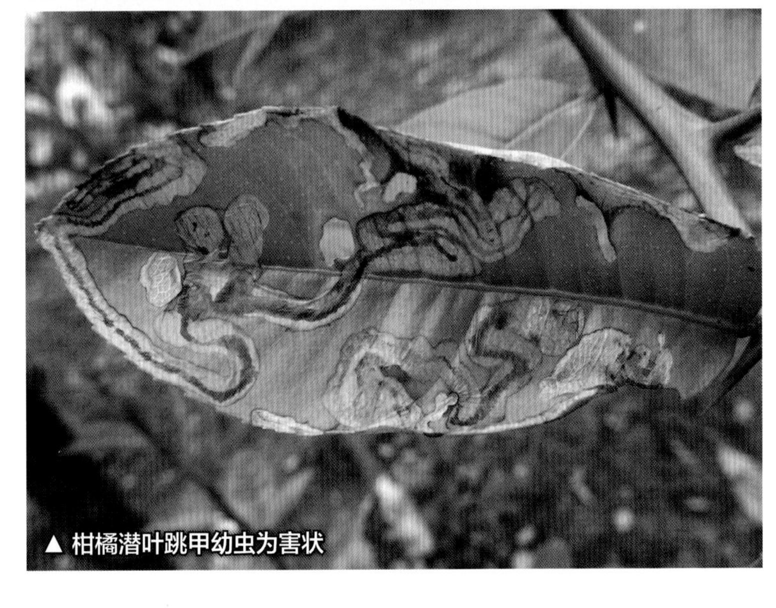
▲ 柑橘潜叶跳甲幼虫为害状

恶性橘啮跳甲

●**学名：** *Clitea metallica* Chen

●**又名：** 柑橘恶性叶虫、黑叶跳甲、黑蚤虫、牛屎虫、乌蜩等

●**寄主：** 柑橘

●**为害部位：** 叶片

▲6月上旬仍有恶性橘啮跳甲幼虫为害枸橼夏梢叶片

▲恶性橘啮跳甲幼虫　▲恶性橘啮跳甲卵粒

属鞘翅目叶甲科。分布于广东、广西、浙江、福建、四川、云南、江西、江苏、陕西、湖南等省区。

为害特点

幼虫、成虫咬食嫩芽、嫩叶、花器，尤以幼虫多头集中咬食春梢嫩叶，并分泌黏液，排泄粪便负于背上，故称“牛屎虫”。幼虫为害，使嫩叶片凋萎、腐烂变黑而脱落。

形态识别

成虫　雌成虫体长3~3.8毫米，雄成虫略小，长椭圆形。头、胸和鞘翅蓝黑色，有金属光泽。口器、足及腹面均为黄褐色。触角11节，黄褐色。前胸背板密布小刻点，每鞘翅上纵列小刻点10行半。虫体腹面黄褐色至黑褐色。后足腿节粗大，善跳跃。

卵　长椭圆形，长约0.6毫米，初产时白色，后渐变为黄白色。孵化时深褐色，卵壳外被黄褐色网状黏膜。

幼虫　共3龄，老熟幼虫体长约6毫米，头部黑色，体黄白色，前胸背板具深色，中、后胸两侧各有1个黑色突起。胸足3对，黑色。虫体背面常负着灰绿色黏稠状的粪便。

蛹　裸蛹，椭圆形，长2.7毫米，由淡黄色渐变为橙黄色，腹部末端有1对叉状突起，体背有刚毛。

生活习性

以成虫在树干的裂缝、地衣、苔藓下或霉桩、树穴、杂草、枯枝、卷叶及松土处越冬。一年发生代数因地区不同而异。四川、浙江一年发生3代，江西、湖南、福建为3~4代，广东为6~7代，广东2月下旬始见成虫咬食春梢嫩芽、嫩叶，直至8月下旬在枸橼品种上仍可见成虫。第1代幼虫发生数量多，为害春梢最

重，成虫在叶片上咬破表皮造成卵窝，产卵其中，多以2粒为1窝并列或多粒排列。每雌成虫一生产卵百余粒，最高产卵达1 761粒。幼虫孵出后先在春梢叶背上取食叶肉，留下表皮，随幼虫长大则连表皮食光。幼虫有群集性，一片叶上常有数头同时为害，导致叶片缺刻、穿孔、枯死、腐烂。老熟幼虫沿枝干往下爬，在地衣、苔藓或枝干霉桩、树皮缝隙、土壤中先筑圆形蛹室，再在其中化蛹，深1~2厘米。

● 防治要点

（1）清除成虫越冬、幼虫化蛹场所。彻底清除柑橘树上霉桩、苔藓、地衣，堵塞树洞及促进伤口愈合。修平霉桩、残痕伤口，可用石灰砂浆荡平，或用1∶1的牛粪与泥土混合封闭伤口；清除苔藓和地衣可用松脂合剂，春季用10倍液、秋季用18倍液，或结合树干涂白进行。同时，果园树冠下及周围松土，破坏越冬场所。

（2）捕杀成虫和幼虫。成虫具假死性，可摇落捕杀；幼虫有爬到主干或附近土中化蛹的习性，在主干上捆扎稻草可诱集幼虫化蛹，集中烧毁。

（3）喷药保梢。第1代幼虫孵化率达40%时开始喷药保护春梢。在春梢发生初期喷布有机磷药剂或拟除虫菊酯类药剂杀灭取食的成虫；当幼虫出现时，以有机磷药剂喷布嫩梢。药剂有50%辛硫磷乳油800~1 000倍液、48%毒死蜱乳油1 000倍液、90%晶体敌百虫800倍液、2.5%溴氰菊酯（敌杀死）乳油2 500~3 000倍液等。

▲ 枳叶上的恶性橘啮跳甲幼虫

▲ 恶性橘啮跳甲成虫在咬食刚萌发的嫩芽

▲ 恶性橘啮跳甲成虫在咬食八月橘嫩叶

▲ 恶性橘啮跳甲成虫

▲ 恶性橘啮跳甲在交尾

▲ 恶性橘啮跳甲成虫及产在叶背的粒卵

肖叶甲科
双带方额叶甲

●**学名：** *Physauchenia bifasciata*（Jacoby）
●**寄主：** 柑橘
●**为害部位：** 叶片

▲ 双带方额叶甲

▲ 双带方额叶甲在交尾

属鞘翅目肖叶甲科。分布于广东、广西、福建、台湾、四川、云南、江西、江苏、湖南等省区。广东偶见为害柑橘。

为害特点

成虫咬食叶片或叶柄，造成叶片缺刻，叶柄残缺、易折断。

形态识别

成虫 体长 6~6.5 毫米，宽椭圆形。头、胸腹部黑色，触角丝状，黑褐色，眼大、黑色。前胸背板后半部、鞘翅黄褐色至红褐色，有光泽。

卵 初产时鲜黄色，后为黑褐色，多产于叶缘。

生活习性

2008 年发现本虫在柑橘园中为害温州蜜柑叶片、叶柄。在广东河源成虫于 5 月下旬为害叶片，韶关在 7 月下旬可见成虫。一年发生代数未详。

● 防治要点

参考其他叶甲类防治。

▲ 双带方额叶甲

铁甲科

巴氏龟甲

●**学名**：*Taiwania obtusata* (Boheman)
●**又名**：柑橘龟甲
●**寄主**：柑橘、黄皮等果树
●**为害部位**：叶片

属鞘翅目铁甲科。分布于广东、广西、福建、台湾和云南等省区。

为害特点

成虫和幼虫取食柑橘叶片的叶肉，使叶片出现短条状斑疤。

形态识别

成虫　体长4毫米左右，卵圆形，背中央高突，具金属光泽，头、前胸背板和鞘翅边缘均为乳黄色，具点刻。鞘翅顶端常具瘤状突，中部密布圆形凹陷点。

卵　椭圆形。

幼虫　老熟幼虫乳黄色，体长5~6毫米，体侧具多对对称棘刺。

蛹　裸蛹，乳黄色。

生活习性

以成虫越冬，次年2月即见成虫在柑橘叶片背面咬食叶肉。一年代数未详。

● **防治要点**

参考其他叶甲类防治。

▲巴氏龟甲

▲巴氏龟甲咬食甜橙叶背叶肉

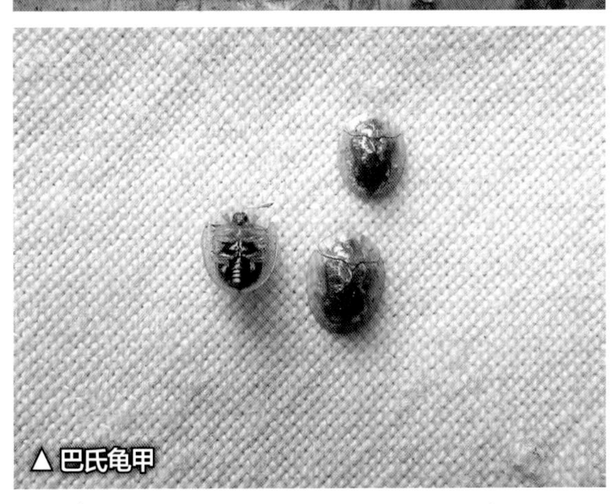
▲巴氏龟甲

象虫科

灰象虫

●**学名：** *Sympiezomias citri* Chao

●**又名：** 柑橘灰象、灰鳞象虫、大灰象虫、泥翅象虫

●**寄主：** 柑橘、桃、李、枣、荔枝、龙眼、枇杷、猕猴桃、茶、棉及豆类等植物

●**为害部位：** 叶片、花和幼果

▲ 灰象虫成虫

▲ 灰象虫在啮食叶片

▲ 灰象虫在交尾

属鞘翅目象虫科。分布于广东、广西、福建、湖南、湖北、江西、浙江等省区。

为害特点

成虫常群集食害柑橘春梢、夏梢叶片，将叶片咬得残缺不全或出现缺孔，有时在叶柄上留下叶脉和少量残缘。有时也为害果实，使幼果表面凹陷或现缺刻，或食尽幼果仅留果蒂，引起落果。

形态识别

成虫 雌成虫体长 9.5~12.5 毫米，宽 3.7~5.5 毫米，雄成虫略小。体灰褐色，表面密被淡褐色与灰白色鳞毛，体无光泽。头部中央有一纵向凹沟，其两侧各有浅沟1条。复眼肾状隆起，黑色。触角膝状弯曲，端部膨大呈锤状。前胸背板密布不规则瘤突，中央有漆黑色斑纹。鞘翅基部白色，每鞘翅上有由 10 条刻点列构成的纵纹。无后翅，雌成虫鞘翅末端较长狭，合成近“W”形，雄成虫两翅末端钝圆。

卵 长 1.1~1.4 毫米，长圆筒形，初产时乳白色，后为灰紫色，呈不规则卵块粘附在叶片相叠之间。

幼虫 老熟时体长 11~13 毫米，乳白色或淡黄色，头部黄褐色，头盖缝中间明显凹陷。

蛹 长 7.5~12 毫米，淡黄色。

▲ 灰象虫为害幼果

生活习性

在福建福州、广东杨村一年完成1代，少数两年完成1代，以成虫和幼虫在土壤中越冬。越冬成虫于3月下旬至4月初陆续出土，4月上中旬为害春梢叶片，交尾产卵。产卵期集中在5—7月。4月下旬至7月中旬孵出的幼虫于9月底至10月底陆续化蛹，10月底开始羽化，当年成虫留在蛹室内越冬。7月下旬以后孵出的幼虫，当年以3~4龄幼虫于10月下旬做室越冬，至第2年春开始活动，9月中旬开始化蛹，10月中旬至11月羽化、越冬。成虫出土后爬上树梢食害春梢嫩叶，4—8月均见为害，4月上旬至5月食量最大，严重为害新梢，并咬食果皮和白皮层，导致出现大疤斑。成虫具假死性，受惊时即躲藏或坠落地面。成虫出土后9~12天开始交尾，一生可交尾数次，交尾后3~4天雌成虫在叶片茂密处以足夹抱重叠的叶片，将产卵器伸入两叶的叠合间产卵，并分泌黏液使两叶与卵块相互粘合。5月中下旬为幼虫孵化盛期，孵化后即从叶上掉落钻入土中，在10~15厘米处取食植物幼根和腐殖质。成虫不飞翔。

▲ 灰象虫咬食的幼果

▲ 灰象虫为害的叶片

● 防治要点

（1）冬季深翻园土。冬季采果后结合施肥，将树冠内土壤锄翻15厘米深，将越冬的蛹和幼虫翻出，破坏其生活环境，以减少虫源。

（2）人工捕杀成虫。在成虫大量出现期，在树下铺塑料薄膜，振动树枝，使其掉落在薄膜上，然后收集并烧毁。连续两次可基本上消除为害。

（3）树干涂粘胶。在3—4月成虫大量上树前，于树干上包扎或涂抹粘胶环，阻止成虫上树，并逐日清除胶环上的虫体，集中销毁。但须注意，当胶环失去黏性时应及时更换或涂抹。粘胶用蓖麻油或桐油2千克、松香粉3千克、黄蜡0.05千克，先将油加热到约120℃时，缓缓加入松香粉，搅拌至完全溶化，但温度不得超过130℃，最后加入黄蜡，完全溶化后冷却即成。

（4）药杀成虫。成虫盛期用90%晶体敌百虫800倍液、80%敌敌畏乳油800倍液或拟除虫菊酯类、噻虫啉杀虫剂喷布。

大绿象虫

●**学名：***Hypomeces squamosus* Fabricius

●**又名：**大绿象鼻虫、蓝绿象、绿鳞象虫、绿绒象甲

●**寄主：**柑橘、苹果、梨、桃、李、梅、番石榴、龙眼、荔枝、椰子、栗、猕猴桃等果树

●**为害部位：**叶片、花和果实

属鞘翅目象虫科。分布于广东、广西、福建、台湾、江西、浙江、四川、湖南、云南、江苏等省区。

为害特点

成虫取食嫩梢叶片和幼果，引起新梢叶片缺刻，影响新梢生长和光合作用，随后转咬幼果和夏梢，广东尤其是5月早夏梢受害极为普遍。被害幼果果实伤口凹陷，果肉暴露，致果实脱落。

▲ 大绿象虫（粉绿型）

▲ 大绿象虫（左雄、右雌）

▲ 大绿象虫雌成虫及卵粒

形态识别

成虫 雌成虫体长13~18毫米，雄成虫略小，略呈梭形，黑色，密被闪亮的蓝绿色鳞粉，表面常附有暗黄色粉末而呈黄绿色。有的个体密被灰色、珍珠色鳞片。体色多变。头扁平，有5条纵沟，中沟宽而深，长达头顶。触角粗短，复眼甚突出。前胸宽大于长，基部最宽。鞘翅翅面有由深大刻点组成的10条纵沟纹，但多为鳞片所遮盖。

卵 椭圆形，长1~1.2毫米，初产时乳白色，后渐转为灰黑色。

幼虫 末龄幼虫长15~17毫米，体肥大，多皱纹，向腹部弯曲，无足，黄白色。

蛹 长14毫米，黄白色，头管弯向胸前。

生活习性

每年发生1代。以成虫或幼虫在土壤中越冬。广东杨村3月下旬至4月初，成虫陆续出土，4月上中旬为盛期，为害春叶甚烈。5月中旬以后转为害早夏梢。在福州，6月中下旬为成虫出土高峰，8月虫口减少，10月底成虫在田间基本不见。成虫白天活动和取食，以午后至黄昏在叶面较活跃，其余时间常隐藏于叶背，善爬不善飞，飞翔力弱。有群集性和假死性，当受惊动时即坠落地上。成虫一生可交尾多次。卵单粒散产在两叶片的合缝处，产卵后分泌黏液将两叶片粘合，以保护卵粒。产卵期长达57~98天。幼虫孵化后落地在土壤内生活，取食腐殖质、杂草或树木须根，直至越冬。幼虫5龄，少数6龄。老熟幼虫在土中筑造蛹室，在其中化蛹。蛹室有1条通向表土的蛹道，以便以后羽化的成虫出土。

● 防治要点

参考灰象虫防治。

▲大绿象虫（粉黄型雌成虫）

小绿象虫

●**学名：** *Platymycteropsis mandauinus* Fairmaire
●**又名：** 柑橘斜脊象、小绿象鼻虫、小粉绿象鼻虫
●**寄主：** 柑橘、板栗、桃、桑等果树，花生、大豆、棉花等作物
●**为害部位：** 叶片、花、幼果

▲ 小绿象虫成虫

▲ 小绿象虫为害叶片状

属鞘翅目象虫科。分布于广东、广西、福建、江西、陕西、湖北、湖南等省区。

为害特点

成虫群集咬食柑橘嫩梢叶片，将叶片咬成严重缺刻，甚至只剩叶片主脉，尤以夏梢严重。

形态识别

成虫 体长5~9毫米，宽1.8~3.1毫米，长椭圆形，全体被粉蓝色鳞片。头部刻点细小，喙短。触角细，褐色，柄节细长且弯，超过前胸前缘。前胸梯形，略窄于鞘翅基部，中叶三角形，小盾片很小。鞘翅卵形，密布细而短的毛，每鞘上各有10条刻点的纵沟纹。

生活习性

在福建、广西和广东一年发生2代，以幼虫在土壤中越冬。第2年4月下旬至5月上旬第1代成虫出土，为害5月中旬以后抽出的早夏梢，直至6月上旬。第2代成虫在7月中旬陆续出土，8月中旬至9月中旬为发生盛期，除为害柑橘叶片外，还为害荔枝、龙眼的嫩梢新叶。常3~5头在一叶片上咬食，使新梢叶片严重缺刻。成虫敏锐性强，稍有动静即躲避到叶的另一面藏匿，一有惊动即坠地假死。

● 防治要点

参考灰象虫防治。

此虫为害时间长，应该坚持防治。

丽金龟科

红脚丽金龟

●**学名：** *Anomala cupripes* Hope

●**又名：** 红脚异丽金龟、大绿金龟、红脚绿金龟

●**寄主：** 柑橘、葡萄、荔枝、龙眼、芒果、板栗、猕猴桃等果树

●**为害部位：** 叶、花、细根（幼虫为害）

▲红脚丽金龟　▲红脚丽金龟卵粒

▲金龟子幼虫（蛴螬）

属鞘翅目丽金龟科。分布于全国各柑橘产区。

为害特点

幼虫（蛴螬）在土壤中咬食作物萌发的种子，咬断幼茎，取食细根。成虫咬食柑橘和其他植物的新梢叶片、花器，导致叶片残缺，花器脱落。

形态特征

成虫　体长18~26毫米，头、胸、背面、鞘翅均为草绿色或墨绿色。腹面紫铜色，具金属光泽。触角鳃叶状，鳃片3节。鞘翅上有小圆点刻，中央隐约可见由小刻点排列的纵线4~6条，边缘向上卷起且带紫红色光泽，末端各有一小突起。腹部可见6节。雄成虫臀板稍向前弯曲和隆起，尖端稍钝。腹部第6节腹板后缘具一黑褐色带状膜。雌成虫臀板稍尖，向后突出。

卵　乳白色，椭圆形，长约2毫米，宽1.5毫米。

幼虫　共3龄。老熟幼虫体长40~50厘米，乳白色，寡足型，胸足3对。头部黄褐色，体圆筒形，静止时呈“C”形。腹末节腹面有黄褐色刚毛，排列呈梯形裂口。

蛹　裸蛹，长椭圆形，长20~30毫米，宽10~13毫米。化蛹初期淡黄色，后渐变为黄色，将要羽化时黄褐色。

生活习性

一年发生1代。以老熟幼虫在土壤中越冬。翌年3—4月化蛹，4月底至5月初羽化为成虫。成虫昼夜取食叶片，有假死性，一般是将卵产于土壤中。幼虫为害根部。

● 防治要点

（1）及时清理园区内、外的杂草堆和有机质肥料堆，捡除干净幼虫，以减少成虫的发生。

（2）秋冬季果园松土，破坏越冬场所。

（3）成虫出现期，利用黑光灯或频振式诱捕灯诱杀，频振式诱捕灯效果好。

（4）严重发生的果园，可用5%辛硫磷颗粒剂撒施于果园地面（每亩1千克）并翻入土中，以杀死幼虫，或用50%辛硫磷乳油800~1 000倍液或48%毒死蜱乳油800~1 000倍液或菊酯类药剂于下午喷布树冠。

铜绿金龟子

●**学名：** *Anomala corpulenta* Motschulsky

●**又名：** 铜绿丽金龟、铜壳郎（俗称）

●**寄主：** 柑橘、苹果、梨、荔枝、龙眼、葡萄、桃、梅、李、杏、核桃、草莓、山楂等果树

●**为害部位：** 叶、花、细根（幼虫为害）

▲ 铜绿金龟子　▲ 铜绿金龟子（右一为雄成虫）

▲ 铜绿金龟子

▲ 铜绿金龟子腹面　▲ 金龟子幼虫（蛴螬）

属鞘翅目丽金龟科。分布于全国各省区。

为害特点

为害特点与红脚丽金龟相同。

形态特征

成虫 体卵圆形，长 19~21 毫米，头、前胸、小盾片、鞘翅均呈铜绿色，有光泽，但前胸背板色较深。前胸背板两侧有黄边，是主要识别特征。复眼红黑色。触角鳃状，7 节，淡黄褐色。雌成虫腹板灰白色，雄成虫呈黄白色。

卵 椭圆形，初产时乳白色，长 1.6~1.9 毫米，卵壳表面光滑。

幼虫 体长约 40 毫米，头部褐色，体乳白色。老熟幼虫腹部末节背面有 2 纵列刺状毛，外边有深黄色钩状刚毛。

蛹 裸蛹，初蛹时白色，后渐变淡褐色。

生活习性

一年发生 1 代，以幼虫在土壤内越冬。翌年春季化蛹。5 月中旬成虫出土，5 月下旬至 7 月中旬为盛期，7 月中旬之后渐减少。成虫白天潜伏，傍晚取食，次日飞离树冠，有趋光性和假死性。卵散产于土中，幼虫在表土中为害植物幼根，发育至老熟便直接在土壤中越冬。

● 防治要点

人工捕捉，利用成虫傍晚取食时捕捉。利用成虫的趋光性，在园区安装黑光灯诱杀。药剂防治，可选用 90% 晶体敌百虫 800 倍液或其他有机磷药剂喷布树冠。还可在树盘内或园边杂草丛喷施 50% 辛硫磷乳油 800~1 000 倍液，喷后浅松土，以杀死在此的成虫。

斑喙丽金龟

●**学名：***Adoretus tenuimaculatus* Waterhouse

●**寄主：**葡萄、柑橘、梨、苹果、李、柿、龙眼、芒果、板栗、猕猴桃、樱桃等果树

●**为害部位：**叶片

▲斑喙丽金龟

▲斑喙丽金龟

属鞘翅目丽金龟科。全国广泛分布。

为害特点

成虫取食寄主植物的叶片，造成锯齿状孔洞，严重影响光合作用。

形态特征

成虫 体长约12毫米，体背面棕褐色，密被灰褐色绒毛。鞘翅上有成行的灰色毛丛，末端有一大一小灰色毛丛。

卵 长椭圆形，长1.7~1.9毫米，乳白色。

幼虫 体长13~16毫米，乳白色，头部黄褐色。臀节腹面钩状毛稀少，散生，数目为21~35根。

蛹 长10毫米左右，前圆后尖。

生活习性

一年发生2代，以幼虫越冬。翌年4月下旬至5月上旬开始化蛹，5月中下旬出现成虫。6月为越冬代成虫盛发期，8月为第1代成虫盛发期。广东在11月仍可见成虫为害柑橘叶片。成虫白天潜伏土中，傍晚活动为害寄主植物，食量甚大，有假死性和群集为害的习性，可在短时间内将叶片吃光，只留叶脉。雌成虫每头产卵20~40粒。产卵以菜园、丘陵土壤及粘壤性的田埂内最多。幼虫取食苗木根部，在地下活动的深度与季节有关，活动以深3厘米左右的地下较多。化蛹前先筑1个蛹室，在内化蛹。

● 防治要点

利用成虫的假死性，在清晨或傍晚树冠下拉上塑料布，人工摇树，使成虫掉落。喷药保护，选用75%辛硫磷乳油1 000~1 500倍液或其他有机磷类药剂，亦可选用拟除虫菊酯类药剂和噻虫啉悬浮剂，还可以用5%辛硫磷颗粒剂进行土壤处理，每亩用量2千克。

花金龟科

花潜金龟子

●**学名：**_Potosia aerata sumarmorea_ Bur.

●**寄主：**柑橘、葡萄、苹果、梨、桃、杏、梅、栗、猕猴桃等果树

●**为害部位：**花、幼果

△花潜金龟子

▲花潜金龟子在取食花粉

属鞘翅目花金龟科。分布于我国广东、广西、四川、福建、江西、浙江、云南、贵州、湖南、辽宁、吉林和黑龙江各省区。

为害特点

成虫取食柑橘花粉和花蜜，以及花丝、子房，造成花器残缺，影响授粉，或子房皮部损伤，引起果实花斑。

形态识别

成虫　体长约13毫米，扁椭圆形，头黑褐色。前胸背板近钟形，黄褐色，前方两侧缘各有一黑色的舌形斑斜向中部，每斑内有一黄点；后缘及两侧缘后顶角也有楔形宽带与之相连，形成一个大的黄褐色“山”字形斑。另一型前胸背板全黑。鞘翅黑色，中部有1个由外顶向合缝线倾斜的大黄褐色斑，在黄褐色斑外缘下角另有一楔形黄色斑相垫。腹部稀布刻点和长绒毛。

卵　白色，球形，长约1.8毫米。

幼虫　老熟幼虫体长22~23毫米，腹部乳白色。

蛹　体长约14毫米，淡黄色，后端橙黄色。

生活习性

一年发生1代，以幼虫在泥土中越冬，每年3月下旬至4月中旬柑橘开花时，羽化出土为害。成虫咬食花粉、柱头、花丝和子房，还取食花蜜，每朵花多时可达3头。在荔枝、龙眼的花穗上也常有为害。

金龟子的幼虫为蛴螬，生活在富含有机质的土壤中或在土壤中取食植物根部，在土中筑室化蛹。

● 防治要点

（1）人工捕杀。通过翻耕土壤或对堆积有机肥堆进行翻转，拾除蛴螬集中处理，减少羽化成虫；掌握在春季羽化为害期晚上捉虫，盛发期也可利用黑光灯诱杀。

（2）喷药防治。在成虫盛发期，在树冠喷布农药有防和杀的效果。药剂有：50%辛硫磷乳油800~1 000倍液、90%晶体敌百虫800倍液、48%毒死蜱乳油1 000倍液、10%氯氰菊酯乳油2 500倍液，以及其他胃毒杀虫剂。

白星花金龟

●**学名：** *Potosia brevitarsis* Lewis

●**又名：** 白星花潜、白星金龟子、白纹铜花金龟、铜克郎、短跗星花金龟

●**寄主：** 苹果、柑橘、葡萄、梨、桃、李、龙眼、荔枝等果树

●**为害部位：** 嫩芽、嫩叶和果实

▲ 白星花金龟

▲ 白星花金龟

属鞘翅目花金龟科。全国广泛分布。

为害特点

成虫咬食果实成孔洞，导致果实腐烂，或取食有伤口的果实，加速果实腐烂，并且还为害寄主的嫩芽、嫩叶。

形态特征

成虫 体长20~24毫米，宽13~15毫米，扁椭圆形，全体紫铜色，有光泽。前胸背板前端两侧各有1个白色小斑，近后缘有2个白色斑分布在两侧微凹点处。鞘翅基角稍向外突出，鞘翅上面有纵列的小刻点和大小不等的云片状斑纹。

卵 乳白色，卵圆形，长约2毫米。

幼虫 老熟幼虫体长34~39毫米，体乳白色，常弯曲成“C”形，头部赤褐色，体背各节均有刚毛3列。

蛹 裸蛹，体长约23毫米，黄白色。

生活习性

一年发生1代，以中龄或老龄幼虫在土壤中越冬，次年6—7月为成虫羽化盛期。成虫咬食果实或嫩梢叶片，也可在树干烂皮处取食汁液。受惊动时即飞逃。成虫有趋光性，对糖醋亦有趋附性。成虫产卵盛期在6月至7月中旬。幼虫一生在富含腐殖质的土壤中生活，并咬食植物细根。老熟幼虫在土壤中筑室化蛹。

● 防治要点

参考其他金龟子防治。

小青花金龟

●**学名：***Oxycetonia jucunda* Faldermann

●**又名：**小青花潜

●**寄主：**柑橘、苹果、梨、桃、杏、梅、山楂、板栗等果树

●**为害部位：**花蕾、幼果

▲小青花金龟

▲小青花金龟

属鞘翅目花金龟科。全国分布较广泛。

为害特点

成虫主要取食正在开放的花朵，破坏花器，甚至将花瓣及雄蕊、雌蕊食光，也可以咬食幼果。

形态特征

成虫 体长约12毫米，头部黑色，复眼和触角黑褐色。胸、腹部的腹面密生深黄色短毛。前胸背板和鞘翅暗绿色或赤铜色，无光泽，并密生黄色绒毛。翅鞘上有黄白色斑纹，翅中及近后端有黄白色的斑点和斑纹排列，末端也有4个黄白色斑纹，鞘翅有纵列刻点8行。足黑褐色。

卵 椭圆形，白色，长约1.7毫米。

幼虫 老熟幼虫头小，褐色，胴部乳白色，各体节多皱褶，密生绒毛。

蛹 裸蛹，长14毫米，白色，后渐变橙黄色。

生活习性

一年发生1代，以幼虫、蛹或成虫在土壤中越冬。翌年4—5月成虫开始取食花瓣、花蕊和花柱。多于9:00—16:00为害，傍晚后则入土潜伏。卵产在肥沃的土壤中。幼虫出现在6—7月，取食植物细根。此虫有时也取食嫩芽、嫩叶，取食和活动场所可随寄主花期而变化。

● 防治要点

参考其他金龟子防治。

鳃金龟科

中华齿爪金龟

●**学名：** *Holotrichia sinensis* Hope

●**又名：** 中华金龟子、华脊鳃角金龟、清明虫（俗称）

●**寄主：** 柑橘等果树

●**为害部位：** 叶片

▲中华齿爪金龟

▲中华齿爪金龟

▲中华齿爪金龟

▲中华齿爪金龟在夜间交尾（灯光拍摄）

属鞘翅目鳃金龟科。分布于广东、广西、浙江、福建、台湾、江西、湖南、山东等省区。

为害特点

成虫取食叶片，尤其是柑橘当年的春梢叶片。

形态识别

成虫 体长22~23毫米，棕褐色，头部和前胸背板色较深。头部前缘微上翘，前胸背板侧缘扩突呈角状，后角钝圆。鞘翅棕褐色，上有许多小刻点，略显纵列。每个鞘翅上有4条纵肋，近合缝的1条色较深，腹端外露，臀部光滑。胸腹面有棕色毛。足褐色，有光泽，后足第1~2跗节基本等长，各足爪均有齿。

卵 椭圆形，乳白色。

幼虫 白色，头部棕褐色，胸足3对，身体着生稀疏短毛。终生在富含腐殖质的土壤中生活，并取食各种植物的细根。

生活习性

一年发生1代，以幼虫在土壤中越冬。翌年春化蛹，于3月中旬陆续羽化出土，在气温上升、闷热并有南风微吹的天气，当晚即盛发，于傍晚在春梢上取食，把新叶咬食残缺，交尾、产卵于土壤中。此虫在近清明节多发生，在广东一些地方被称为“清明虫”。一般新种植1~3年的幼年柑橘树当年抽出的春梢新叶受害最重。成虫饱食之后当晚即转移别处或藏匿土中。

● 防治要点

掌握在盛发期的3月下旬至4月上旬，于傍晚举火把人工捉之。其他措施参照红脚丽金龟防治。

犀金龟科
独角犀

- **学名：** *Xylotrupes gideon* Linne
- **又名：** 独角仙、橡胶犀金龟
- **寄主：** 柑橘、荔枝、椰子、菠萝、罗汉果等果树
- **为害部位：** 主干

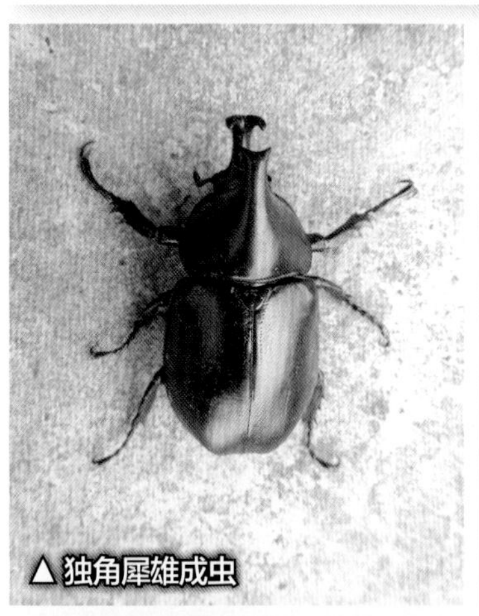

▲独角犀雄成虫

▲独角犀雌成虫

▲独角犀为害状

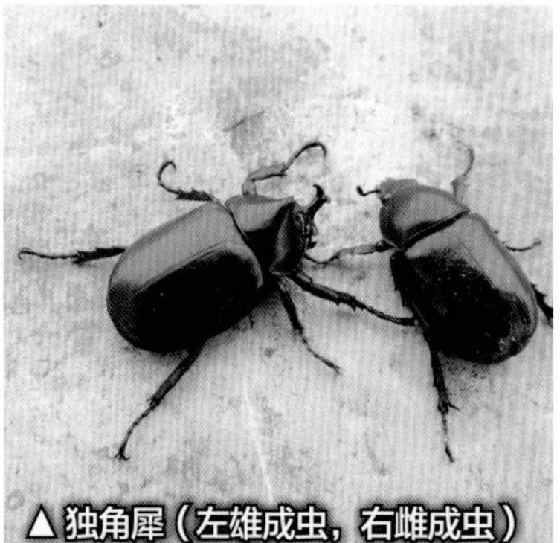

▲独角犀（左雄成虫，右雌成虫）

▲独角犀雄成虫

属鞘翅目犀金龟科。分布于广东、广西、福建、云南等省区。

为害特点

一般以雌雄成虫1对或多对在一株柑橘树主干近地面部位咬食皮部，有的在主枝分叉处咬食，致皮部受损，引起流胶和脚腐。或者在原有的脚腐或流胶处咬食，扩大了病斑，使脚腐更为严重。

形态识别

成虫 体长30~40毫米，黑色，带有光泽。雄成虫头部额顶有一粗大的角状突，翘向上方并弯向背部，端部分两叉。前胸背板上亦有一向前方突出的角状物。雌成虫无突出的角状物。足粗壮，带钩刺。成虫有发声器。

卵 圆形，乳白色。

幼虫 圆筒形，淡黄白色，弯曲状，全体有横纹皱褶，后端体节较疏，光滑并密生短毛，形似蛴螬。

蛹 黄白色，雄蛹的角状物明显可见。

生活习性

广东、广西一年发生1代，幼虫生活在肥沃土壤中或有机质丰富的肥堆处，并在其中越冬。第2年4月开始化蛹，5月下旬可见成虫，6—8月为成虫盛期。成虫羽化后，于晚上活动，咬食柑橘树干基部皮层，或取食成熟的荔枝、龙眼果实，白天停栖在被咬食处。土壤湿度大、树干潮湿且原有伤口时最易受害。

● 防治要点

应以人工捉除成虫。在每年成虫羽化为害的时期，经常检查树干，及时捉除。另外，应在幼虫化蛹前清理园边的有机质堆肥，捉除幼虫，可减少虫源。

吉丁虫科

爆皮虫

●**学名：***Agrilus auriventris* Saunders

●**又名：**柑橘锈皮虫、柑橘长吉丁虫、锈皮虫

●**为害部位：**树干

△爆皮虫成虫

▲爆皮虫在交尾　▲爆皮虫交尾结束

▲枳树干被爆皮虫幼虫蛀食

属鞘翅目吉丁虫科。分布于我国热带亚热带柑橘产区。

为害特点

幼虫为害主干与主枝皮层，在皮层内造成许多蛀道，受害树皮成片爆裂脱落，形成层中断，养分输送受阻，全株或主枝枯死。受害树易发流胶病。树皮粗糙裂缝多的受害重，衰老树受害重，柠檬和红橘受害重，福橘、椪柑、甜橙和柚子受害较轻。

形态识别

成虫　体长6~9毫米，腹面古青铜色，有金属光泽。复眼黑色。触角锯齿状，11节，基部3节细长，其余8节扁平。鞘翅紫铜色，密布细小刻点，并有金黄色绒毛的花斑纹。雄成虫头、胸部、腹面从下唇至后胸有密而长的银白色绒毛，节末有一棕色大斑，侧面观尤为明显。

卵　长0.7~0.9毫米，圆桶形，初时乳白色，后变为土黄色，孵化前为淡褐色。

幼虫　老熟幼虫体长18~23毫米，体扁平，细长，乳白色或淡黄色。头部小，褐色，除口器外全部陷入前胸内。前胸特别膨大，扁圆形，中、后胸甚小，其背、腹面中央有1条明显的褐色纵线，胸足退化。末端有1对黑褐色的钳状突。

蛹　扁圆锥形，体长9~12毫米，化蛹初期为乳白色，柔软多皱褶，逐渐转为黄褐色，羽化前变为蓝黑色，有金属光泽。

生活习性

一年发生1代，个别地区2代，以老熟幼虫在木质部越冬，也有少数低龄幼虫在韧皮部内越冬。由于虫龄不一，发生极不整齐。次年4月上旬开始羽化并在洞中潜伏7~8天再咬破树皮出洞。雨后晴天出洞数较多。首批成虫数量

多，为害性大，后期成虫零星羽化，终年可在树干中见到幼虫。成虫活泼，飞行较快，晴朗天气多在树冠取食嫩叶，阴雨天大多静伏于枝叶上。成虫有假死性，遇惊动则坠地，继而飞逸。成虫出洞后5~7天开始交尾，一生交尾2次或3次，交尾后1~2天产卵。卵产在离地面1米以内树干的细小裂缝处，部分产在地衣、苔藓下面，散产成2~10粒的卵块。初孵幼虫在树皮浅处为害，树皮呈现分散芝麻状油滴，继而出现流胶。幼虫蛀食抵达形成层后即向上或向下蛀食，出现不规则的蛀道，并排出粪便充塞其中。幼虫老熟后入侵木质部约5毫米深处筑新月形蛹室，并向外蛀羽化孔，以木屑封住孔口，次春化蛹前头朝向外方，身体短缩。在韧皮部越冬的低龄幼虫次春发育老熟后入侵木质部化蛹，或不入侵木质部化蛹。

▲为害柚树的爆皮虫幼虫

▲爆皮虫幼虫

▲爆皮虫幼虫为害致树体流胶

▲为害柚树的爆皮虫幼虫

● 防治要点

（1）冬春清除被害的枯枝死树并烧毁，阻止成虫出洞。在成虫出洞前（一般在4月前）清除、烧毁，消灭潜存其中的大量幼虫和蛹，或用稻草绳捆扎受害树，从树头自下而上紧密绕扎并涂刷泥浆，不留缝隙，阻止成虫出洞。

（2）加强栽培管理。做好柑橘树抗旱、施肥、防冻与防病虫等项工作，保持树体光洁，减少成虫产卵机会。

（3）药杀成虫。在成虫羽化盛期，先刮出树干虫害部分的翘皮，然后用80%敌敌畏乳油4倍液喷（涂）树干，使成虫出洞咬树皮时中毒死亡，也可在成虫出洞高峰期用80%敌敌畏乳油800~1 000倍液或40%噻虫啉悬浮剂1 500倍液喷布树干，还可用90%晶体敌百虫800倍液喷树冠。

（4）消灭幼虫。在6—7月树干受害部出现芝麻状分散油滴和流胶时，尽早抓紧防治，用小刀刮出初孵幼虫，并用菊酯类药剂或噻虫啉喷杀。

瘤皮虫

●**学名：***Agrilus* sp.

●**又名：**缠皮虫、串皮虫

●**寄主：**柑橘

●**为害部位：**枝干

▲ 瘤皮虫为害状（引自：夏声广）

▲ 瘤皮虫成虫（引自：夏声广）

属鞘翅目吉丁虫科。分布于浙江、福建、广东、广西、湖南、四川、重庆等省区。

为害特点

幼虫在柑橘树的枝条或幼树主干皮层下蛀食，形成螺旋状蛀道，导致枝枯，树势衰弱，产量下降，被害幼树甚至全株死亡。

形态识别

成虫　体长 9~11 毫米，黑色，腹面绿色，略有金属光泽。两复眼间的凹陷刻纹呈两个清晰的多环同心椭圆。前胸背板有横皱纹。鞘翅上密布小刻点，并有不规则的白色绒毛状花纹。鞘翅末端约 1/3 处的白斑最为清晰，鞘翅端部的细小齿状突起较小，不及爆皮虫显著。触角锯齿状，11 节。复眼黄褐色，肾形。雌虫颜面呈古铜色，雄虫颜面呈青蓝色。

卵　馒头形，直径 1.7 毫米，初产时乳白色，后渐变黄色，孵化前为黑色。

幼虫　老熟幼虫体长 23~26 毫米，扁平，白色。头部小，前胸背板大，中、后胸缩小，腹部各节前沿窄，后沿宽。腹部末端具较粗大的钳状突 1 对。

蛹　纺锤形，长 9~12 毫米，初蛹乳白色，近羽化时黄褐色。

生活习性

一年发生 1 代，幼虫在枝条木质部中越冬。四川江津于翌年 4 月初始化蛹，4 月下旬至 5 月初为成虫盛发期。成虫于 5—6 月开始交尾，交尾后 2 天产卵。每交尾一次仅产卵 1 粒，一生产卵 6~7 粒。卵多产在 15~20 毫米的粗枝条上。幼虫为害时间较长，7 月上旬为害最烈，7 月下旬蛀入木质部。成虫平均寿命 23 天左右。此虫因羽化出洞极不整齐，迟者可至 7 月，因此，产卵、孵化及幼虫蛀入木质部为害时间亦不一致。

● 防治要点

冬季、早春结合清园剪除被害虫枝，挖除死树，集中烧毁；用小刀在有泡沫状流胶处刮杀初孵幼虫，并在伤口涂抹杀菌剂，以防病菌从伤口侵入；若已蛀入木质部，可在虫道最后一个螺旋纹处的木质部寻找幼虫的蛀入口孔，并顺螺纹方向转 45° 角，距进孔口约 1 厘米处用尖钻刺杀幼虫。药剂喷杀可参考爆皮虫。

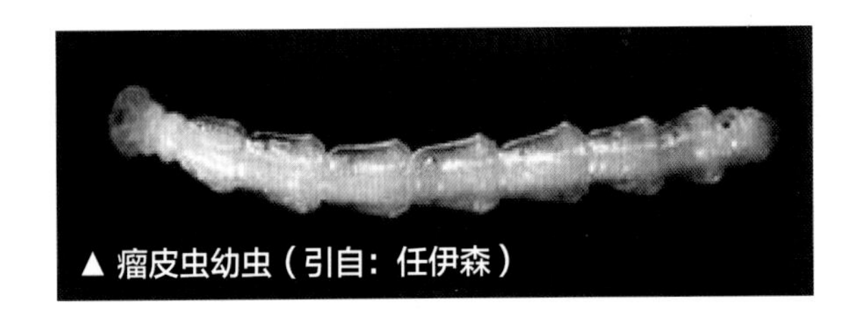

▲ 瘤皮虫幼虫（引自：任伊森）

六星吉丁虫

●**学名：** *Chrysobothris succedanea* Saunders
●**又名：** 六点吉丁虫、柑橘大爆皮虫
●**寄主：** 柑橘
●**为害部位：** 枝干

△六星吉丁虫（张宏宇、杨植乔　提供）

属鞘翅目吉丁虫科。分布于浙江、福建、湖南、广东、广西等省区。

为害特点

成虫产卵在枝干表皮下，孵出的幼虫蛀食韧皮部与形成层，后蛀食木质部。为害症状与爆皮虫幼虫相似，但蛀道较宽大。严重时，导致树势衰退，甚至枯死。

形态识别

成虫　体长10~12毫米，蓝黑色，有光泽。腹面中间亮绿色，两边古铜色。触角11节，锯齿状。前胸背板前狭后宽，似梯形。两鞘翅上各有排列整齐的3个稍下陷的小圆斑。

卵　扁圆形，长约0.9毫米，初产时白色，后转橙黄色。

幼虫　老熟幼虫黄褐色，体长18~24毫米，13节。前胸背板特大且较扁平，有圆形硬褐斑，中央有“A”形花纹。尾部一节圆锥状，短小，无尾钳。

蛹　体长10~13毫米，初为乳白色，后期酱褐色。多数为裸蛹，少数有白色薄茧。蛹室侧面略呈长肾形，正面似蚕豆形，顺枝干方向或与枝干呈45°角。

生活习性

一年发生1代，以老熟幼虫于10月中旬在柑橘树皮下木质部做蛹室越冬，不食不动。次年3月开始化蛹，成虫于5月出洞，6月下旬为盛期。成虫白天栖息在枝叶间，取食叶片成缺刻状，有坠地假死的习性。6月下旬至7月上旬为产卵盛期，初孵幼虫先蛀食枝干的韧皮部及形成层，后蛀食木质部，不深，但破坏了输导组织，导致树体衰弱，甚至枯死。

● 防治要点

成虫出洞前，清除并烧毁死枝、死树，以减少虫源；实行检疫，防止扩散；刮杀虫卵，在6—7月产卵期常检查，发现枝条树干流胶点时，用工具刮杀卵和低龄幼虫；树干涂药，用80%敌敌畏乳油30倍液，或80%敌敌畏乳油加泥土10~20份和少量水，调成糊状，涂在被害处，但涂药面积不宜过宽；成虫盛发期可选择拟除虫菊酯类药剂或有机磷类药剂喷布树冠，以杀死成虫；幼虫蛀口和蛀道注射药剂。

▲六星吉丁虫幼虫（引自：任伊森）

双翅目
瘿蚊科
柑橘芽瘿蚊

●**学名：** *Contarinia* sp.

●**为害部位：** 嫩芽

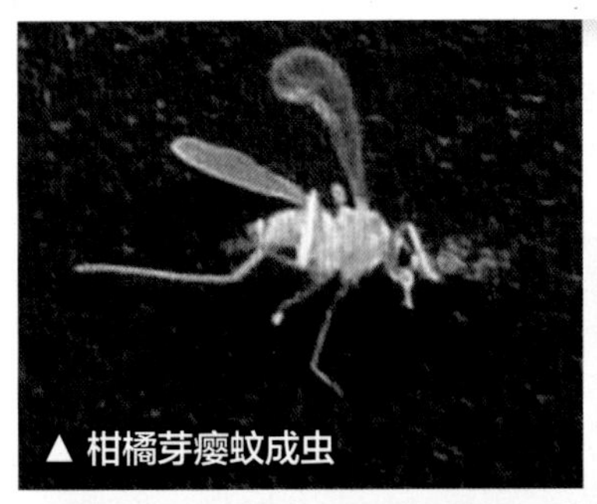
▲ 柑橘芽瘿蚊成虫

▲ 柑橘芽瘿蚊幼虫

▲ 柑橘芽瘿蚊幼虫及为害状

属双翅目瘿蚊科。分布于广东、广西、湖南、湖北、浙江、福建、江西等省区。

为害特点

幼虫钻入刚萌发的嫩芽中为害，受害幼芽肿大呈虫瘿状，经过 10 天后呈现萎黄或霉烂现象，或使嫩叶叶柄变形，导致新梢不能正常抽生和开花。

形态识别

成虫　雌成虫体长 1.3~1.5 毫米，橙红色，全体密被细毛。复眼肾形，黑色。雄成虫略小，黄褐色。触角 2+15 节，基部 2 节短，雌成虫第 3~16 节长圆筒形，末节圆锥状，各节被密细毛，呈暗褐色，雄成虫第 3~16 节呈短圆筒形，末端各有长柄与下一节相接，末节略小，每节环绕 2 列环状丝，除柄部光滑外，其余部分密生细毛，

▲ 柑橘芽瘿蚊幼虫为害状

▲ 柑橘芽瘿蚊为害柑橘芽

▲ 柑橘芽瘿蚊为害致沙糖橘嫩芽枯死

为黄褐色。翅椭圆形，翅脉3条，翅面密布细毛。足细长，灰黑色，后足第2~4节较前足长。腹部可见8节。

卵 长约0.5毫米，长椭圆形，表面光滑，初产时乳白色，后变为紫红色。

幼虫 老熟幼虫体长3.5毫米，乳白色，纺锤形，第2节腹面中央有黄褐色“Y”形剑骨片，其末端形成一对正三角形叉突。

蛹 雌蛹体长1.5毫米，雄蛹体长1.19毫米。头部额刺1对，复眼黑色，有光泽，足与翅芽黑褐色。雌蛹后足达到第5腹节前端，雄蛹后足超过体长。

生活习性

在广东每年发生4代，田间世代重叠，以幼虫入土作茧。第1代成虫1—3月出现，幼虫为害刚萌动春芽；第2代成虫5月出现，幼虫

▲ 柑橘芽瘿蚊为害状

为害夏芽；第3代成虫7—8月出现，幼虫为害秋芽；第4代成虫11月发生，主要为害田间杂草羊蹄草，不形成虫瘿，但在其上越冬。成虫白天活动，10:00—16:00在树冠交尾，一生可多次交配，选择在健壮芽上产卵。每个叶柄瘤内有1头或2头幼虫，而每叶内有1~6头，被害部色泽黄绿。4月以前被害嫩芽呈枯萎状，不久脱落；4月至5月初，温度、湿度增高，受害嫩芽多发霉腐烂。从初见被害状到嫩芽干枯（此时幼虫已弹跳下地化蛹）历时约10天，1月至5月上旬都可见到为害症状（从田间温度15℃开始）。老熟幼虫弹跳下地多在表土1~2厘米内活动和化蛹。幼虫抗逆力较强，能结茧度过不良环境。

● 防治要点

（1）地面喷药。在越冬代成虫出土前（即柑橘萌芽前）或幼虫入土初期（即芽枯或芽烂初期），地面喷布药剂，减少或杀灭下代虫源。

（2）树冠喷药。早春成虫初现时（即萌芽期）立即对树冠喷布80%敌敌畏乳油800~1 000倍液，隔7~10天再喷1次，可起保芽作用。或选用其他有机磷类和拟除虫菊酯类药剂。

（3）加强果园管理。冬、春季浅耕树冠下及周围土壤，破坏越冬场所，及时摘除被害芽，集中消灭幼虫。

（4）实行检疫。柑橘芽瘿蚊可经苗木带的泥土传播，在购买苗木时应加以防范。

柑橘花蕾蛆

●**学名：** *Contarinia citri* Barnes

●**又名：** 柑橘蕾瘿蝇、柑橘花蕾蝇蚋、柑橘瘿蝇、包花虫、灯笼花、花蛆（幼虫）

●**为害部位：** 花蕾

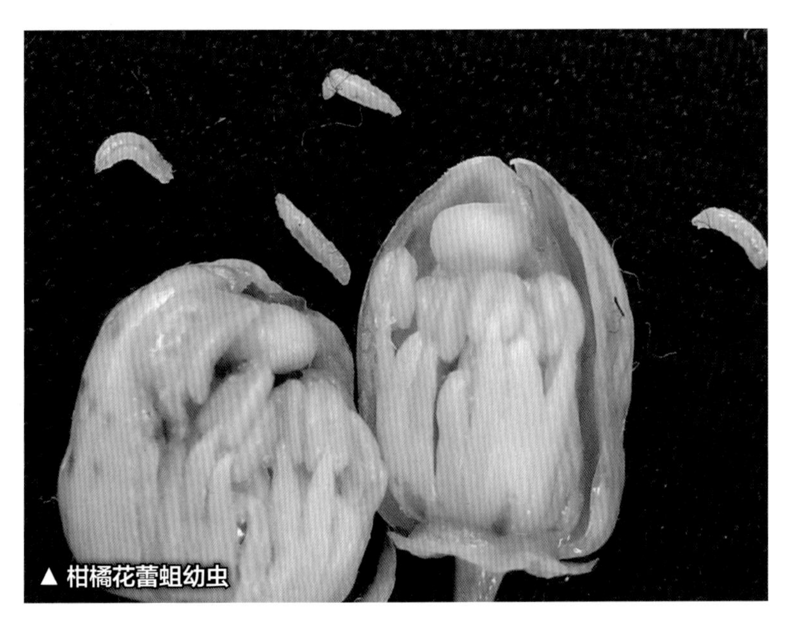

▲ 柑橘花蕾蛆幼虫

△ 柑橘花蕾蛆成虫（杨植乔　提供）

属双翅目瘿蚊科。分布于我国各柑橘产区。

为害特点

成虫在花蕾直径2~3毫米时将卵从其顶端产于花蕾中。幼虫为害花器，受害花蕾膨大缩短，花瓣上多有绿点，不能正常开花、授粉，被害花蕾脱落，严重影响产量。

形态识别

成虫　雌成虫体长1.3~1.8毫米，翅展4.2毫米，体形似小蚊，黄褐色，身被黑褐色柔软细毛。头偏圆，复眼黑色，触角14节，念珠状。翅膜质透明，强光下有金属闪光。足黄褐色。腹部10节，可见8节，节间均有1圈黑褐色粗毛，第9节成为针状的伪产卵管。雄成虫体长1.2~1.4毫米，触角哑铃状，球部有放射状刚毛和环状毛各1圈，腹部9节，有1对抱握器。

卵　长约0.16毫米，长椭圆形，无色透明，一端有胶质细丝1根。

幼虫　黄白色，老熟时变为橙黄色，前胸腹面有“Y”形褐色合剑骨片。

蛹　长1.8~2毫米，纺锤形，初为乳白色，后渐变为黄褐色，表面有黄褐色、半透明胶质茧壳。近羽化时复眼和翅芽黑褐色。

生活习性

通常一年发生1代，部分地区发生2代，以幼虫在土中越冬。柑橘显蕾时成虫羽化出土，先在地面爬行至适当位置后，白天潜伏于地面，夜间活动和产卵。花蕾直径2~3毫米，顶端松软时，最适于产卵。卵产在花蕾内，一朵花蕾内有数粒或数十粒卵，花蕾亦常被重复产卵。卵期3~4天。幼虫孵化后在子房周围为害，使花瓣变厚，花丝、花药缩短呈褐色，并产生大量黏液以增强其对干燥环境适应力。幼虫多在清晨或阴雨天从花蕾中出蕾并弹入土。一般翌年3月开始在树冠活动，再做新茧化蛹。在柑橘花蕾蛆的年生活史中，大多数个体的3龄幼虫和蛹在土中生活约11个半月，其余虫态在地面上生活仅约半个月，而少数脱蕾较早的幼虫入土后不久即行化蛹，到4月底又进入第2个成虫羽化盛期，飞到开花较迟的柑橘树上繁殖第2代。

幼虫抗水能力强，在水中可存活20天以上，可随流水传播。柑橘花蕾蛆的发生和为害程度与环境关系密切。阴雨有利于成虫出土和幼虫入土，低洼阴湿果园、阴面果园和荫蔽果园、沙土园均有利于发生。

● 防治要点

（1）翻土。结合冬季松土，破坏土壤越冬的场所，以减少虫口基数。

（2）园区地面喷药，春季春梢吐发初期，成虫出土前或幼虫入土初期（即谢花初期）选用农药喷布园区地面，杀死幼虫。

（3）树冠喷药。当柑橘初显蕾时，成虫出土后，即进行树冠喷药。药剂可选用拟除菊酯类、50%辛硫磷乳油1 000~1 500倍液、48%毒死蜱乳油1 000~2 000倍液或其他有触杀作用的药剂。每隔5~7天喷1次，连续2次，可减少对花蕾的为害。

▲ 柑橘花蕾蛆幼虫为害的花蕾

▲ 柑橘花蕾蛆幼虫为害的花蕾

▲ 柑橘花蕾蛆幼虫为害的花蕾

▲ 柑橘花蕾蛆为害造成大量落蕾

雷瘿蚊科
橘实雷瘿蚊

● **学名：** *Resseliella citrifrugis* Jiang
● **又名：** 柚果瘿蚊、瘿蚊、红虫（幼虫俗称）
● **为害部位：** 叶片、果实

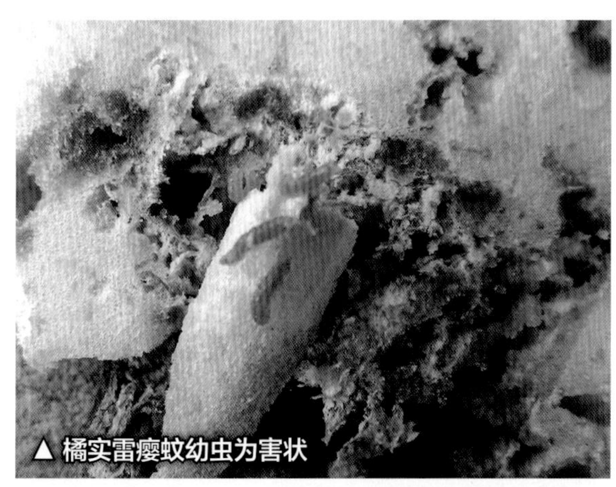
▲ 橘实雷瘿蚊幼虫为害状

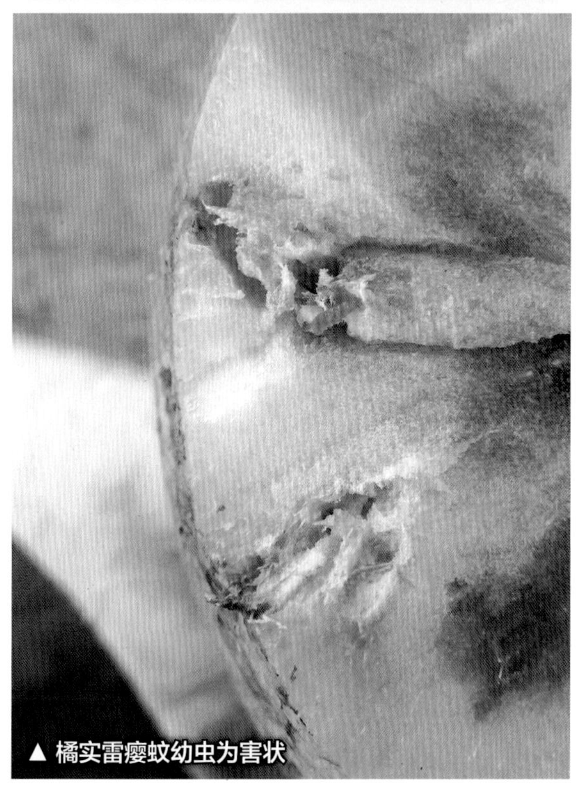
▲ 橘实雷瘿蚊幼虫为害状

属双翅目雷瘿蚊科。分布于我国广东、广西、四川、湖北、湖南、云南、贵州等省区。

为害特点

幼虫蛀食柚果白皮层，造成弯曲的蛀道，蛀道周边呈红褐色，果皮产卵孔部位赤褐色至褐色，周围有明显区别于正常果皮的黄色至深黄色晕斑，白皮层变褐色并产生粘胶状物，使果实失去商品价值。

形态识别

成虫 雌虫体长约2毫米，翅展3.5~4毫米，腹部褐红色，圆筒形，体密被细毛。复眼黑色，触角串珠状，14节，每节刚毛两圈。翅膜质，呈长卵圆形，基部收缩，被黑色细毛，呈明显的斑点和条纹，在受光条件下，近前缘中部有金属光泽。足细长，并呈黑黄相间的斑纹。雄成虫体略小，体长1.8~1.9毫米，翅展2.6~3.3毫米。触角串珠状，较雌成虫长，着生刚毛和环状毛，腹部末端向上弯曲。

卵 长椭圆形，孵化前卵内显红色点状。

幼虫 初孵时乳白色，透明，成长幼虫和老熟幼虫呈鲜红色。老熟幼虫长约5毫米，纺锤形，头壳较短，透明，口端有小黑点，腹部有浅黄斑，胸部有三角形红色斑点，末端有4个突起，中胸背板有一“Y”形剑骨片。

蛹 长约4毫米，外裹黄色丝茧，体红褐色，头顶具分叉的额刺1对。

生活习性

湖南一年发生3~4代，个别年份4~5代。广东梅州一年4代，为害高峰期分别在5月中旬至6月初、6月中下旬至7月初、8月上旬末至9月上旬初、9月下旬至10月上中旬，以第2代为害最为严重，第1代次之。老熟幼虫于10月下旬至11月从虫道爬出弹跳入土越冬，或滞留在柚果内越冬。田间世代重叠。次年3月底至4月上旬，当温度、湿度适宜时，开始化蛹和羽化出土，交尾产卵。卵产在柚果蒂附近或背光处较粗糙表皮处，一果可产卵数十粒至上百粒，多时可达两三百粒，每雌虫可产卵50~100粒。卵期达3~6天。成虫飞翔力弱，不具趋光性，寿命2~4天。幼虫孵化后从果皮较粗糙或稍凹处蛀入白皮层为害，有时可沿中心柱蛀食，但不蛀食果肉。一个蛀孔内有幼虫1~4头，一个柚果多时达300头。低龄幼虫可随落果继续在果内取食，直至老熟后再爬出烂果入土化蛹。幼虫期15~25天。靠气流、水流、带虫的鲜果及随苗木远运的带虫土壤传播。

● 防治要点

（1）执行检疫。新种植区不购买带虫的苗木，必要时应清洗根部泥土，作根部杀虫处理；不采购带虫柚果，以防止传播。

（2）合理修剪，保持园区通风透光，排除积水，降低地下水位和保持柚园湿润，清除枯枝落叶及杂草，以恶化其生存环境。在发生期，及时摘除受害果实和捡拾落地果，进行深埋或烧毁处理，以消灭幼虫。

（3）采果后的冬季对柚园进行全面松土，结合撒施石灰，破坏其越冬环境，减少虫源。

（4）实行果实套袋，切断食物源，减少喷药次数，保护天敌。

（5）药剂防治。由于越冬代羽化比较整齐，应抓住第一代的防治。在成虫羽化期同时进行地面和树冠喷药杀灭成虫，防止在谢花后的幼果果面产卵。选用50%辛硫磷乳油1 000倍液、48%毒死蜱乳油1 200~1 500倍液、20%甲氰菊酯乳油2 000~2 500倍液，并可选择一些复配药剂进行树冠喷布，每10天1次，连续3~4次。或用50%辛硫磷乳油200倍液喷洒地面，相隔12天1次，连续2~3次。

▲ 橘实雷瘿蚊为害柚果

▲ 橘实雷瘿蚊为害沙田柚

实蝇科

柑橘小实蝇

●**学名：** *Dacus*（*Bactrocera*）*dorsallis*（Hendel）
●**又名：** 东方实蝇、橘小实蝇、果蛆、果蝇、黄苍蝇
●**寄主：** 柑橘、枇杷、杨桃、番石榴、桃、李、梨、番木瓜、番荔枝、香蕉、蒲桃等果树
●**为害部位：** 果实

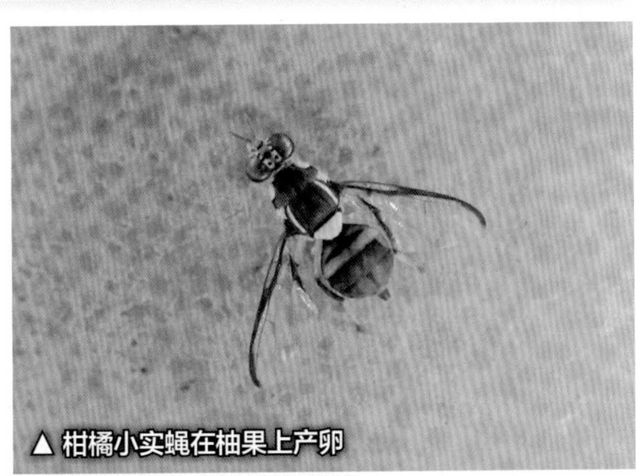

▲柑橘小实蝇在柚果上产卵

▲10 月柑橘小实蝇为害状

属双翅目实蝇科。分布于四川、云南、贵州、广东、广西、福建、台湾、湖南、江西等省区。

为害特点

幼虫蛀食果肉，常引起果实未熟先黄，果实腐烂，造成严重落果。

形态识别

成虫 体长 6~8 毫米（不包括产卵管），翅展 16 毫米。全体黄褐色间深黑色。复眼蓝绿色，复眼间黄褐色，额中央有一黑褐色粗糙的前中瘤，其上布有短刚毛。单眼 3 个，呈三角形排列。触角细长，第 3 节长为第 2 节的 2 倍，触角芒上无细毛。前胸两侧缘各有条形黄斑 1 个，胸部背面中央黑色，两侧各具黄色纵带 1 条，黄带外侧亦有一黄条斑，小盾片黄色，与两黄色纵带连成近似“U”形。翅透明，长约为宽的 2.5 倍，翅脉黄褐色。腹部黄色至赤黄色，第 1~2 节有一黑色横带，第 3 节以下有黑色斑纹，并有 1 条黑色纵带从第 3 节中央直达腹端。雌成虫产卵管长不及腹部的 1/2，后端狭小部分短于第 5 腹节。

卵 长约 1 毫米，长梭形，微弯，一端细长，另一端略钝，乳白色。

幼虫 老熟幼虫体长 10~11 毫米，圆锥形，头端小而尖，尾端大而钝圆，共 11 节，黄白色，口钩黑色，气门板内侧具明显的纽扣状构造。

蛹 围蛹，长 5 毫米，椭圆形，淡黄色至淡褐色，身体两端具前、后气门痕迹。

生活习性

通常一年发生 3~5 代，广州一年可达 11 代，世代重叠，各虫态并存，但在有明显冬季的地区以蛹越冬。成虫早晨至 12:00 出土，以 8:00 为盛。夜间交尾，并喜聚集于叶背面。产卵于初熟果实果皮下 1~4 毫米处的果瓤与果皮之间。产卵

处有针刺状小孔，常有汁液溢出凝成胶状乳突，后呈灰色或红褐色斑点。产卵孔多在果腰处。每雌产卵200~400粒，分多次产出。每孔有卵2~15粒。幼虫期6~20天。幼虫有弹跳力，3龄后老熟。老熟幼虫穿孔出果入土化蛹。

广东的越冬与当年是否冬暖密切相关。一年中4月中旬以后逐渐增多，7—9月是盛发期，9月达到最高峰。每年同期发生严重程度又与当年晴雨天气及食物链有关。

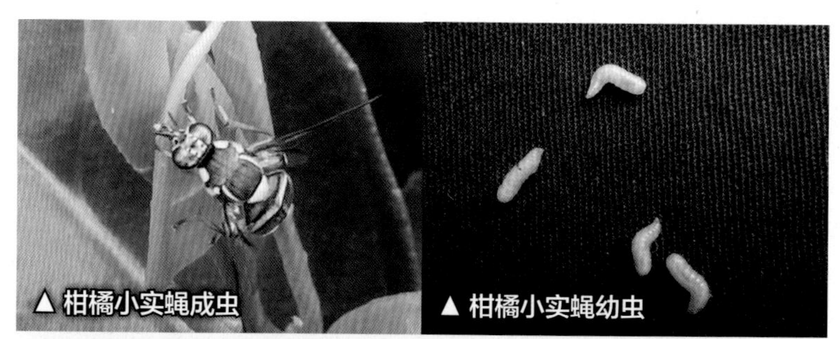

▲ 柑橘小实蝇成虫　▲ 柑橘小实蝇幼虫

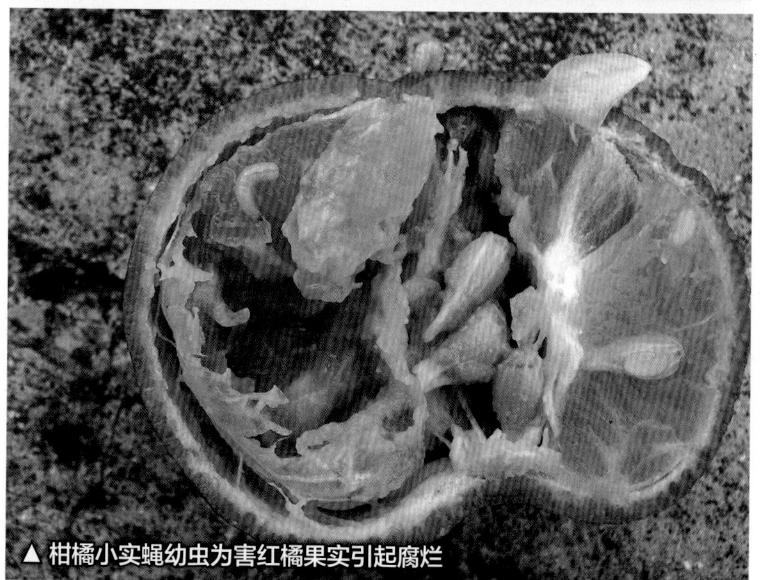

▲ 柑橘小实蝇幼虫为害红橘果实引起腐烂

▲ 柑橘小实蝇幼虫为害状　▲ 不知火杂柑受柑橘小实蝇为害

● **防治要点**

（1）严格实行检疫。禁止在害虫发生区域购买带土苗木和调运鲜果到无虫区，尤其是新开发种植区。

（2）果园内和周边不种成熟期不同的其他水果品种，减少食料，切断食物链。

（3）药剂诱杀成虫。用甲基丁香酚雄性诱捕剂放置在诱捕器内，挂在果园边诱杀雄虫。同时，在果实开始转色时用90%晶体敌百虫1 000倍液加1 ∶ 35的红糖溶液喷布园边柑橘树。每隔5株喷1株，每株喷1/2树冠。若发生比较严重时，可加入适量的上述诱捕剂一并诱杀，每隔5天1次。广西果蔬研究所应用黄板在橘园诱杀，效果也不错。农村实践中，用半熟的菠萝切成片，厚约1.5厘米，或拾取受虫害的烂果，用蜂蜜加农药注入内部，再用铁丝串起挂在树冠处（确保柑橘园无鸡鸭），让柑橘小实蝇成虫在注射孔处吸取蜜汁而被毒杀。用菠萝片毒杀，效果甚佳。化学药剂诱捕，采用甲基丁香酚置于诱捕器内，并加入少量敌百虫液，挂于树上，诱捕雄成虫，或采用实蝇粘胶板（黄板），每亩约15块，分散挂于树冠中部，诱捕成虫，效果好。现在有一种“黄板粘胶”可引诱并粘杀成虫，在实践操作中，以挂在园区外围为宜。

（4）成虫发生季节，可喷布48%毒死蜱乳油1 000倍液、10%氯氰菊酯乳油2 000倍液或2.5%溴氰菊酯（敌杀死）乳油2 000~3 000倍液。

（5）清洁果园，及时摘除被害果实和拾净落地果，深埋或火烧。冬春果园翻土，杀死虫蛹，减少虫源。

（6）有条件的园区可以采用套袋防虫，如柚类品种。

（7）加强预测预报，建立统一防治的机制，以保一个区域内的有效防治。

柑橘大实蝇

●**学名：** *Bactrocera*（*Teradacus*）*minax*（Ender.）
●**又名：** 橘大实蝇、柑橘大果实蝇、黄果蝇、柑蛆
●**为害部位：** 果实

△ 柑橘大实蝇为害果剖面（引自：任伊森）

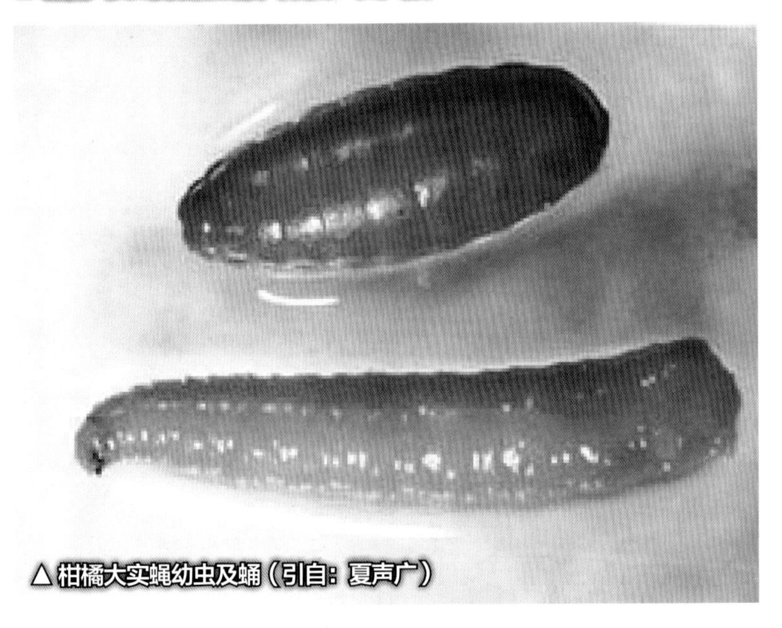

△ 柑橘大实蝇幼虫及蛹（引自：夏声广）

属双翅目实蝇科。分布于贵州、四川、云南、湖南、广东、广西等省区。

为害特点

成虫产卵于幼果内。幼虫蛀食果肉和组织，以致溃烂，果实未熟先黄而大量脱落。被害果称为蛆柑。

形态识别

成虫 雌成虫体长12~13毫米，产卵管长6.5毫米，翅展20~24毫米。体黄褐色。头大，复眼金绿色，触角芒状、黄色，角芒很长。胸部背面中央有深茶褐色“人”字形斑纹，其两侧还有1条较宽的纵纹。腹部中央具黑色“十”字形斑纹。翅透明，黄褐色，前缘大部分呈淡棕黄色，翅痣棕色，臀室区色彩较深。足黄色，跗节5节。腹部5节，基部较窄，第3节近前缘有一宽的黄色横纹，与腹部背面中央的一条黑色纵带交叉或“T”形。肩板鬃2对，背侧鬃前后各1对。雌成虫产卵管锥形，与腹部（第1~5腹节）等长，其后端狭小部分长于第5腹节。

卵 长1.4~1.5毫米，长椭圆形，乳白色，中部微弯。

幼虫 老熟幼虫体长15~18毫米，两端近透明，圆锥状，共11节。体乳白色或淡黄色，口钩黑色，前气门扇形，有乳突30个以上；后气门位于末端偏上方，新月形，气门板有3个长椭圆形裂孔。

蛹 长9~10毫米，宽约4毫米，椭圆形，黄褐色，羽化前略带金绿色光泽。头部稍尖，在其腹面部分有一黑点，幼虫期的前后气门痕迹仍然存在。

生活习性

在四川、贵州、湖北等省柑橘产区一年发生1代，以蛹在土中越冬。成虫次年4月中旬

开始出现，5月上旬为盛期，6月上旬至7月中旬交尾产卵，6月中旬至7月上旬为产卵盛期。7—9月卵孵化为幼虫蛀食为害，受害果于9月下旬开始脱落，10月中下旬为盛期，幼虫随落果至地面经1~10天即脱果入土化蛹。极少数发生较迟的幼虫和蛹能随果实运输在果内越冬，至第2年老熟后爬出果实，入土化蛹。蛹期常117~181天。

越冬蛹于3月下旬地温达15℃以上时开始变化，4月下旬气温上升到19~20℃时开始羽化，一般雨后初晴羽化最多。羽化成虫多在晴天中午出土，出土后先在地面爬行，待翅展开后飞入附近有蜜源处活动。成虫羽化后20余日才开始交尾，一生可交尾数次，交尾多在高温低湿有微风时进行，13:00—14:00为多。交尾后约半个月成虫开始产卵，产卵时才进入果园，卵多产于枝叶茂密的树冠外围的大果上。雌虫产卵部位有一定选择性，而果实被产卵后受害点的症状也因品种而异。甜橙以脐部和果腰产卵多，产卵处有乳状突起；红橘、朱橘多在脐部，产卵处呈黑色圆点或色稍深；柚子则在蒂部，产卵处特别下陷，有黑色斑纹。被害果均有未熟先黄、黄中带红的现象，在柑橘果实着色前易于识别。土壤湿润的果园、附近蜜源多的果园受害重。

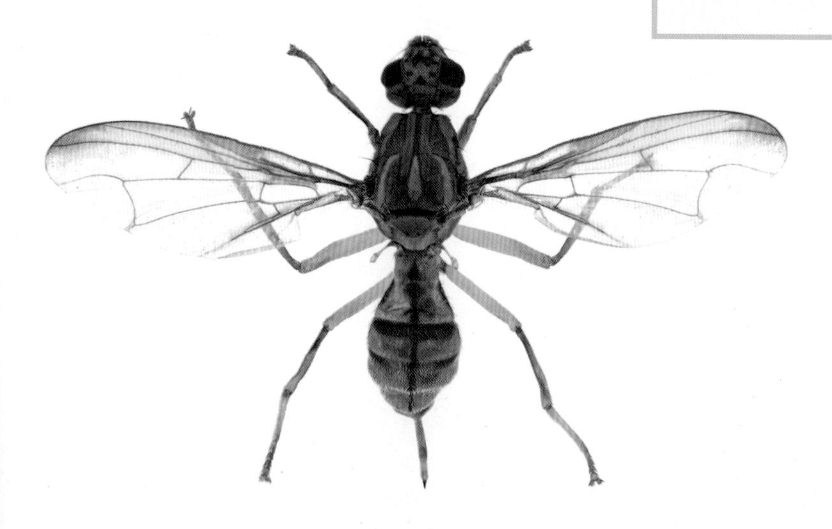

△柑橘大实蝇标本态（邱见玥　提供）

● 防治要点

（1）加强检疫措施，防止虫害蔓延。严禁从疫区内调运带虫的果实、种子和带土苗木到无柑橘大实蝇的柑橘产区。

（2）摘除受害果和捡拾落果。在9—11月巡视果园，发现有受害症状的果实应及时摘除，或在落果期间每天捡拾落果，集中烧、烫或深埋，将幼虫杀死后再入土。

（3）诱杀幼虫、成虫。在幼虫脱果或成虫出土期用50%辛硫磷乳油1 000倍液喷布地面杀成虫，每7~10天1次，连喷2次。在6—7月成虫产卵前，用90%晶体敌百虫1 000倍液加3%的红糖，喷结果多的植株树冠，园边只喷1/5的树即可，每5天1次，连续4次或5次，在上午或雨后初晴喷药为好。

（4）冬耕翻土灭蛹。冬季翻耕果园土壤，可以破坏蛹的适生环境或使其受到机械损伤而亡。

（5）预测预报，实行统一指挥，联防联治。

缨翅目
蓟马科
柑橘蓟马

●**学名：** *Scirtothrips citri*（Moulton）

●**又名：** 橘蓟马

●**为害部位：** 嫩叶、嫩梢、花和幼果

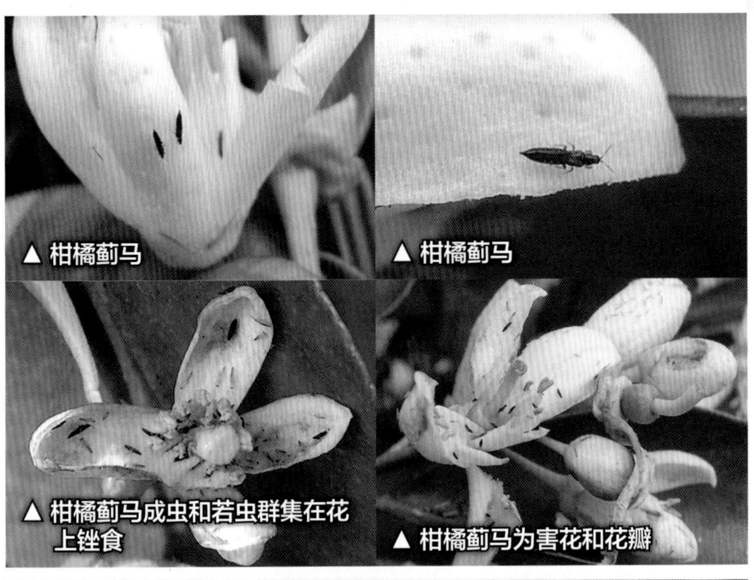
▲柑橘蓟马　▲柑橘蓟马

▲柑橘蓟马成虫和若虫群集在花上锉食　▲柑橘蓟马为害花和花瓣

▲柑橘蓟马若虫为害甜橙花

属缨翅目蓟马科。为害柑橘的蓟马在我国较为常见的有3种，即柑橘蓟马、花蓟马和茶黄蓟马。湖南王志勇报道，稻蓟马和稻管蓟马亦为害柑橘花、果、嫩叶、嫩枝。分布于长江以南各省区，河南、陕西、台湾及西南各省区也有分布。

为害特点

成虫、幼虫吸食柑橘等植物的嫩叶、嫩梢、花和幼果的汁液，引起落花、落果，叶片皱缩畸形，嫩枝、果实出现疤斑。

形态识别

成虫　体长约1毫米，淡橙黄色，纺锤形，体有细毛。触角8节，头部刚毛较长。前翅有脉翅1条，翅上缨毛细，腹部较圆。

卵　肾形，长约0.18毫米，极细。

幼虫　共2龄，淡黄色，椭圆形。2龄幼虫大小与成虫相近，无翅，老熟时琥珀色。幼虫经预蛹（3龄）和蛹（4龄）羽化为成虫。

生活习性

以成虫或卵在受害的茎、叶上越冬。卵产在花的基部、嫩叶、叶柄或果柄的组织中。一雌可产卵250粒，拟蛹期隐蔽在土隙或败叶渣中。柑橘蓟马在气温较高的地区，每年可发生7~8代。卵在秋梢新叶组织内越冬，翌年3—4月孵化为幼虫，在嫩芽和幼果上取食。田间4—10月均可见，以谢花后至幼果直径4厘米期间

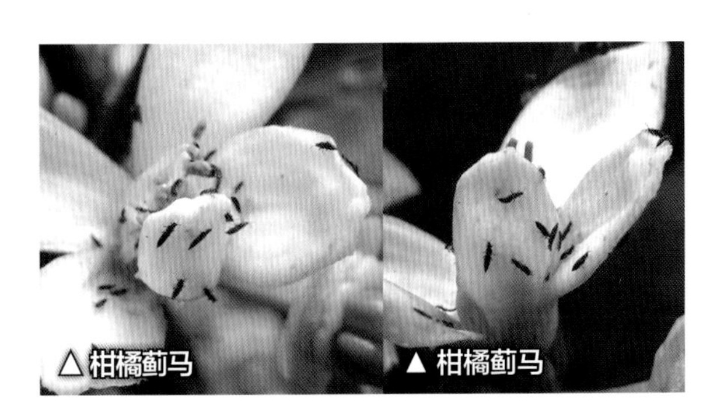
△柑橘蓟马　▲柑橘蓟马

为害最烈。第1~2代发生较整齐，是主要为害世代，以后各世代明显重叠。幼虫老熟后在地面或树皮缝中化蛹。成虫以晴天中午活动最盛。产卵于嫩叶、嫩枝和幼果组织内，产卵处呈淡黄色。柑橘蓟马和茶黄蓟马为害柑橘的嫩叶、嫩梢、幼果，花蓟马只取食柑橘花，引起落花。前两者刺吸幼嫩的表皮细胞，使油胞受破坏。幼果受害处产生银灰色疤斑，尤喜在幼果萼片或果蒂周围取食，使萼片周围产生一层银灰色、可用手指甲刮掉的大斑。但也有少部分在果腰部位为害，导致疤斑很大。在广东，7月抽生的夏梢受害尤其严重。

▲ 柑橘蓟马为害柑橘叶片后期症状

▲ 柑橘蓟马为害甜橙果实后期症状

● **防治要点**

（1）柑橘在花期和幼果期应加强田间检查，一般每7天检查1次，当发现谢花后5%~10%的花或幼果有虫时，或幼果直径达1.8厘米后有20%的果实有虫时，应即行喷药防治。

（2）药剂可选用50%辛硫磷乳油1 200~1 500倍液、22.4%螺虫乙酯悬浮剂2 000~2 500倍液、24%螺虫乙酯悬浮剂2 500倍液或10%烯定虫胺水剂2 000~3 000倍液，或选用拟除虫菊酯类药剂。

（3）蓟马主要发生期进行地面覆盖也可减轻为害。

▲ 柑橘蓟马为害果实后期疤斑

▲ 柑橘蓟马为害幼果症状 ▲ 柑橘蓟马为害幼果症状

茶黄蓟马

●**学名**：*Scirtothrips dorsallis* Hood

●**又名**：茶叶蓟马、茶黄硬蓟马

●**寄主**：柑橘、葡萄、芒果、腰果、草莓等果树

●**为害部位**：嫩枝、嫩叶和果实

▲茶黄蓟马为害状

▲5月茶黄蓟马为害叶片

属缨翅目蓟马科。分布于海南、广东、广西、浙江、福建、台湾、四川、重庆、云南、贵州、江西、西藏等省区。

为害特点

若虫、成虫以锉吸式口器吸食柑橘嫩枝叶和幼果汁液，且常多只聚集在一起为害，使被害的叶片主脉两侧出现纵向锉伤的灰白色或灰黄色条纹，导致叶片向内纵卷，硬化不能展开，或呈波纹状。嫩芽受害不能正常生长而扭曲，嫩枝表皮也出现与叶片相同的症状，严重时生长受到抑制。幼果表皮受害后初期出现银灰色疤斑，后期变灰褐色，影响果品外观。

形态识别

成虫 雌成虫体小，长约1毫米，橙黄色。触角8节，暗黄色，约为头长的3倍，第1节灰白色，第2节下与体色相同，第3~5节的基部淡于体色。复眼红色，略突出，有3只鲜红的单眼，呈三角形排列。翅2对，透明细长，翅脉密生长毛，前翅橙黄色、窄，近基部有一小淡黄色区。前缘鬃毛24根，前缘鬃基部4+3根，其中中部1根、端部2根。后脉鬃毛2根。腹部背片第2~8节有暗前脊，但第3~7节仅两侧存在，前中部约1/3暗褐色，腹片第4~7节前缘有深色横线。

卵 浅黄白色，呈肾形。

若虫 初孵时乳白色，2龄后淡黄色，体长约0.8毫米，形似成虫，缺翅。4龄若虫出现单眼，触角分节不清楚，伸向头背面，翅芽明显。

生活习性

一年发生5~6代。以若虫或成虫在粗皮下或芽的鳞苞内越冬，翌年4月开始活动，为害春梢嫩枝、嫩叶。5月中下旬若虫群集，严重为害新梢。广东杨村第2次为害高峰于7月发生，

▲ 茶黄蓟马为害嫩枝症状

▲ 茶黄蓟马为害甜橙秋梢

▲ 茶黄蓟马为害春梢，使叶片扭曲畸形

为害早秋梢。可行有性生殖和孤雌生殖。雌虫羽化 2~3 天即在叶背叶脉处产卵，产卵多的达 100 多粒。初龄若虫、2 龄若虫可造成为害，3 龄若虫行动缓慢，4 龄若虫则下到地表枯枝落叶层中化蛹。成虫活泼，善跳，易飞。若虫、成虫有避光趋湿的习性。

● 防治要点

认真清除园内落叶、枯枝和杂草，集中烧毁，可减少虫源；注意园区内的间种作物，避免间种花生、烟草、葡萄等易受蓟马为害的作物；药剂防治，抓好初发生时期，选用有效药剂，可参考柑橘蓟马用药。

▲ 茶黄蓟马（张维球教授鉴定）

等翅目
白蚁科
黑翅土白蚁

●**学名：***Odontotermes formosanua*（Shiraki）
●**又名：**黑翅大白蚁、土栖白蚁
●**为害部位：**根颈、主干

△黑翅土白蚁

△黑翅土白蚁

属等翅目白蚁科。分布范围极广。

为害特点

蚁群在土中生活，蛀食柑橘和其他树木的根部，并沿树干向地面构筑泥被，在其中蛀食树皮、木质部，导致孔道纵横，木质中空，养分、水分无法输送，树体衰弱，最后死亡。

形态识别

兵蚁 体长约6毫米，头至颚端2.33毫米，前胸背板长0.43毫米，头暗黄色，有稀毛，齿尖斜向前，上唇舌状，触角15~17节。前胸背板前部窄，斜翘起，后部较宽，前缘和后缘中央有凹刻。有翅成蚁体长12~14毫米，翅长24~25毫米，头、胸、腹背面黑褐色，腹面棕黄色，全体密被细毛。头圆形，复眼和单眼椭圆形，复眼黑褐色。前胸背板有一淡色的"十"字形纹，其两侧前方各有一椭圆形淡色点，前胸后缘中部向前凹入，前翅鳞大于后翅鳞。另有工蚁、蚁后和蚁王之分。

卵 乳白色，椭圆形，长径0.6毫米。

生活习性

在0.8~3米深的土壤中筑巢群居，群体蚁的数量多。活动取食的季节性明显。福建、江西、浙江等省11月中旬开始转入地下活动，第二年3月当气温回暖时开始为害，5—6月为第一个高峰，9—10月为第二个高峰。广东、广西、福建、海南等省区的雨季受害一般较轻，旱季则很严重，广东秋季柑橘园被害严重。在群蚁中工蚁占的数量约达90%，兵蚁仅次于工蚁，兵蚁能分泌黄色液体以御敌。两种蚁的眼睛均退化，畏光，在地面上活动和取食时都要以土筑泥被为路作掩蔽。有翅蚁则有趋光性。4—6月在近蚁穴的地面上出现许多圆锥状的羽化孔突，其下面有候飞室，并与主巢相连。当气温上升到30℃以上时，即外出觅食为害。5—6月为有翅蚁分飞期，飞出蚁巢交配或分巢。

● 防治要点

（1）新开垦的山地丘陵果园，常因地下有蚁巢而使幼树遭受为害。蚁群沿株干向上构筑泥被，在里面啮食皮层导致植株枯死。可采集松针松枝、芒萁或桉树枝叶作诱饵，挖坑或覆盖树盘上而再盖泥土诱杀。

（2）果园养鸡啄食白蚁。

（3）灯光诱杀。有翅土白蚁趋光性强，可在5—6月天气闷热或雨后的晚上用黑光灯或家用日光灯诱杀。

（4）药剂防治。种植后如有白蚁出现，可用灭蚁灵粉剂或灭白蚁粉剂直接喷在泥被内和蚁道内将其杀灭。

▲ 柑橘主干内黑翅土白蚁蛀食孔

▲ 黑翅土白蚁蛀食柑橘枝干

▲ 黑翅土白蚁蛀食柑橘枝干

▲ 黑翅土白蚁为害柑橘主干近地面部位

直翅目
斑腿蝗科
大青蝗

●**学名**：*Chondracris rosea*（De Geer）
●**又名**：棉蝗、大蚱蜢
●**寄主**：柑橘、芒果、菠萝、罗汉果、龙眼等果树
●**为害部位**：嫩梢、叶片和幼果

▲ 大青蝗在交尾　▲ 大青蝗成虫

属直翅目斑腿蝗科。分布于我国柑橘各产区。

为害特点

为杂食性害虫。成虫、蝗蝻咬食柑橘幼嫩叶片，也可取食嫩梢、老叶及果实表皮。

形态识别

成虫　雌成虫体长 62~80 毫米，前翅长 50~62 毫米；雄成虫体长 45~56 毫米，前翅长 43~46 毫米。虫体草绿色或黄绿色。前翅发达，后翅翅基紫红色。头短且宽，顶钝圆，头顶中部、前胸背板中隆线及前翅臀脉域有黄色纵线纹。触角丝状，24 节。足 3 对，后足发达，为跳跃足，胫节外侧玫瑰红色，沿外缘和内侧缘有刺 8 根和 11 根，刺端黑色，其余为黄白色。

卵　长椭圆形，中间略弯曲，长 6~7 毫米。初产时为黄色，后渐变为褐色。卵块长柱状，一块有数十粒至一百多粒，外粘有一层薄纱状物。

蝗蝻　共 6 龄，极少数雌性为 7 龄，各龄体色无明显变化。前胸背板中隆线甚高，3 条横沟明显，且都割断中隆线。1 龄时体长 8 毫米，至蜕皮时增长 11 毫米。体淡绿色。

生活习性

蝗蝻于 5 月底开始出现，7 月大量发生，7 月中旬成虫开始出现，9 月大量发生。广东多数地区一年发生 1 代。以卵越冬，次年 4 月中下旬孵化为跳蝻，7—8 月陆续化为成虫。成虫有多次交尾习性，交尾后继续取食，产卵于沙质坚实地或与林中空地交接的林缘地。产卵时，产卵器掘土成穴，将腹部完全插入土中，若土质较松或土内有树根、石块阻隔，则不产卵，找到适合的场地后再行产卵。卵将孵出时，壳淡绿色。幼蝻孵出时沿着卵块顶部的泡状物借身体的蠕动钻出。成虫、幼蝻白天活动取食。成虫对白光和紫光有趋性。

● 防治要点

加强栽培管理，结合冬季清园深翻土壤，并铲除果园周围杂草，破坏蝗虫越冬场所，消灭蝗虫卵块，减少虫源。药剂防治应在成虫羽化前进行，具体措施：在蝗蝻大量发生时，用 90% 晶体敌百虫 800 倍液或 20% 甲氰菊酯乳油 3 000 倍液等有机磷、拟除虫菊酯类药剂防治。蝗蝻在 8:00—10:00 和 17:00—19:00 取食最盛，因此，选晴天 9:00 或 17:00 左右进行喷药，效果较好。

短角外斑腿蝗

●**学名：** *Xenocatantops prachycerus*（Willemse）

●**又名：** 短角异腿蝗、短角斑腿蝗、小花蝗、花斑蝗、罗浮山切翅蝗

●**寄主：** 柑橘类果树及其他作物

●**为害部位：** 幼苗、嫩梢、叶片和果实

▲短角外斑腿蝗为害柑橘花

属直翅目斑腿蝗科。我国柑橘产区均有分布。

为害特点

为杂食性害虫。成虫咬食柑橘春梢新叶，造成叶片缺刻，咬食幼果导致果实出现疤斑，严重时被害幼果脱落。

形态识别

成虫 体暗褐色、红褐色或黄褐色。雌成虫体长23~27毫米，雄成虫体长18~21.5毫米。头、胸部密布圆形小瘤突。前胸背板中隆线明显，有3条横沟，且切断中隆线，其后1条横沟在背板中部，后胸两侧各有一长形、白色斜斑纹。前翅发达，暗褐色，超过后腿节顶端，翅端部横脉斜。后翅透明，翅顶烟褐色。后腿节发达，外侧具完整白色斜斑2个，近端另有1个小斑。后胫节红褐色，善弹跳。

生活习性

一年发生1代，以卵在山地、草坡、果园的土壤中越冬。广东于3月中旬始出现成虫，直接为害柑橘春梢叶片和花器，以后渐入盛期。严重时，近园边的柑橘叶片可全部被啮食。至9月仍可见成虫活动。其他柑橘产区于4月下旬至5月上旬开始孵化，5月下旬至6月中旬为孵化盛期。蝗蝻共6龄，老龄后多进入柑橘园内为害，9月下旬为害最烈。在广东柑橘园中暂未见严重为害。

● 防治要点

参考大青蝗防治。

▲短角外斑腿蝗在交尾

蟋蟀科

大蟋蟀

- **学名：** *Brachytrupes portentosus* Lichtenstein
- **又名：** 花生大蟋蟀、大头蟋蟀、大土狗
- **寄主：** 柑橘、荔枝、龙眼、枇杷、桃、李、梅、柿、罗汉果等果树
- **为害部位：** 苗木及幼树枝梢

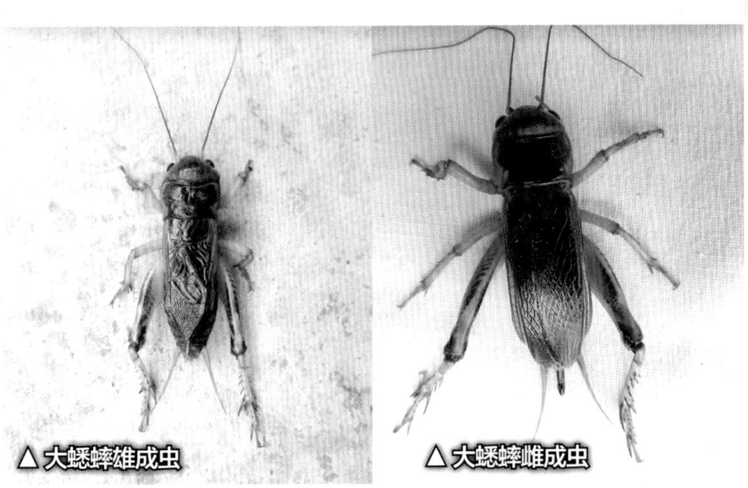

△大蟋蟀雄成虫　△大蟋蟀雌成虫

△大蟋蟀雌成虫和孕育的卵粒

△大蟋蟀咬伤主干树皮（植后第二年）

属直翅目蟋蟀科。分布于广东、广西、福建、台湾、云南、江西等省区。

为害特点

若虫、成虫咬断苗圃幼苗的嫩梢、嫩叶，造成缺苗断枝，或爬上刚种植的幼树咬断枝梢。

形态识别

成虫　体长40~50毫米，暗棕色或暗褐色，近长方形。触角丝状。前胸背板有一纵沟，两侧各有一横向月牙斑纹。雄成虫体较大，前翅皱纹，翅中央有1个斜形大皱斑，在斑的后端有1个椭圆形斑。雌成虫稍小，前翅网纹状。后足腿节发达，胫节粗，并有2列棘状突，尾须长。

卵　长筒形，略弯曲，两端钝圆，表面光滑，浅黄色。

若虫　共7龄，与成虫相似，体色略浅，4龄若虫始有翅芽。

生活习性

一年发生1代，以若虫在土洞内越冬，第二年春开始出洞活动。6月中旬出现成虫。4—8月为交尾产卵盛期，雌成虫将卵产于洞内。卵期为15~30天，8—10月卵孵化，并食雌成虫贮备的食料。成长后分散掘洞为居，白天藏匿洞中，傍晚出洞觅食，咬断幼苗。在柑橘幼树园中，沿主干爬至枝梢，咬食皮层，导致枝条枯死，或咬断枝条。于11月中旬回土洞越冬。成虫喜欢在晚上取食。秋、冬干旱温暖年份常盛发。

● 防治要点

人工对洞穴灌水捉虫。在灌的水中加入几滴煤油，扒开洞口的土堆，直接往洞内灌入，迫使其爬出洞而捉之；在幼树主干上倒扎松针阻止其上树咬枝条。亦可用炒香的麸皮拌入农药，做成毒饵，于傍晚放置洞口或苗圃株行间，进行诱杀。

螽斯科

螽斯

●**又名：** 螽斯儿、纺花娘、纺织娘

●**寄主：** 柑橘、龙眼、荔枝、桃、李、梅、葡萄、芒果、樱桃、柿、枇杷、核桃等多种果树

●**为害部位：** 叶片、花和果实

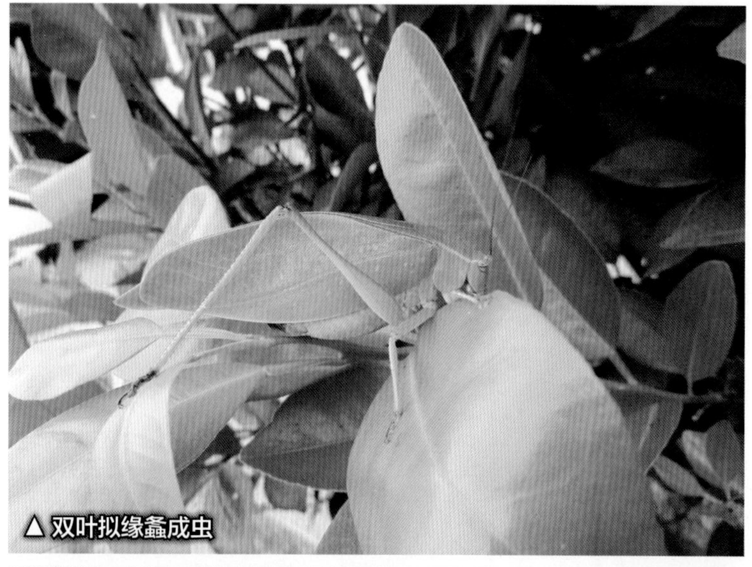
▲双叶拟缘螽成虫

▲螽斯卵

属直翅目螽斯科。为害柑橘果树的螽斯有多种，较常见的有双叶拟缘螽。分布于广东、广西、浙江、福建、台湾、四川、山东、湖北、湖南等省区。

为害特点

咬食叶片、花器或幼果，导致叶片缺刻、穿孔，使叶片变黄和花器脱落。

形态识别

成虫 雌成虫体长35~40毫米，雌成虫产卵器长25~27毫米，雄成虫略小。全体绿色。头短，顶端区较窄。复眼突出，椭圆形。触角丝状、细长，超过腹端，基部约1/4棕红色，其余为淡黑色。背片中央有一个近似“V”形的横沟，其前方有2个与之相似的淡黄色横纹。前翅长叶形，后翅与前翅等长，扇形，尾端尖。前足胫节基部黄褐色，上各有听器1对。后足股节基部宽，胫节长于股节，呈方形，上有小齿。产卵器瓣状，如镰刀向上弯，基部黄褐色，端部黑褐色。

卵 扁长形，茶褐色。

若虫 体形与成虫相似，较小。低龄若虫无翅，高龄若虫具短翅。

生活习性

广东、广西等省区一年发生1代，以卵在产卵枝条内越冬，翌年4月中旬至5月中旬孵出若虫。若虫咬食柑橘的春梢叶片、嫩枝，大龄若虫可咬食幼果。6月下旬后若虫陆续羽化为成虫，羽化盛期为7月。雌成虫多于20:00—22:00在小枝条上产卵。产卵时先将产卵器插入枝条组织，深度达枝条中髓部，造成产卵槽后将卵产于其中。卵单产，一纵行排列成条块，每块有30~74粒。卵块表面有木屑覆盖。每雌产卵历期6~10天。被产卵的枝条最后干枯。

▲ 螽斯若虫

▲ 刚孵化的螽斯若虫

▲ 已羽化的螽斯卵

● 防治要点

螽斯目前不是主要害虫，防治上可抓住若虫期，结合其他害虫的防治，一起喷药。冬季清园期，剪除产卵的枝条，集中烧毁。

▲ 螽斯产卵枝

△ 螽斯在柑橘枝条上产卵 ▲ 螽斯在荔枝叶缘产卵

▲ 螽斯产在柑橘枝条内的卵块

有肺目
巴蜗牛科
同型巴蜗牛

●**学名：** *Bradybaena similaris* Ferussae

●**又名：** 圆形巴蜗牛、蜒蚰螺、触角螺、旱螺、小螺蛳、山螺丝、刚螺、蜗牛等

●**为害部位：** 嫩芽、叶片、枝条和果实

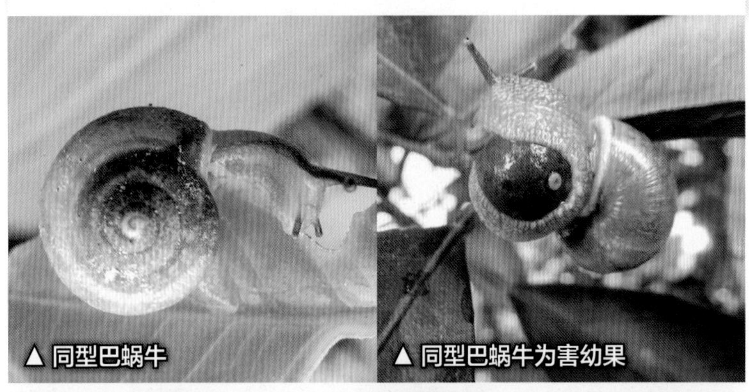

▲ 同型巴蜗牛　▲ 同型巴蜗牛为害幼果

▲ 同型巴蜗牛为害嫩叶　▲ 蜗牛在啮食芽眼嫩组织

属软体动物，有肺目巴蜗牛科。分布于长江以南各省区。

为害特点

为杂食性软体害虫。取食柑橘的嫩芽、叶片、枝条、果实。叶片被害，成孔洞或只存网状叶脉。枝条被害，仅存木质部，果实被害轻者皮部成白色或褐色疤斑，或状似溃疡斑，严重时咬破果皮取食果肉，导致果实脱落。同时，还分泌黏液污染果面。

形态识别

成螺　雌雄同型，螺壳扁球形，高约 12 毫米，直径 14.1 毫米，黄褐色，壳上有褐色花纹，螺层 5 层，有的达 9 层，螺口马蹄形。体灰白色，柔软，头部触角 2 对，前触角较短，有嗅觉功能，后触角 1 对较长大，顶端有眼，头部下方有口器，腹部两侧有扁平的足。

卵　球形，白色，直径 0.8~1.4 毫米，初产时乳白色，后期淡黄色，外壳石灰质，有光泽。

幼螺　体较小，形同成螺，壳薄，半透明，淡黄色，常多个集结在一起。

生活习性

通常一年发生 1 代，以成螺在杂草丛、落叶、秸秆堆、树皮缝隙、石堆下或以幼螺在冬季作物根部土中越冬。贵州一年发生 2 代，第 1 代发生于 4 月中下旬至 6 月上旬，第 2 代发生于 8 月上旬至 10 月中旬。广东于 4—5 月为一个高峰期，为害柑橘的幼果，柑橘苗木受害也较严重，严重为害期为 5—9 月。高温干燥或不良气候时，躯体缩入螺壳，分泌白色蜡质膜封闭螺口，黏在枝、叶上，等待天气适宜再恢复活动。取食多在晴天傍晚至清晨。卵产于植物根际疏松的土壤缝隙或枯枝、石块下，每个成体可产卵 30~235 粒。

● 防治要点

（1）人工防治。在树干中部倒向包扎塑料薄膜，形成裙状，阻止蜗牛爬上树干，并及时收集塑料薄膜下的蜗牛，或在地面堆置青草、菜叶等食料诱捕，加以杀

灭。同时，剪除贴地的柑橘枝叶，铲除地面接触植株枝叶的杂草，阻断其爬上枝条的通路；也可以在盛发前用石灰涂白枝干，使其爬行时受阻。

（2）果园内放养鸡鸭。在放鸡鸭时配合人工刮除，把停止在枝干处、小枝上的螺体用竹片刮落在地上，让鸡鸭啄食。

（3）药剂防治。一是制毒饵诱杀，用蜗牛敌混合豆饼碎及玉米粉（有效成分为2.5%）于傍晚时施在园内诱杀，或撒放6%密达颗粒剂，在园内隔一定距离在树干边撒放，可引诱蜗牛取食而杀灭。每亩用量2千克。也可用2%灭旱螺颗粒或6%密达（灭螺灵）颗粒剂混合泥土撒施树冠下面。二是地面和树干喷布1%~5%的食盐溶液或1%的茶籽饼浸出液700倍液，也可喷布1.1%阿维·高氯乳油或可湿性粉剂（蜗牛一喷净）或40%四聚乙醛悬浮剂300~500倍液。通常于早上6:00后喷布。在5—6月蜗牛上树前，在树冠下撒施碳酸铵+氯化钾有较好的防效。

▲ 同型巴蜗牛为害柑橘叶片

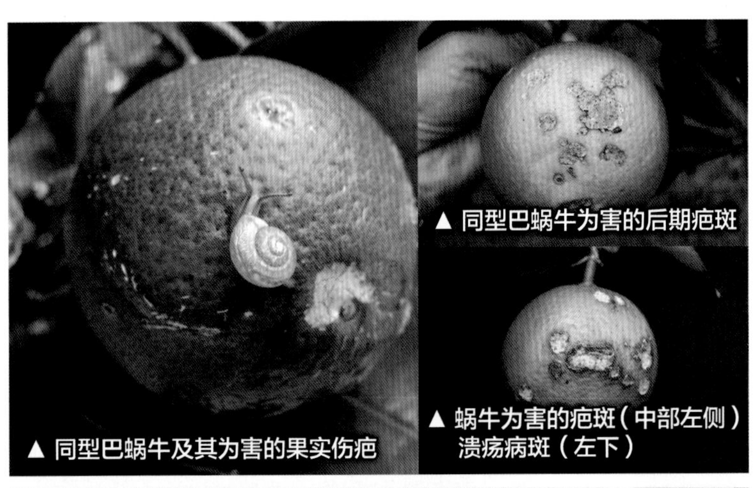
▲ 同型巴蜗牛及其为害的果实伤疤

▲ 同型巴蜗牛为害的后期疤斑

▲ 蜗牛为害的疤斑（中部左侧）溃疡病斑（左下）

▲ 同型巴蜗牛为害柑橘叶片的疤斑

▲ 撒药后蜗牛死亡状（6%密达颗粒剂）

蛞蝓科

野蛞蝓

●**学名：** *Agriolimax agrestis* Linnaeus

●**又名：** 水蜒蚰、鼻涕虫

●**寄主：** 柑橘类果树及其他作物

●**为害部位：** 叶片、嫩芽和果实

属软体动物，有肺目蛞蝓科。分布于长江流域及华南、西南等柑橘产区。

为害特点

为杂食性害虫。取食幼嫩叶片，造成许多孔洞，咬食刚露出的嫩芽，致其不能生长。为害发育中的果实，造成果皮疤斑。

形态识别

成虫 体伸直时长 30~60 毫米，柔软，无外壳，光滑，有黏液。体表暗褐色、暗灰色、黄白色或灰红色。触角 2 对，暗黑色，下边 1 对短，长 1~1.5 毫米，称前触角，有感觉作用，上边 1 对长，称后触角。端部有眼。口腔内有角质舌齿。体背前端具外套膜，边缘卷起。呼吸孔在体右侧前方，上有细小的色线环绕。黏液无色。

卵 椭圆形，韧而富弹性，白色透明，可见卵核，近孵化时色变深。

幼虫 体形同成虫。初孵时体长 2~2.5 毫米，淡褐色。

生活习性

多生活在农田腐殖质丰富的落叶处、草丛下、水道旁，或阴暗潮湿、较湿润的墙脚边，也出现在较为潮湿的苗圃地里。以成虫或幼虫在作物根部湿润的土中越冬。5—7 月在田间大量活动为害作物。入夏气温升高，其为害减少，到了秋季，又活动为害。一个世代约 250 天。雌雄同体，但为异体受精繁殖。2—7 月产卵，产卵期长达 160 天。蛞蝓怕光，均为夜间活动，傍晚开始出动，22:00—23:00 为活动高峰，清晨之前潜入荫蔽处或土中停息。阴暗潮湿的环境容易大发生。

● 防治要点

参考蜗牛防治。

▲ 野蛞蝓

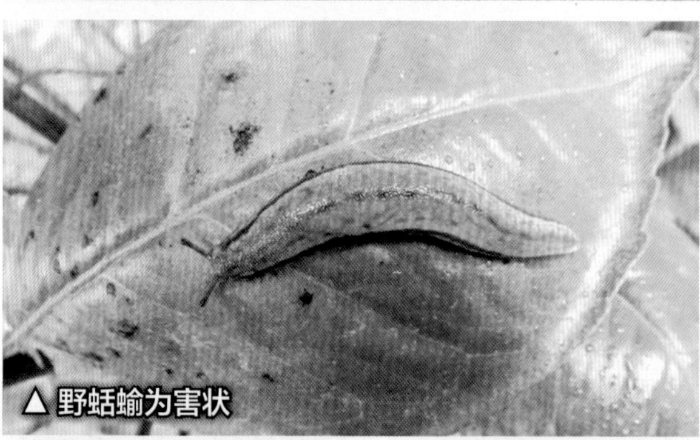

▲ 野蛞蝓为害状

▲ 野蛞蝓为害状

其他动物伤害

鸟害

●**为害部位：**果实

▲ 春甜橘果肉被鸟啄食只存果皮

▲ 春甜橘园挂网防鸟害

▲ 春甜橘果肉被鸟啄食只存果皮

蝙蝠为害

●**为害部位：**果实

▲ 春甜橘园挂网防蝙蝠为害

鼠害

●**为害部位：**树干、果实

▲老鼠把柑橘主干树皮咬掉，如同剥皮

▲被老鼠咬断的枝条

▲老鼠咬断明柳甜橘的枝条

▲老鼠咬食的柑橘果实

天敌

瓢虫

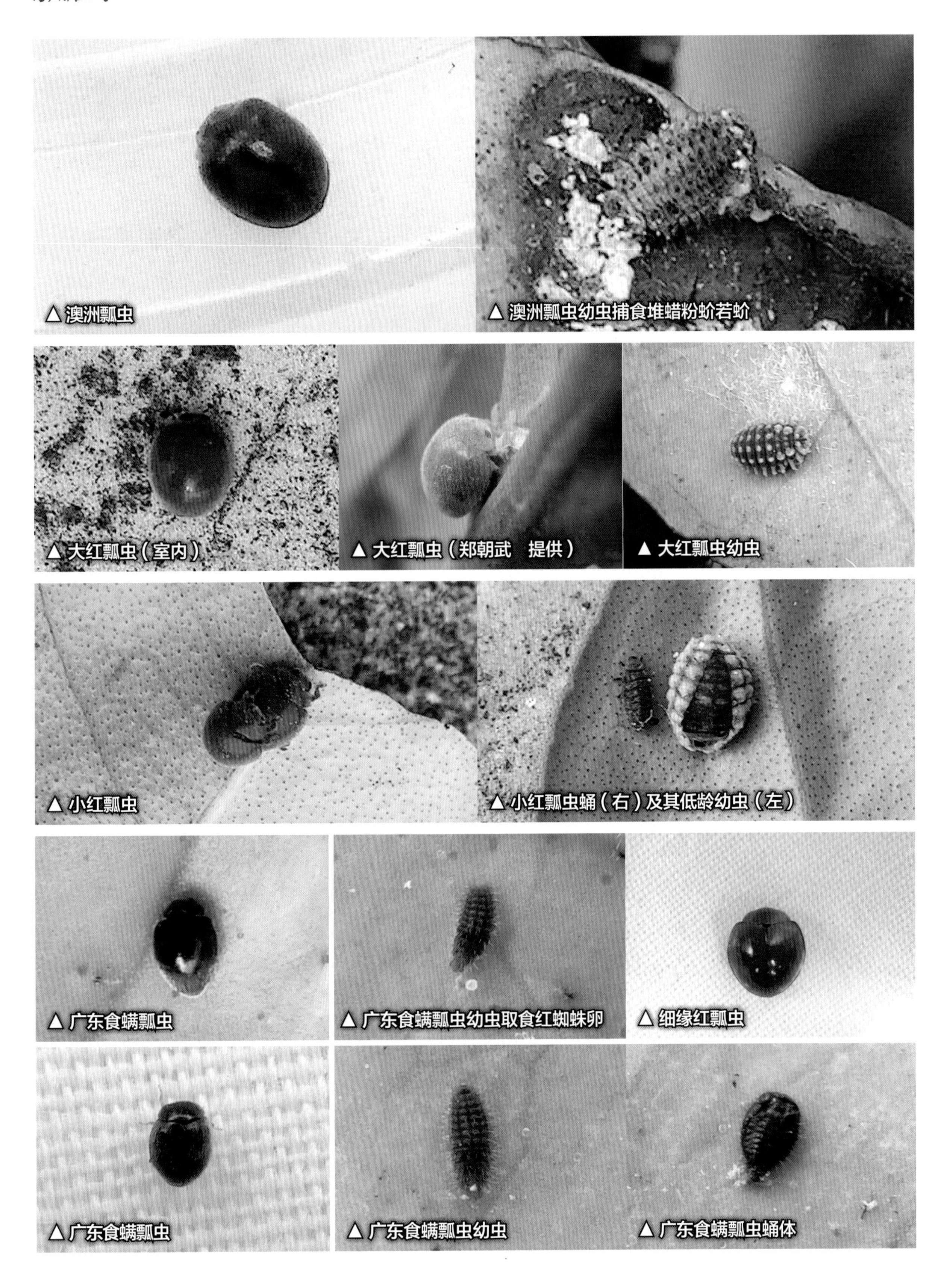

▲澳洲瓢虫

▲澳洲瓢虫幼虫捕食堆蜡粉蚧若蚧

▲大红瓢虫（室内）

▲大红瓢虫（郑朝武　提供）

▲大红瓢虫幼虫

▲小红瓢虫

▲小红瓢虫蛹（右）及其低龄幼虫（左）

▲广东食螨瓢虫

▲广东食螨瓢虫幼虫取食红蜘蛛卵

▲细缘红瓢虫

▲广东食螨瓢虫

▲广东食螨瓢虫幼虫

▲广东食螨瓢虫蛹体

▲ 四斑广盾瓢虫

▲ 四斑广盾瓢虫幼虫

▲ 四斑广盾瓢虫（郑朝武　提供）

▲ 龟纹瓢虫

▲ 龟纹瓢虫取食绣线菊蚜

▲ 龟纹瓢虫

▲ 红肩瓢虫点肩变型

▲ 双带盘瓢虫

▲ 黄缘巧瓢虫捕食蚜虫

▲ 红颈瓢虫

▲ 红基盘瓢虫

▲ 红基盘瓢虫

▲ 十斑大瓢虫

▲ 变斑隐势瓢虫

▲ 红星盘瓢虫（雌）

▲稻红瓢虫 ▲粗网盘瓢虫 ▲六斑月瓢虫

▲黄宝盘瓢虫 ▲十斑盘瓢虫捕食蚜虫 ▲黄斑盘瓢虫

▲四斑月瓢虫 ▲臀斑隐势瓢虫 ▲纤丽瓢虫

▲七星瓢虫 ▲红点唇瓢虫

▲华鹿瓢虫 ▲黄宝盘瓢虫 ▲艳色广盾瓢虫

食蚜蝇

▲ 锯盾小食蚜蝇

▲ 短刺刺腿食蚜蝇

▲ 短刺刺腿食蚜蝇幼虫

▲ 宽带优食蚜蝇

▲ 宽带优食蚜蝇幼虫

▲ 黑带食蚜蝇

草蛉

▲ 大草蛉

▲ 丽草蛉

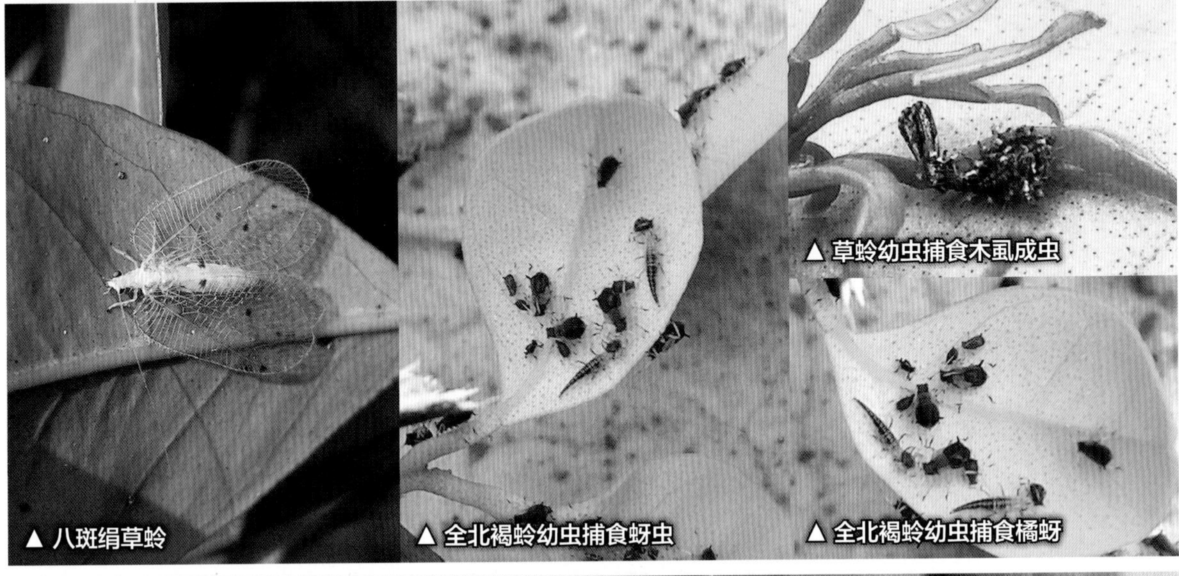

▲ 八斑绢草蛉

▲ 全北褐蛉幼虫捕食蚜虫

▲ 草蛉幼虫捕食木虱成虫

▲ 全北褐蛉幼虫捕食橘蚜

▲ 草蛉幼虫捕食红蜘蛛

▲ 中华草蛉

▲ 草蛉幼虫捕食柑橘木虱若虫

食螨隐翅虫

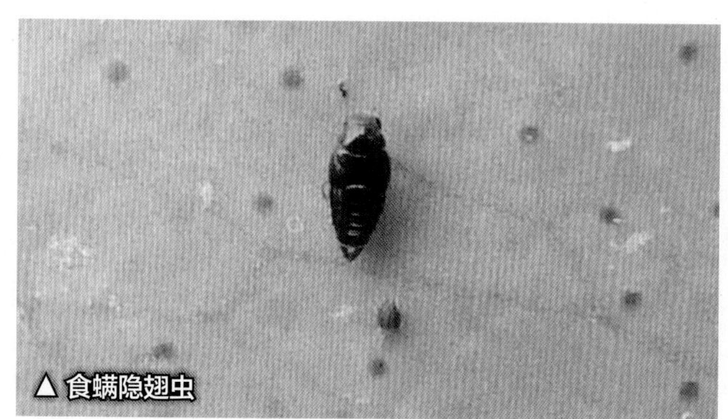
▲ 食螨隐翅虫

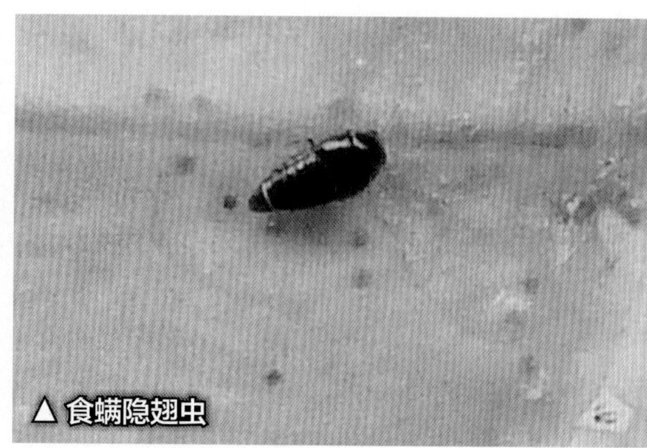
▲ 食螨隐翅虫

捕食螨、蜘蛛

▲ 超桥夜蛾幼虫被蜘蛛捕食

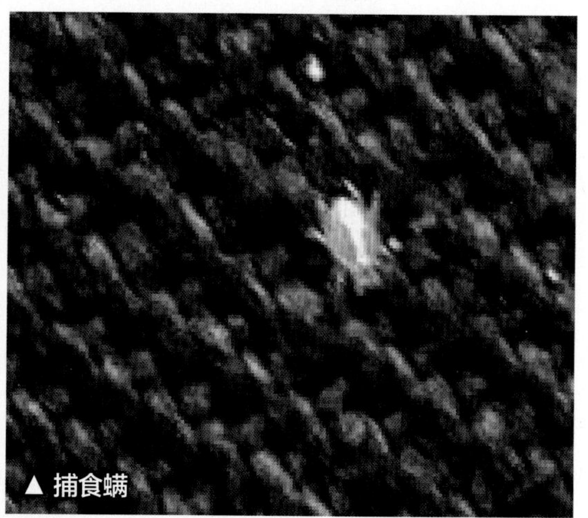
▲ 捕食螨

日本方头甲

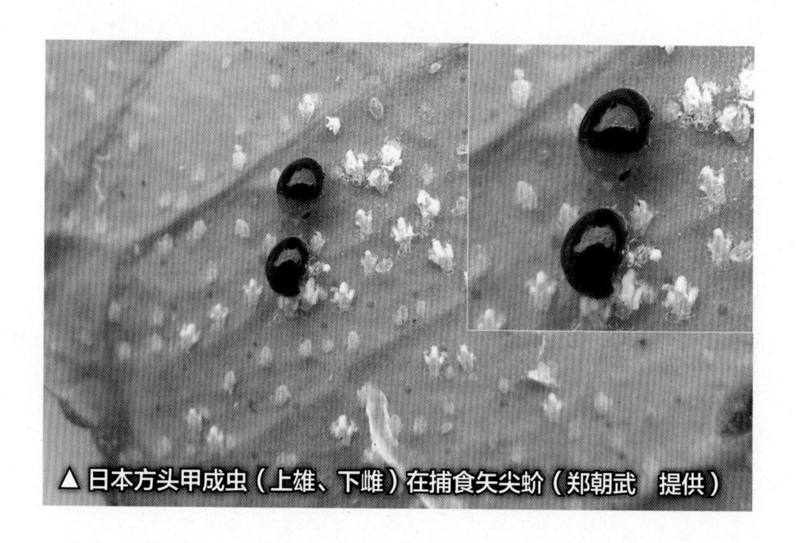
▲ 日本方头甲成虫（上雄、下雌）在捕食矢尖蚧（郑朝武　提供）

寄生蜂

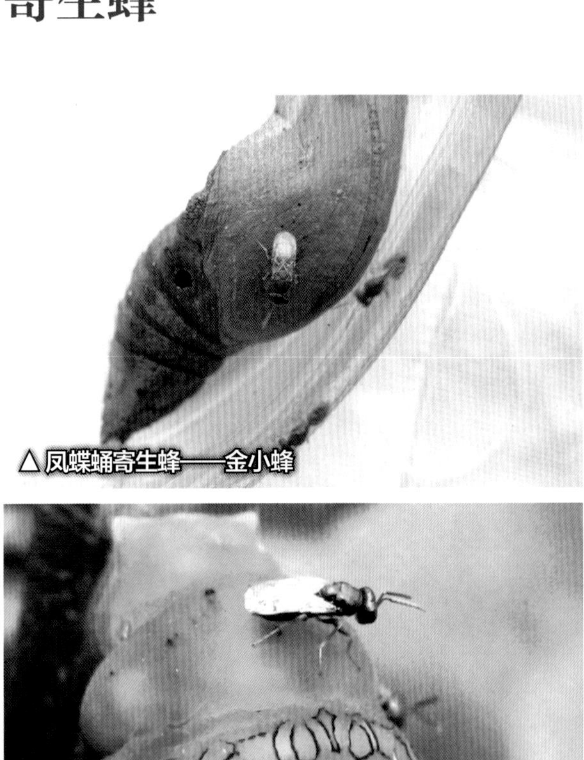

△凤蝶蛹寄生蜂——金小蜂

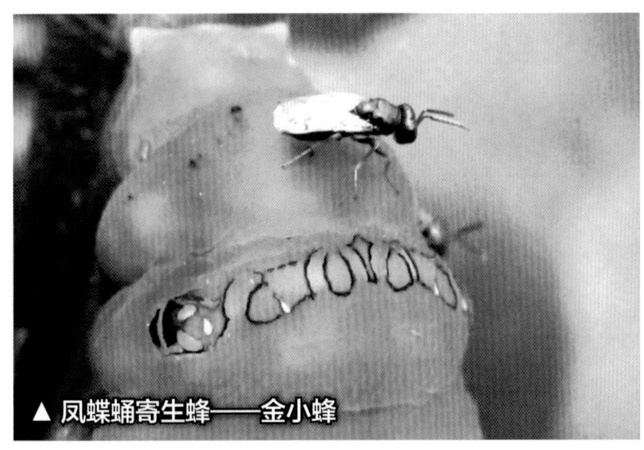

▲凤蝶蛹寄生蜂——金小蜂

▲凤蝶蛹寄生蜂——双色深沟姬蜂（郑朝武　提供）

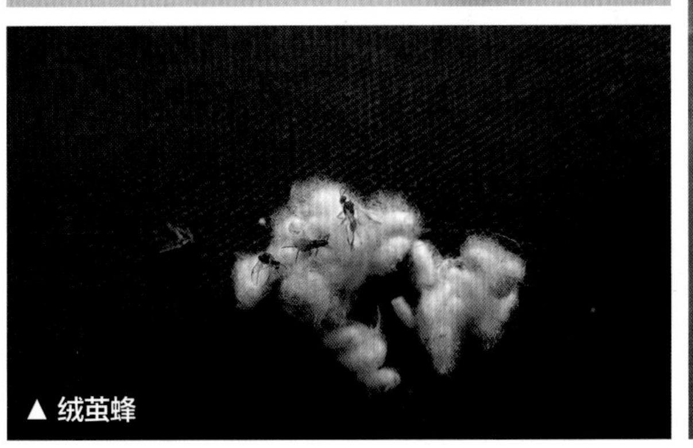

▲绒茧蜂

△绒茧蜂寄生尺蠖幼虫

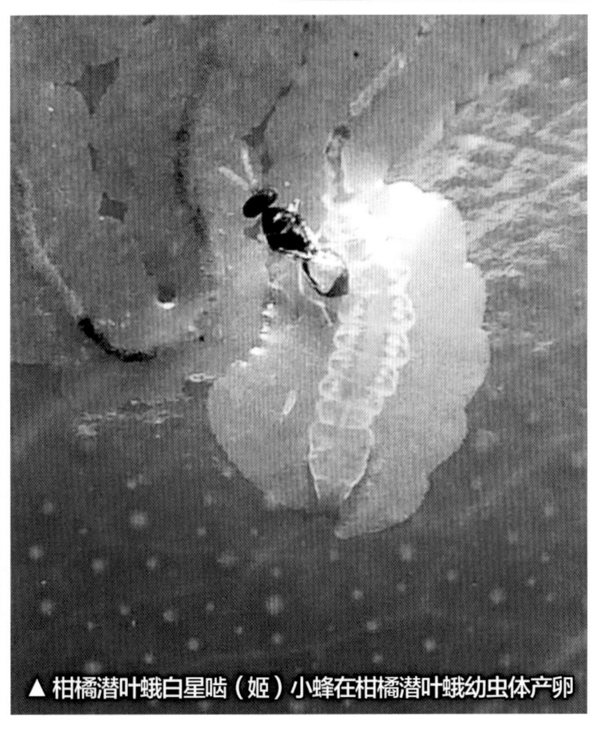

▲柑橘潜叶蛾白星啮（姬）小蜂在柑橘潜叶蛾幼虫体产卵

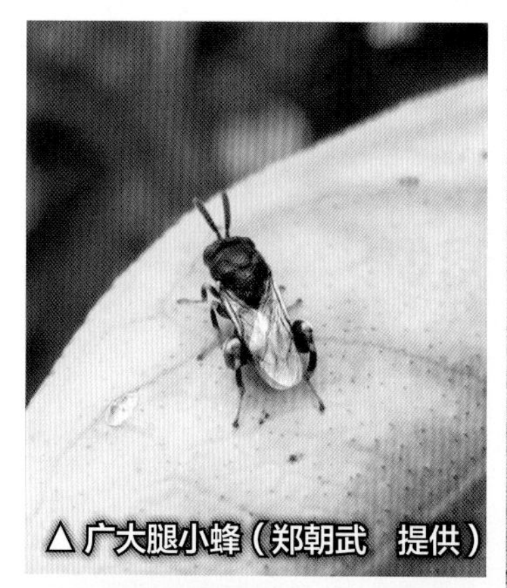
▲ 广大腿小蜂（郑朝武　提供）

▲ 金小蜂在玉带凤蝶幼虫上产卵

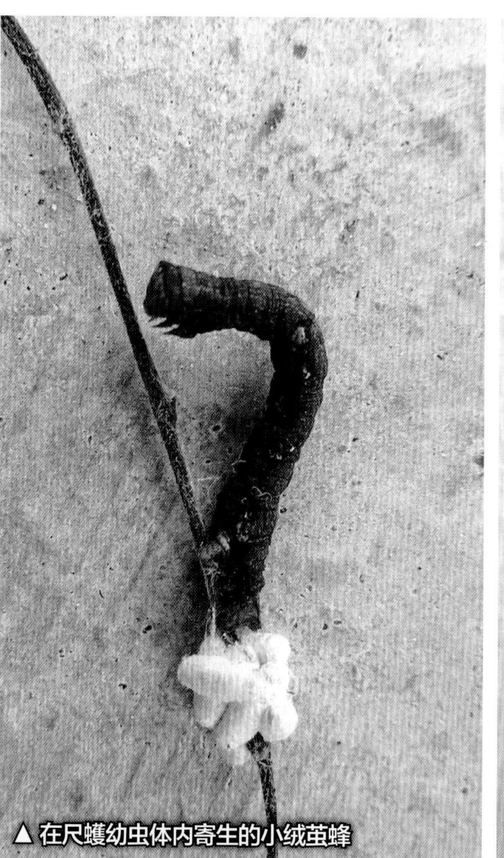
▲ 在尺蠖幼虫体内寄生的小绒茧蜂

▲ 荔枝卵跳小蜂

▲ 广大腿寄生蜂寄生卷叶蛾蛹

▲ 荔枝卵平腹小蜂寄生凤蝶卵（右两小为雄虫）

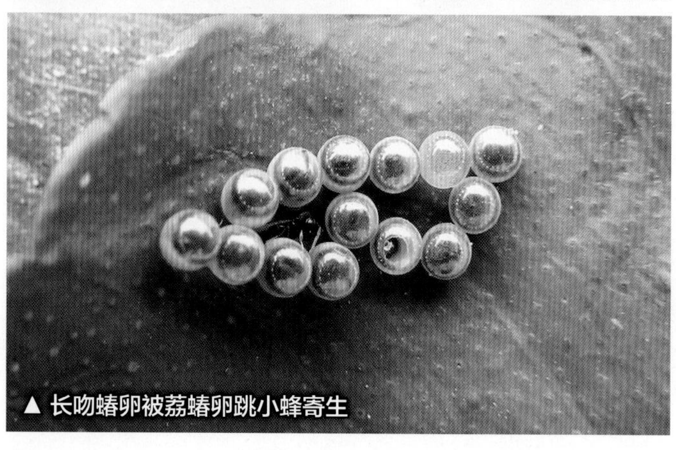
▲ 长吻蝽卵被荔蝽卵跳小蜂寄生

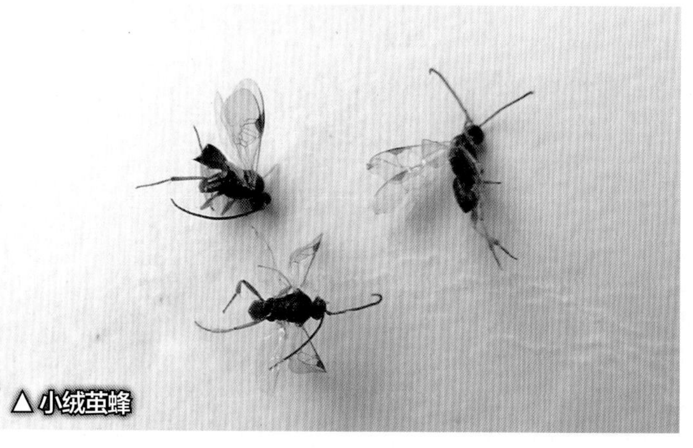
▲ 小绒茧蜂

塔六点蓟马

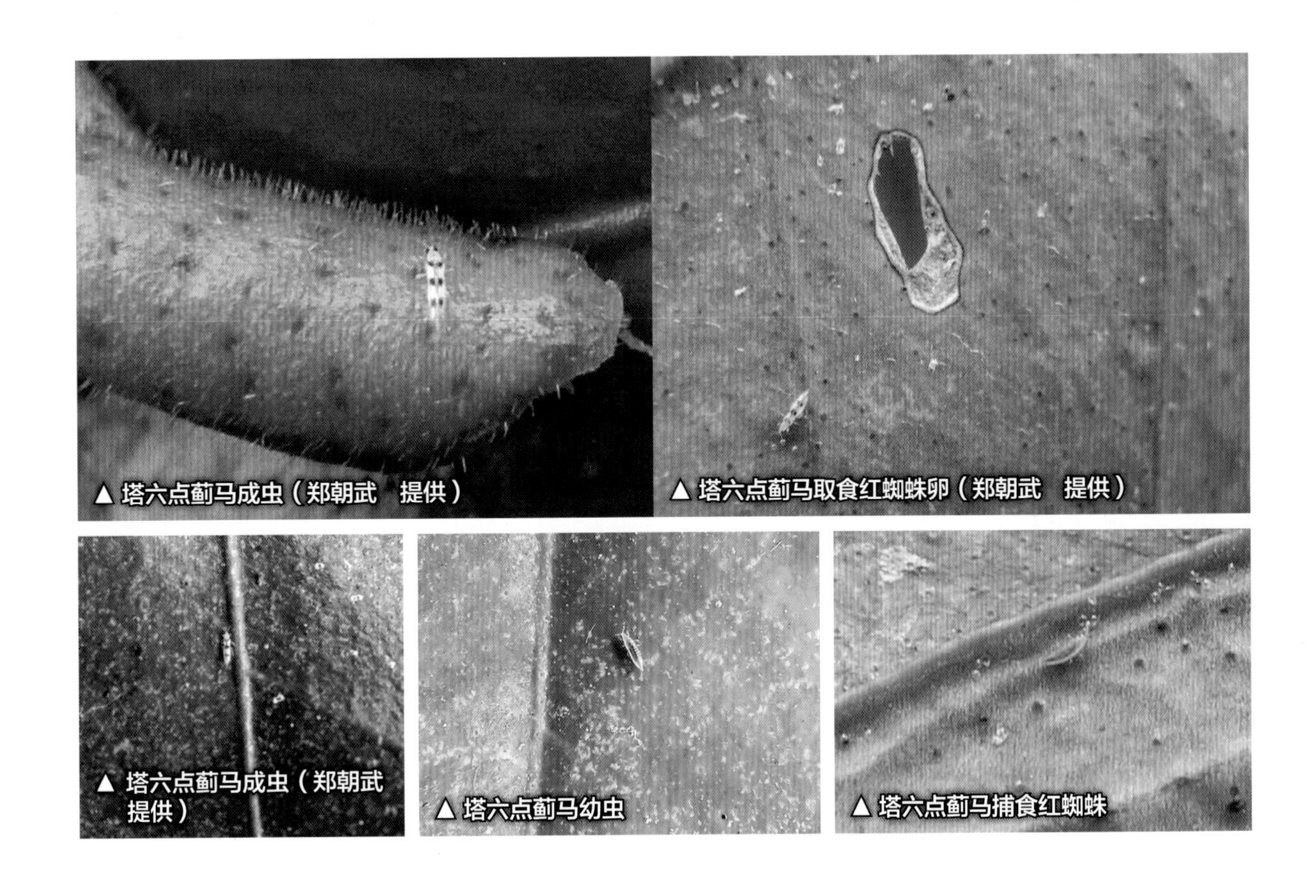

▲ 塔六点蓟马成虫（郑朝武　提供）

▲ 塔六点蓟马取食红蜘蛛卵（郑朝武　提供）

▲ 塔六点蓟马成虫（郑朝武　提供）

▲ 塔六点蓟马幼虫

▲ 塔六点蓟马捕食红蜘蛛

海南蝽（厉蝽）

▲ 海南蝽（厉蝽）

海南蝽（厉蝽）捕食凤蝶幼虫

▲ 海南蝽（厉蝽）捕食凤蝶幼虫

猎蝽

▲ 猎蝽若虫捕食刺蛾幼虫

▲ 猎蝽若虫捕食潜叶甲成虫

寄生菌

▲ 粉虱座壳孢菌

▲ 白色座壳孢菌

▲ 黑刺粉虱和寄生菌（白絮状和泥红色）

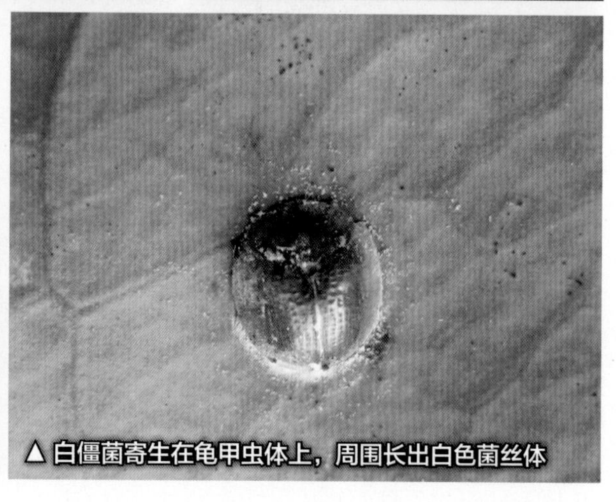
▲ 白僵菌寄生在龟甲虫体上，周围长出白色菌丝体

红霉菌

△ 矢尖蚧寄生菌红霉菌

△ 红霉菌寄生红圆蚧后

螳螂

△ 云眼斑螳螂

△ 螳螂产生卵囊

△ 丽眼斑螳

蛙

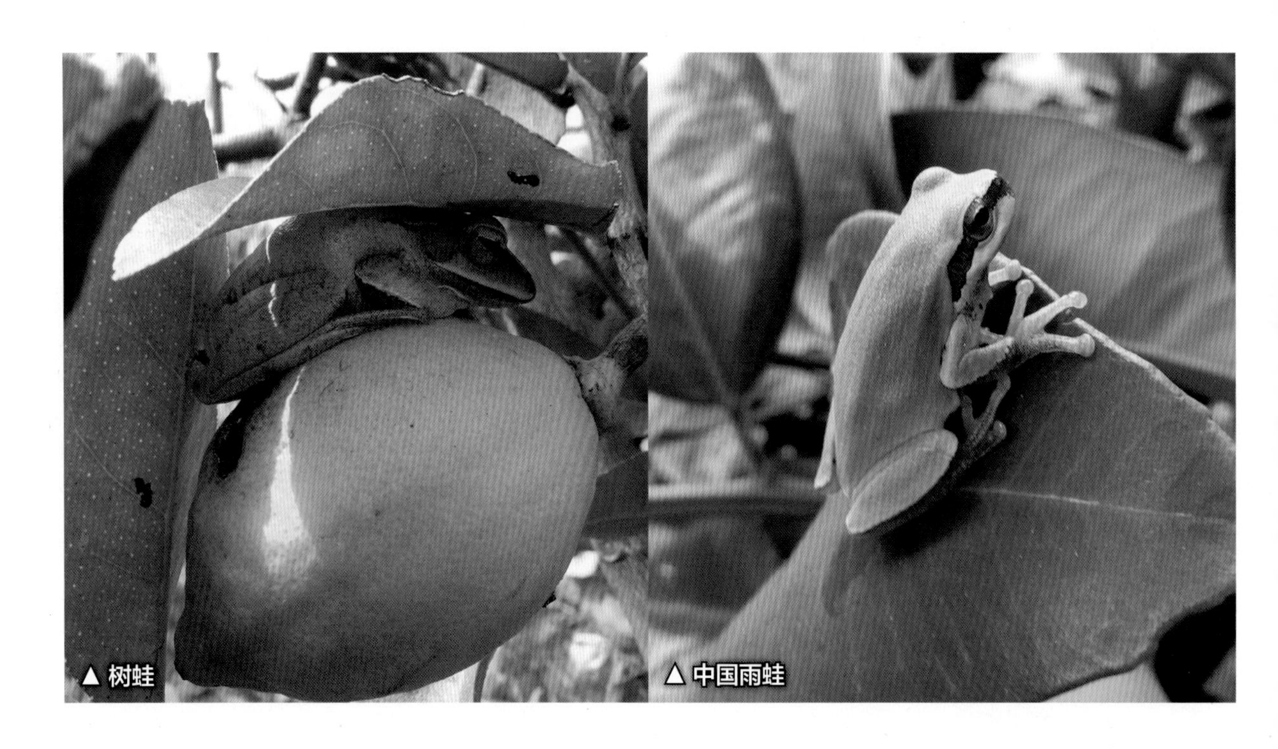

▲ 树蛙　▲ 中国雨蛙

马鬃蛇

▲ 马鬃蛇捕食蛾类

参考文献

[1] 中国农业科学院植物保护研究所 . 中国农作物病虫害 [M]. 2 版．北京：中国农业版社，1996.

[2] 中国农业科学院果树研究所，柑橘研究所．中国果树病虫志 [M]．2 版．北京：中国农业出版社，1994.

[3] 中国科学院动物研究所，浙江农业大学．天敌昆虫图册 [M]．3 版．北京：科学出版社，1978.

[4] 黄邦侃．福建昆虫志 [M]．6 卷．福建：福建科学技术出版社，2002.

[5] 邓秀新，彭抒昂．柑橘学 [M]．北京：中国农业出版社，2013.

[6] 赵学源．柑橘黄龙病防治研究工作回顾 [M]．北京：中国农业出版社，2017.

[7] 赵学源．柑橘病毒病和类似病毒病的发生与防治 [J]．广西园艺，2004，15（5）：4-10.

[8] 张天淼．柑橘病毒病 [M]．北京：中国农业出版社，2000.

[9] 王代武．柑橘病虫图册 [M]．3 版．成都：四川科学技术出版社，1994.

[10] 庄伊美．柑橘营养与施肥 [M]．北京：中国农业出版社，1994.

[11] 俞立达，崔伯法．柑橘病害原色图谱 [M]．北京：中国农业出版社，1995.

[12] 陈洪明，刘科宏，周彦，等．柑橘黄脉病病毒脱毒方法研究 [J]．中国南方果树，2014，43（3）：71-73.

[13] 陈洪明，王雪峰，周彦，等．尤力克柠檬上一种新病害的生物学特性及 RT-PCR 检测 [J]．植物保护学报，2015，42(4)：557-563.

[14] 周彦，陈洪明．中国柑橘黄脉病的发生、分布和分子生物学特性研究 [J]．植物病害，2017，（101）：137-143.

[15] 沈兆敏．中国果树实用新技术大全（常绿果树卷）[M]．北京：中国农业科技出版社，1999：1.

[16] 沈兆敏．中国柑橘技术大全 [M]．成都：四川科学技术出版社，1992.

[17] 邱强，罗禄怡，蔡明段．原色柑橘病虫图谱 [M]．北京：中国科学技术出版社，1994.

[18] 邱强．原色苹果病虫图谱 [M]．北京：中国科学技术出版社，1993.

[19] 邱强．原色枣、山楂、板栗、柿、核桃、石榴病虫图谱 [M]．北京：中国科学技术出版社，1996.

[20] 任伊森，蔡明段．柑橘病虫草害防治彩色图谱 [M]．北京：中国农业出版社，2004.

[21] 任伊森，张志恒，陈玳清，等．柑橘病虫害防治手册 [M]．2 版．北京：金盾出版社，2001.

[22] 蔡明段，彭成绩．柑橘病虫原色图谱 [M]．广州：广东科技出版社，2008.

[23] 蔡明段，易干军，彭成绩，等．柑橘病虫害原色图鉴 [M]．北京：中国农业出版社，2011.

[24] 彭成绩，蔡明段，彭埃天，等．南方果树病虫害原色图鉴 [M]．北京：中国农业出版社，2017.

[25] 高日霞，陈景耀．中国果树病虫原色图谱（南方卷）[M]．北京：中国农业出版社，2011.

[26] 杨子琦，钟八莲．柑橘病虫害防治图鉴 [M]．北京：中国农业出版社，2010.

[27] 夏声广，唐启义．柑橘病虫害防治原色生态图谱 [M]．北京：中国农业出版社，2008.

[28] 任顺祥，王兴民，庞虹，等．中国瓢虫原色图鉴 [M]．北京：科学出版社，2009.

[29] 虞国跃．瓢虫瓢虫 [M]．北京：化学工业出版社，2008.

[30] 朱弘复，王林瑶，方承莱．蛾类幼虫图册（昆虫图册第四号）[M]．北京：科学技术出版社，1979.

[31] 张振昌，张治良，黄峰，等．中国北方农业害虫原色图鉴 [M]．沈阳：辽宁科学技术出版社，1997.

[32] 陈振光，吕柳新，赖钟雄，等．福建柑橘若干特殊种质资源的遗传背景研究 [J]．中国南方果树，1996，25（1）：10-12.

[33] 陈作义，沈菊英，龚祖埙，等．柑橘黄龙病病原体及其对抗生素反应的研究 [J]．生物化学与生物物理学报，1980，12（2）：143-146.

[34] 刘长令．世界农药大全（杀菌剂卷）[M]．北京：化学工业出版社，2006.

[35] 吕印谱，马奇祥．常用农药使用简明手册 [M]．北京：中国农业出版社，2004.

[36] 徐汉虹．生产无公害农产品使用农药手册 [M]．北京：中国农业出版社，2008.

[37] 邹钟琳．中国果树害虫 [M]．北京：卫生科技出版社，1958.

[38] 吴佳教，梁帆，梁广勤．橘小实蝇发育速率与温度关系的研究 [J]．植物检疫，2000，（6）：321-324.

[39] 邓国荣，杨皇红，陈德扬，等．龙眼荔枝病虫害综合防治图册 [M]．南宁：广西科学技术出版社，1998.

[40] 霍科科，任国栋，郑哲民．秦巴山区蚜蝇区系分类（昆虫纲：双翅目）[M]．北京：中国农业科学技术出版社，2007.

[41] 萧采瑜．中国蝽类昆虫鉴定手册（半翅目异翅亚目）[M]．1 册．北京：科学出版社，1977.

[42] 萧采瑜，任树芝，郑乐怡，等．中国蝽类昆虫鉴定手册（半翅目异翅亚目）[M]．2 册．北京：科学出版社，1981.

[43] 陈一心．中国动物志（昆虫纲第十六卷鳞翅目：夜蛾科）[M]．北京：科学出版社，1999.

[44] 中国科学院动物研究所．中国蛾类图鉴 [M]．Ⅰ册、Ⅲ册．北京：科学出版社，1982.

[45] 陈世骧，谢蕴贞，邓国藩．中国经济昆虫志（鞘翅目：天牛科）[M]．1 册．北京 : 科学出版社，1959.

[46] 蒋书楠，蒲富基，华立中．中国经济昆虫志（鞘翅目：天牛科）[M]．35 册．北京：科学出版社，1985.

[47] 杨星科，杨集昆，李文柱．中国动物志（昆虫纲脉翅目：草蛉科）[M]．39 卷．北京：科学出版社，2005.

[48] 西南农学业大学，四川农业科学院植物保护研究所．四川农业害虫天敌图册 [M]. 成都：四川科学技术出版社，1990.

[49] 西北农学院农业昆虫教学组．农业昆虫学 [M]． 上册．北京：人民教育出版社，1977.

[50] 蔡云鹏．柑橘立枯病的媒介昆虫 [J]．果农合作，第 373 期.

[51] 张维球．南方果树的蓟马 [J]． 昆虫知识，1979，（1）：6.

[52] 郑乐怡，归鸿．昆虫分类 [M]．南京：南京师范大学出版社，1999.

[53] 张权炳．柑橘园中常见的最主要有益生物（三）[J]．中国南方果树，2004，（4）：17-20.

[54] 徐南昌，郎国良，刘立峰．柑橘全爪螨发生规律及防治措施 [J]．植保技术与推广，2003，（9）：22-23.

[55] 石明旺．新编常用农药安全使用指南 [M]．2 版．北京：化学工业出版社，2016.

[56] 戚佩坤．广东果树真菌病害 [M]．北京：中国农业出版社，2000.

[57]University of California．Division of Agricultural Sciences：Color Hand book of Citrus Diseases．Agricultural Publications, University of California, Berkeley CAU. S. A. 1973.